秋登兰山寄张五

孟浩然

北山白云里，隐者自怡悦。
相望始登高，心随雁飞灭。
愁因薄暮起，兴是清秋发。
时见归村人，沙行渡头歇。
天边树若荠，江畔洲如月。
何当载酒来，共醉重阳节。

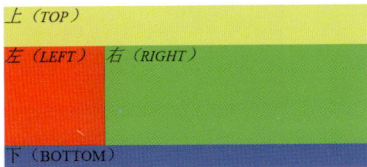

▲ 1-7-1　制作简单的 HTML 页面

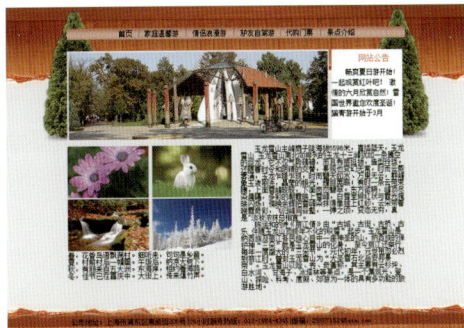

上（TOP）

左（LEFT）　右（RIGHT）

下（BOTTOM）

▲ 2-8　使用 DIV+CSS 制作简单的页面

▼ 3-5　使用 HTML 5.0 制作网页

这是我们制作的第一个HTML页面
欢迎一起来学习！

▲ 4-6-1　制作旅游网站页面

▲ 4-8　制作设计工作室网页

▲ 6-7-1　定义背景图像

我们提供的将是您最值得购买的！

热门商品>> 　热门商品>> 　热门商品>>

热门商品>> 　热门商品>> 　热门商品>>

热门商品>> 　热门商品>> 　热门商品>>

▲ 5-5-1　制作广告页面

◀ 5-7-1　制作产品介绍页面

▼ 7-4　制作产品宣传页面

▲ 7-6　制作产品展示页面

▲ 8-7　制作宠物用品网站页面

▲ 8-5　制作医疗健康网站页面

▲ 13-5-1　制作动态网站相册

▲ 9-7　设置表单元素的背景颜色

▲ 9-5-1　设置表单元素的边框

▲ 10-5-2　制作游戏类网站页面

▲ 10-7　制作音乐列表

▲11-4 定义超链接样式

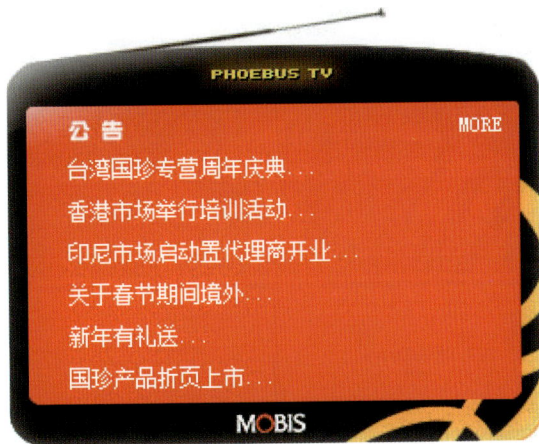

▲11-6 制作页面的文本链接

▲15-7 制作图像页面

▲12-7 制作可以折叠的相册

▲13-7-1 制作新闻页面

▲12-5 制作动态菜单效果

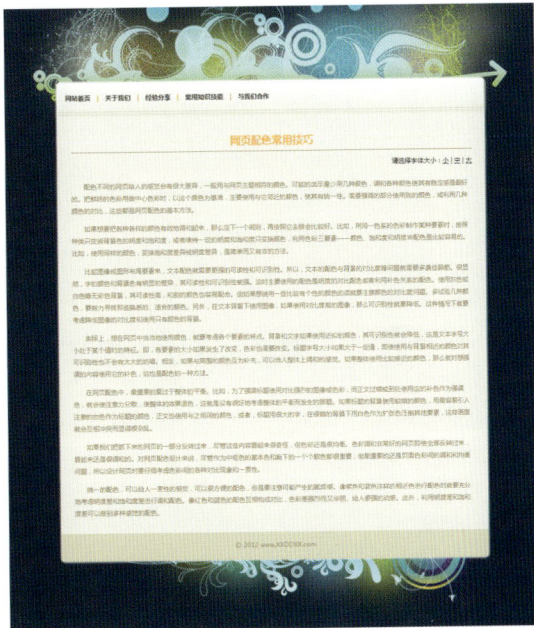

▲ 15-1　制作野生动物园网站页面

▲ 14-5-1　制作教育类网站页面

▲ 14-7-1　制作电子产品购物网站页面

▲ 16-7　制作社区类网站页面

▶ 16-1　制作餐饮类网站页面

DIV+CSS
网页布局实用教程

金景文化 编著

人民邮电出版社

北京

图书在版编目（CIP）数据

DIV+CSS网页布局实用教程 / 金景文化编著. -- 北京 : 人民邮电出版社, 2015.2（2019.9重印）
ISBN 978-7-115-36843-0

Ⅰ. ①D… Ⅱ. ①金… Ⅲ. ①网页制作工具－教材
Ⅳ. ①TP393.092

中国版本图书馆CIP数据核字(2014)第269193号

内 容 提 要

本书全面展现了Div+CSS进行网页设计布局的方法，主要包括CSS的基本语法和概念，通过CSS样式表设置文字、图片、背景、表格、表单和菜单等网页元素的方法，通过Div+CSS进行页面布局，以及CSS滤镜的使用，着重讲解如何用Div+CSS进行页面布局。书中精心设置了大量课堂案例，帮助读者提高实际操作能力。课后还提供了课后练习，可以帮助读者巩固所学到的知识。最后给出了6个完整的网页综合案例，让读者可以将所学到的知识综合运用到实际的网页设计制作中。

随书配套光盘中提供了书中所有课堂案例和课后习题的制作过程的教学视频，以及源文件和素材，能使读者提高学习效率。随书还提供教学用途的PPT课件，老师可直接使用或者修改后配合课程使用，便于提高教学质量。全书内容全面，讲解通俗易懂，适合初学者和对网页设计感兴趣的读者。

本书内容丰富、结构清晰、循序渐进，注重思维锻炼与实践应用，章节与案例之间相互呼应，适合作为CSS初学者的入门教材，也可以作为中高级用户的参考。

♦ 编　　著　金景文化
　　责任编辑　杨　璐
　　责任印制　程彦红

● 人民邮电出版社出版发行　　北京市丰台区成寿寺路 11 号
　　邮编　100164　电子邮件　315@ptpress.com.cn
　　网址　http://www.ptpress.com.cn
　　固安县铭成印刷有限公司印刷

♦ 开本：787×1092　1/16
　　印张：25　　　　　　　　　　彩插：2
　　字数：848 千字　　　　　　　2015 年 2 月第 1 版
　　印数：5 201－5 600 册　　　　2019 年 9 月河北第 8 次印刷

定价：45.00 元（附光盘）
读者服务热线：(010)81055410　印装质量热线：(010)81055316
反盗版热线：(010)81055315
广告经营许可证：京东工商广登字 20170147 号

前　言

随着互联网的飞速发展,上网已经成为了人们生活中不可或缺的一部分。作为上网主要的依托,网页或网站的建设也开始被越来越多的企业单位重视,这为网页设计人员提供了很大的发展空间。制作出内容丰富、页面精美的网站,是网站生存和发展的关键。

Div+CSS 作为一种现在流行的网页布局方式,不同于传统的表格(Table)布局,使用 Div+CSS 布局网页,能够真正做到 W3C 提出的"内容与表现相分离"的 Web 标准,页面代码也会更加精简。本书将向读者系统地介绍使用 Div+CSS 进行网页设计与制作的方法。希望通过本书的学习,能够帮助大家制作出更加丰富精美且易修整的网站。

本书内容

本书共分为 20 章,每章的主要内容如下。

第 1 章主要介绍网页制作的基础,包括浏览器和网页文档的关系、CSS 的作用和为 CSS 选择编辑器等。

第 2 章主要介绍了 HTML 和 XTML,包括了 HTML 的基本语法和 XHTML 的语法,还对 Dreamweaver 的代码编辑器进行了详细的介绍。

第 3 章简单地介绍编写 XHTML 文档的方法、为标签加入 CSS 样式、CSS 语句的结构和工作原理、为 CSS 添加注释等。

第 4 章主要介绍 CSS 的基本语法,包括选择器的分类、CSS 选择器声明、CSS 的层叠原理、单位,以及伪类和伪对象等。

第 5 章主要对 Div+CSS 布局页面的基础进行简单地介绍,包括 Div+CSS 布局的流程、盒模型的基本组成部分、CSS 的布局方式、CSS 的定位方式和溢出元素的控制等。

第 6 章详细介绍 CSS 排版页面的方法,包括固定宽度布局、自适应宽度布局、复杂页面的垂直布局和水平布局等。

第 7 章主要介绍使用 CSS 样式控制页面文本的方法、包括字体及字体大小的设置,文本的颜色、粗细、样式、装饰的设置,通过 CSS 控制段落属性和设置阴影文本等。

第 8 章主要介绍 CSS 控制页面背景的方法,包括背景颜色的设置、为元素添加背景图片,以及背景图的放置位置等。

第 9 章详细介绍 CSS 控制页面图片的方法,包括设置图片的样式、大小边框,设置图片水平对齐或垂直对齐,图片与文本的混排效果等。

第 10 章主要介绍 CSS 控制列表的方法,包括列表的类型、改变列表符的样式,以及使用列表制作使用菜单的方法。

第 11 章介绍 CSS 控制表格的方法,包括表格的基本结构,单元格对齐和表格特效。

第 12 章介绍 CSS 控制表单的方法,包括表单标签 <form> 单对象、文本字段、图像域等。

第 13 章主要介绍超链接的设置,包括超链接的介绍、制作超链接特效、鼠标特效,以及插入 Spry 卡式面板等。

第 14 章主要介绍 CSS 滤镜,包括滤镜的简单概述、透明层次滤镜、颜色滤镜、模糊滤镜、阴影滤镜和光晕滤镜等。

第 15 章主要介绍 CSS 与 JavaScript 的搭建,包括 JavaScript 的简介、JavaScript 基本语法、JavaScript 事件和浏览器的内部对象等。

第 16 章~第 20 章是综合案例部分,通过案例的形式向读者介绍使用 Div+CSS 进行网页设计制作的方法,案例包括游戏类、休闲类、餐饮类等。

本书特点

本书以 Dreamweaver CS6 软件为编辑器，全面细致地讲解了 XHTML 在网页设计领域的相关知识，对于网页设计的初学者来讲，是一本难得的实用型自学教程。

● 紧扣主题

本书全部章节均围绕着网页设计与制作的各个主题展开，所制作的案例也均与网页设计相关，书中案例精美，并且内容实用性强。

● 易学易用

书中采用基础知识讲解与实例相结合的写作方式，读者在学习知识后可以立即通过案例将它们运用到实践中，巩固所学知识，使学习的成果最大化。

● 多媒体光盘辅助学习

为了增加读者的学习渠道，增强读者的学习兴趣，本书配有多媒体教学光盘。在教学光盘中提供了本书中所有案例的相关素材和源文件，以及书中所有案例的视频教学，使读者获得如老师亲自指导一样的学习体验。

PPT课件及其下载说明

本书正文中所述 PPT 课件已作为学习资料提供下载，扫描右侧二维码即可获得文件下载方式。PPT 内容包括本书所涉及的理论知识、软件讲解和软件设置操作，以及实例的技术要点和最终效果。PPT 课件的结构完整，便于相关课程的讲师根据自己的实际需求完善课件，提高教学质量。

如果大家在阅读或使用过程中遇到任何与本书相关的技术问题或者需要什么帮助，请发邮件至 szys@ptpress.com.cn，我们会尽力为大家解答。

微信号：szysptpress
扫描二维码，获得本书学习资料下载方式

目　录

第1章
网页制作基础

网页是互联网展示信息的一种形式，随着互联网的日益成熟，越来越多的人开始制作网页。如果想要制作出精美的网页，不仅需要熟练掌握相关的软件，还要掌握制作网页的一些基础知识，本章将对网页制作基础进行详细的讲解。

1.1　认识网页

网页是互联网展示信息的一种形式。一般网页上都会有文本和图像信息，复杂一些的网页上还会有声音、视频、动画等多媒体。

1.1.1　网页和网站

进入网站首先看到的是网站的主页，主页集成了指向二级页面及其他网站的链接，浏览者进入主页后可以浏览最新的信息，找到感兴趣的主题，通过单击超链接跳转到其他网页，图 1-1 所示就是一家公司的网站。

图1-1

当浏览者输入一个网址或者单击了某个链接，在浏览器中将看到文字、图像、动画、视频、音频等内容，能够承载这些内容的被称为网页。网页的浏览是互联网应用最广的功能，网页是网络的基本组成部分。

知识点：门户网站和公司网站

网站则是各种内容网页的集合，按照其功能和大小来分，主要有门户类网站和公司网站两种。门户类网站内容庞大而又复杂，例如新浪、搜狐和网易等门户网站，如图1-2所示。

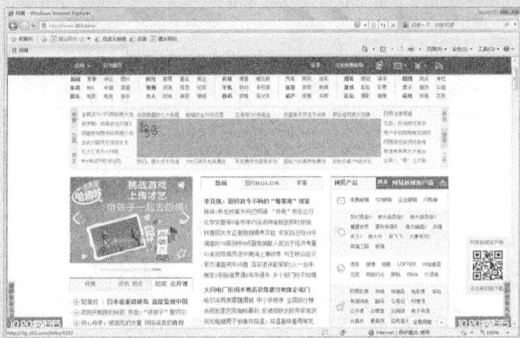

图1-2

而公司网站相对于门户网站来说，要简单得多，一般内容都只是对公司以及公司的产品进行简单的介绍，如图1-3所示。

图1-3

在所有网站中，有一个特殊的页面，它是浏览者输入网站的网址后，首先看到的页面，因此这个页面通常称为"主页"（Homepage），或称为"首页"。首页中承载了一个网站中所有的主要内容，访问者可按照首页中的分类，来精确、快速地找到自己想要的信息内容。

1.1.2　网页的类型

通常看到的网页都是以 htm 或 html 后缀结尾的文件，俗称 HTML 文档。不同的后缀，分别代表不同类型的网页文件，例如 CGI、ASP、PHP、JSP、VRML等，下面就对各种类型的网页文件进行简单的介绍。

表1-1

CGI	CGI是一种编程标准，它规定了Web服务器调用其他可执行程序的接口协议标准。CGI程序通过读取使用者的输入请求从而产生HTML网页。它可以用任何程序设计语言编写，目前最为流行的是Prel
ASP	ASP是一种应用程序环境，可以利用VBScript或Java Script语言来设计，主要用于网络数据库的查询与管理。其工作原理是当浏览者发出浏览请求的时候，服务器会自动将ASP的程序代码，解释为标准HTML格式的网页内容，再发送到浏览者的浏览器上显示出来。也可以将ASP理解为一种特殊的CGI
	利用ASP生成的网页，与HTML相比具有更大的灵活性。只要结构合理，一个ASP页面就可以取代成千上万个网页。尽管ASP在工作效率方面较一些新技术要差，但胜在简单、直观、易学，是涉足网络编程的一条捷径
PHP	PHP是一种HTML内嵌式的语言，PHP与微软的ASP颇有几分相似，都是一种在服务器端执行的嵌入HTML文档的脚本语言，风格类似于C语言。PHP独特的语法混合了C、Java、Perl以及PHP自创的语法。它可以比CGI或者Perl更快速地执行动态网页。其优势在于运行效率比一般的CGI程序要高，PHP在大多数UNIX平台、GUN/Linux和微软Windows平台上均可以运行
JSP	JSP是由Sun Microsystems公司倡导、许多公司参与一起建立的一种动态网页技术标准。JSP与ASP非常相似。不同之处在于ASP的编程语言是VBScript之类的脚本语言，而JSP使用的是Java语言。此外，ASP与JSP还有一个更为本质的区别：两种语言引擎用完全不同的方式处理页面中嵌入的程序代码。在ASP下，VBScript代码被ASP引擎解释执行；在JSP下，代码被编译成Servlet并由Java虚拟机执行
VRML	VRML是虚拟实境描述模型语言。是描述三维的物体及其链接的网页格式
	浏览VRML的网页需要安装相应的插件，利用经典的三维动画制作软件3D MAX，可以简单而快速地制作出VRML网页

1.1.3　动态网页与静态网页

动态网页与静态网页相对应，网页 URL 后缀以 .htm、.html、.shtml、.xml 等常见形式出现的，是静态网页。而以 .asp、.jsp、.php、.perl、.cgi 等形式为后缀的，就是动态网页。

在动态网页的网址中有一个标志性的符号——"?"，如图 1-4 所示。

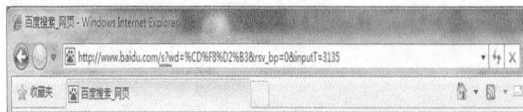

图1-4

动态网页可以是纯文本内容的,也可以是包含各种动画内容的,这些只是网页具体内容的表现形式,无论网页是否具有动态效果,采用动态网站技术生成的网页都成为动态网页。

从网站浏览者的角度来看,无论是动态网页还是静态网页,都可以展示基本的文字和图片信息,但从网站开发、管理、维护的角度来看就又跟大的差别。

知识点:静态网页的特点

● 静态网页每个网页都有一个固定的 URL,且网址中没有"?"。

● 网页内容一经发布到网站服务器上,无论是否有用户访问,每个静态网页的内容都保存在网站服务器上,也就是说,静态网页是实实在在保存在服务器上的文件,每个网页都是一个独立的文件。

● 静态网页的内容相对稳定,因此容易被搜索引擎检索。

● 静态网页没有数据库的支持,在网站制作和维护方面工作量较大,因此当网站信息量很大时完全依靠静态网页制作方式比较困难。

● 静态网页的交互性交叉,在功能方面有较大的限制。

知识点:动态网页的特点

● 动态网页以数据库技术为基础,可以大大降低网站维护的工作量。

● 采用动态网页技术的网站可以实现更多的功能,如用户注册、用户登录、在线调查、用户管理、订单管理等。

● 动态网页实际上并不是独立存在于服务器上的网页文件,只有当用户请求时服务器才返回一个完整地网页。

● 动态网页地址中的"?"对搜索引擎检索存在一定的问题,搜索引擎一般不可能从一个网站的数据库中访问全部网页,或者出于技术方面的考虑,搜索引擎不会去搜索网址"?"后面的内容,因此采用动态网页的网站在进行搜索引擎推广时需要做一定的技术处理才能适合搜索引擎的要求。

1.1.4 网页的基本构成元素

网页由网址(URL)进行识别和存取。当访问者

在浏览器的地址栏中输入网址后,通过一段复杂而又快速的程序,网页文件会被传送到访问者的计算机内,然后浏览器把这些 HTML 代码"翻译"成图文并茂的网页,如图 1-5 所示。

| 图像 | 文字 | Flash动画 | 视频 |

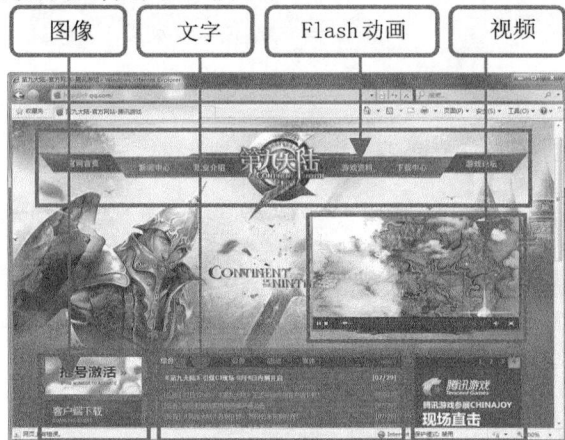

图1-5

知识点:网页基本元素

● 文本和图像

是网页中两个基本构成元素,目前所有网页中都有它们的身影。

● 超链接

网页中的链接又可分为文字链接和图像链接两种,只要访问者用鼠标来单击带有链接的文字或者图像,就可自动链接到对应的其他文件,这样才让网页能够链接称为一个整体,超链接也是整个网络的基础。

● 动画

网页中的动画也可以分为 GIF 动画和 Flash 动画两种。动态的内容总是要比静止的内容能够吸引人们的注意力,因此精彩的动画能够让网页更加丰富。

● 表单

是一种可在访问者和服务器之间进行信息交互的技术,使用表单可以完成搜索、登录、发送邮件等交互功能。

● 音频 / 视频

随着网络技术的不断发展,网站上已经不再是单调的图像和文字内容,越来越多的设计人员会在网页中加入视频、背景音乐等,让网站更加富有个性和时尚魅力。

1.2 如何设计网页

网页设计的方向取决于设计的任务,网页设计中最重要的东西,并非是在软件功能上的应用,而是在于对网页设计的理解以及设计制作的水平上,在于自身的美感以及对页面的把握上。

1.2.1 网页设计的基本原则

建立网站的目的是为了给浏览者提供所需的信息,这样浏览者才会愿意光顾,网站才有真实的意义,以下是网页设计的几条基本原则。

● 明确主题

一个优秀的网站要有一个明确的主题,整个网站设计要围绕这个主题进行制作。也就是说,在网页设计之前要明确网站目的,所有页面都是围绕着这个内容来制作。

● 首页很重要

首页设计的如何是整个网站成功与否的关键,反应整个网站给人的整体感觉。能否吸引访问者,全在于首页的设计效果。首页最好要清楚,类别选项应人性化,让访问者可以快速找到自己想要找的东西。

● 分类

网站内容的分类也十分重要,可以按主题分类、按性质分类、按组织结构分类,或者按人们的思考方式分类等。不论哪一种分类方法,都要让访问者很容易就能找到目标。

● 互动性

互联网的另一个特色就是互动性。好的网站首页必须与访问者有良好的互动关系,包括在整个设计的呈现、使用界面引导等,都应掌握互动的原则,让访问者感觉他的每一步都确实得到恰当的回应。

● 图像应用技巧

图像是在网站中的特色之一,它具备醒目、吸引人和传达信息的功能。好的图像应用可给网页增色,同样不恰当的图像应用则会适得其反。运用图像时一定要注意图像下载时间的问题。在图像运用上,尽可能采用一般浏览器均支持的压缩格式,如果需要放置大型图像的文件,最好将图像文件与网页分隔开,在页面中先显示一个具备链接的缩小图像或者是说明文字,然后加上该图像的大小说明,如此不但可加快网页的传输速度,而且可以让浏览者判断是否继续打开放大后的图片。

● 避免滥用技术

技术是让人着迷的东西,许多网页设计者喜欢使用各种各样网页制作设计技术。好的技术运用到页面上会栩栩如生,给访问者一种全新的感觉,但不恰当的使用技术则会起到相反的效果,反而会让访问者失去对网页的兴趣。

● 及时更新和维护

访问者希望看到新鲜的东西,没有人对过时的信息而感兴趣,因此网站的信息一定要注意及时性,时刻保持着新鲜感是很重要的。

1.2.2 网页设计的成功要素

设计一个网站,具体有下列几条成功的基本因素,这些因素对网站的成功与否有着重要影响。

● 整体布局

网页设计作为一种视觉语言,特别讲究编排和布局。一般来说,好的网站应该干净整洁、条理清楚、布局清晰,过多的闪烁、色彩、图片等只能会让访问者无所适从。

● 信息

无论商业站点还是个人主页,必须提供有一定价值的内容才能吸引访问者,这些"有价值的内容"可以是:信息、娱乐、对一些问题的帮助、提供志趣相投者联络的机会、链接到相关的网页等。

● 下载速度

页面下载速度是网站吸引访问者的关键因素,如果20 ~ 30秒还不能打开一个网页,一般人就会没有耐心。至少应该确保主页速度尽可能快,图像是影响网页下载速度的重要原因,图像大小应该在6 ~ 8K字节之间为宜。

● 图像和版面设计

图像和版面设计关系到对首页的第一印象,图像应集中反映主页所传达的主要信息内容。

● 文字的可读性

能够提高文字可读性的因素主要是选择的字体,通用的字体(Arial, Times New Roman, Garamond and Courier)最易阅读,特殊字体用于标题效果较好,但是不适合正文。

文字的颜色也很重要,不同的浏览器有不同的显示效果,有些已经设置好的字体颜色在其他浏览器上可能就无法显示。

● 多媒体功能的运用

要吸引浏览者注意力,页面可以巧妙地运用三维动画、Flash动画等来表现。但由于网络带宽的限制,在使用多媒体的形式表现网页的内容时,需要考虑客户端的传输速度。

● 导向清晰

导航设计使用超文本链接或图片链接,使浏览者能够在网站上自由前进或后退,而不会让浏览者使用浏览器上的前进或后退。

由于人们习惯于从左到右、从上到下阅读,因此主要的导航条应放置在页面左边。对于较长页面来说,在最底部设置一个简单导航也很有必要。

确定一种满意的模式之后,最好将这种模式应用到同一网站的每个页面,这样,浏览者就知道如何寻找信息了。

在制作网站的时候一定要有耐心、仔细,不要因为对某些步骤的疏忽而影响网站的整体效果。

1.2.3 网页的设计风格和色彩搭配

色彩的魅力是无限的,它可以让本身很平淡的东西瞬间变得靓丽起来,网页也同样如此。随着网络时代的迅速发展,只是简单的文字与图片的网页已经不能满足人们的需要,当代的设计者除了需要掌握基本的网站制作技术以外,还必须能够很好地应用色彩,掌握一些基本的色彩搭配技巧。

> **知识点:网页设计风格**
>
> 风格(style)是抽象的,是指站点的整体形象给浏览者的综合感受。这个"整体形象"包括站点的CI(标志、色彩、字体、标语)、版面布局、浏览方式、交互性、文字、语气、内容价值、存在意义、站点荣誉等诸多因素。

> **知识点:网页颜色搭配**
>
> 无论是平面设计,还是网页设计,色彩永远是最重要的一环。当距离显示屏较远的时候,看到的不是优美的版式或者是美丽的图片,而是网页的色彩
>
> 在色彩的选择上,可以有3种选择。
>
> (1)用一种色彩:先选定一种色彩,然后调整透明度或者饱和度:这样的页面看起来色彩统一,有层次感。
>
> (2)用两种色彩:先选定一种色彩,然后选择它的对比色。
>
> (3)用一个色系:简单的说就是用一个感觉的色彩,例如淡蓝、淡黄、淡绿,或者土黄、土灰、土蓝。

> **提示:**
>
> 在网页配色中,还要切记一些误区。
> 不要将使用过多的颜色,尽量控制3 ~ 5种色彩以内。
> 背景和文字的对比尽量要大(绝对不要使用花纹繁复的图案作背景)。

1.3 网站设计要点

网页作为传播信息的一种载体,也要遵循一些设计的要点。但是,由于表现形式、运行方式和社会功能的不同,网页设计又有其自身的特殊规律。网页设计是技术与艺术的结合,内容与形式的统一,它要求设计者必须清楚以下的几个要点。

1.3.1 为用户考虑

为用户考虑的原则实际上就是求设计者时刻站在浏览者的角度来考虑,主要体现在以下几个方面。

● 使用者优先观念

无论什么时候,不管是在着手准备设计页面之前、正在设计之中,还是已经设计完毕,都应该有一个最高行动准则,那就是使用者优先。使用者想要什么,设计者就要去做什么。如果没有浏览者光顾,再好看的页面都是没有意义的。

● 考虑用户浏览器

还需要考虑用户使用的浏览器,如果想让所有的用户都可以毫无障碍地浏览页面,那么最好使用所有浏览器都可以阅读的格式,而不要使用只有部分浏览器支持的HTML格式或程序技巧。如果想展现自己的高超技术,又不想放弃一些潜在的用户,可以考虑在主页中设置几种不同浏览模式的选项(例如纯文字模式、Frame模式和Java模式等),供浏览者自行选择。

● 考虑用户的网络连接

另外,还需要考虑用户的网络连接,可能用户所使用的网络连接是不同的,有可能使用ADSL、高速专线、小区光纤等,所以,在进行网页设计时必须考虑这种情况,不要放置一些文件容量很大,下载时间很长的内容。在网页设计制作完成之后,最好能够亲自测试一下。

1.3.2 主题突出

视觉设计表达的是一定的意图和要求,有明确的主题,并按照视觉心理规律和形式将主题主动地传达给观赏者,以使主题在适当的环境里被人们及时地理解和接受,从而满足其需求。这就要求视觉设计不但要单纯、简练、清晰和精确,而且在强调艺术性的同时,更应该注重通过独特的风格和强烈的视觉冲击力来鲜明地突出设计主题,如图1-6所示。

图1-6

根据认知心理学的理论,在多数人在短期记忆中只能同时把握4~7条分类的信息,而对多于7条的分类信息或者不分类的信息则容易产生记忆上的模糊或遗忘,概括起来就是,较小且分类的信息要比较长且不分类的信息更加有效和容易浏览。这个规律蕴含在人们寻找信息和使用信息的实践活动中,它要求视觉设计者的设计活动必须自觉地掌握和遵从。页面上的每一类的分类信息都在7条以内,最多也只有7条,如图1-7所示。

网页艺术设计属于视觉设计范畴的一种,其最终目的是达到最佳的主题诉求效果。这种效果的取得,一方面,通过对网页主题思想运用逻辑规律进行条理性处理,使之符合浏览者获取信息的心理需求和逻辑方式,让浏览者快速地理解和吸收;另一方面,还要通过对网页构成元素运用艺术的形式美法则进行条

理性处理,以更好地营造符合设计目的的视觉环境,突出主题,增强浏览者对网页的注意力,增进对网页内容的理解。只有这两个方面有机地统一,才能实现最佳的主题诉求效果。

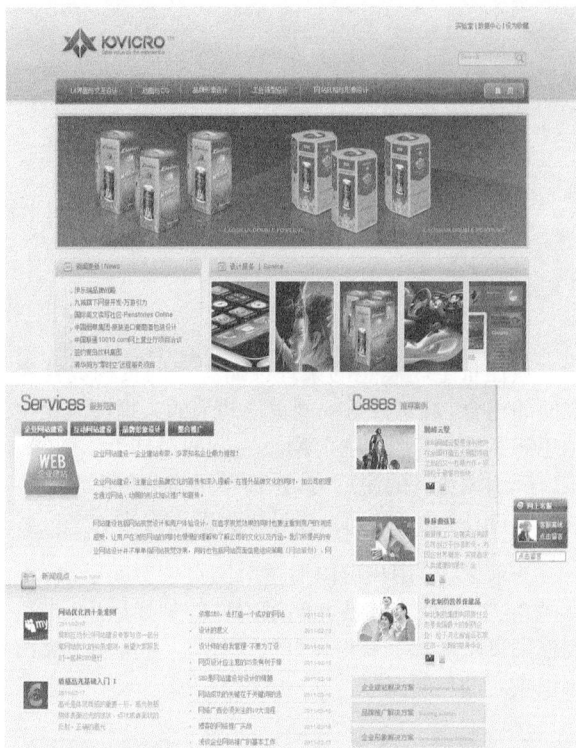

图1-7

优秀的网页设计必然服务于网站的主题,也就是说,什么样的网站应该有什么样的设计。例如,设计类的个人站点与商业站点的性质不同,目的也不同,所以评论的标准也不同。网页艺术设计与网站主题的关系应该是这样的:首先设计是为主题服务的;其次设计是艺术和技术结合的产物,也就是说,即要"美",又要实现"功能";最后"美"和"功能"都 为了更好地表达主题。当然,在某些情况下,"功能"就是主题,"美"就是主题。例如,百度作为一个搜索引擎,首先要实现"搜索"的功能,它的主题就是它的功能,如图1-8所示。

图1-8

而一个个人网站，可以只体现作者的设计思想，或者仅以设计"美"的网页为目的，它的主题只有美，如图1-9所示。

图1-9

只注重主题思想的条理性而忽视网页构成元素之间的组合，或者只重视网页形式上的条理而淡化主题思想的逻辑，都将削弱网页主题的最佳诉求效果，难以吸引浏览者的注意力，从而不可避免地出现平庸的网页设计，或者使网页设计以失败而告终。

一般来说，用户可以通过对网页的空间层次、主从关系、视觉秩序和彼此间逻辑性的把握运用，来达到使网页从形式上获得良好的诱导力，并鲜明地突出诉求主题的目的。

1.3.3 整体原则

网页的整体性包括内容和形式上的整体性，在此主要讨论设计形式上的整体性。

网页是传播信息的载体，它要表达的是一定的内容、主题和观念，在适当的时间和空间环境里为人们所理解和接受，以满足人们的需求和实用为目标。设计强调其整体性，可以使浏览者更快捷、更准确地认识它、掌握它，并给人一种内部联系紧密，外部和谐完整的美感。整体性也是体现一个站点独特风格的重要手段之一。

网页的结构形式是由各种视听要素组成的。在设计网页时，强调页面各组成部分的共性因素或者使各个部分共同含有某种形式特征，是形成整体的常用方法。这主要从版式、色彩、风格等方面入手。例如，在版式上，对页面中各视觉要素作全盘考虑，以周密的组织和精确的定位来获得页面的秩序感，即使运用"散"的结构，也要经过深思熟虑之后才决定；一个站点通常只使用2～3种标准色，并注色色彩搭配的和谐；对于分屏的长页面，不能设计完第一屏，再去考虑下一屏。同样，对于整个网页内部的页面，都

应该使用统一规划，统一风格，让浏览者体会到设计者完整的设计思想。

从某种意义上讲，强调网页结构形式的视觉整体性必然会牺牲灵活的多变性，因此，在强调网页整体性设计的同时必须注决，过于强调整体性可能会使网页呆板、沉闷，从而影响浏览者的兴趣和继续浏览的欲望。因此，"整体"是"多变"基础上的整体。

1.3.4 内容与形式相统一

任何设计都有一定的内容和形式。设计内容是指主题、形象、题材等要素的总和，形式是其结构、风格与设计语言等表现方式。一个优秀的设计必定是形式对内容的完美表现。

一方面，网页设计所追求的形式美必须适合主题的需要，这就是网页设计的前提。只追求花哨的表现形式及过于强调"独特的设计风格"而脱离内容，或者只求内容而缺乏艺术的表现，都会让网页设计变得空洞无力。设计者只有将这两者有机地统一起来，深入领会主题的精髓，再融合自己的思想感情，找到一个完美的表现形式，才能体现网页设计独具的分量和特有的价值。另一方面，要确保网页上的每一个元素都有存在的必要，不要为了炫耀而使用冗余的技术，那样得到的效果可能会适得其反。只有通过认真设计和充分的考虑来实现全面的功能并体现美感，才能实现形式与内容的统一。

假设某个网页为了丰富其艺术性追赶时尚而大量使用图像或其他多媒体元素，虽然达到了其静态形式美的效果，却造成多达几十KB、几百KB，甚至更大的网页数据，这样就会使浏览者必须等待很长的时间才能看到整个网页的内容。这样的网页不是一个优秀的网页，因为它不符合网页传播信息的突出特性——快捷性，使浏览者不能很快地打开网页内容，从而影响了访问的效果和质量，打击了访问者的兴趣和积极性。这种技术要素影响了传达信息的效果，因此不是形式与内容的完美统一。

网页具有多屏、分页、嵌套等特性，设计者可以对其进行形式上的适当变化，以达到多变的处理效果，丰富整个网页的形式美。这就要求设计者在注意单个页面形式与内容统一的同时，不能忽视同一主题下多个分页面组成的整体网站的形式与整体内容的统一。因此，在网页设计中必须注意形式与内容的高度统一，如图1-10所示。

图1-10

1.3.5　更新和维护

适时对网页进行内容或形式上的更新是保持网站鲜活力的重要手段，长期没有更新的网站是不会再有人去浏览的。如果想要经营一个带有即时性质的网站，除了注重内容外，还要每日更新资料，这就需要考虑网站的维护管理问题。建设一个站点可能比较简单，但维护管理就比较烦琐了，这项工作往往重复而死板，但用户不能不做这项工作，因为维护管理也是网站后期的重要工作之一。

1.4　网站设计流程

在最初开始设计网站的时候，最大的误区就是确定网站类型后迫不及待地开始动手制作。当制作一些页面后，才发现网站的结构特别混乱，内容分工不合理，这就导致将来维护网站的时候相当困难，所以在开始制作网站之前要先对网站的开发内容进行规范。

1.4.1　网站项目的定义

在准备制作网站前，首先要与决策者进行详细的沟通交流。通过交流了解要制作网站的特点，这样可以保证网站设计风格符合决策者的需求。

通过与客户的多次沟通，最终要得到以下几点信息。

● 决策者需要实现的功能和建站目的

了解客户建站的目的后，可以更加有针对性的为客户制定服务。同时不会遗漏客户对于网站功能的要求。

● 决策者希望上线的时间

要了解客户对完成网站制作的时间要求，例如制作时间、测试时间和上线时间。这样可以很好地控制制作进度。

1.4.2　网站策划方案

与客户沟通，了解了客户的喜好及要求后，接下来就要开始讨论并为网站出2～3套策划方案。一个网站的成功与否与建站前的网站规划有着极其重要的关系。在建立网站前应进行必要的市场分析，明确网站的目的，确定网站的功能和规模。只有详细地规划，才能避免在网站制作时漏洞百出，保证网站项目顺利完成。

在策划之初，要对相关行业的市场有什么特点，如何在互联网上开展公司业务。竞争对手网站情况及其网站规划、功能作用进行了解。同时还要对公司自身条件进行分析、了解公司概况、市场优势以及那部分可以与网络结合以提升企业竞争力。收集这些信息后可以由针对性的确立建站的目标。

1.4.3　网站内容规划

了解了网站的需求后，就可以开始对网站的内容进行规划。合理的网站内容规划有利于浏览者清楚、快捷、准确地找到所需要的信息。常见的规划步骤如下。

● 设计栏目内容设计

栏目内容设计是将网站中要表示的同类别的信息划分为不同的栏目。栏目的名字最好不要超过4个字，采用简洁、明了的命名。但是设计时要保持每一个栏目所占的宽度基本一致，给人整齐划一的感觉，如图1-11所示。

图1-11

● 设计网站内容结构

网站中内容很多，信息量也很大。如果没有对内容进行分类整理，将非常不方便用户浏览。因此，在页面中采用什么样的方式摆放是非常重要的工作。一般情况下都是以标题或者摘要的形式将各个栏目中的主要内容放置在页面的内容区域，同时使用下画线或底色加以区分，如图 1-12 所示。

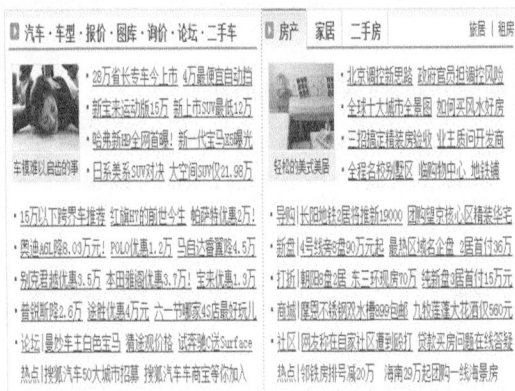

图1-12

● 设计站点结构

网站的站点结构通常是指网站页面之间的关系。按照功能的不同，网站页面分为一级页面、二级页面和三级页面。超过三级的页面不推荐使用，因为会影响浏览者的积极性。

站点结构一般采用金字塔的结构。首页位于站点的最上面，然后按照栏目依次向下划分，如图 1-13 所示。

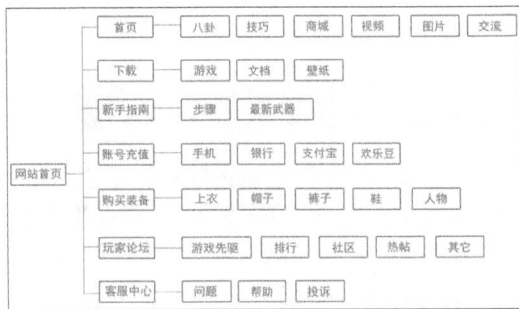

图1-13

1.4.4 获得网站资源

在对网站内容规划的同时就可以收集与网站建设有关的资料。这些资料包括客户需要发布到网络中的所有文字和图形。

一个网站的建设通常由策划、设计和编写程序 3

个部分构成。策划负责整个网站的规范和进度；设计负责网站的设计以及图片处理；程序则要实现网站全部的交互功能。只有 3 个部分的成员合作，才可以使网站的建设更加完整。

1.5　常用网页编辑软件简介

在进行网页的制作之前，还需要一款功能强大的网页编辑软件。常用的网页编辑软件有 Dreamweaver、FvontPage 和 Netscape 等。

1.5.1　Dreamweaver

Dreamweaver 是一款由 Adobe 公司用于网站设计与开发的业界领先工具，它提供了强大的可视化布局工具、应用开发功能和代码编辑支持，使设计和开发人员能够有效地创建出非常吸引人的基于标准的网站，图 1-14 所示为 Dreamweaver 编辑器主界面。

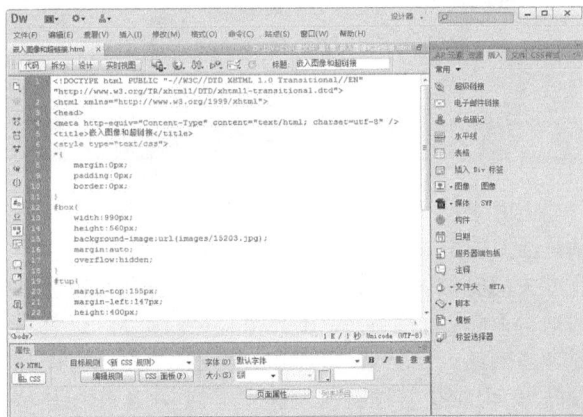

图1-14

> 📎 提示：
> Dreamweaver 的最新版本是 2013 年 6 月发行的 Dreamweaver CC。

课堂案例

安装Dreamweaver

案例位置：无

视频位置：光盘\视频\第1章\1-5-1（1）.swf

难易指数：★☆☆☆☆

学习目标：在计算机中安装Dreamweaver

最终效果如图1-15所示

图1-15

01 将 Dreamweaver 安装光盘放入 DVD 光驱中，自动进入初始化安装程序界面，如图 1-16 所示。

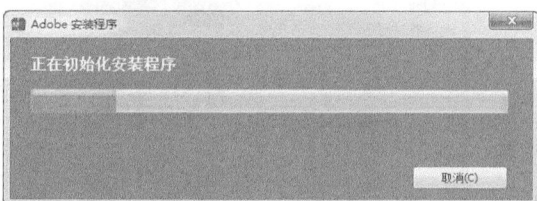

图1-16

02 初始化完成后进入"欢迎"界面，可以选择安装或试用，如图 1-17 所示。

图1-17

03 单击"安装"按钮，进入"Adobe 软件许可协议"界面，如图 1-18 所示。

04 单击"接受"按钮，进入"序列号"界面，输入序列号，如图 1-19 所示。

图1-18

图1-19

提示：
　　如果安装时没有产品的序列号，可以选择"试用"选项。这样就不用输入序列号即可安装，可以正常使用软件 30 天。30 天过后则再次需要输入序列号，否则将不能正常使用。

05 单击"下一步"按钮，进入 Adobe ID 界面，如果不需要输入 ID，则单击"下一步"按钮，进入"选项"界面，勾选要安装的选项，并指定安装路径，如图 1-20 所示。

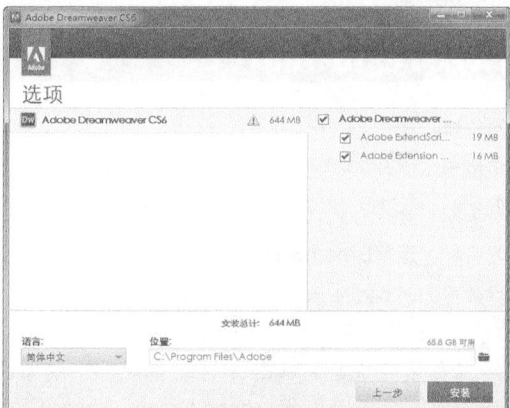

图1-20

06 单击"安装"按钮,则进入"安装"界面执行操作,并显示安装进度,如图 1-21 所示。

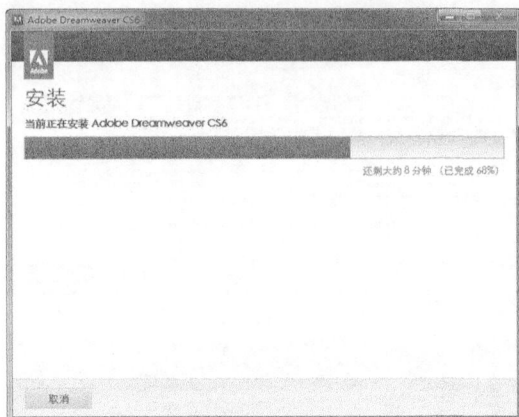

图1-21

07 安装完成后,进入"安装完成"界面,将显示已安装的内容,如图 1-22 所示。单击"关闭"按钮,关闭安装窗口即可。

图1-22

课堂案例

启动Dreamweaver

案例位置:无

视频位置:光盘\视频\第1章\1-5-1(2).swf

难易指数:★☆☆☆☆

学习目标:运行Dreamweaver软件

最终效果如图1-23所示

01 安装完成后,单击计算机的"开始菜单"按钮,在弹出的菜单中单击 Adobe Dreamweaver CS6 选项,如图 1-24 所示。

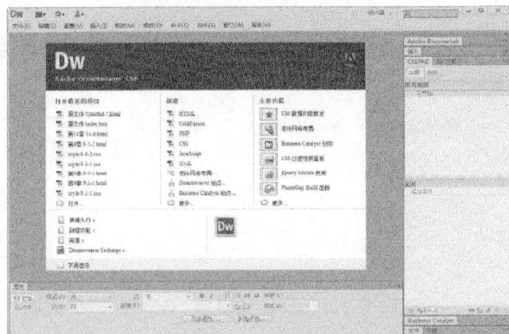

图1-23

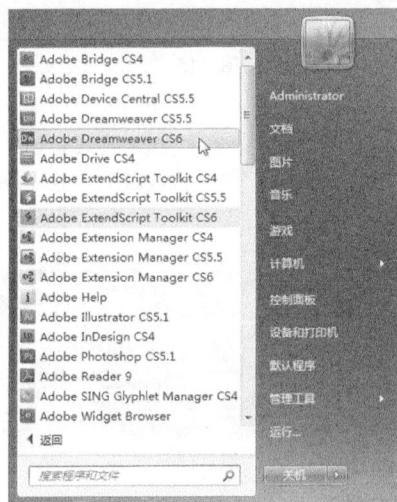

图1-24

02 计算机桌面将自动出现 Dreamweaver 的启动界面,如图 1-25 所示。

图1-25

03 第一次启动 Dreamweaver,会自动弹出"默认编辑器"对话框,在该对话框中可以选择将 DW 作为一些常用网页文件的默认编辑器，如图 1-26 所示。

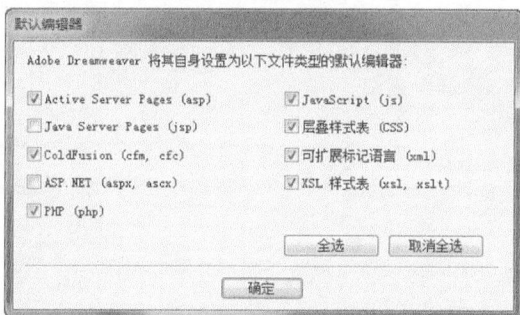

图1-26

04 单击"确定"按钮，即可成功启动 Dreamweaver 软件，如图 1-27 所示。

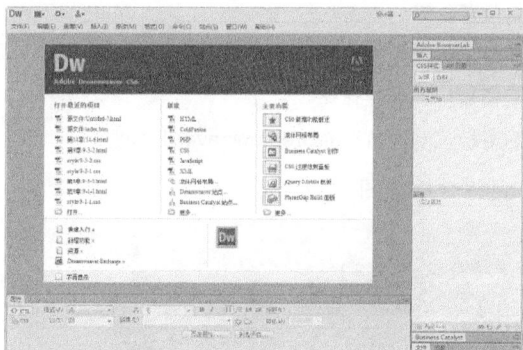

图1-27

1.5.2 FrontPage

FrontPage 是微软公司出品的一款入门级网页制作软件，该软件结合了设计、代码和预览三种模式为一体。

FrontPage 使用方便简单，和文字软件 Word 很相似，也就是说会使用 Word 就可以使用 FrontPage 制作网页，图 1-28 所示为 FrontPage 编辑器工作界面。

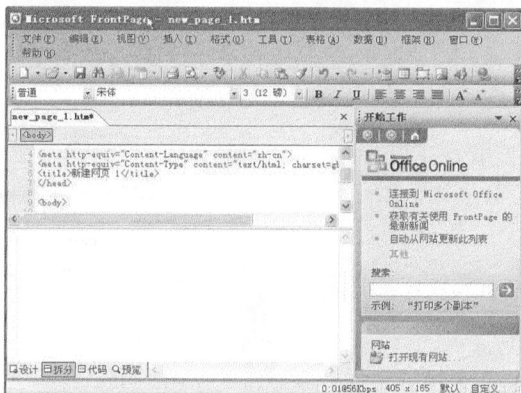

图1-28

提示：
微软公司已在 2006 年年底停止提供 FrontPage 软件。

1.5.3 HomeSite

由 Adobe 公司提供的 HomeSite 软件是一款优秀的 HTML 编辑器，也是较为热门的 HTML 编辑工具之一。极其方便的鼠标右键功能菜单可以让用户在制作网页的过程中极大地提高工作效率。

HomeSite 还有大量的 JavaScript 特性，比如自动创建标签以及脚本命令等特色，使可以用户更轻松地查看和跟踪脚本命令。图 1-29 所示为 HomeSite 编辑器。

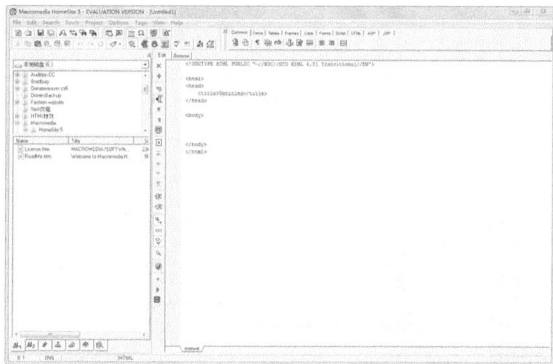

图1-29

1.6 本章小结

本章主要向用户介绍了网页设计的基础知识、网页设计与网页制作的区别以及网页的基本构成元素，使用户对网页设计有一个初步的了解。随后介绍了网页设计的基本原则和成功要素，以及网站设计制作的整体流程等内容，这一部分将有助于用户获取网页设计的本质。本章所讲解的内容以概念居多，用户在学习的过程中需要注意理解。

1.7 课后习题

本章安排两个课后习题，分别是新建 Dreamweaver 文档和新建 Dreamweaver 工作区，这两个课后习题主要是针对后面章节的学习而设，我们在后面的介绍都将以 Dw 来作为网页制作平台。

1.7.1　课后习题1-新建Dreamweaver文档

案例位置：无

视频位置：光盘\视频\第1章\1-7-1.swf

难易指数：★☆☆☆☆

学习目标：新建网页文档

最终效果如图1-30所示

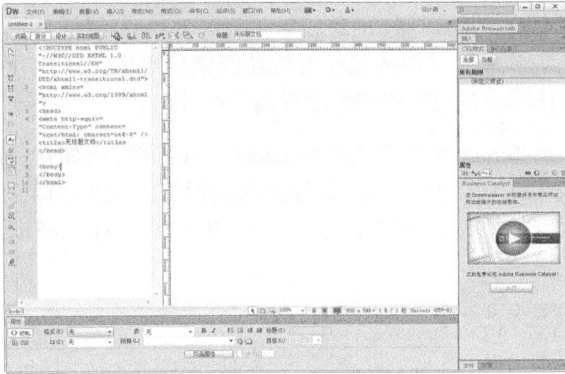

图1-30

步骤分解如图 1-31 所示。

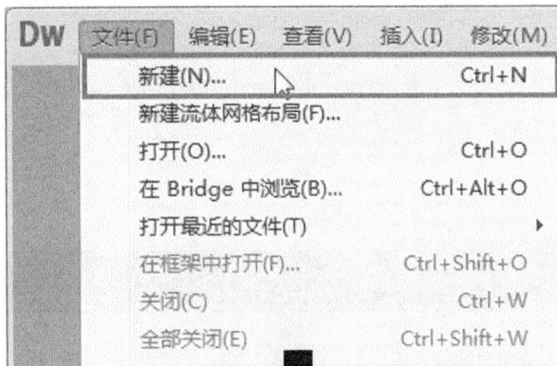

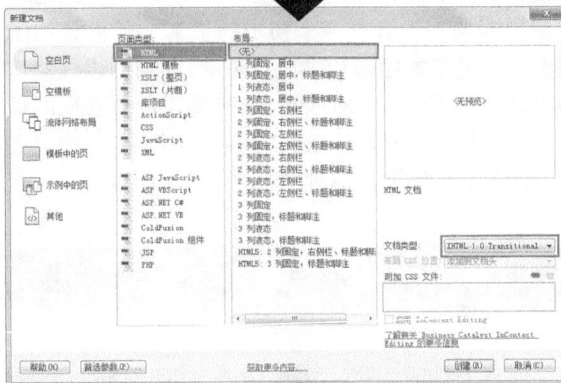

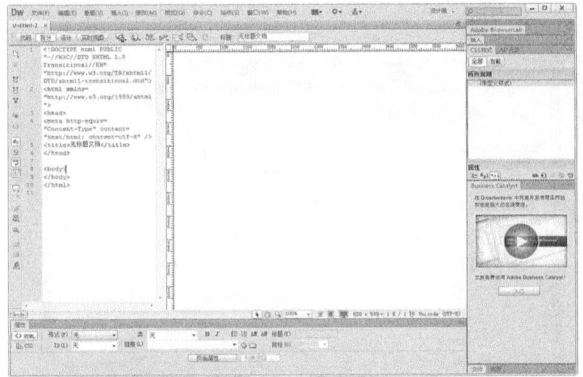

图1-31

1.7.2　课后习题2-新建Dreamweaver工作区

案例位置：无

视频位置：光盘\视频\第1章\1-7-2.swf

难易指数：★☆☆☆☆

学习目标：制作自己的Dreamweaver工作区

最终效果如图 1-32 所示。

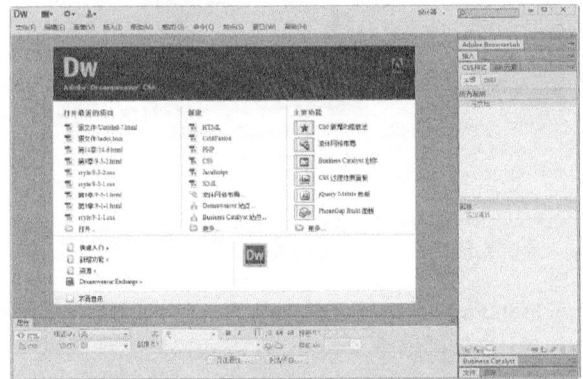

图1-32

步骤分解如图 1-33 所示。

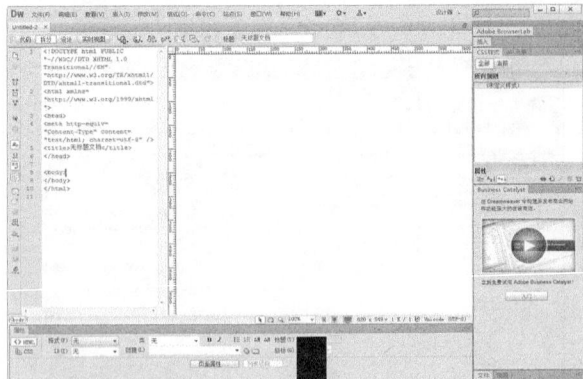

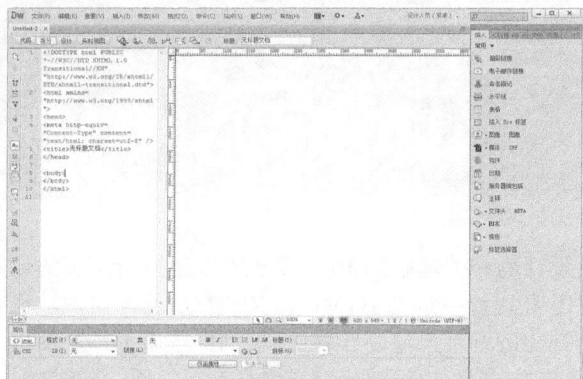

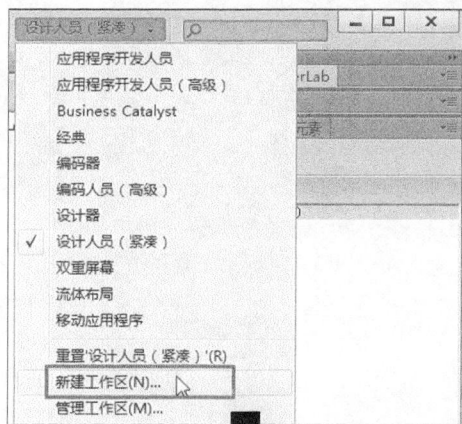

图1-33

第2章

HTML和XHTML

了解了网页设计的相关基础知识后,要想专业地进行网页的设计和编辑,最好还要具备一定的 HTML 和 XHTML 语言知识。虽然现在有很多可视化的网页设计制作软件,但网页本质上都是使用 HTML 和 XHTM 构成的,可以说要想精通网页制作的话,必须要对 HTML 和 XHTML 语言有一定的了解。

2.1 了解浏览器和网页文档的关系

浏览器是安装在计算机中用来查看互联网中网页的一种工具,每一个互联网的用户都要在计算机上安装浏览器来"阅读"网页中的信息。

网页是由网址(URL)来识别与存取,当访问者在浏览器的地址栏中输入一个网址或者单击某一个链接后,通过一段复杂而又快速的程序,网页文档就会被传送到访问者的计算机内,然后浏览器把 HTML 代码"翻译"成带有文字、图像、动画、视频和音频等内容的网页。

2.2 初识HTML和XHTML

HTML 发展到目前,由于存在着一些缺点和不足,已经不能适应现在越来越多的网络设备和应用需要,因此,HTML 需要发展才能解决这个问题,于是 W3C 又制定了 XHTML。HTML 和 XHTML 语言都是搭建网页的基本语言。

HTML 的英文全称是 Hyper Text Markup Language,意为超文本标记语言,是一种表示 Web 页面符号的标记性语言。

XHTML 是 HTML 的扩展,称为可扩展的超文本标记语言,具有比 HTML 语言更加严谨的规则,英文全称是 Extensible Hyper Text Markup Language。

2.3 HTML

HTML 主要运用标签使页面文件显示出预期的效果,也就是在文本文件的基础上加上一系列的网页元素展示效果,最后将文档的扩展名调整为 .htm 或 .html 文件。当用户通过浏览器读取 HTML 文

课堂学习目标:

★ 了解浏览器和网页文档的关系

★ 熟练掌握HTML的语法

★ 熟练掌握XHTML的语法

★ 认识Dreamweaver编辑器

档时，浏览器将会解释插入到 HTML 文本中的各种标签，并以此为依据显示文本的内容。

2.3.1 HTML概述

在介绍 HTML 语言之前，不得不介绍互联 World Wide 万维网（Web）。万维网是一种建立在互联网上的、全球性的、交互性、多平台性、分布式的信息资源网络。它采用 HTML 语法描述超文本（Hypertext）文件。Hypertext 一词有两个含意：一个是链接相关联的文件；另一个是内含多媒体对象的文件。

从技术上讲，万维网有 3 个基本组成，分别是全球资源定位器（URL）、超文本传输协议（HTTP）和超文本标记语言（HTML）。

其中，URL（Universal Resource Locators）提供在 Web 上进入资源的统一方法和路径，使得用户所要访问的站点具有唯一性，相当于实际生活中的门牌地址。

HTTP 是一种网络上传输数据的协议，是英文 Hyper Text Transfer Protocol 的缩写，专门用于传输万维网上的信息资源。

HTML 语言是英文 Hyper Text Markup Language 的缩写，它是一种文本类、解释执行的标记语言，是在标准一般化的标记语言（SGML）的基础上建立的。SGML 仅描述了定义一套标记语言的方法，而没有定义一套实际的标记语言。而 HTML 就是根据 SGML 制定的特殊应用。

HTML 语言是一种简易的文件交换标准，有别于物理的文件结构，它旨在定义文件内的对象的描述文件的逻辑结构，而并不是定义文件的显示。由于 HTML 所描述的文件具有极高的适应性，所以特别适合于万维网的环境。

HTML 于 1990 年被万维网所采用，至今经历了众多版本，主要由万维网国际协会（W3C）主导其发展。而很多编写浏览器的软件公司也根据自己的需要定义 HTML 标记或属性，所以导致现在的 HTML 标准较为混乱。

由于 HTML 语言编写的文件是标准的 ASCII 文本文件，因此可以使用任何的文本编辑器来打开 HTML 文件。

> **提示：**
> HTML 文件可以直接由浏览器解释执行，而无须编译。当用浏览器打开网页时，浏览器读取网页中的 HTML 代码，分析其语法结构，然后根据解释的结果为示网页内容，正是因为如此，网页显示的速度同网页代码的质量有很大的关系，保持精简和高效的 HTML 源代码是十分重要的。

2.3.2 HTML的基本结构

编写 HTML 文件的时候，必须遵循 HTML 的语法规则。一个完整的 HTML 文件由标题、段落、列表、表格、单词和嵌入的各种对象所组成。

HTML 文件的基本结构如图 2-1 所示。

```
<html>
<head>
</head>

<body>
</body>
</html>
```

图2-1

<heml>…</html>：告诉浏览器 HTML 文件开始和结束，其中包含 <head> 和 <body> 标记。HTML 文档中所有的内容都应该在两个标记之间，HTML 文档全部以 <html> 开始，以 </html> 结束的。

<head>…</head>：HTML 文件的头部标记。

<body>…</body>：HTML 文件的主体标记，绝大多数内容都放置在这个区域中，通常它在 </head> 标记之后。

2.3.3 HTML的基本语法

大多数的标签都有起始标签和结束标签，在起始标签和结束标签之间是元素内容。

每一个标签都有可选择的属性，属性和属性值都必须在起始标签内标明。

> **知识点：标签**
>
> 一般的标签是由一个起始标签和一个结束标签所组成的，其语法为：
> `<p> 文本内容 </p>`
> 其中，p 代表标记名称。`<p>` 和 `</p>` 就如同一组开关：起始标签 `<p>` 为开启某种功能，而结束标签 `</p>`（通常为起始标签加上一个斜线 /）为关闭功能，受控制的文字信息便放在两标签之间。

标签之中还可以附加一些属性，用来实现或完成某些特殊效果或功能，如图 2-2 所示。

```
<body>
<p class="font">文本内容</p>
</body>
```

图2-2

其中，class 为属性名称，而 font 则是其对应的属性值。根据 W3C 的新标准，属性值都需要加引号。

> **知识点：空标签**
>
> 虽然大部分的标签都是成对出现的，但也有一些是单独存在的，这些单独存在的标签称为空标签，其语法为：
> `<img />`

同样，空标签也可以附加一些属性，用来完成某些特殊效果或功能，如图 2-3 所示。

```
<body>
<img src="images/tupian.jpg" class="font" />
</body>
```

图2-3

> **提示：**
>
> 目前所使用的浏览器对于空标签后面是否加 "/" 并没有严格要求，即在空标签最后加 "/" 和没有加 "/" 不影响其功能，但是如果希望文件能满足最新标准，最好加上 "/"。

2.3.4 HTML的主要功能

HTML 语言作为一种网页编辑语言，易学易懂，可以制作出非常精美的网页效果，其主要的功能如下。

● 使用 HTML 语言可以设置文本。例如设置标题、字体、字号、颜色、文本的段落、对齐方式等。

● 利用 HTML 语言可以在页面中插入图像。使网页图文并茂，还可以设置图像的各种属性。例如大小、边框、布局等。

● HTML 语言可以创建列表，把信息用一种易读的方式表现出来。

● 使用 HTML 语言可以建立表格。表格可以使浏览者快速查找需要的信息。

● 使用 HTML 语言可以在页面中加入多媒体，例如音频、视频和动画等，还能设定播放的时间和次数。

● HTML 语言可以建立超链接。通过超链接检索在线的信息，单击超链接就可以链接到任何一处。

● 使用 HTML 语言还可以实现交互式表单和计数器等。

2.3.5 HTML标签

标签是 HTML 语言中最基本的单位，每一个标签都是由 "<" 开始，由 ">" 结束的，本节就向用户介绍在 HTML 语言中重用的一些标签。

> **知识点：常用的HTML标签**
>
> 1．文件结构标签
> 通过前面的学习，可以了解 HTML 文件是由 `<html>`、`<head>` 和 `<body>` 3 个标签组成的，它们都属于结构标签。
> 2．区段格式标签
> 格式标签主要用于对网页中的各种元素进行排版布局，格式标签放置在 HTML 文档中的 `<body>` 与 `</body>` 标签之间，通过格式标签可以定义文字段落、对齐方式等，常用的格式标签如下。
> `<p>…</p>`：该标签用于定义段落，在该标签之间的文本将以一个单独的文本段落在浏览器中显示。
> `<hr />`：该标签是水平线标签，用于在网页中插入一条水平分隔线。
> `<br />`：该标签是强制换行标签。

<center>…</ center>：该标签是居中标签，可以使页面元素居中显示。

3．字符格式标签

文本标签也是作用于 <body> 标签内部的，主要用于设置网页中的文字效果，例如文字的大小、粗细和斜体等显示方式。

<b>…</ b>：该标签可以加粗文字效果。

<i>…</ i>：该标签可以将文字的显示效果设置为斜体。

<font>…</font>：该标签用于设置文本的字体（face）、字号（size）和颜色（color）等属性。

<strong>…</strong>：该标签用于显示加重的文本，是粗体的另一种形式。

<big>…</big>：该标签可以加大文本的字号。

<small>…</small>：该标签可以缩小文本字号。

<h1>…</h1> ~ <h6></h6>：从 <h1> 标签到 <h6> 标签为文本的。

课堂案例

使用格式标签和字符标签

案例位置：光盘\源文件\第2章\2-3-5（1）.html

视频位置：光盘\视频\第2章\2-3-5（1）.swf

难易指数：★★☆☆☆

学习目标：了解格式标签和字符标签的效果

最终效果如图2-4所示

图2-4

01 打开 Dreamweaver 软件，执行"文件 > 打开"命令，打开"光盘\素材\第2章\23501.html"，如图2-5所示。

02 按 F12 键测试页面，观察目前页面的效果，如图 2-6 所示。

03 返回 Dreamweaver 软件中，为页面中的文本

添加标签，将第一行文字设置为标题，如图2-7 所示。

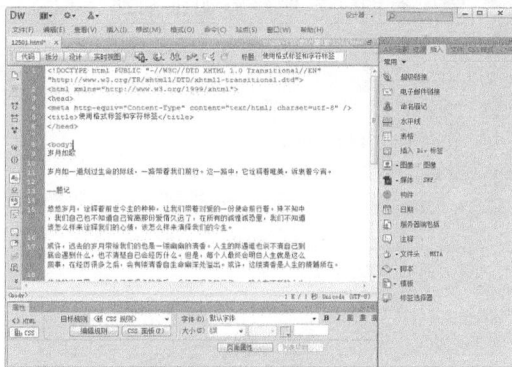

图2-5

图2-6

```
<center><h1>岁月如歌</h1></center>

岁月如一道划过生命的际线，一路带着我们前行。这
一路中，它诠释着唯美，诉衷着今宵。

——题记

悠悠岁月，诠释着前世今生的种种，让我们带着对爱
的一份使命前行着。殊不知中，我们自己也不知道自
己背离那份爱情久远了，在所有的诚惶诚恐里，我们
不知道该怎么样来诠释我们的心情，该怎么样演绎我们的今生。
```

图2-7

04 继续设置文本的题记以及主体文本，如图2-8所示。

```
<center><h1>岁月如歌</h1></center>

<h3>岁月如一道划过生命的际线，一路带着我们前行
。这一路中，它诠释着唯美，诉衷着今宵。</h3>

<h4 align="right">——题记</h4>
<hr />
悠悠岁月，诠释着前世今生的种种，让我们带着对爱
的一份使命前行着。殊不知中，我们自己也不知道自
己背离那份爱情久远了，在所有的诚惶诚恐里，我们
不知道该怎么样来诠释我们的心情，该怎么样演绎我们的今生。
<br />
```

图2-8

05 给所有的文本段落添加强制换行标签,如图 2-9 所示。

图2-9

06 执行"文件 > 另存为"命令,将文档保存为"光盘 \ 源文件 \ 第 2 章 \2-3-5(1).html",如图 2-10 所示。

图2-10

07 再次按 F12 键测试页面,观察添加标签后的页面效果,如图 2-11 所示。

图2-11

4.列表格式标签

在 HTML 页面中,列表可以起到提纲的作用。而列表可以分为两种类型,一种是有序列表,另一种是无序列表。前者使用项目符号来标记无序的项目,而后者则使用编号来记录项目的顺序。

<ul>···</ul>:该标签用于创建无序列表。

<ol>···</ol>:该标签用于创建有序列表。

<li>···</li>:该标签必须置于 <ul> 或 <ol> 标签中,用于创建列表中的项目。

<dl>···</dl>:该标签可以创建一个普通的列表。

<dt>···</dt>:该标签需要置于 <dl> 标签中,用于创建列表中的上层项目。

<dd>···</dd>:该标签需要置于 <dt> 标签中,用于创建列表中的下层项目。

课堂案例

制作新闻列表

案例位置:光盘\源文件\第2章\2-3-5(2).html

视频位置:光盘\视频\第2章\2-3-5(2).swf

难易指数:★☆☆☆☆

学习目标:了解列表的效果

最终效果如图2-12所示

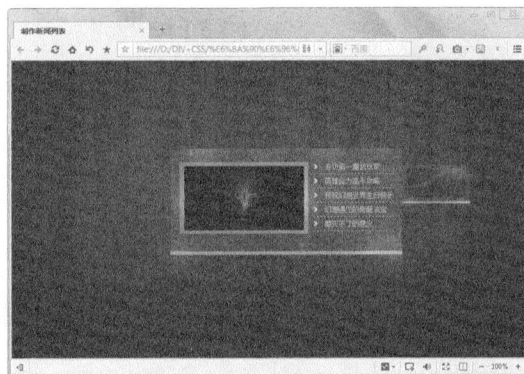

图2-12

01 执行"文件>打开"命令,打开"光盘\素材\第 2 章 \23502.html",如图 2-13 所示。

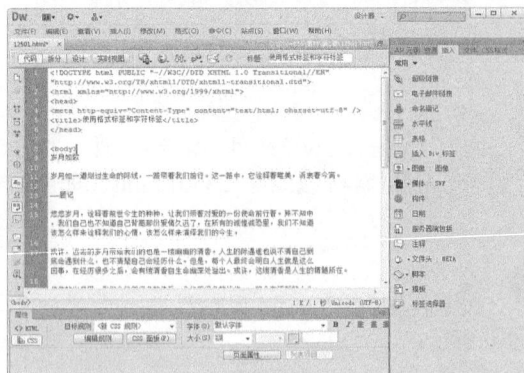

图2-13

02 在 <body> 标签中找到 id 名称为 wen 的 <div> 标签,如图 2-14 所示。

```
<body>
<div id="box">
    <div id="wen">
    </div>
</div>
</body>
</html>
```

图2-14

03 在 <div> 标签中创建 <ul> 标签和 <li> 标签,并在 <li> 标签中输入文本内容,如图 2-15 所示。

```
<div id="wen">
  <ul>
    <li>专访第一魔武玩家</li>
    <li>英雄合力高手攻略</li>
    <li>预祝幻想世界生日快乐</li>
    <li>幻想遇见的奇葩法宝</li>
    <li>磨灭不了的意义</li>
  </ul>
</div>
```

图2-15

04 在 <style type="text/css"></style> 标签中定义 #wen li 的 CSS 样式,如图 2-16 所示。

```
#wen li{
    list-style-type:none;
    background-image:url(images/23502.png);
    background-repeat:no-repeat;
    background-position:left center;
    border-bottom:#CCC dashed 1px;
    text-indent:20px;
}
```

图2-16

05 执行"文件 > 另存为"命令,将文档保存为"光盘 \ 源文件 \ 第 2 章 \2-3-5(2).html",如图 2-17 所示。

06 按 F12 键测试页面的效果,观察页面中的无序列表效果,如图 2-18 所示。

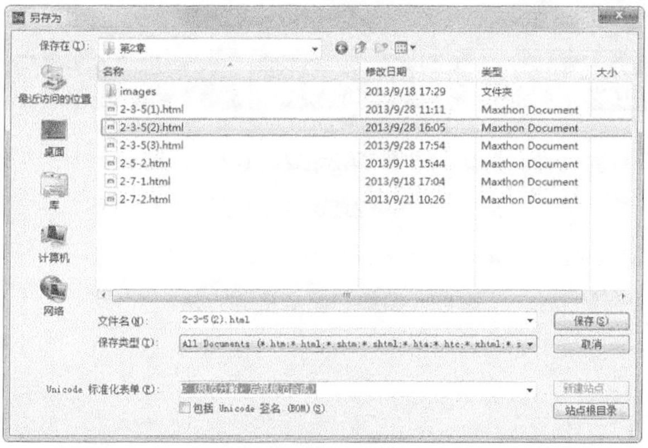

图2-17

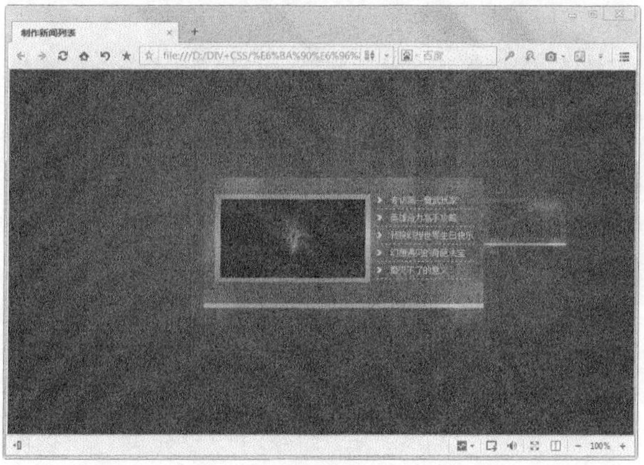

图2-18

5. 链接标签

链接可以说是 HTML 超文本文件的命脉,HTML 通过链接标签来整合分散在世界各地的图像、文字、影像和音乐等信息,此类标记的主要用途为标示超文本文件链接,其基本应用格式如下。

<a href= "www.163.com" >打开网易首页 </a>

提示:

超链接可以设置在文字上,也可以设置在图像上。单击设置了超链接的文字或图像,就可以跳转到所链接的页面上。

6. 多媒体标签

链此类标记用来显示图像等数据,主要包括以下结构。

<img>:该标签可以将外部的图像嵌入到网页中,通过 src 属性设置图像的路径。

<bgsound>:该标签可以讲音频文件嵌入到网页文本中。

课堂案例

嵌入图像和超链接

案例位置：光盘\源文件\第2章\2-3-5（3）.html

视频位置：光盘\视频\第2章\2-3-5（3）.swf

难易指数：★ ☆ ☆ ☆ ☆

学习目标：了解嵌入图像和超链接的方法

最终效果如图2-19所示

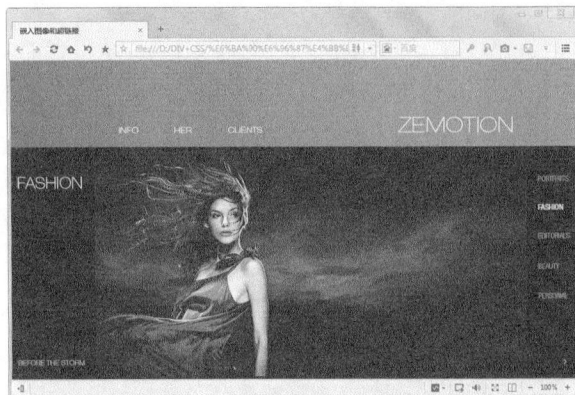

图2-19

01 执行"文件>打开"命令，打开"光盘\素材\第2章\23503.html"，如图2-20所示。

图2-20

02 在 <body> 标签中找到 id 名称为 tup 的 <div> 标签，如图2-21所示。

03 在该 <div> 内创建一个 <img> 标签，并通过 src 属性将外部的图像链入到文档中，如图2-22所示。

04 在 <img> 标签的外部创建 <a> 标签，通过

href 属性设置超链接的目标地址，如图2-23所示。

```
<body>
<div id="box">
   <div id="tup">
   </div>
</div>
</body>
</html>
```

图2-21

```
<body>
<div id="box">
   <div id="tup">
     <img src="images/23504.jpg" />
   </div>
</div>
</body>
</html>
```

图2-22

```
<body>
<div id="box">
   <div id="tup">
     <a href="http://www.163.com">
     <img src="images/23504.jpg" />
     </a>
   </div>
</div>
</body>
</html>
```

图2-23

05 执行"文件 > 另存为"命令，将文档保存为"光盘\源文件\第2章\2-3-5（3）.html"，如图2-24所示。

图2-24

06 按 F12 键测试页面效果，观察文档中嵌入的图像，如图 2-25 所示。

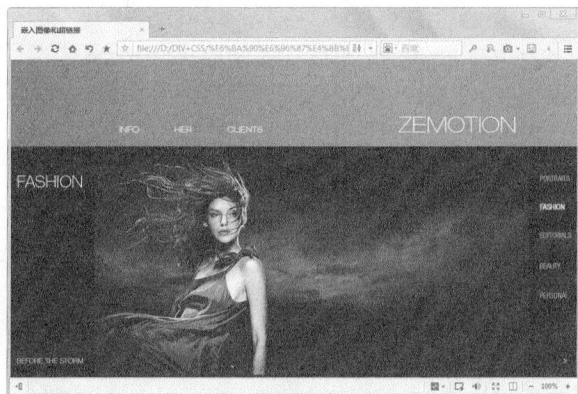

图2-25

07 单击页面中的图像，即可实现超链接的跳转效果，如图 2-26 所示。

图2-26

7．表格标签

此类标签用来制作表格，主要包括以下结构。

<table>…</table>：该标签用于定义表格区段。

<caption>…</ caption >：该标签用于定义表格标题。

<tr>…</tr>：该标签用于定义标签的行。

<td>…</td>：该标签用于定义标签的列。

表格标签的格式如图 2-27 所示，在浏览器中的显示效果如图 2-28 所示。

```
<table width="550" height="320" style="border:solid 1px #000">
<caption>年级名次</caption>
<tr>
  <th style="border:solid 1px #000"><center>姓名</center></td>
  <th style="border:solid 1px #000"><center>学号</center></td>
  <th style="border:solid 1px #000"><center>班级</center></td>
  <th style="border:solid 1px #000"><center>成绩</center></td>
</tr>
<tr>
  <td style="border:solid 1px #000"><center>王**</center></td>
  <td style="border:solid 1px #000"><center>177</center></td>
  <td style="border:solid 1px #000"><center>二年8班</center></td>
  <td style="border:solid 1px #000"><center>100</center></td>
</tr>
```

图2-27

年级名次			
姓名	学号	班级	成绩
王**	177	二年8班	100

图2-28

8．表单标签

此类标签用来制作交互式表单，主要包括以下结构。

<form>…</form>：该标签用于定义表单区段的开始与结束。

<input />：该标签用于产生单行文本框、单选按钮、复选框等。

<textarea>…</textarea>：该标签用于产生多行输入文本框。

<select>…</select>：标明下拉列表的开始与结束。

<option>…</option >：在下拉列表中产生一个选择项目。

在网页中，表单标签的格式如图 2-29 所示，在浏览器中的显示效果如图 2-30 所示。

```
<form id="form1" name="form1" method="post" action="">
  <p>
    <label for="ID">帐号</label>
    <input type="text" name="ID" id="ID" />
  </p>
  <p>
    <label for="pass">密码</label>
    <input type="password" name="pass" id="pass" />
  </p>
</form>
```

图2-29

图2-30

2.4 XHTML语法

在使用 XHTML 语言进行网页制作时，必须遵循一定的语法，具体内容可以分为以下几个方面。

● 属性值必须小写

在 XHTML 文档中，对于标签的属性也是同样的要求，必须小写。

正确的写法：

```
<body>
    <table border="0"    cellpadding="0">
        <tr>
            <td> 文档内容 </td>
        </tr>
    </table>
</body>
```

错误的写法：

```
<BODY>
    <TABLE BORDER="0"    CELLPADDING="0">
        <TR>
            <TD> 文档内容 </TD>
        </TR>
    </TABLE>
</BODY>
```

● 属性值必须用英文的双引号括起来

在 XHTML 文档中，属性的值需要用英文双引号" "括起来。

正确的写法：

```
<body>
    <table border="0"    cellpadding="0">
        <tr>
            <td> 文档内容 </td>
        </tr>
    </table>
</body>
```

错误的写法：

```
<body>
    <table    border=0    cellpadding= 0 >
        <tr>
            <td> 文档内容 </td>
        </tr>
    </table>
</body>
```

● 所有标签都必须关闭

在 XHTML 文档中，所有的标签都必须关闭，不允许在代码中出现没有关闭的标签。

正确的写法：

```
<p> 文档内容 </p>
文档内容 </br>
<img src="images/123.gif">
```

错误的写法：

```
<p> 文档内容
文档内容 </br>
<img src="images/123.gif">
```

● 正确嵌套所有元素

XHTML 中，当进行元素嵌套时，必须按照打开元素的顺序书写结束标签，正确嵌套元素的代码示例如下：

```
<ul>
    <li></li>
</ul>
```

错误的嵌套元素的代码示例如下：

```
<ul>
    <li></ul>
</li>
```

XHTML 中还有一些严格强制执行的嵌套限制，这些限制包括以下几点。

<a> 元素中不能包含其他 <a> 元素。

<pre> 元素中不能包含 <object>、<big>、<img>、<small>、<sub> 或 <sup> 元素。

<button> 元素中不能包含 <input>、<textarea>、<label>、<select>、<button>、<form>、<iframe>、<fieldset> 或 <isindex> 等元素。

<label> 元素中不能包含其他 <label> 元素。

<form> 元素中不能包含其他 <form> 元素。

● 特殊字符要用编码表示

在 XHTML 页面内容中，所有的特殊字符都要用编码表示，例如"&"必须要用"&"的形式，例如下面的 HTML 代码：

```
<img src="pic.jpg"    src="abc & def">
```

在 XHTML 中必须要写成：

```
<img src="pic.jpg"    src="abc &amp def" />
```

● 推荐使用级联样式表控制外观

在 XHTML 中，推荐使用级联样式表控制外观，藉此实现页面的结构和表现相分离，那么相应地会有部分外观属性不推荐使用，例如 align 属性等。

● 使用页面注释

XHTML 中使用 <!-- 和 --> 作为页面注释符号,其示例代码如下:

<!-- 这是一个注释 -->

● 推荐使用外部链接来调用脚本

HTML 中使用 <!-- 和 --> 在注释中插入脚本,但是在浏览器中会被删除,导致脚本或样式的失效,所以推荐使用外部链接来调用脚本,调用脚本的代码格式如图 2-31 所示。

```
<head>
<meta http-equiv="Content-Type" content="text/html;
charset=utf-8" />
<title>无标题文档</title>
<script language="JavaScript1.2" type="text/javascript"
src="scripts/menu.js"> </script>
</head>
```

图2-31

● 严格的文档类型要求

如果使用的文档定义类型是严格的(Strict),则在 XHTML 文档中许多定义外观的属性都不允许使用。

例如为图片添加链接的同时想要去边框,不可以再用 <img src="..." border="0" >,而必须通过 CSS 样式来实现。

2.5 初识CSS

CSS 是层叠样式表(Cascading Style Sheets)的英文缩写,它是一个非常灵活的工具,可以使用户不必再把复杂的样式定义编写在文档结构中,而是将其分离出来。

CSS 的作用如下:

· 可以更加灵活地控制网页中文字的字体、颜色、大小、间距、风格和位置。

· 可以灵活地设置一段文本的行高、缩进等。

· 可以方便地为网页中的任何元素设置不同的背景颜色和背景图像。

· 可以精确地控制网页中各元素的位置。

· 可以为网页中的元素设置各种过滤器,从而产生阴影、模糊和透明等效果。

· 由于是直接的 HTML 格式的代码,可以提高页面打开的速度。

知识点:CSS的分类

1. 内联 CSS 样式

内联样式是指将 CSS 样式表直接写在 HTML 标签中,其格式效果如图 2-32 所示。

```
<body>
<div style="height:680px; width:1280px;"
</body>
</html>
```

图2-32

2. 内部 CSS 样式表

内部样式表是将 CSS 样式表统一放置在页面一个固定的位置,其格式效果如图 2-33 所示。

```
<head>
<meta http-equiv="Content-Type" content="text/html;
<title>内部CSS样式</title>
<style>
*{
    border:0px;
    padding:opx;
    margin:0px;
}
#box{
    width:1300px;
    height:701px;
}
</style>
</head>
```

图2-33

样式表由 <style></style> 标签标记在 <head></head> 之间,作为一个单独的部分。

内部样式表是 CSS 样式表的初级应用形式,它只针对当前页面有效,不能跨页面执行,因此达不到 CSS 代码多用的目的,在实际的大型网站开发中,很少会在网页中用内部样式表。

3. 外部 CSS 样式表

外部样式表是 CSS 样式表中较为理想的一种形式。即将 CSS 样式表代码单独编写在一个独立文件之中,然后由网页进行调用,多个网页可以调用同一个外部样式表文件,因此能够实现代码的最大化多用及网站文件的最优化配置,其格式效果如图 2-34 所示。

```
<head>
<meta http-equiv="Content-Type" content="text/html;
<title>使用外部样式布局页面</title>
<link href="css/stylesheet.css" type="text/css" />
</head>
```

图2-34

在上面的 XHTML 代码中,在 <head> 标签中使用 <link> 标签,可以将 link 指定为 stylesheet 样式表方式,并使用 href=" style.css" 指明外部样式表文件的路径,只需将样式单独编写在 style.css 文件中所定义的样式。

提示：
　　应用 CSS 样式表主要目的在于实现良好的网站文件管理及样式管理，分离式的结构有助于合理分配表现与内容。

课堂案例

使用Dreamweaver编辑CSS

案例位置：光盘\源文件\第2章\2-5.html

视频位置：光盘\视频\第2章\2-5.swf

难易指数：★☆☆☆☆

学习目标：掌握Dreamweaver编辑CSS的方法和技巧

最终效果如图2-35所示

图2-35

01　执行"文件 > 新建"命令，弹出"新建文档"对话框，如图 2-36 所示。

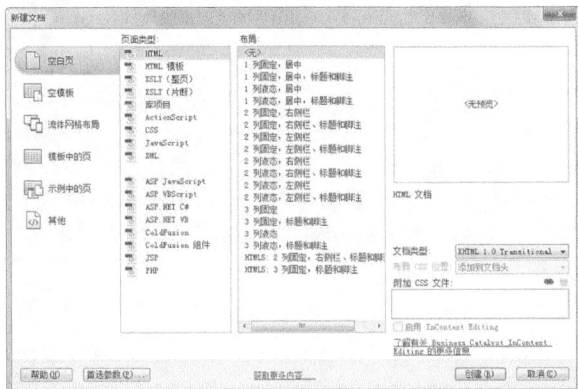

图2-36

02　单击"创建"按钮，创建一个空白的 HTML 文档，如图 2-37 所示。

03　在 <title> 标签中输入标题"使用 Dreamweaver

编辑 CSS"，在 <body> 标签中输入相应的代码，如图 2-38 所示。

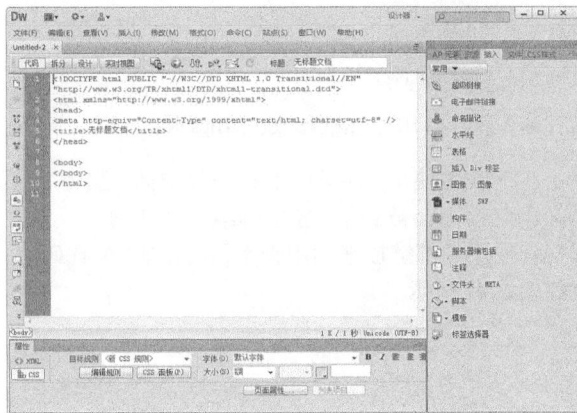

图2-37

```
<head>
<meta http-equiv="Content-Type" content=
charset=utf-8" />
<title>使用Dreamweaver编辑CSS</title>
</head>

<body>
<p>使用Dreamweaver编辑CSS</p>
</body>
</html>
```

图2-38

04　选择段落，右击，在弹出的快捷菜单中选择"CSS 样式 > 新建"，如图 2-39 所示。

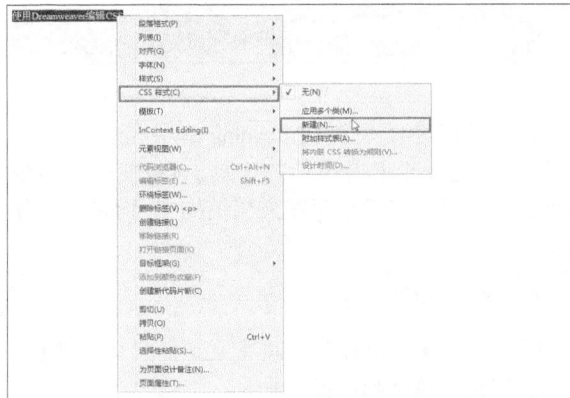

图2-39

05　在弹出的"新建 CSS 规则"对话框中输入选择器名称 P，如图 2-40 所示。

提示：
　　用户也可以在"CSS 样式"面板中单击"相应"按钮打开"新建 CSS 规则"对话框。

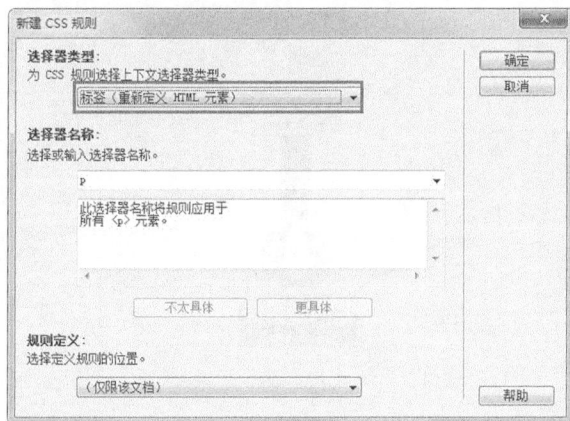

图2-40

06 单击"确定"按钮，在弹出的"p 的 CSS 规则定义"对话框中进行设置，如图 2-41 所示。

图2-41

07 单击"确定"按钮，可以看到在 <head> 标签中增加了一个 <style> 标签，如图 2-42 所示。

```
<head>
<meta http-equiv="Content-Type" content="text/html; charset=utf-8" />
<title>使用Dreamweaver编辑CSS</title>
<style type="text/css">
p {
    font-family: "方正彩云繁体";
    font-size: 36px;
    color: #F66;
}
</style>
</head>

<body>
<p>使用Dreamweaver编辑CSS</p>
</body>
</html>
```

图2-42

08 执行"文件 > 保存"命令，弹出"另存为"对话框，如图 2-43 所示。

09 输入文件名后单击"保存"，按F12键测试页面，效果如图 2-44 所示。

图2-43

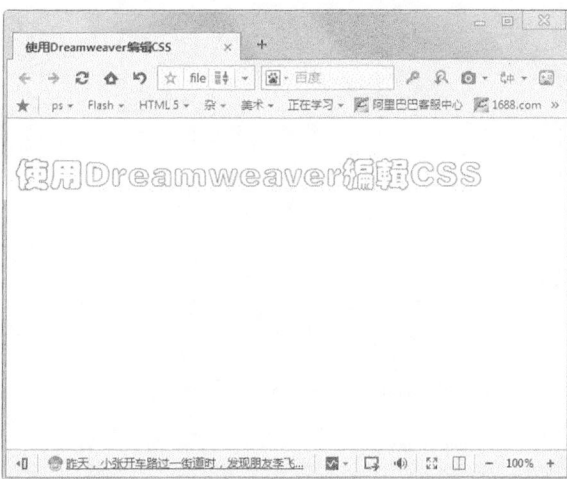

图2-44

> **提示：**
> CSS 技术应用发展至今，一共有 3 个不同层次的标准，即 CSS1、CSS2 和 CSS3。

2.6 本章小结

本章主要讲解了 HTML 和 XHTML 的基础知识，同时简单介绍 CSS 的作用以及 DW 中编辑 CSS 样式的方法等，本章可以使读者对网页制作有一个初步的了解，为以后的学习打下坚实的基础。

2.7 课后习题

本章安排了两个课后习题，分别是如何使用记事本创建一个简单的 html 网页和如何使用 Dreamweaver 创建 html 页面，这两个课后习题主要是针对在实际中如何创建网页的方法和技巧进行学习。

2.7.1　课后习题1-创建一个简单的html网页

案例位置：光盘\源文件\第2章\2-7-1.html

视频位置：光盘\视频\第2章\2-7-1.swf

难易指数：★ ☆ ☆ ☆ ☆

学习目标：掌握创建html网页的方法

最终效果如图2-45所示

图2-45

步骤分解如图 2-46 所示。

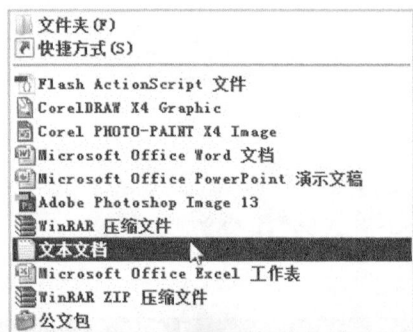

图2-46

2.7.2　课后习题2-使用Dreamweaver创建页面

案例位置：光盘\源文件\第2章\2-7-2.html

视频位置：光盘\视频\第2章\2-7-2.swf

难易指数：★ ☆ ☆ ☆ ☆

学习目标：掌握在Dreamweaver中创建html的方法

最终效果如图2-47所示

图2-47

步骤分解如图 2-48 所示。

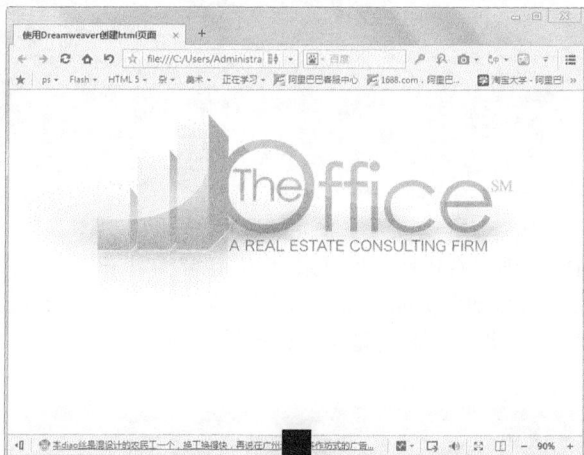

图2-48

第3章

CSS初体验

如今随着网页的排版格式越来越复杂，CSS 也显得越来越重要，采用 CSS 技术可以有效地对页面的布局、字体、颜色、背景和其他效果实现精确控制，本章将对 CSS 的基础进行详细的讲解。

3.1 编写XHTML文档

前面已经讲解了关于 XHTML 文档的基础知识。这里将讲解编写 XHTML 文档的两种方式。

3.1.1 使用Dreamweaver新建XHTML框架文档

Dreamweaver 具有自动生成标准 XHTML 框架页面的功能，执行"文件 > 新建"命令，在弹出的"新建文档"对话框中选择要创建的页面类别和类型，从"文档类型"复选框中选择一种 XHTML 文档类型，单击"创建"按钮，即可新建一个 XHTML 框架文档。图 3-1 所示为一个新建的 XHTML 1.0 Transitional 文档。

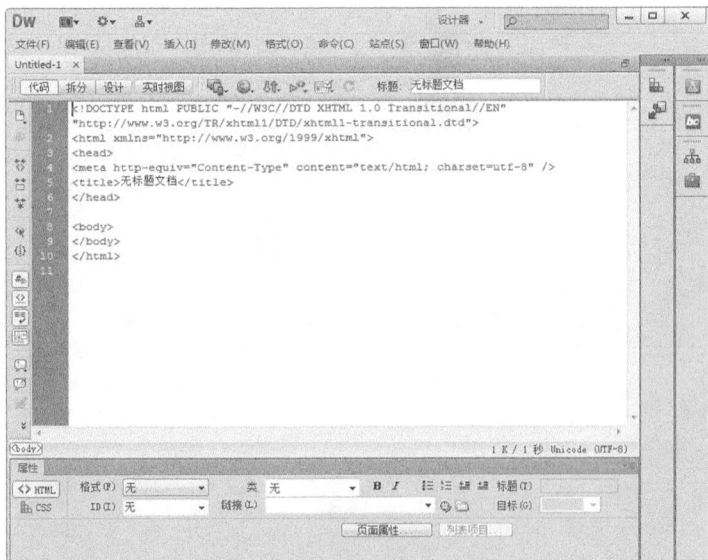

图3-1

> 提示:
> W3C 将 XHTML 分为 4 种规范 : XHTML 1.0 Strict(严格)、XHTML 1.0 Transitional(过渡)、XHTML Mobile 1.0 和 XHTML 1.1。

3.1.2 手工编写XHTML文档

除了使用 DW 工具，用户还可以手动来编号 XHTML 文档。新建一个记事本文件，双击打开文件，在打开的记事本中输入符合 XHTML 文档标准的代码，如图 3-2 所示，保存并将扩展名修改为 .html，弹出系统提示，如图 3-3 所示。单击"是"按钮，即可完成手工 XHTML 文档的编写。

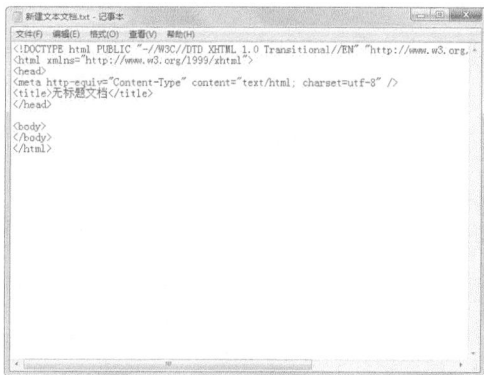

图3-2

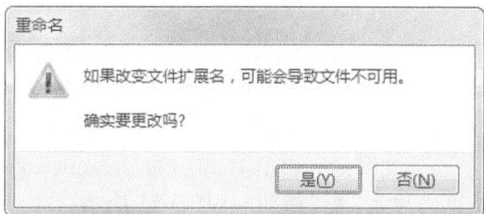

图3-3

3.2 使CSS在XHTML文档中生效

创建 XHTML 文档之后，即可将 CSS 应用到 XHTML 文档中。本节将对如何使 CSS 在 XHTML 文档中生效进行详细讲解。

3.2.1 在标签中加入CSS样式

在标签中加入 CSS 样式也称为内联样式，每个 HTML 标签都具有 style 属性，通过 style 属性可以将

CSS 样式直接写入 XHTML 文档中的任一标签中，代码格式如图 3-4 所示。

```
<body>
<div style="height:680px; width:1280px;"
</body>
</html>
```

图3-4

内联样式由 XHTML 文件中的 style 属性所支持，用户只需要将 CSS 代码用英文状态下的 ";" 分号隔开输入在 style=" " 中，便可以完成对当前标签的样式定义，是 CSS 样式定义的一种基本形式。

内联样式仅仅是 XHTML 标签对于 style 属性的支持所产生的一种 CSS 样式表编写方式，并不符合表现与内容分离的设计模式。

内联样式仅仅是利用了 CSS 对于元素的精确控制优势，并没能很好的实现样式与内容的分离，所以这种书写方式应当尽量少用。

课堂案例

通过内联样式布局页面

案例位置：光盘\源文件\第3章\3-2-1.html

视频位置：光盘\视频\第3章\3-2-1.swf

难易指数：★★☆☆☆

学习目标：掌握内联样式的使用方法

最终效果如图3-5所示

图3-5

01 执行"文件 > 打开"命令,打开"光盘\素材\第3章\32101.html",效果如图 3-6 所示。

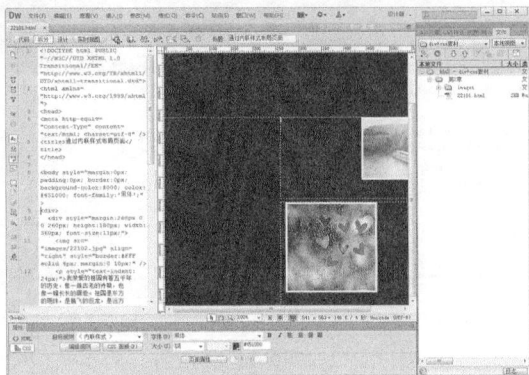

图3-6

02 按 F12 键测试页面的当前效果,如图 3-7 所示。

图3-7

03 返回 Dreamweaver 软件中,单击选项栏中的"代码"按钮,将界面切换到"代码"视图,找到 \<body> 标签内的第一个 \<div> 标签,如图 3-8 所示。

```
<body style="margin:0px; padding:0px; border:
0px; background-color:#000; color:#451000;
font-family:'黑体';">

<div>

  <div style="margin:268px 0 0 260px; height:
180px; width:360px; font-size:11px;">
    <img src="images/22102.jpg" align="right"
style="border:#FFF solid 4px; margin:0 10px;"
/>
    <p style="text-indent:24px;">我亲爱的祖国
有着五千年的历史,像一首古老的诗篇,也像一幅长
长的画卷。祖国是东方的明珠,是腾飞的巨龙,是远
方地平线上初升的太阳。</p>
```

图3-8

04 为该 \<div> 标签添加 style 属性,并在该属性中来添加 CSS 样式,设置 div 的大小、背景和位置,如图 3-9 所示。

```
<body style="margin:0px; padding:0px; border:
0px; background-color:#000; color:#451000;
font-family:'黑体';">

<div style="height:988px; width:1200px;
background-image:url(images/22101.jpg); margin
:auto; overflow:hidden;">

  <div style="margin:268px 0 0 260px; height:
180px; width:360px; font-size:11px;">
    <img src="images/22102.jpg" align="right"
style="border:#FFF solid 4px; margin:0 10px;"
/>
```

图3-9

05 执行"文件 > 另存为"命令,将文档保存为"光盘\源文件\第3章\3-2-1.html",如图 3-10 所示。

图3-10

06 单击"保存"按钮,在弹出的 Dreamweaver 提示对话框中单击"否"按钮,如图 3-11 所示。

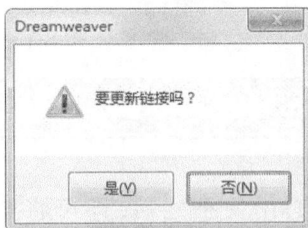

图3-11

提示:
因为"源文件"文件夹中的各种元素与"素材"文件夹中的各种元素基本相同,所以不需要更新链接。并且,更新链接后,文档中的各种链接路径将转换为"绝对路径"。

07 再次按 F12 键测试页面的效果，观察页面发生的变化，如图 3-12 所示。

图3-12

3.2.2 在<style></style>标签中加入样式

在 <style></style> 标签对中加入 CSS 样式也称为定义内部样式，只需在 HTML 文档中的 <head></head> 标签对中输入 <style></style> 标签对，然后在该标签对中定义 CSS 样式即可，代码效果如图 3-13 所示。

```
<head>
<meta http-equiv="Content-Type" content="text/html;
<title>内部CSS样式</title>
<style>
*{
    border:0px;
    padding:0px;
    margin:0px;
}
#box{
    width:1300px;
    height:701px;
}
</style>
</head>
```

图3-13

课堂案例

通过内部样式布局页面

案例位置：光盘\源文件\第3章\3-2-2.html

视频位置：光盘\视频\第3章\3-2-2.swf

难易指数：★★☆☆☆

学习目标：掌握内部样式的使用方法

最终效果如图3-14所示

01 执行"文件>打开"命令，还是打开"光盘\素材\第3章\32101.html"，效果如图3-15所示。

图3-14

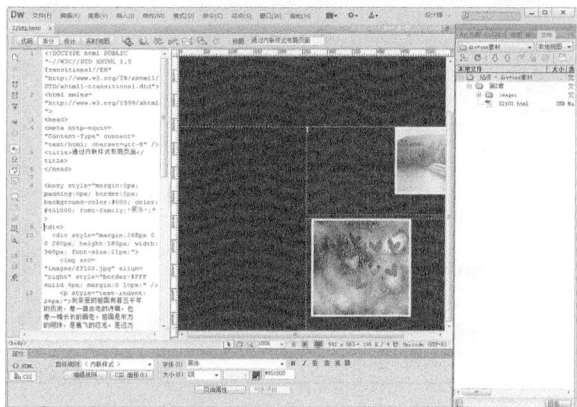

图3-15

02 单击选项栏中的"代码"按钮，将界面切换到"代码"视图，找到 <body> 标签内的第一个 <div> 标签，如图 3-16 所示。

```
<body style="margin:0px; padding:0px; border:
0px; background-color:#000; color:#451000;
font-family:'黑体';">

<div>

  <div style="margin:268px 0 0 260px; height:
180px; width:360px; font-size:11px;">
    <img src="images/22102.jpg" align="right"
style="border:#FFF solid 4px; margin:0 10px;"
/>
    <p style="text-indent:24px;">我亲爱的祖国
有着五千年的历史，像一首古老的诗篇，也像一幅长
长的画卷。祖国是东方的明珠，是腾飞的巨龙，是远
方地平线上初升的太阳。</p>
```

图3-16

03 在 <div> 标签中添加 id 属性，为该标签定义 id 名称为 box，效果如图 3-17 所示。

04 修改 <title> 标签中的文档标题，并在该标签的下方输入 <style> 标签对，如图 3-18 所示。

41

```
<body style="margin:0px; padding:0px; border:
0px; background-color:#000; color:#451000;
font-family:'黑体';">

<div id="box">

  <div style="margin:268px 0 0 260px; height:
180px; width:360px; font-size:11px;">
    <img src="images/22102.jpg" align="right"
style="border:#FFF solid 4px; margin:0 10px;"
/>
```

图3-17

```
<title>通过内部样式布局页面</title>
<style type="text/css">
</style>
</head>
```

图3-18

05 在 <style> 标签对中为刚刚指定了 box 名称 div 定义 CSS 规则，如图 3-19 所示。

```
<style type="text/css">
#box{
    height:988px;
    width:1200px;
    background-image:url(images/22101.jpg);
    margin:auto;
    overflow:hidden;
}
</style>
```

图3-19

06 执行"文件 > 另存为"命令，将文档保存为 "光盘 \ 源文件 \ 第 3 章 \3-2-2.html"，如图 3-20 所示。

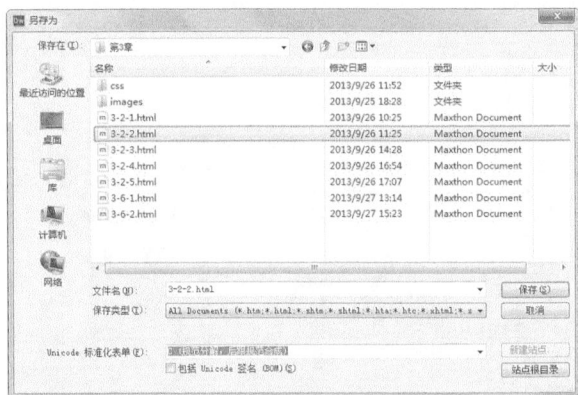

图3-20

> **提示：**
> 在弹出的 Dreamweaver 提示对话框中同样单击 "否"按钮，后面将不再赘述。

07 按 F12 键测试页面的效果，观察通过内部样式布局页面发生的变化，如图 3-21 所示。

图3-21

3.2.3 链入外部CSS样式表

链入外部 CSS 样式表是指将 CSS 样式代码单独编写在一个独立的文件中，再由 HTML 文档调用。再使用 <link> 标签即可将 CSS 样式链入到 HTML 文档中，代码效果如图 3-22 所示。

```
<head>
<meta http-equiv="Content-Type" content="text/html;
<title>使用外部样式布局页面</title>
<link href="css/stylesheet.css" type="text/css" />
</head>
```

图3-22

课堂案例

通过外部样式布局页面

案例位置：光盘\源文件\第3章\3-2-3.html

视频位置：光盘\视频\第3章\3-2-3.swf

难易指数：★★☆☆☆

学习目标：掌握外部样式的使用方法

最终效果如图3-23所示

图3-23

01 执行"文件>打开"命令,打开"光盘\素材\第3章\32101.html",效果如图3-24所示。

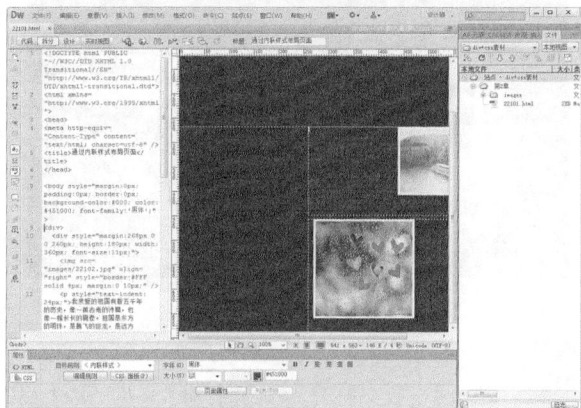

图3-24

02 切换到"代码"视图中,将第一个 <div> 标签的 id 属性定义为 box,如图3-25所示。

```
<body style="margin:0px; padding:0px; border:
0px; background-color:#000; color:#451000;
font-family:'黑体';">

<div id="box">

  <div style="margin:268px 0 0 260px; height:
180px; width:360px; font-size:11px;">
    <img src="images/22102.jpg" align="right"
style="border:#FFF solid 4px; margin:0 10px;"
/>
```

图3-25

03 将文档的标题修改为"通过外部样式布局页面",如图3-26所示。

```
<head>
<meta http-equiv="Content-Type"
<title>通过外部样式布局页面</title>
</head>
```

图3-26

04 执行"文件 > 新建"命令,选择"页面类型"为 CSS,如图3-27所示。

05 在新建的 CSS 文档中来定义 box 样式,如图3-28所示。

06 执行"文件 > 保存"命令,将文档保存为"光盘\源文件\第3章\css\32301.css",如图3-29所示。

图3-27

```
@charset "utf-8";
/* CSS Document */
#box{
    height:988px;
    width:1200px;
    background-image:url(../images/22101.jpg);
    margin:auto;
    overflow:hidden;
}
```

图3-28

图3-29

07 返回 html 文档中,执行"文件 > 另存为"命令,将文档保存为"光盘 \ 源文件 \ 第 3 章 \3-2-3.html",如图3-30所示。

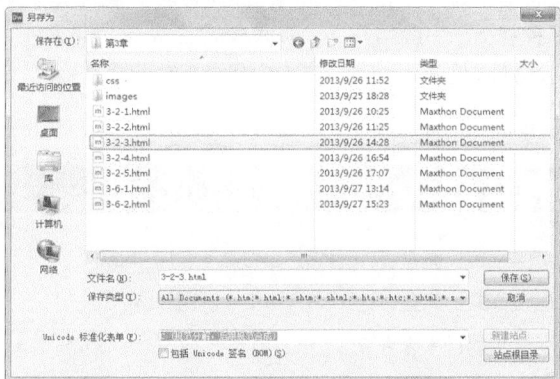

图3-30

43

08 保存完成后,在 <title> 标签的下方输入 <link> 标签,通过该标签将刚刚保存的外部 CSS 样式链接到文档中,如图 3-31 所示。

```
<!DOCTYPE html PUBLIC "-//W3C//DTD XHTML 1.0 Transitional//EN" "http://
<html xmlns="http://www.w3.org/1999/xhtml">
<head>
<meta http-equiv="Content-Type" content="text/html; charset=utf-8" />
<title>通过外部样式布局页面</title>
<link type="text/css" href="css/22301.css" rel="stylesheet" />
</head>
```

图3-31

09 执行"文件 > 保存"命令,按 F12 键测试页面的效果,观察通过外部样式布局页面发生的变化,如图 3-32 所示。

图3-32

> **提示:**
> 多个网页可以调用同一个外部样式表文件,从而实现最大化代码重用及网站文件的最优化配置。

3.2.4 优先级问题

当一个页面同时采用了多种CSS样式,例如内联样式、内部样式和外部样式共同作用于同一个页面,此时会出现一个优先级问题,即该标签到底优先采用哪种样式,一般情况下,内联样式优先于内部样式,内部样式优先于外部样式。

课堂案例

内联样式和内部样式比较

案例位置:光盘\源文件\第3章\3-2-4(1).html

视频位置:光盘\视频\第3章\3-2-4(1).swf

难易指数:★☆☆☆☆

学习目标:了解CSS优先级

最终效果如图3-33所示

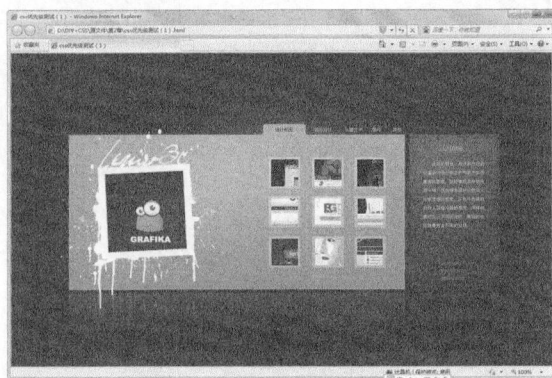

图3-33

01 执行"文件>打开"命令,打开"光盘\素材\第 3 章 \32401.html",如图 3-34 所示。

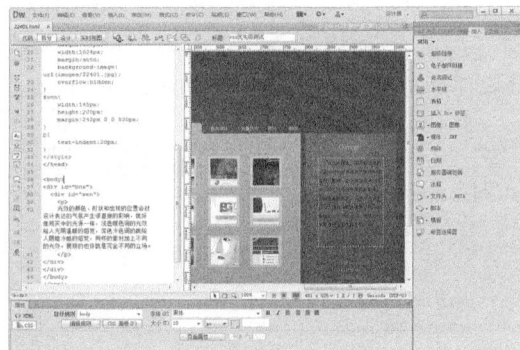

图3-34

02 在"代码"视图中找到 CSS 样式中的 p 选择器,在其中定义 color 属性为 #F00,表示定义文字颜色为红色,如图 3-35 所示。

```
p{
    text-indent:20px;
    color:#F00;
}
```

图3-35

03 找到 <body> 标签中的 <p> 标签,为该标签添加 style 属性,并在其中定义 color 属性为 #CCC,表示定义文字颜色为灰色,如图 3-36 所示。

```
<div id="box">
  <div id="wen">
    <p style="color:#CCC;">
      光效的颜色、形状和出现的位置会对
设计表达的气氛产生很直接的影响,就好
像现实中的光源一样,浅色暖色调的光效
给人光明温暖的感觉,深色冷色调的就给
人阴暗冷酷的感觉,同样的素材加上不同
的光效,展现的也许就是完全不同的立场。
    </p>
```

图3-36

04 执行"文件 > 另存为"命令，将文档保存为"光盘\源文件\第3章\3-2-4（1）.html"，如图3-37所示。

图3-37

05 按F12键测试页面效果，观察页面中的文字颜色，判断内联样式与内部样式的优先级问题，如图3-38所示。

图3-38

课堂案例

内部样式和外部样式比较

案例位置：光盘\源文件\第3章\3-2-4（2）.html

视频位置：光盘\视频\第3章\3-2-4（2）.swf

难易指数：★☆☆☆☆

学习目标：了解CSS优先级

最终效果如图3-39所示

01 执行"文件 > 打开"命令，打开"光盘\素材\第3章\32401.html"，如图3-40所示。

02 在"代码"视图中找到CSS样式中的p选择

器，在其中定义color属性为#CCC，定义文字颜色为灰色，如图3-41所示。

图3-39

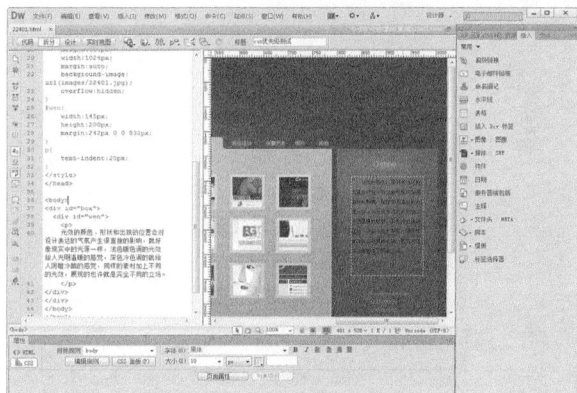

图3-40

```
p{
    text-indent:20px;
    color:#CCC;
}
```

图3-41

03 执行"文件 > 新建"命令，选择"页面类型"为CSS，如图3-42所示。

图3-42

04 在新建的 CSS 文档中定义样式,如图 3-43 所示。

```
@charset "utf-8";
/* CSS Document */
p{
    color:#F00;
}
```

图 3-43

05 执行"文件 > 保存"命令,将 CSS 文档保存为"光盘\源文件\第 3 章\css\32401.css",如图 3-44 所示。

图 3-44

06 返回 html 文档中,执行"文件 > 另存为"命令,将文档保存为"光盘\源文件\第 3 章\3-2-4(2).html",如图 3-45 所示。

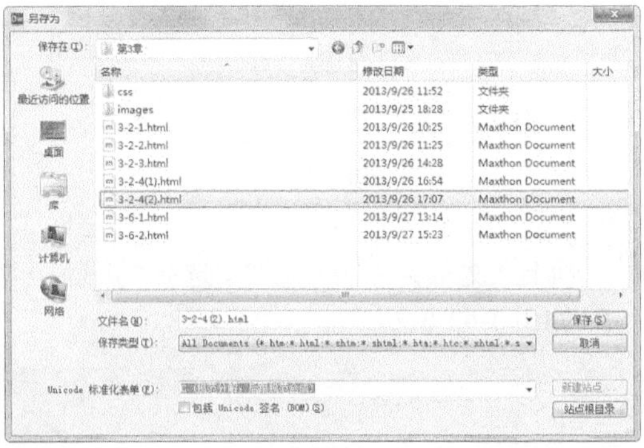

图 3-45

07 在 <title> 标签的下方输入 <link> 标签,将刚刚保存的外部 CSS 样式链接到文档中,如图 3-46 所示。

```
<!DOCTYPE html PUBLIC "-//W3C//DTD XHTML 1.0 Transitional//EN" "http://
<html xmlns="http://www.w3.org/1999/xhtml">
<head>
<meta http-equiv="Content-Type" content="text/html; charset=utf-8" />
<title>css优先级测试</title>
<link type="text/css" href="css/22401.css" rel="stylesheet" />
<style type="text/css">
```

图 3-46

08 执行"文件 > 保存"命令,按 F12 键测试页面效果,观察页面中的文字,判断外部样式与内部样式的优先级问题,如图 3-47 所示。

图 3-47

3.3 CSS样式表的规则

在我们进一步学习 CSS 样式之前,首先来理解什么是 CSS 规则。

所有样式表的基础都是 CSS 规则,每一条规则都是一条单独的语句,它定义了如何设计样式,以及如何应用这些样式。

浏览器也要用它来确定页面的显示效果,甚至是声音效果。

CSS 由两部分组成,分别是选择符和声明,其中声明由属性和属性值组成,简单的CSS规则如图 3-48 所示。

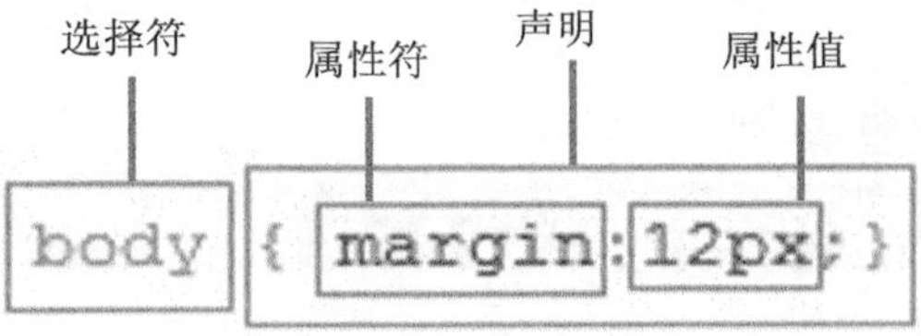

图 3-48

● 选择符

选择符(selector)也被称为选择器。XHTML 中所有标签都是通过不同的 CSS 选择符进行控制的。选择符不仅可以是 XHTML 文档中的元素标签,还可以是类(class)、id 或者元素的其他状态,这将在下一章进行详细讲解。

● 声明

声明包含在大括号 {} 内,在大括号中首先需要定义属性,然后是属性值,属性和属性值之间使用冒号隔开,结尾使用分号。

- 属性

属性是由官方CSS规范定义的。

- 属性值

声明的属性值放置在属性和冒号之后,用来定义如何设置属性。每个属性值的范围也在CSS规范中定义。

3.4 CSS的注释

在编写CSS样式的过程中,还可以为其添加提示信息,例如可以添加CSS注释,养成良好的写注释习惯可以有效提高代码的可读性,以及减少日后维护的成本,对优化组织结构和提升效用都有很大的帮助。

3.4.1 单行注释

在CSS中,单行注释使用"/*"和"*/"进行定义,注释的语句都必须书写在"/*"和"*/"之间,如图3-49所示。

```
<style type="text/css">
#box{                                    /* 定义id名称为box的元素*/
    height:988px;                        /* 高度为988像素*/
    width:1200px;                        /* 宽度为1200像素*/
    background-image:url(images/22101.jpg);  /* 背景图像为images/22101.jpg*/
    margin:auto;                         /* 元素居中显示*/
}
</style>
```

图3-49

3.4.2 整段注释

除了单行注释以外,CSS还可以进行整段的注释,如图3-50所示。

```
<style type="text/css">
/*-----文字样式设置开始-----*/
p{
    font-size:12px;
    font-family:"黑体";
    color:#F00;
}
span{
    font-size:13px;
    font-family:"宋体";
    color:#00F;
}
/*-----文字样式设置结束-----*/
</style>
```

图3-50

3.5 本章小结

本章主要介绍了一些简单的CSS基础知识,包括

如何将CSS样式应用到页面中、CSS的结构以及CSS的注释标签。

通过本章的学习,读者要熟练地掌握CSS的书写规范以及CSS的书写位置,为后面的学习打下坚实的基础。

3.6 课后习题

本章安排了两个课后习题,分别是创建CSS结构的网站页面和创建外部的CSS样式文件,这两个课后习题主要是针对在实际中如何创建网页的方法和技巧进行学习。

3.6.1 课后习题1-创建CSS结构的网站页面

案例位置:光盘\源文件\第3章\3-6-1.html

视频位置:光盘\视频\第3章\3-6-1.swf

难易指数:★★☆☆☆

学习目标:使用CSS样式构建网页

最终效果如图3-51所示

图3-51

步骤分解如图3-52所示。

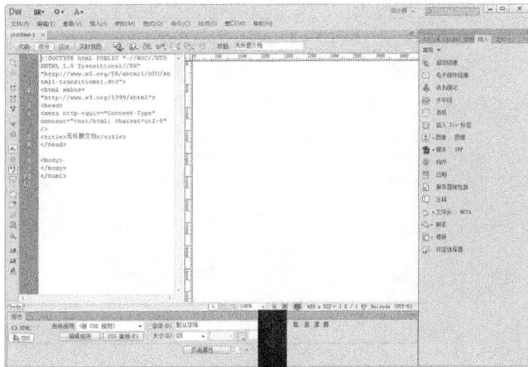

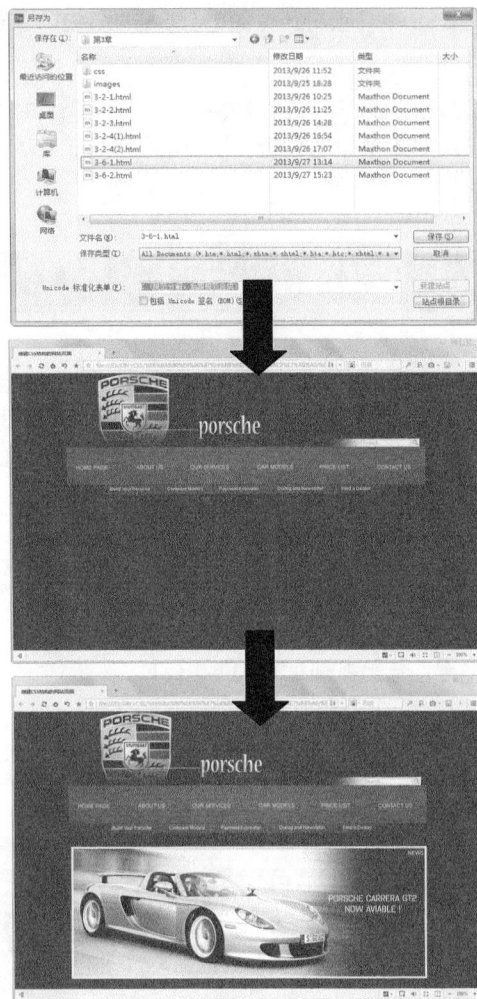

图3-52

3.6.2 课后习题2-创建外部CSS文件

案例位置：光盘\源文件\第3章\3-6-2.html

视频位置：光盘\视频\第3章\3-6-2.swf

难易指数：★★☆☆☆

学习目标：创建外部CSS文件

最终效果如图3-53所示

图3-53

步骤分解如图 3-54 所示。

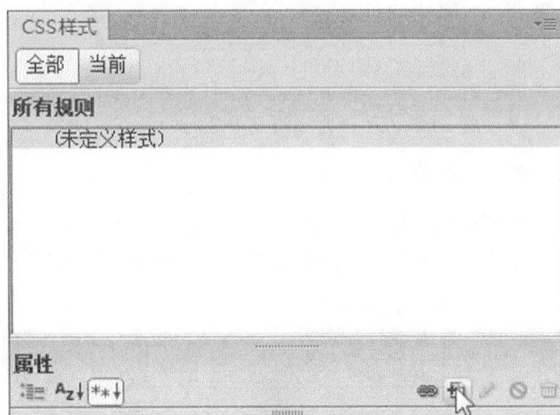

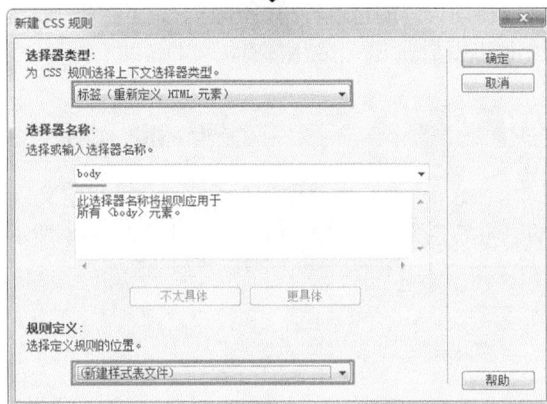

图3-54

第4章
掌握CSS基本语法

我们已经知道，CSS 是一种对 Web 文档添加样式的简单机制，是一种表现 HTML 或 XML 等文件外观样式的计算机语言，它是由 W3C 来定义的。CSS用来进行网页的排版与布局设计，在网页设计制作中无疑是非常重要的一环。

CSS 的出现弥补了 HTML 规格中的不足，也使网页设计更为灵活。

4.1 选择器

CSS 选择器也称为选择符，HTML 中的所有的 CSS 样式都是通过不同的CSS选择器进行控制的。选择器不仅可以是 HTML 文档中的元素标签，还可以是类(class)、ID(元素的唯一标示名称)或是元素的某种状态(如 a:link)。根据 CSS 选择器的用途，可以把选择器分为标签选择器、类选择器、ID 选择器、组合选择器、继承选择器和伪类选择器。

4.1.1 标签选择器

HTML 文档是由多个不同标签组成的，而 CSS 标签选择器就是通过这些标签进行样式的控制。例如，Div 选择器是用来控制页面中所有 <Div> 标签的样式风格。

标签选择器的基本语法格式如下：

```
div {
    height:600px;
    width:800px;
}
```

即：

```
标签名称 {
    属性 1 :属性值 ;
    属性 2 :属性值 ;
}
```

课堂案例

创建标签选择器

案例位置：光盘\源文件\第4章\4-1-1.html

视频位置：光盘\视频\第4章\4-1-1.swf

难易指数：★ ☆ ☆ ☆ ☆

课堂学习目标：

★ 了解CSS选择器

★ 熟悉CSS声明

★ 掌握CSS的层叠原理

★ 认识CSS的单位

学习目标：掌握标签选择器的使用方法和技巧

最终效果如图4-1所示

图4-1

01 执行"文件 > 打开"命令，打开"光盘 \ 素材 \ 第 4 章 \41101.html"，页面效果如图 4-2 所示。

图4-2

02 在文档的 <style type="text/css"></style> 标签对中定义名为 body 的 CSS 样式，其中设置文档中的文字样式，如图 4-3 所示。

03 执行"文件 > 另存为"命令，将文件保存为"光盘 \ 源文件 \ 第 4 章 \4-1-1"，如图 4-4 所示。

```css
#box{
    width:1280px;
    height:900px;
    margin:0 auto;
    background-image: url(images/31101.jpg);
    background-repeat: no-repeat;
    overflow:hidden;
}
body{
    font-family: "宋体";
    font-size: 13px;
    color: #930;
    line-height: 22px;
}
</style>
```

图4-3

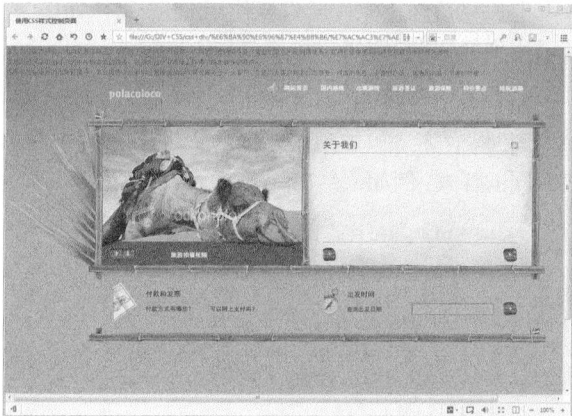

图4-4

04 按 F12 键测试页面效果，观察页面中文字发生的变化，如图 4-5 所示。

图4-5

4.1.2 类选择器

在网页中,通过使用标签选择器,可以控制网页所有该标签显示的样式,但是根据网页设计过程中的实际需要,标签选择器对设置个别的元素还是力不能及的。例如,在一个文档中有两个段落,要求一段为蓝色,一段为绿色,用标签选择器是很难实现的。这时候就需要使用类选择器来达到所需的特殊效果。

类选择器的基本语法格式如下:

```
.biue {
    color:#00F;
}
.green {
    color:#0F0;
}
```

即:

```
类选择器的名称 {
    属性名称 :属性值 ;
}
```

> **提示:**
> 在定义类选择器时,需要在类选择器的名称前面加一个英文句号(.)。

用户可以随意指定类的名称,可以是任意英语字符串,也可以是以英语字符开头与数字组合的名称。但是建议用户将这些名称设置为与其效果及功能相关的的简要缩写,以便在后期的维护工作中更加的容易识别,例如:

```
.rd {
    color:biack;
}
.ft01 {
    font-size:12px;
}
```

类选择器创建完成后需要使用 class 属性才能将其引用到标签中,例如:

<p class="rd">class 属性是被用来引用类选择器的属性 </p>

同时,它还可以应用于不同的标签中,使其显示出相同的样式,例如:

<p class="rd"> 段落样式 </p>
<h1 class="rd"> 标题样式 </h1>

课堂案例

创建类选择器

案例位置:光盘\源文件\第4章\4-1-2.html

视频位置:光盘\视频\第4章\4-1-2.swf

难易指数:★ ★ ★ ☆ ☆

学习目标:掌握类选择器的创建方法和使用

最终效果如图4-6所示

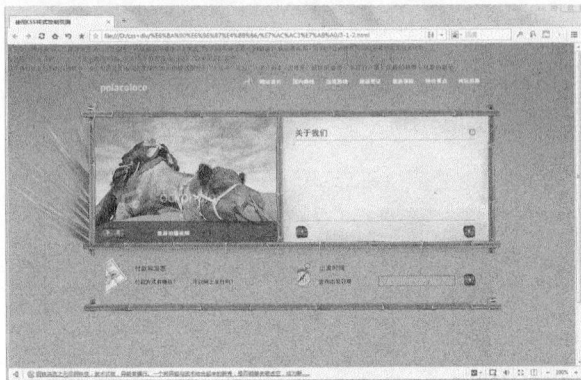

图4-6

01 执行"文件 > 打开"命令,打开"光盘 \ 源文件 \ 第 4 章 \4-1-1.html"文件,页面效果如图 4-7 所示。

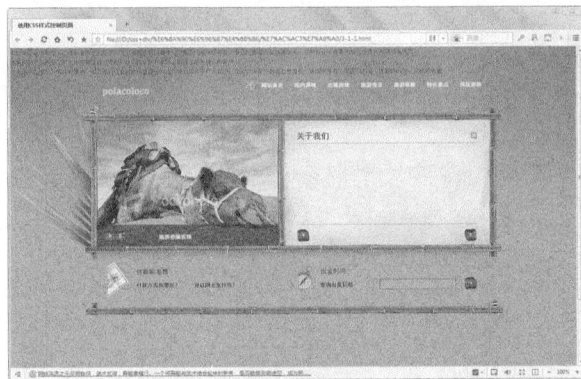

图4-7

02 在文档的 <style type="text/css"></style> 标签对中定义一个名为 .font 的 CSS 样式,该 CSS 样式规则将文字定义为粗体,颜色定义为红色,如图 4-8 所示。

```
body{
    font-family: "宋体";
    font-size: 13px;
    color: #930;
    line-height: 22px;
}
.font {
    font-weight: bold;
    color: #C00;
}
```

图4-8

03 选中文本内容中的"国内旅游"文字，如图4-9所示。

```
<ol>
  <li>本公司在国内旅游、出境旅游市场已全部实现了
计算机联网操作。本集团门市网络具备了专业的旅游产品
销售体系，在同行业中更具网络化规模与市场领先优势。</li>
  <li>本集团的产品得到了广大中外旅游者的欢迎，在
海内外旅游市场上赢得了越来越多的客户。</li>
  <li>在竞争日益激烈的市场环境中，本公司将以全新
的经营理念和运作模式服务于广大客户，欢迎广大客户到
本公司享受：诚信的服务、丰富的产品、优惠的价格、可靠的质量。
</li>
</ol>
```

图4-9

04 执行"窗口>属性"命令，打开"属性"面板，将"目标规则"下拉列表调整为 .font，如图4-10所示。

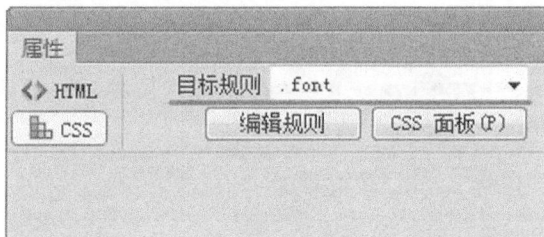

图4-10

05 观察文本内容发生的变化，如图4-11所示。

```
<ol>
  <li>本公司在<span class="font">国内旅游</span>、
出境旅游市场已全部实现了计算机联网操作。本集团门市
网络具备了专业的旅游产品销售体系，在同行业中更具网
络化规模与市场领先优势。</li>
  <li>本集团的产品得到了广大中外旅游者的欢迎，在
海内外旅游市场上赢得了越来越多的客户。</li>
  <li>在竞争日益激烈的市场环境中，本公司将以全新
的经营理念和运作模式服务于广大客户，欢迎广大客户到
本公司享受：诚信的服务、丰富的产品、优惠的价格、可靠的质量。
</li>
</ol>
```

图4-11

06 使用相同方法设置文本中的其他内容，如图4-12所示。

07 执行"文件>另存为"命令，将文件保存为"光盘\源文件\第4章\4-1-2.html"，如图4-13所示。

```
<ol>
  <li>本公司在<span class="font">国内旅游</span>、
<span class="font">出境旅游市场</span>已全部实现了<span
class="font">计算机联网</span>操作。本集团门市网络具<span
class="font">备了专业的旅游产品销售体系</span>，在同行业
中更具网络化规模与市场领先优势。</li>
  <li>本集团的产品得到了广大中外旅游者的欢迎，<span class=
"font">在海内外旅游市场</span>上赢得了越来越多的客户。</li>
  <li>在竞争日益激烈的市场环境中，本公司将以全新的<span
class="font">经营理念</span>和<span class="font">运作
模式</span>服务于广大客户，欢迎广大客户到本公司享受：<span
class="font">诚信的服务、丰富的产品、优惠的价格、可靠的质量</
span>。</li>
</ol>
```

图4-12

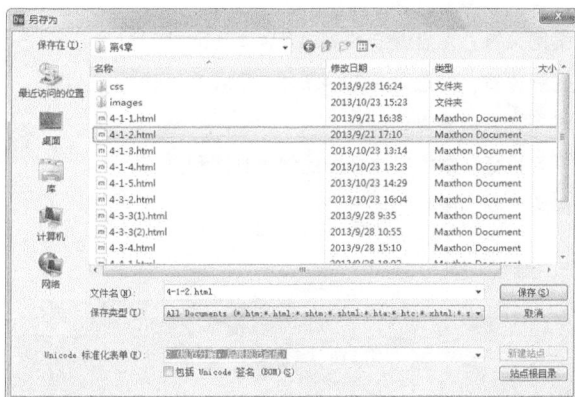

图4-13

08 按F12键测试页面效果，观察页面中文字发生的变化，效果如图4-14所示。

图4-14

4.1.3 ID选择器

与类选择器相似的是，ID选择器也是针对定义了特定属性的标签进行匹配的。区别在于，ID选择器不像类选择器那样，可以给任意数量的标签定义样式，它在页面的标签中只能使用一次，即一个网页中，只能有一个元素使用某一个ID的属性值。

ID选择器的基本语法格式如下：

```
#head {
color:#F00;
}
```

> **提示：**
> 在定义 ID 选择器时，需要在 ID 选择器的名称前面以 # 标志。

课堂案例

创建ID选择器

案例位置：光盘\源文件\第4章\4-1-3.html

视频位置：光盘\视频\第4章\4-1-3.swf

难易指数：★☆☆☆☆

学习目标：掌握ID选择器的创建方法和技巧

最终效果如图4-15所示

图4-15

01 执行"文件 > 打开"命令，打开"光盘 \ 源文件 \ 第 4 章 \4-1-3.html"，在浏览器的浏览效果如图 4-16 所示。

图4-16

02 在文档 <style type="text/css"></style> 标签对中定义一个名为 #wen 的 CSS 样式，在该 CSS 样式规则中定义其将要应用于的元素（div）的大小和位置，如图 4-17 所示。

```
.font {
    font-weight: bold;
    color: #C00;
}
#wen{
    width:377px;
    height:170px;
    margin-top:225px;
    margin-left:635px;
    padding-left:40px;
}
```

图4-17

03 在 box 这个 div 中再插入一个 id 名为 wen 的 div，代码如图 4-18 所示。

```
<div id="box">
<div id="wen">
    <ol>
    <li>本公司在<span class="font">国内旅游</span>、<span class="font">出境旅游市场</span>已全部实现了<span class="font">计算机联网</span>操作。本集团门市网络具<span class="font">备了专业的旅游产品销售体系</span>，在同行业中更具网络化规模与市场领先优势。</li>
    <li>本集团的产品得到了广大中外旅游者的欢迎，<span class="font">在海内外旅游市场</span>上赢得了越来越多的客户。</li>
    <li>在竞争日益激烈的市场环境中，本公司将以全新的<span class="font">经营理念</span>和<span class="font">运作模式</span>服务于广大客户，欢迎广大客户到本公司享受：<span class="font">诚信的服务、丰富的产品、优惠的价格、可靠的质量</span>。</li>
    </ol>
</div>
</div>
```

图4-18

04 执行"文件 > 另存为"命令，将文件保存为"光盘 \ 源文件 \ 第 4 章 \4-1-3.html"，如图 4-19 所示。

图4-19

05 按 F12 键测试页面效果，观察页面中文字位置的变化，效果如图 4-20 所示。

图4-20

4.1.4 全局选择器

在进行网页设计时，可以利用全局选择器设置页面中所有的 HTML 标签使用同一种样式，该样式对所有的 HTML 元素起作用。

全局选择器的基本语法格式如下：

```
* {
    color:red;
}
```

> **提示：**
> 在实际的网页制作中，全局选择器使用最多的场景是设置页面中元素的 margin（边距）、border（边框）和 padding（填充）属性。

课堂案例

创建全局选择器

案例位置：光盘\源文件\第4章\4-1-4.html

视频位置：光盘\源文件\第4章\4-1-4.swf

难易指数：★☆☆☆☆

学习目标：掌握全局选择器的创建方法和技巧

最终效果如图4-21所示

图4-21

01 执行"文件＞打开"命令，打开"光盘\素材\第4 章\41101.html"文件，页面效果如图 4-22 所示。

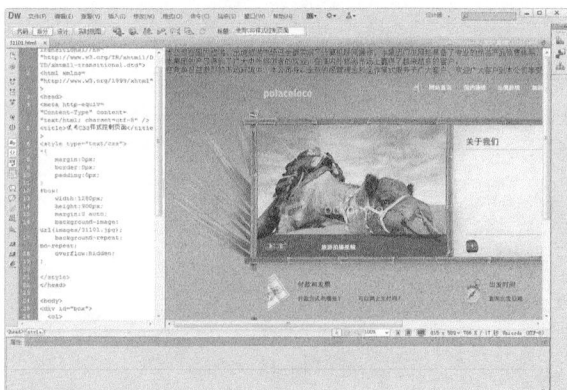

图4-22

02 在浏览器中的预览效果如图 4-23 所示。

图4-23

03 在 <body> 标签部分找到全局选择器 *，修改其 margin、border 属性值，并添加 border-style 属性值为 solid，border-color 属性值为 #090，代码如图 4-24 所示。

```
<style type="text/css">
* {
    margin:20px;
    border:1px;
    border-style:solid;
    border-color:#090;
    padding:0px;
}
```

图4-24

> **提示：**
> 在 CSS 样式代码中，border:1px; 表示设置元素的边框为 1 像素；border-style:solid; 表示设置元素的边框样式为直线；border-color:#090; 表示设置元素的边框颜色为 #090。

04 执行"文件 > 另存为"命令，将文件保存为"光盘 \ 源文件 \ 第 4 章 \4-1-4.html"，如图 4-25 所示。

图 4-25

05 按 F12 键测试页面效果，观察页面中元素的变化，如图 4-26 所示。

图 4-26

4.1.5 组合选择器

组合选择器是指在 HTML 文档中，将多个具有相同属性的元素合并组合在一起，为其定义同样的 CSS 属性。

组合选择器的基本语法格式如下：

```
h2,h4,p {
        color:#00F;
}
```

元素之间用逗号隔开，即页面中所有的 h2、h4 和 p 元素的文字颜色都为蓝色，这样做使得页面中若有多个元素使用相同样式，只需要书写一次样式表即可，从而减少了代码量，提高了编码效率，改善了代码的结构。

课堂案例

创建组合选择器

案例位置：光盘\源文件\第4章\4-1-5.html

视频位置：光盘\视频\第4章\4-1-5.swf

难易指数：★ ☆ ☆ ☆ ☆

学习目标：掌握组合选择器的创建方法和技巧

最终效果如图4-27所示

图 4-27

01 执行"文件 > 打开"命令，打开"光盘 \ 素材 \ 第 4 章 \41501.html"文件，页面效果如图 4-28 所示。

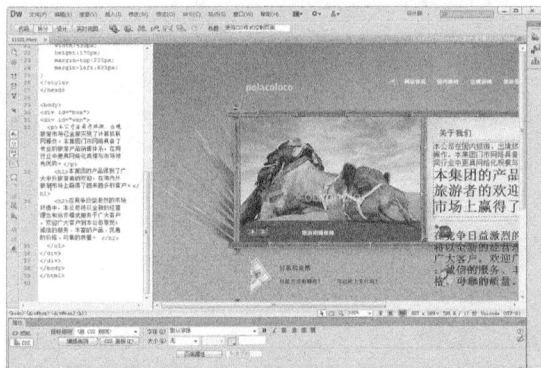

图 4-28

02 在浏览器中的预览效果如图 4-29 所示。

图 4-29

03 在文档 <style type="text/css"></style> 标签

对中定义一个名为 p,h1,h2 的 CSS 样式,用于设置文档中的文字样式,代码如图 4-30 所示。

```
#wen{
    width:430px;
    height:170px;
    margin-top:225px;
    margin-left:635px;
}
p,h1,h2{
    font-family: "宋体";
    font-size: 13px;
    color: #930;
    line-height: 22px;
}
</style>
```

图4-30

提示:
在 CSS 样式中,font-family 是设置字体;font-size 是设置字体大小;color 是设置字体颜色;line-height 是设置行高。

04 执行"文件 > 另存为"命令,将文件保存为"光盘 \ 源文件 \ 第 4 章 \4-1-5html",如图 4-31 所示。

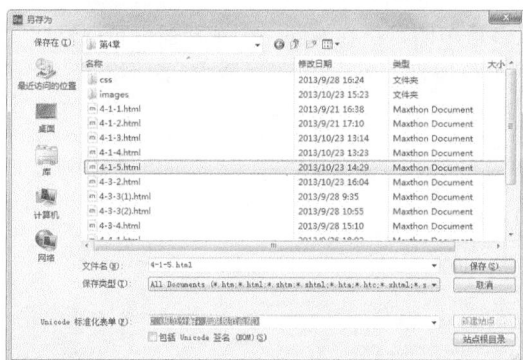

图4-31

05 按 F12 键测试页面效果,观察页面中文字的变化,如图 4-32 所示。

图4-32

4.1.6 继承选择器

继承的含义是指选择器组合中的前一个元素包含后一个元素,元素之间使用空格隔开。使用继承选择器可以为一个元素里的子元素定义样式,如图 4-33 所示。

```
p span {
    color:#00F;
    font-family:"宋体"
}
</style>
```

图4-33

上图是指为 <p> 标签中的子标签 <span> 定义一个颜色为"蓝色",字体为"宋体"的样式,但这里需要注意的是,此样式仅仅对有此结构的标签有效,对单独存在的 p、span,或其他非 <p> 标签下的 <span> 标签,均不会发生效果。

为了看出其效果,可以在 body 部分输入如图 4-34 所示代码。在浏览器中显示的效果如图 4-35 所示。

```
<body>
<p>这里是一个页面</p>
<p>
    <span>这里是一个页面</span>
</p>
</body>
```

图4-34

```
这里是一个页面

这里是一个页面
```

图4-35

继承选择器除了二者间包含,也可以多级包含,如图 4-36 所示。

```
<style type="text/css">
p span strong {
    color:#00F;
    font-family:"宋体"
}
</style>
```

图4-36

4.1.7 伪类选择器

伪类也属于一种选择器,它包括 :link、:visited、:hover、:active、:first-child、:focus 和 :lang 等,但由于不同浏览器支持的伪类类型不同,因此没有统一标准,其中 :link、:visited、:hover 和 :active 是所有浏览器

57

都支持的超链接伪类。

利用伪类定义的 CSS 样式并不作用在标签上，而是作用在标签的状态上。伪类最常应用在 <a> 标签上，表示链接的 4 种不同的状态：link（链接未访问）、visited（已访问链接）、hover（鼠标停在链接上方时）、active（鼠标点中激活链接时）。

伪类的使用示例如图 4-37 所示。

```
<style type="text/css">
a:link {
    font-weight : bold ;
    text-decoration : none ;
    color : #c00 ;
}
a:visited {
    font-weight : bold ;
    text-decoration : none ;
    color : #c30 ;
}
a:hover {
    font-weight : bold ;
    text-decoration : underline ;
    color : #f60 ;
}
a:active {
    font-weight : bold ;
    text-decoration : none ;
    color : #F90 ;
}
</style>
```

图4-37

除以上语法表达方式外，也可以用 HTML 的 class 属性来设定伪类，如图 4-38 所示。

```
<style type="text/css">
a.c1:link {
    color: #FF0000;
}
a.c1:visited {
    color: #00FF00;
}
a.c1:hover {
    color: #FFCC00;
}
a.c1:active {
    color: #0000FF;
}
</style>
```

图4-38

> **提示：**
> 由于 CSS 优先级的关系，在 CSS 定义中，一定要按照 a:link、a:visited、a:hover、a:active 的顺序书写才会有效。根据具体的网页设计需要，<a> 标签可以具备一种状态，也可以具备两种或者三种状态。

4.2 声明

声明是构成 CSS 语句的一部分，声明写在选择器之后。CSS 的声明写在一对大括号中，其中包含 CSS 的属性和属性值。声明的写法有明确的规则，若不遵守声明的规则，则可能导致 CSS 样式失效。

以下为 CSS 声明的规则：

- 声明中属性和属性值之间必须用冒号隔开；

- 声明中可以包含多个属性；

- 使用多重声明时，每个声明用分号 ";" 隔开；

- 声明中的属性和属性值必须要使用大括号括起来。

4.2.1 多重声明

多重声明是指在对同一个选择器设置属性时，可以把所有属性写在同一选择器中，而不需要分开书写。例如：

```
h1 {
    font-family:" 宋体 ";
}
h1 {
    color: # C00;
}
h1 {
    font-size:22px;
}
```

可以书写为：

```
h1 {
    font-family:" 宋体 ";
    color: #C00;
    font-size:22px;
}
```

4.2.2 集体声明

集体声明是指在样式表中如果有多个选择器使用相同的属性设置，如图 4-39 所示，那么这些选择器就可以并列书写在一起，如图 4-40 所示。

在图中，同时为 3 组标签 <h1>、<h2>、<table> 设定了声明，换言之，凡是被这 3 个标签包起来的，其字体都会显示为宋体，颜色为红色，大小为 22 px。

```
<style type="text/css">
h1 {
    font-family:"宋体";
    color:#C00;
    font-size:22px;
}
h2 {
    font-family:"宋体";
    color:#C00;
    font-size:22px;
}
table {
    font-family:"宋体";
    color: #C00;
    font-size: 22px;
}
</style>
```

图4-39

```
<style type="text/css">
h1,h2,table {
    font-family:"宋体";
    color:#C00;
    font-size:22px;
}
</style>
```

图4-40

4.3 CSS的层叠原理

CSS 是英语 Cascading Style Sheets（层叠样式表单）的缩写。在本节中将详细讲解 CSS 的层叠原理，而要想深入理解CSS原理，首先需要明白什么是层叠。在同一个网页中当出现多个样式共同作用于某个页面元素时，就需要决定哪一个样式被优先应用，所以CSS的层叠就是一个决定 CSS 样式优先级的规则。

4.3.1 CSS样式来源

在页面显示的过程中，控制其外观的除了网页作者制作的 CSS 样式表外，还有浏览器的默认样式和用户自定义的样式，这些样式都会影响到在浏览器上运行的网页文档。

其中，网页作者制作的样式优先级高于用户自定义的样式；用户自定义的样式优先级高于浏览器默认的样式。

4.3.2 CSS的继承

在CSS语言中继承并不复杂，简单来说就是将各

个 HTML 标签看作一个个大容器，其中被包含的小容器会继承大容器的所有样式，即大容器为父标签，小容器为子标签。

子标签可以在父标签样式的基础上加以修改，产生新的样式，但父标签的样式并不会随着子标签的修改而变化。例如，为 <p> 标签添加字体大小和颜色，代码如图 4-41 所示。

```
<style type="text/css">
p {
    font-size:24px;
    color:#F00;
}
</style>
</head>
<body>
<p>欢迎来到中国首都——<em>北京</em></p>
</body>
```

图4-41

图 4-42 所示为在设计页面中显示的效果。

图4-42

可以看到其子标签 <em> 也显示父标签的 CSS 样式。

如果再给 <em> 标签加入继承选择器，并为其添加 CSS 样式，代码如图 4-43 所示。

```
<style type="text/css">
p {
    font-size:24px;
    color:#F00;
}
p em {
    font-size:36px;
    color:#00F;
}
</style>
```

图4-43

在设计页面中显示的效果如图 4-44 所示。

图4-44

通过图可以看出，在修改子标签 <em> 后，父标签 <p> 并没有受到影响，而子标签在父标签样式的基

础上还使用了自己的 CSS 样式。

课堂案例

CSS的继承

案例位置：光盘\源文件\第4章\4-3-2.html

视频位置：光盘\视频\第4章\4-3-2.swf

难易指数：★★☆☆☆

学习目标：掌握CSS继承的技巧

最终效果如图4-45所示

图4-45

01 执行"文件>打开"命令，打开"光盘\素材\第4章\43201.html"文件，页面效果如图 4-46 所示。

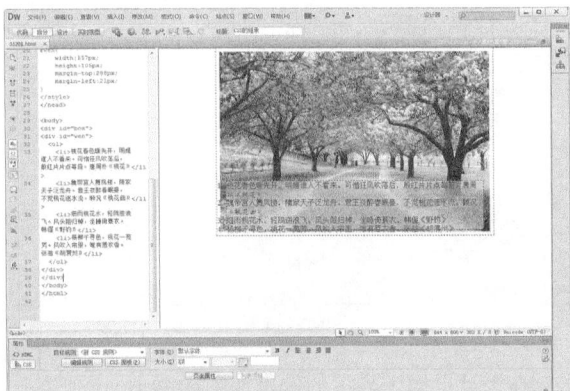

图4-46

02 转换到"代码"视图，可以看到 ol 为 li 的父级标签，代码如图 4-47 所示。

03 在 文 档 <style type="text/css"></style> 标签对中定义一个名为 ol 的 CSS 样式，用于设置列表中的文字样式，代码如图 4-48 所示。

```
<body>
<div id="box">
<div id="wen">
  <ol>
    <li>桃花春色暖先开，明媚谁人不看来。
       可惜狂风吹落后，殷红片片点莓苔。唐周朴《桃花》</li>
    <li>魏帝宫人舞凤楼，隋家天子泛龙舟。
       君王夜醉春眠晏，不觉桃花逐水流。顾况《桃花曲》</li>
    <li>细雨桃花水，轻鸥逆浪飞。
       风头阻归棹，坐睡倚蓑衣。韩偓《野钓》</li>
    <li>杨柳千寻色，桃花一苑芳。
       风入罗帝里，唯有蕙衣香。张祜《胡渭州》</li>
  </ol>
</div>
</div>
</body>
```

图4-47

```
ol{
    font-family:"宋体";
    font-size:13px;
    color:#600;
    line-height:24px;
    list-style-position:inside;
}
</style>
```

图4-48

04 执行"文件 > 另存为"命令，将文件保存为"光盘 \ 源文件 \ 第 4 章 \4-3-2.html"，如图 4-49 所示。

图4-49

提示：
在 CSS 样式中 list-style-position:inside; 表示设置列表符的位置在文本以内。相关内容在第 10 章会详细介绍。

05 按 F12 键测试页面效果，可以看到 li 标签中的文字继承了 ol 标签中的文字样式，如图 4-50 所示。

提示：
巧妙地使用继承可以减少代码中选择器的数量，降低复杂性。但如果大量地继承各种样式，会很难判断样式的来源。

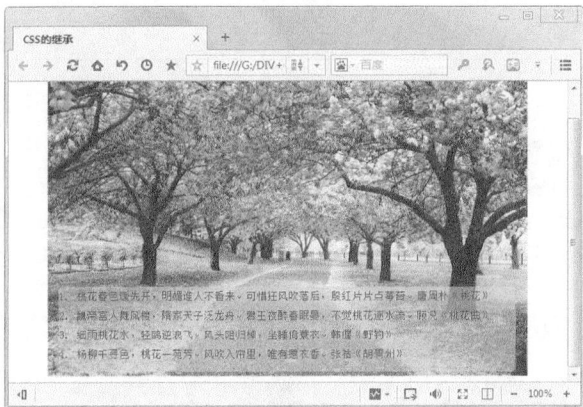

图4-50

4.3.3　选择器的优先级

在制作页面时，一个页面元素往往会应用多个选择器，这时候就出现一个问题，多个选择器中，哪个发生效果？

一般而言，选择器越特殊，它的优先级越高。也就是选择器指向的越准确，它的优先级就越高。例如，同时使用标签选择器和类选择器定义颜色值，代码如图4-51所示。

```
<style type="text/css">
div {
    color:#00F;
}
.font1 {
    color:#F00;
}
</style>
</head>
<body>
<div class="font1">此处显示内容</div>
</body>
```

图4-51

通常用1表示标签选择器的优先级，用10表示类选择器的优先级，用100标示ID选择器的优先级，而继承选择器具有的优先级为0。因此，上图中div的文字显示为#F00（红色）。

选择器的优先级还可以叠加，当多个样式都可以应用在同一个元素上时，优先级叠加越高的样式会被优先采用。

课堂案例

标签选择器与类选择器的比较

案例位置：光盘\源文件\第4章\4-3-3（1）.html
视频位置：光盘\视频\第4章\4-3-3（1）.swf

难易指数：★★☆☆☆

学习目标：了解并掌握选择器的优先级

最终效果如图4-52所示

图4-52

01 执行"文件>打开"命令，打开"光盘\素材\第4章\43301.html"，页面效果如图4-53所示。

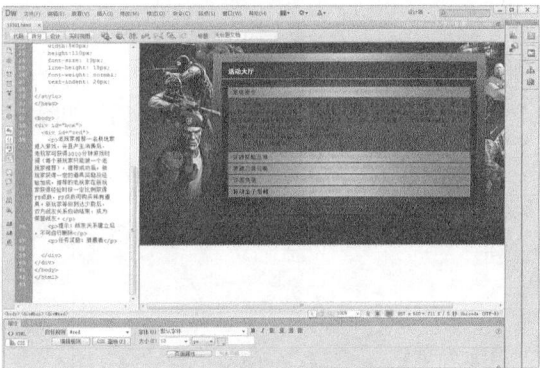

图4-53

02 在文档<style type="text/css"></style>标签对中定义一个名为p的CSS样式，用来定义文档中文字的颜色，如图4-54所示。

```
#zed{
    margin-top:237px;
    margin-left:211px;
    width:560px;
    height:110px;
    font-size: 13px;
    line-height: 18px;
    font-weight: normal;
    text-indent: 26px;
}
p{
    color:#F00;
}
</style>
```

图4-54

03 定义标签样式后，文字在"设计"视图中显示的效果如图4-55所示。

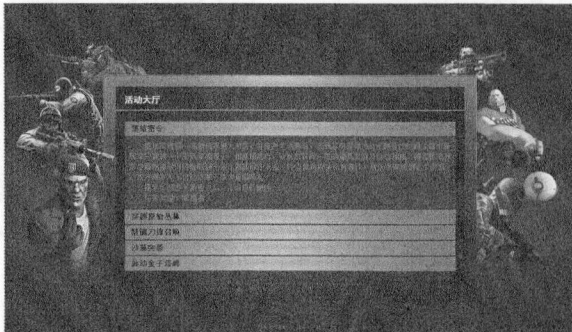

图4-55

04 再定义一个名为 .font 的 CSS 样式，同样用来定义文字的颜色，如图 4-56 所示。

```
p{
    color:#F00;
}
.font{
    color:#CCC;
}
```

图4-56

05 在 <body> 标签的部分选中一段文字，如图 4-57 所示。

```
<div id="zed">
    <p>老玩家推荐一名新玩家进入游戏，并且产生消费后，老玩家可获得3000分钟游戏时间（每个新玩家只能被一个老玩家推荐），推荐成功后，新玩家获得一定的道具奖励及经验加成，推荐的老玩家在新玩家获得经验时按一定比例获得FP点表。FP点数可购买稀有道具。新玩家等级到达少尉后，双方战友关系自动结束，成为荣誉战友。</p>
    <p>提示：战友关系建立后，不可自行删除</p>
    <p>任务奖励：猎鹰者</p>
</div>
```

图4-57

06 执行"窗口 > 属性"命令，打开"属性"面板，将"目标规则"下拉列表调整为 .font，如图 4-58 所示。

图4-58

07 观察文本内容发生的变化，如图 4-59 所示。

08 使用相同方法设置文本中的其他内容，如图 4-60

所示。

```
<div id="zed">
    <p class="font">老玩家推荐一名新玩家进入游戏，并且产生消费后，老玩家可获得3000分钟游戏时间（每个新玩家只能被一个老玩家推荐），推荐成功后，新玩家获得一定的道具奖励及经验加成，推荐的老玩家在新玩家获得经验时按一定比例获得FP点表。FP点数可购买稀有道具。新玩家等级到达少尉后，双方战友关系自动结束，成为荣誉战友。</p>
    <p>提示：战友关系建立后，不可自行删除</p>
    <p>任务奖励：猎鹰者</p>
</div>
```

图4-59

```
<div id="box">
    <div id="zed">
        <p class="font">老玩家推荐一名新玩家进入游戏，并且产生消费后，老玩家可获得3000分钟游戏时间（每个新玩家只能被一个老玩家推荐），推荐成功后，新玩家获得一定的道具奖励及经验加成，推荐的老玩家在新玩家获得经验时按一定比例获得FP点表。FP点数可购买稀有道具。新玩家等级到达少尉后，双方战友关系自动结束，成为荣誉战友。</p>
        <p class="font">提示：战友关系建立后，不可自行删除</p>
        <p class="font">任务奖励：猎鹰者</p>
    </div>
</div>
```

图4-60

09 执行"文件 > 另存为"命令，将文件保存为"光盘 \ 源文件 \ 第 4 章 \4-3-3（1）.html"，如图 4-61 所示。

图4-61

10 按 F12 键测试页面效果，观察页面中文字的变化，判断标签选择器与类选择器的优先级问题，如图 4-62 所示。

图4-62

课堂案例

ID选择器与类选择器的比较

案例位置：光盘\源文件\第4章\4-3-3（2）.html

视频位置：光盘\视频\第4章\4-3-3（2）.swf

难易指数：★★☆☆☆

学习目标：了解并掌握选择器的优先级

最终效果如图4-63所示

图4-63

01 执行"文件>打开"命令，打开"光盘\素材\第4章\43301.html"，如图4-64所示。

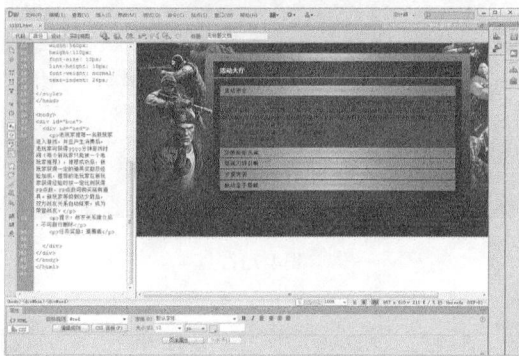

图4-64

02 在"代码"视图中找到名为#zed的css样式，在其中定义color属性为#CCC，表示定义文字颜色为灰色，如图4-65所示。

```
#zed{
    margin-top:237px;
    margin-left:211px;
    width:560px;
    height:110px;
    font-size: 13px;
    line-height: 18px;
    font-weight: normal;
    text-indent: 26px;
    color:#CCC;
}
```

图4-65

03 定义一个名为.font的css样式，设置其color属性为#F00，用于定义文字颜色为红色，代码如图4-66所示。

```
#zed{
    margin-top:237px;
    margin-left:211px;
    width:560px;
    height:110px;
    font-size: 13px;
    line-height: 18px;
    font-weight: normal;
    text-indent: 26px;
    color:#CCC;
}
.font{
    color:#F00;
}
</style>
```

图4-66

04 在<body>标签的部分找到id名称为zed的div标签，如图4-67所示。

```
<div id="box">
  <div id="zed">
    <p>老玩家推荐一名新玩家进入游戏，并且
产生消费后，老玩家可获得3000分钟游戏时间
（每个新玩家只能被一个老玩家推荐），推荐
成功后，新玩家获得一定的道具奖励及经验加
成，推荐的老玩家在新玩家获得经验时按一定
比例获得FP点数，FP点数可购买稀有道具。新
玩家等级到达少尉后，双方战友关系自动结束
，成为荣誉战友。</p>
    <p>提示：战友关系建立后，不可自行删除</p>
    <p>任务奖励：猎鹰者</p>
  </div>
</div>
```

图4-67

05 在该标签中添加class属性，并设置其属性值为font，如图4-68所示。

```
<body>
<div id="box">
  <div id="zed" class="font">
    <p>老玩家推荐一名新玩家进入游戏，并且
产生消费后，老玩家可获得3000分钟游戏时间
（每个新玩家只能被一个老玩家推荐），推荐
成功后，新玩家获得一定的道具奖励及经验加
成，推荐的老玩家在新玩家获得经验时按一定
比例获得FP点数，FP点数可购买稀有道具。新
玩家等级到达少尉后，双方战友关系自动结束
，成为荣誉战友。</p>
    <p>提示：战友关系建立后，不可自行删除</p>
    <p>任务奖励：猎鹰者</p>
  </div>
</div>
```

图4-68

06 执行"文件>另存为"命令，将文件保存为"光

盘\源文件\第4章\4-3-3（2）.html"，如图4-69所示。

图4-69

07 按F12键测试页面效果，观察页面中文字的变化，判断ID选择器与类选择器的优先级问题，如图4-70所示。

图4-70

4.3.4 important语句

在CSS 3中，不同规则具有不同的权重，要提升声明中某个属性设置的优先级，就需要使用重要规则，重要规则就是important语句。

例如，同时为div和.font1定义颜色值，并为div添加important语句，代码如图4-71所示。

```
<style type="text/css">
div {
    color:#00F !important;
}
.font1 {
    color:#F00;
}
</style>
</head>
<body>
<div class="font1">此处显示内容</div>
</body>
```

图4-71

若不为div添加important语句，根据规定，<div class="font1"></div>标签对中的文字会显示为#F00（红色）；为div添加important语句后，则<div class="font1"></div>标签对中的文字会显示为#00F（蓝色）。

> **提示：**
> 有!important声明的规则高于一切。如果!important声明冲突，则比较优先权。

课堂案例

ID选择器与important语句的比较

案例位置：光盘\源文件\第4章\4-3-4.html

视频位置：光盘\视频\第4章\4-3-4.swf

难易指数：★★☆☆☆

学习目标：了解并掌握选择器的优先级

最终效果如图4-72所示

图4-72

01 执行"文件 > 打开"命令，打开"光盘\素材\第4章\43301.html"，页面效果如图4-73所示。

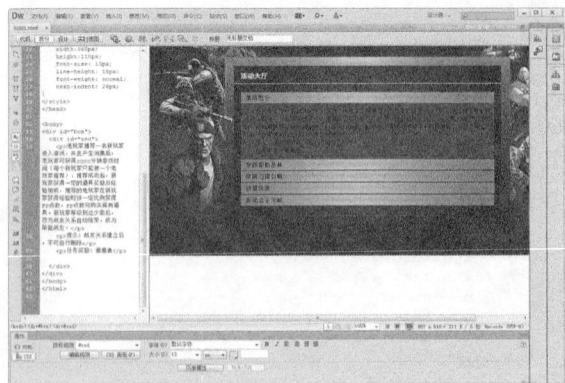

图4-73

02 在 <head> 标签中找到名为 #zed 的 css 样式，在其中定义 color 属性为 #0F0，用于设置文字颜色为绿色，如图 4-74 所示。

```
#zed{
    margin-top:237px;
    margin-left:211px;
    width:560px;
    height:110px;
    font-size: 13px;
    line-height: 18px;
    font-weight: normal;
    text-indent: 26px;
    color:#0F0;
}
```

图4-74

03 在"设计"视图中观察文字的颜色变化，如图 4-75 所示。

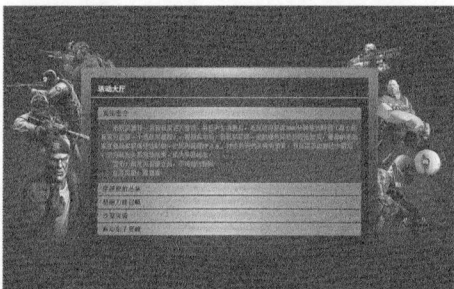

图4-75

04 在 #zed 样式下新定义一个名为 .font 的 css 样式，设置其 color 属性为 #CCC，并设置为 important 语句，代码如图 4-76 所示。

```
.font{
    color:#CCC !important;
}
</style>
```

图4-76

05 在 body 部分找到属性为 zed 的 div 标签，在该标签中添加 class 属性，并设置其属性值为 font，如图 4-77 所示。

```
<div id="zed" class="font">
    <p>老玩家推荐一名新玩家进入游戏，并
    且产生消费后，老玩家可获得3000分钟游戏时
    间（每个新玩家只能被一个老玩家推荐），推
    荐成功后，新玩家获得一定的道具奖励及经验
    加成，推荐的老玩家在新玩家获得经验时按一
    定比例获得FP点数，FP点数可购买稀有道具。
    新玩家等级到达少尉后，双方战友关系自动结
    束，成为荣誉战友。</p>
    <p>提示：战友关系建立后，不可自行删除</p>
    <p>任务奖励：猎鹰者</p>
</div>
```

图4-77

06 执行"文件 > 另存为"命令，将文件保存为"光盘 \ 源文件 \ 第 4 章 \4-3-4.html"，如图 4-78 所示。

图4-78

07 按 F12 键测试页面效果，观察页面中文字的变化，判断 ID 选择器与 important 语句的优先级问题，如图 4-79 所示。

图4-79

4.4 CSS的单位

单位和值是设置 CSS 属性的基础，它们涉及的范围比较广泛，例如颜色单位、长度单位、文件位置等。在页面的布局中，页面的颜色搭配，字体的格式、大小等都离不开 CSS 属性的设置。所以正确识别、运用这些单位，才能准确地设置属性，从而达到更好的 CSS 设计效果。

4.4.1 颜色单位

在 CSS 中颜色设置的方法有一下 7 种方法：命名颜色、十六进制颜色、RGB 颜色、RGBA 颜色、HSL 颜

色、HSLA 颜色和网络安全色。下面分别向大家介绍各种颜色设置的方法。

1. 命名颜色

在 CSS 中直接用英文单词命名与之相应的颜色，这种方法的优点在于简单、直接、易掌握；缺点是在不同的浏览器中，命名颜色的种类也是不同，即使使用了相同的颜色名，它们的颜色也有可能存在差异。

使用命名颜色的方法将一段文字定义为红色，它的格式如下：

```
p {
    color:red;
}
```

在表 4-1 中给出了 16 种颜色及其对应的英文名称，这 16 种颜色是浏览器可以通用的标准颜色。

表4-1

颜色名	英文名称
白色	white
红色	red
黄色	yellow
绿色	green
蓝色	blue
紫色	purple
灰色	gray
橄榄色	olive
浅绿色	lime
青色	teal
深蓝色	navy
褐色	maroon
紫红色	fuchsia
银色	silver
水色	aqna
黑色	black

2. 十六进制颜色

所有浏览器都支持十六进制颜色值，它是以红、绿、蓝 3 种颜色为基本色，将 3 种基本色的取值范围转换为十六进制的"00 ~ FF"，每种基本色都用两位十六进制数字来表示，它的格式为"#RRGGBB"（其中，R 代表红色，G 代表绿色，B 代表蓝色），即每种颜色值占两位，如果不足则用 0 来代替。例如：

```
p {
color:#33FFCC;
}
```

以上代码是将 \<p\> 标签设置为青色，其中，33 代表 R 的颜色值（十六进制中的 33 等于十进制中的 51），FF 代表 G 的颜色值（十六进制中的 FF 等于十进

制中的 255），CC 代表 B 的颜色值（十六进制中的 CC 等于十进制中的 204 ）。

> **提示：**
> 十六进制是由数字 0 ~ 9 和字母 A ~ F 组成的，转换成十进制的 0, 1, 2, 3, 4, 5, ……为 00, 01, 02, 03, 04, 05, 06, 07, 08, 09, 0A, 0B, 0C, 0D, 0E, 0F, 10, 11, 12, 13, ……

3. RGB颜色

RGB 颜色也是以红、绿、蓝 3 种颜色为基本色，这 3 种颜色可以是介于 0 ~ 255 的整数，也可以是从 0% 到 100% 的百分比值。其他颜色均由这 3 种颜色按不同比例叠加而成。

要使用 RGB 颜色，必须使用 rgb(R,G,B) 的格式，例如，为 \<p\> 标签设置红色，方法如下：

```
p {
    color:rgb( 255,0,0);
}
或
p {
    color:rgb( 100%,0%,0%);
}
```

> **提示：**
> 一定要注意，并不是所有的浏览器都支持 RGB 中百分比的数值。

对于浏览器不能识别的颜色名称，就可以使用所需颜色的十六进制值或 RGB 值。表 4-2 是几种常见的预定义颜色值的十六进制值和 RGB 值。

表4-2

颜色名	十六进制值	RGB值
红色	#FF0000	RGB（255, 0, 0）
橙色	#FF6600	RGB（255, 102, 0）
黄色	#FFFF00	RGB（255, 255, 0）
绿色	#00FF00	RGB（0, 255, 0）
蓝色	#0000FF	RGB（0, 0, 255）
紫色	#800080	RGB（128, 0, 128）
紫红色	#FF00FF	RGB（255, 0, 255）
水绿色	#00FFFF	RGB（0, 255, 255）
灰色	#808080	RGB（128, 128, 128）
褐色	#800000	RGB（128, 0, 0）
橄榄色	#808000	RGB（128, 128, 0）
深蓝色	#000080	RGB（0, 0, 128）
银色	#C0C0C0	RGB（192, 192, 192）
深青色	#008080	RGB（0, 128, 128）
白色	#FFFFFF	RGB（255, 255, 255）
黑色	#000000	RGB（0, 0, 0）

4. RGBA颜色

RGBA 是在 RGB 的基础上多控制了 Alpha 透明度的参数。R、G、B 3 个参数的取值范围与 RGB 的取值范围相同，而 A 的取值范围为 0 ~ 1，不可以为负值。其遵循的语法格式为 rgba(R,G,B,A)。其中，"R，G，B" 分别表示红色、绿色和蓝色 3 种原色所占的比重，A 表示不透明度。

例如，为一个 div 添加背景色，它的代码如图 4-80 所示。

```
<style type="text/css">
#box {
    width:700px;
    height:300px;
    text-align:center;
    margin:0px auto;
    background-color:rgba(0,0,0,0.3);
}
</style>
```

图4-80

上图代码是将名称为 "#box" 的 Div 标签设置为宽 700 像素、高 300 像素，文本对齐方式为居中、相对边的值为 0 像素、背景颜色为黑色、不透明度为 0.3，效果如图 4-81 所示。

图4-81

5. HSL颜色

HSL 色彩模式是工业界中的一种颜色标准，它通过对 H(色调)、S(饱和度)和 L(亮度) 3 个颜色通道的改变，以及它们相互之间的叠加来获得各种颜色。这个颜色几乎包括了人类视力可以感知的所有颜色，是目前运用最广的颜色系统之一。

HSL 颜色定义的语法格式为 hsl(H,S,L)，其中 H 表示 Hue(色调)，取值范围为 0 ~ 360 ;S 表示 Saturation(饱和度)，取值范围为 0% ~ 100% ;L 表示 Lightness(亮度)取值范围为 0% ~ 100%。

例如，使用 HSL 颜色为 div 添加背景颜色为绿色，代码如图 4-82 所示。效果如图 4-83 所示。

```
<style type="text/css">
#box {
    width:700px;
    height:300px;
    text-align:center;
    margin:0px auto;
    background-color:hsl(120,100%,50%);
}
</style>
```

图4-82

图4-83

6. HSLA颜色

HSLA 是 HSL 颜色定义方法的扩展，在色相、饱和度和亮度三要素的基础上添加了不透明度的设置。使用 HSLA 颜色定义方法，能够灵活的设置各种不同的透明效果，语法格式为 hsla(H,S,L,A)。其中，前 3 个属性与 HSL 颜色定义方法的属性相同，第 4 个属性这表示不透明度，取值范围为 0 ~ 1。

例如，使用 HSL 颜色为 div 添加背景颜色为绿色，代码如图 4-84 所示。效果如图 4-85 所示。

```
<style type="text/css">
#box {
    width:700px;
    height:300px;
    text-align:center;
    margin:0px auto;
    background-color:hsla(120,100%,50%,1);
}
</style>
```

图4-84

图4-85

课堂案例

修改文本颜色

案例位置：光盘\源文件\第4章\4-4-1.html

视频位置：光盘\视频\第4章\4-4-1.swf

难易指数：★ ☆ ☆ ☆ ☆

学习目标：掌握CSS中颜色的设置方法

最终效果如图4-86所示

图4-86

01 执行"文件>打开"命令，打开"光盘\素材\第4章\44101.html"，如图4-87所示。

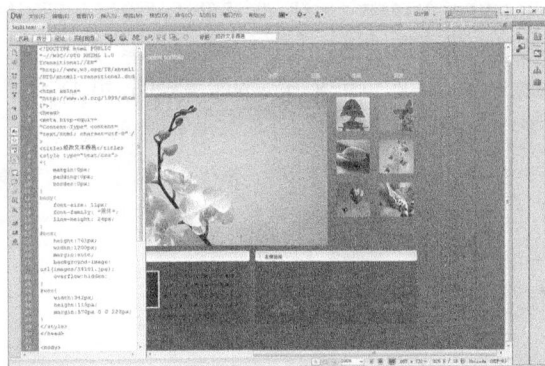

图4-87

02 在文档 <style type="text/css"></style> 中找到名为 body 的 CSS 规则，为其添加颜色样式，如图 4-88 所示。

```
body{
    font-size: 11px;
    font-family: "黑体";
    line-height: 24px;
    color:#FFFFFF;
}
```

图4-88

03 执行"文件 > 另存为"命令，将文件保存为"光盘 \ 源文件 \ 第 4 章\4-4-1.html"，如图 4-89 所示。

04 单击"文档"工具栏中的"在浏览器中预览\调试"按钮 ，预览效果如图4-90所示。

图4-89

图4-90

提示：
在 Dreamweaver 中十六进制颜色格式分三位十六进制数和六位十六进制数两种，本案例中使用的是六位十六进制数，如果用三位十六进制数定义，代码为：

```
body {
    color:#FFF;
}
```

4.4.2 长度单位

在CSS属性中，为保证页面元素能够在浏览器中完全显示且布局合理，就需要设定元素的边框大小、页边距等。长度是由数值和单位组合而成的，只有当数值带上了合适的单位，长度才会正确显示。

长度单位分为两类：绝对单位和相对单位。

知识点：绝对单位与相对单位

1. 绝对单位
绝对单位分为 5 种：英寸(in)、厘米(cm)、毫米(mm)、磅(pt)和 pica(pc)。

英寸是国外常用的量度单位,对于国内而言使用较少,1in=2.54cm,而1cm=0.394in;厘米是常用的长度单位,它可以用来设定距离比较大的页面元素框;毫米可以用来精确地设定页面元素距离或大小,10mm=1cm;磅是标准的印刷量度,一般用来设定文字的大小,广泛应用于打印机、文字程序等,72pt=1in,也就等于2.54cm;pica是另一种印刷量度,该单位与磅都不常用,1pc=12pt。

2.相对单位

相对单位是指在度量时需要参照其他页面元素的单位值,比如屏幕分辨率、可视区域的宽度、用户个人的设置等,这些相对单位会随着参照标准的变化而发生变化。相对单位有3种:em、ex和px。

1em其实就是当前字体的font-size值,它始终是随着自提的大小变化而变化。例如,一个元素的字体大小为10pt,那么1em就等于10pt;将该元素的字体大小改为16pt,1em就等于16pt。

ex是以给定字体的小写字母"x"高度作为基准,对于不同的字体来说,小写字母"x"高度是不同的,所以ex单位的基准也不同。

px也称为像素,是目前使用最广泛的一种量度单位,1px也就是电脑屏幕上的一个小方格,这个通常是看不出来的,由于显示器的大小不同,它的每个小方格都有所差异,所以以像素为单位的基准也是不同的。

课堂案例

修改div的长度单位

案例位置:光盘\源文件\第4章\4-4-2.html

视频位置:光盘\视频\第4章\4-4-2.swf

难易指数:★☆☆☆☆

学习目标:掌握CSS中长度单位的设置方法

最终效果如图4-91所示

01 执行"文件 > 打开"命令,打开"光盘 \ 素材 \ 第 4 章 \44102.html",页面效果如图 4-92 所示。

02 在文档 <style type="text/css"></style> 标签对中找到名为 #wbk 的 CSS 样式,如图 4-93 所示。

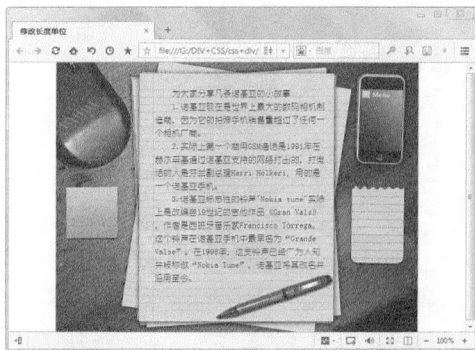

图4-91

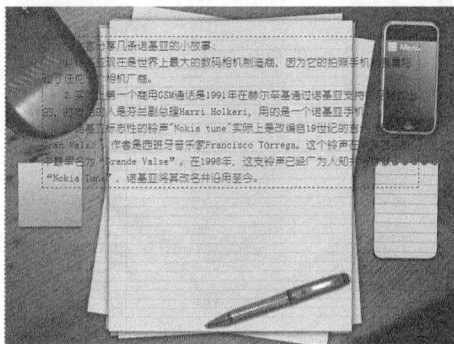

图4-92

```
#box {
    height:450px;
    width:600px;
    margin:auto;
    background-image:url(images/34103.jpg);
    overflow:hidden;
}
#wbk {
    height:200px;
    width:500px;
    margin-top:40px;
    margin-left:50px;
}
```

图4-93

03 修改该样式的长度单位,如图 4-94 所示。

```
#box {
    height:450px;
    width:600px;
    margin:auto;
    background-image:url(images/34103.jpg);
    overflow:hidden;
}
#wbk {
    height:330px;
    width:280px;
    margin-top:40px;
    margin-left:165px;
}
```

图4-94

04 执行"文件 > 另存为"命令,将文件保存为"光盘 \ 源文件 \ 第 4 章 \4-4-2.html",如图 4-95 所示。

05 按 F12 键测试页面效果,观察页面 div 中文字的位置变化,效果如图 4-96 所示。

图4-95

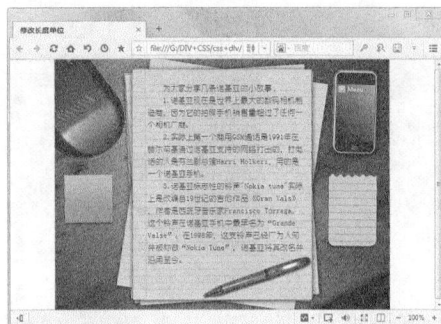

图4-96

4.5 本章小结

本章主要介绍了 CSS 的基本语法，包括 CSS 选择器的分类、语句的主要构成以及 CSS 选择器的优先级问题，同时还向读者介绍了 CSS 单位的设置方法。本章内容是 CSS 布局方式的基础，读者需要熟练地掌握本章内容，为后面学习如何使用 CSS 布局页面打下坚实的基础。

4.6 课后习题

本章安排了两个课后习题，分别是实现水平菜单条和通过 CSS 控制整个页面的文本，这两个课后习题主要是为了在实际操作中更加熟练地运用 CSS 样式控制整个页面。

4.6.1 课后习题1-实现水平菜单条

案例位置：光盘\源文件\第4章\4-6-1.html

视频位置：光盘\视频\第4章\4-6-1.swf

难易指数：★★★☆☆

学习目标：使用CSS样式实现水平菜单条

最终效果如图4-97所示

图4-97

步骤分解如图 1-98 所示。

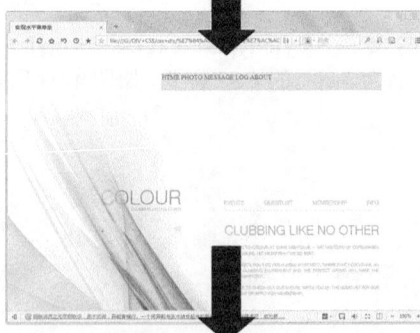

步骤分解如图 4-100 所示。

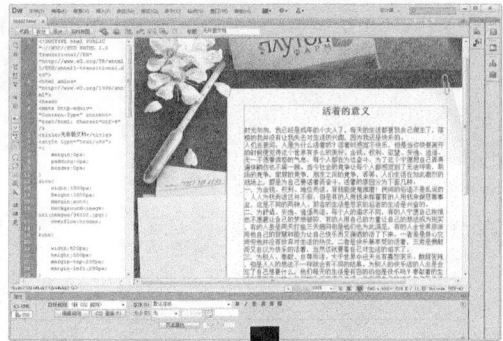

```
#wbk{
    width:520px;
    height:550px;
    margin-top:230px;
    margin-left:280px;
}
body{
    font-size:12px;
    line-height:24px;
    text-indent:24px;
    color:#930;
}
</style>
```

图4-100

图1-98

4.6.2 课后习题2-通过CSS控制整个页面中的文本

案例位置：光盘\源文件\第4章\4-6-2.html

视频位置：光盘\视频\第4章\4-6-2.swf

难易指数：★★☆☆☆

学习目标：熟练掌握CSS样式控制文本的方法

最终效果如图4-99所示

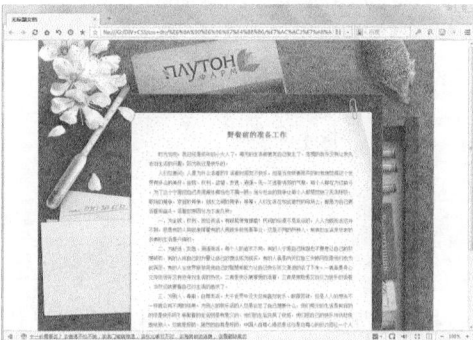

图4-99

Div+CSS

课堂学习目标：

★ 认识Div盒模型

★ 了解盒模型的组成

★ 掌握浮动多个元素的方法

★ 掌握清除浮动的方法

★ 掌握position定位方法

第5章 Div+CSS布局页面

在设计网页时，能否控制好各个模块在页面中的位置是非常关键的。在上一章中，读者已经对 CSS 的基本语法有了一定的了解，本章将会在此基础上对 Div 盒模型及 CSS 定位进行详细介绍，将解利用 Div+CSS 对页面元素进行定位的方法。

5.1 初识Div+CSS

要想掌握 Div+CSS 布局，首先需要了解什么是 Div。与其他标签一样，Div 是一个 HTML 所支持的标签，在使用时是以 <div> </div> 的形式出现。

5.1.1 布局的流程

Div 是 HTML 中指定的、专门用于布局设计的容器对象，在传统的表格式布局中，之所以能进行页面的排版布局设计，完全依赖于表格对象 table。在页面中绘制一个由多个单元格组成的表格，在相应的表格中放置内容，通过表格单元格的位置控制，达到实现布局的目的，这是表格式布局的核心对象。而现在，我们所接触的是一种全新的布局方式——CSS 布局，Div 是这种布局方式的核心对象，使用CSS布局的页面排版无需依赖表格，从Div的使用来说，作一个简单的布局只需要依赖 Div 与 CSS，因此也称为 Div+CSS 布局。

使用 Div 布局时，首先需要有整体布局，即顶部、中部和底部，中部有时还可以分为左右或左中右。无论是多么复杂的布局，都可以拆分为上下、上中下、左右、左中右的固定格式，这些固定格式都可以使用 Div 进行多层次的嵌套来实现，如图 5-1 所示。

```
<body>
<div id="top">顶部</div>
<div id="main">
  <div id="left">中部嵌套左栏</div>
  <div id="right">中部嵌套右栏</div>
</div>
<div id="bottom"> 底部</div>
</body>
```

图5-1

提示：
Div 多层嵌套的目的是为了实现更为复杂的页面排版。

在上图中，每个 Div 标签都定义了一个 id 名称以供识别。从代码中可以看到 id 为 top、main 和 bottom 的 3 个对象之间属于并列关系，在网页的结构布局中属于垂直方向布局，如图 5-2 所示。在 main 中，为了内容需要，有可能使用左右栏的布局，因此在 main 中增加了两个 id 为 left 和 right 的 Div。这两个 Div 本身为并列关系，而它们都处在 main 中，因此它们与 main 形成了一种嵌套关系。如果 left 和 right 被样式控制为左右关系，最终布局效果如图 5-3 所示。

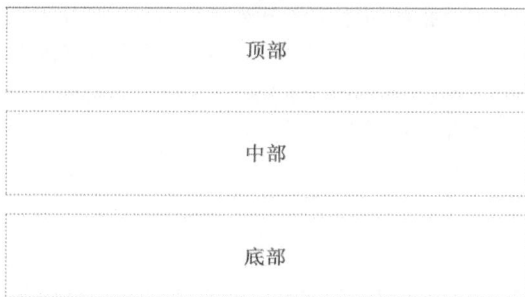

图5-2

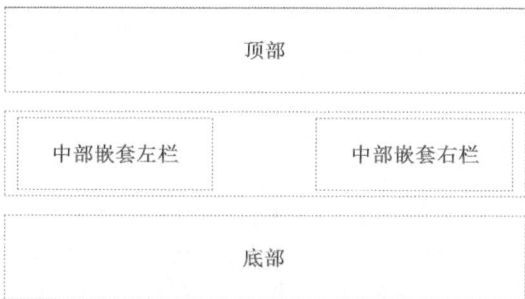

图5-3

提示：

浏览器在显示网页时需要解析层的嵌套关系，这需要耗费资源和时间，所以要尽可能少的使用嵌套关系来实现设计效果，以加快网页的显示速度。

5.1.2 Div+CSS布局的优势

CSS 样式表是控制页面布局样式的基础，并真正能够做到网页表现与内容分离的一种样式设计语言。相对传统 HTML 的简单样式控制而言，CSS 能够对网页中的对象的位置排版进行像素级的精确控制，支持几乎所有的字体字号样式，以及拥有对网页对象盒模型样式的控制能力，并能够进行初步页面交互设计，是目前基于文本展示的最优秀的表现设计语言。归纳起来有以下优势。

1. 浏览器支持完善

目前，CSS 2 样式是众多浏览器支持最完善的版本，最新的浏览器均以 CSS 2 为 CSS 支持原型设计，使用 CSS 样式设计的网页在众多平台及浏览器下的样式表最为接近。

2. 表现与结构分离

CSS 真正意义上实现了设计代码与内容分离，而通过 CSS 的内容导入特性，又可以使设计代码根据设计需要进行二次分离。如为字体、版式等设计一套专门的样式表，根据页面显示的需要重新组织，使得设计代码本身也便于维护与修改。

3. 样式设计控制功能强大

对网页对象的位置排版能够进行像素级的精确控制，支持所有字体字号样式，优秀的盒模型控制能力，简单的交互设计能力。

4. 继承性能优越

CSS 的语言在浏览器的解析顺序上，具有类似面向对象的基本功能，浏览器能够根据 CSS 的级别先后应用多个样式定义，良好的 CSS 代码设计可以使得代码之间产生继承及重载关系，能够最大限度地实现代码重用，降低代码量及维护成本。

Div 在使用时不需要像表格一样通过其内部的单元格来组织版式，通过 CSS 强大的样式定义功能可以比表格更简单更自由地控制页面版式及样式，图 5-4 所示即为一个使用 Div+CSS 布局的页面。该 Div+CSS 布局的页面的源代码，如图 5-5 所示。

图5-4

图5-5

5.2 了解盒模型

CSS3 中，页面中的所有元素都包含在矩形框内，这个矩形框就称之为盒模型。盒模型是 CSS 控制页面的一个重要概念，只有很好地掌握了盒模型及其中每个元素的使用方法，才可以真正地控制页面中各个元素的位置。

5.2.1 基本盒模型

盒模型的设置会影响其他元素的位置。例如，页面中第一个盒模型的高为 50px，那么下一个盒模型就会处于离顶部 50px 位置；若上一个盒模型的高度增加，下面的盒模型也会相应下移。

盒模型是由 margin（边距）、padding（填充）、border（边框）和 content（内容）4 个部分组成的，如图 5-6 所示。

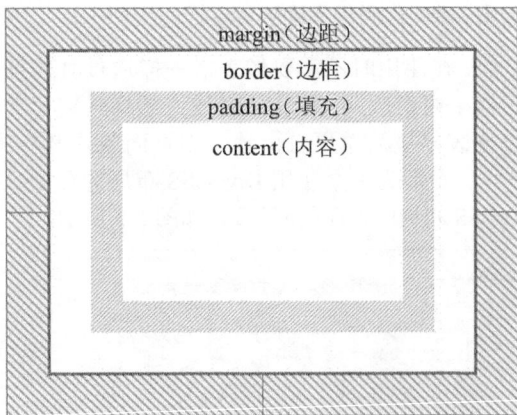

图5-6

盒模型的实际高度或宽度是由以上 4 个部分组成的，在 CSS 中通过设置高度或宽度可以控制 content（内容）的大小。

提示：

content（内容）也是盒模型中必不可少的，可以是文字、图片，也可以是 div 嵌套。

5.2.2 边距

margin（边距）属性用来设置元素与元素之间的距离，也可以称之为外边距，语法格式如下：

```
#box{
    margin:40px;
}
```

以上参数是由数值和单位组成，表示边距的长度，也可以是相对于上级元素的百分比，百分比是基于其父对象的宽度计算的；margin 属性还可以设置为 auto，表示根据内容自动调整。margin 属性还包含 4 个子属性，分别用来控制元素 4 边的边距，具体含义如表 5-1 所示。

表5-1

属性	说明
margin-top	设置元素的上边距
margin-right	设置元素的右边距
margin-bottom	设置元素的下边距
margin-left	设置元素的左边距

margin 的 4 个边可以分别定义也可以统一定义。统一定义时如果只提供 1 个数字，会同时作用于 4 个边；提供 2 个数值，第 1 个数值作用于上、下边，第 2 个数值作用于左、右边；提供 3 个数值，第 1 个数值作用于上边，第 2 个数值作用于左、右两边，第 3 个数字作用于下边；提供 4 个数值将按照上、右、下、左的顺序指定个 4 个边。

课堂案例

为页面设置边距

案例位置：光盘\源文件\第5章\5-2-2.html

视频位置：光盘\视频\第5章\5-2-2.swf

难易指数：★★ ☆ ☆ ☆

学习目标：掌握边距的设置方法

最终效果如图5-7所示

01 执行"文件 > 新建"命令，新建一个 XHTML 文档，如图 5-8 所示。

图5-7

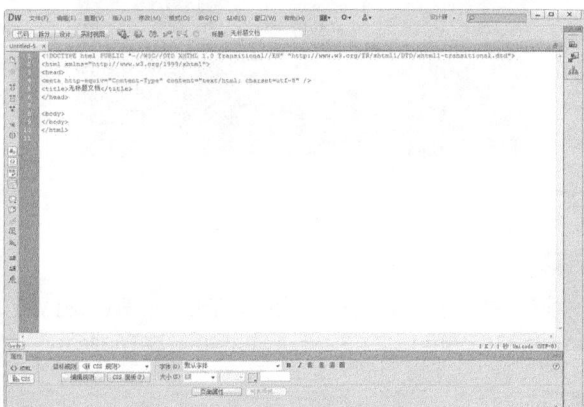

图5-8

02 执行"文件 > 保存"命令,将文件保存为"光盘 \ 源文件 \ 第 5 章 \5-2-2.html",如图 5-9 所示。

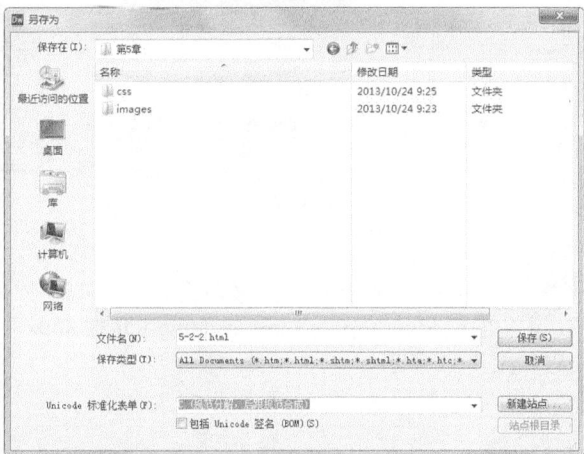

图5-9

03 在 <body> 标签部分插入 div 标签,设置 id 为 box,插入"光盘 \ 素材 \ 第 5 章 \52201.jpg"文件,代码如图 5-10 所示。

```
<body>
  <div id="box">
    <img src="images/42201.jpg" />
  </div>
</body>
```

图5-10

04 页面效果如图 5-11 所示。

图5-11

05 在 <head> 标签部分定义名为 #box 的 css 样式,设置上边距为 40px,左边距为 20px,代码如图 5-12 所示。

```
<style type="text/css">
#box{
    margin-top:40px;
    margin-left:20px;
}
</style>
```

图5-12

06 在页面中观察图片的位置变化,效果如图 5-13 所示。

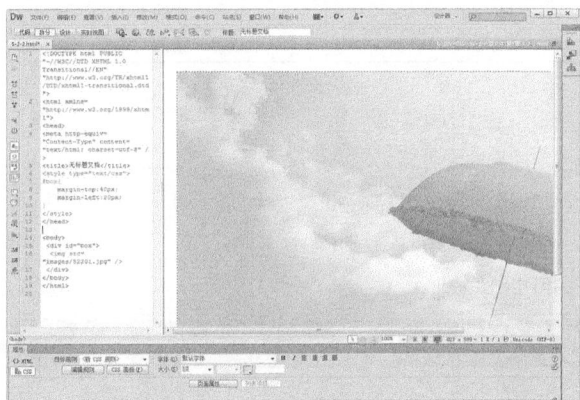

图5-13

07 按 F12 键，在弹出的 Dreamweaver 对话框中单击"是"按钮，测试页面效果，如图 5-14 所示。

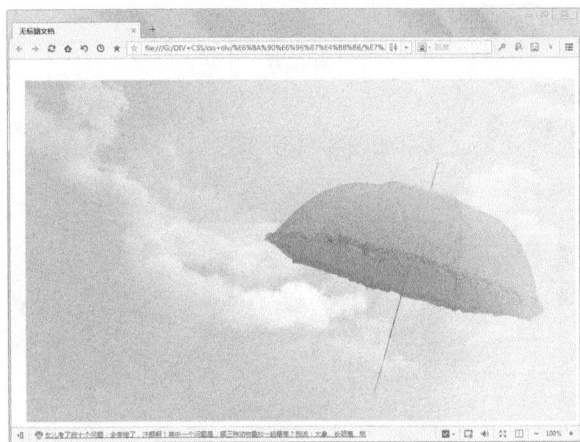

图5-14

5.2.3 填充

paddings（填充）属性用来定义内容与边框之间的距离，也可以称之为内边距，语法格式如下：

```
#box{
    padding:10px;
}
```

paddings 属性值可以是由数值和单位组成的具体长度，也可以是相对于上级元素的百分比；与 margin 属性一样，paddings 属性可以统一定义四边填充的宽度，也可以分开定义；其 4 个子属性及含义如表 5-2 所示。

表5-2

属性	说明
padding-top	设置元素的上填充
padding-right	设置元素的右填充
padding-bottom	设置元素的下填充
padding-left	设置元素的左填充

> **提示：**
> padding 属性统一定义时可以提供一个或几个数值，其指定方法与 margin 属性相同。

课堂案例
为页面设置填充

案例位置：光盘\源文件\第5章\5-2-3.html

视频位置：光盘\视频\第5章\5-2-3.swf

难易指数：★☆☆☆☆

学习目标：掌握填充的设置方法

最终效果如图5-15所示

图5-15

01 执行"文件 > 打开"命令，打开"光盘\素材\第5 章\52301.html"文件，页面效果如图 5-16 所示。

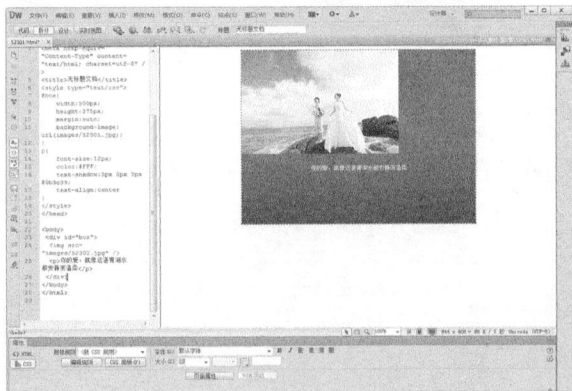

图5-16

02 在 <head> 标签部分定义名为 img 的 CSS 样式，设置其 padding-top 为 32px，padding-left 为 86px，代码如图 5-17 所示。

```
img{
    padding-top:32px;
    padding-left:83px;
}
```

图5-17

03 执行"文件 > 另保存"命令，将文件保存为 "光盘\源文件\第5章\5-2-3.html"，如图5-18所示。

图5-18

04 按F12键测试页面效果，如图5-19所示。

图5-19

5.2.4 边框

　　border（边框）位于margin与padding之间，是它们的分界线，可以将元素分离。border有3个属性，分别是border-style（边框样式）、border-width（边框粗细）和border-color（边框颜色），其语法格式如下：

```
#box{
    border:border-style;
}
```

提示：
　　border属于元素的一部分，在计算元素的宽和高时需要将border的宽也计算在内。

知识点：border的3个属性

1．border-style
　　border-style用来设置边框的样式，语法格式如下：

```
img{
    border-style:solid;
}
```
　　border-style的属性值含义如表5-3所示。

表5-3

属性	说明
none	无边框
hidden	与none相同。但应用与表时，用来解决边框冲突
dashed	虚线边框
dotted	点状边框
double	双线边框
groove	凹槽边框
inset	内嵌效果边框
outset	凸起效果边框
ridge	脊线边框
solid	实线边框

　　一个元素可以定义一种边框样式，也可以同时定义多种边框样式，但最多为4种；定义多种边框样式时，可以按照顺时针的方向分别定义上、右、下、左边框，也可以单独定义一条边的边框样式，各边样式属性如表5-4所示。

表5-4

属性	说明
border-top-style	设置上边框的样式
border-right-style	设置右边框的样式
border-bottom-style	设置下边框的样式
border-left-style	设置左边框的样式

2．border-width
　　border-width用来设置边框的宽度，增强边框效果，语法格式如下：

```
img{
    border-width:20px;
}
```
　　border-width的预设值含义如表5-5所示。

表5-5

属性值	说明
medium	默认值，中等粗细
thin	比medium细
thick	比medium粗

　　与border-style相同，border-width属性可以为边框定义一个宽度值，或按顺时针顺序定义4个边的边框宽度；也可以通过表5-6中所示的属性为4个边分别设置不同的宽度。

表5-6

属性	说明
border-top-width	设置上边框的宽度
border-right-width	设置右边框的宽度
border-bottom-width	设置下边框的宽度
border-left-width	设置左边框的宽度

3．border-color

border-color 用来设置边框的颜色，增强边框效果，语法格式如下：

```
img{
    border-color:#CCC;
}
```

边框颜色值的获取方法与第 3 章中介绍的颜色单位相同，通过十六进制、RGB 等方式得到。

与 border-style、border-width 一样，border- color 属性可以为边框设置一种颜色，也可以通过表 5-7 中所示的属性为 4 个边分别设置不同的颜色。

表5-7

属性	说明
border-top-color	设置上边框的颜色
border-right-color	设置右边框的颜色
border-bottom-color	设置下边框的颜色
border-left-color	设置左边框的颜色

提示：

不论是 border- style、border-width 或 border-color 属性，在统一定义属性值时，其指定方法与 margin 属性相同。

课堂案例

设置页面的边框

案例位置：光盘\源文件\第5章\5-2-4.html

视频位置：光盘\视频\第5章\5-2-4.swf

难易指数：★ ★ ☆ ☆ ☆

学习目标：掌握元素边框的设置方法

最终效果如图5-20所示

01 执行"文件>打开"命令，打开"光盘\素材\第 5 章\52401.html"文件，页面效果如图 5-21 所示。

02 在 <head> 标签部分定义名为 .img1 的 CSS 样式，分别设置其 border-width 为 5px，border- style

为 solid，border-color 为 #090，代码如图 5-22 所示。

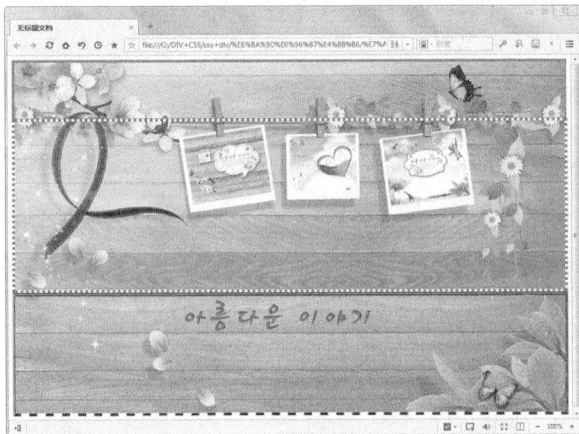

图5-20

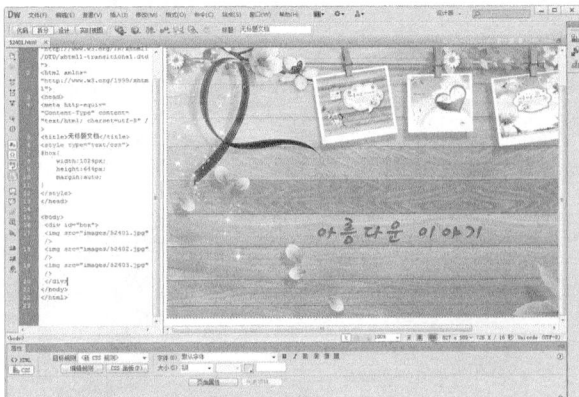

图5-21

```
.img1{
    border-width:5px;
    border-style:solid;
    border-color:#090;
}
```

图5-22

03 定义名为 .img2 和 .img3 的 CSS 样式，分别设置它们的边框样式、宽度和颜色，代码如图 5-23 所示。

```
.img2{
    border:5px dotted #F00;
}
.img3{
    border-top:5px double #000;
    border-right:5px outset #999;
    border-bottom:5px dashed #000;
    border-left:5px ridge #999;
}
</style>
```

图5-23

04 在 <body> 标签部分选中"52401.jpg"图片，如图 5-24 所示。

```
<body>
 <div id="box">
 <img src="images/52401.jpg" />
 <img src="images/52402.jpg" />
 <img src="images/52403.jpg" />
 </div>
</body>
```

图 5-24

05 执行"窗口 > 属性"命令，打开"属性"面板，在"类"的下拉列表中选择 .img1，如图 5-25 所示。

图 5-25

提示：
以上选图片的方法主要是为了让读者从案例中清楚地看到选中的是哪张图；在实际操作中，可以在"设计"页面直接选中图片。

06 使用相同方法为其他图片添加类样式，代码如图 5-26 所示。

```
<body>
 <div id="box">
 <img src="images/42401.jpg" class="img1" />
 <img src="images/42402.jpg" class="img2" />
 <img src="images/42403.jpg" class="img3" />
 </div>
</body>
</html>
```

图 5-26

07 设置完成后，在 <head> 标签部分找到名为 #box 的 CSS 样式，更改其 width 和 height 分别1034px、674px，如图 5-27 所示。

```
#box{
    width:1034px;
    height:674px;
    margin:auto;
}
```

图 5-27

提示：
因为 border 是元素的一部分，前面分别为 3 张图片添加了边框的宽度，所以在这里需要将边框的宽度也加入其中。

08 执行"文件 > 另保存"命令，将文件保存为"光盘 \ 源文件 \ 第 5 章 \5-2-4.html"，如图 5-28 所示。

图 5-28

09 按 F12 键测试页面效果，如图 5-29 所示。

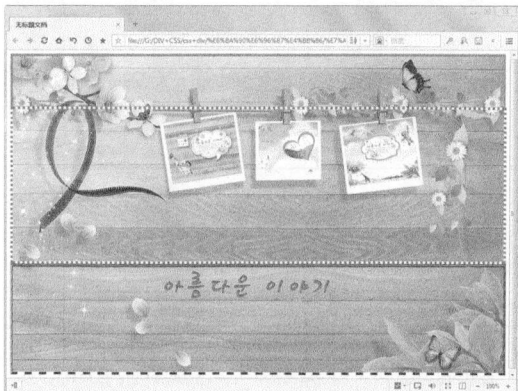

图 5-29

5.2.5 内容

从盒模型中可以看出，中间部分就是内容（content），它主要用来显示内容，这部分也是盒模型的主要部分，其他的如 margin、border 和 padding 所做的操作都是对 content 部分的修饰。对于内容的操作，也就是对文字、图像等页面元素的操作。

5.3 页面元素的布局

HTML 中的元素分为块级元素和行内元素，通过

CSS 样式的设置可以将块级元素与行内元素相互转换。

5.3.1 块级元素

常见的块级元素有 <div>、<p>、<table>、<h1>、<ui>、<li> 等,块级元素具有以下特点。

- 总是在新行上开始。

- 行高以及上、下边距都可以控制。

- 可以容纳行内元素和其它块级元素。

- 高度默认时,会默认为整个容器的100%;设置宽度后,会应用设置的宽度值。

在 CSS 样式中,可以通过 display 属性控制元素显示,即元素的控制方式,其语法格式如下:

```
.s1{
    display:block;
}
```

提示:
块级元素的 display 属性默认值为 block 即元素的默认方式是以块级元素显示。

display 属性值及其含义如表 5-8 所示。

表5-8

属性值	说明
block	以块级元素方式显示
compact	分配对象为块对象或基于内容之上的行内对象
inline	以行内元素方式显示
inline-block	将对象以行内块方式显示
inline-table	将表格显示为无前后换行的行内对象
list-item	将块对象指定为列表项目,并可以添加可选项目标志
marker	指定容器在容器对象之前或之后,若使用该参数,对象必须和:after及:before伪元素在一起
none	元素隐藏
run-in	分配对象为块对象或基于内容之上的行内对象
table	即对象作为块级元素的表格显示
table-caption	将对象作为表格标题显示
table-cell	将对象作为表格单元个显示
table-column	将对象作为表格列显示
table-column-group	将对象作为表格列组显示
table-footer-group	将对象作为表格脚注组显示
table-header-group	将对象作为表格标题组显示
table-row	将对象作为表格行显示
table-row-group	将对象作为表格行组显示

5.3.2 行内元素

常见的行内元素有 <span>、<img>、<a>、<b> 和 <font> 等,行内元素具有以下几个特点。

- 和其他元素显示在同一行上。

- 行高以及上、下边距都不可改变。

- 宽就是它的文字或图片的宽,不可改变。

当 display 属性的值被设置为 inline 时,可以把元素设置为行内元素。

块级元素的 display 属性默认值为 block 即元素的默认方式是以块级元素显示。

课堂案例
块级元素与行内元素的转换

案例位置:光盘\源文件\第5章\5-3-2.html

视频位置:光盘\视频\第5章\5-3-2.swf

难易指数:★ ★ ☆ ☆ ☆

学习目标:掌握块级元素与行内元素之间的转换方法

最终效果如图5-30所示

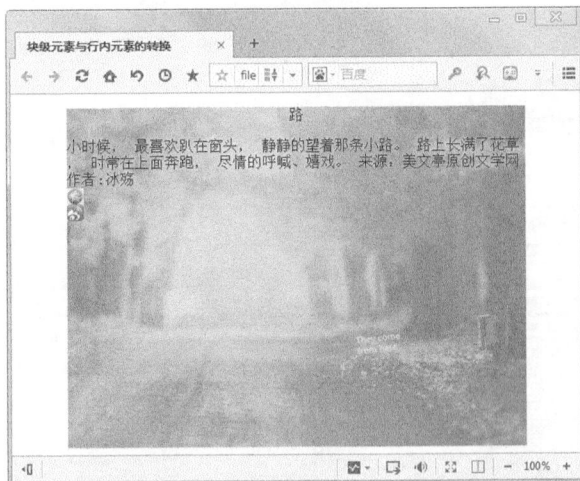

图5-30

01 执行"文件>打开"命令,打开"光盘\素材\第5章\53101.html"文件,页面效果如图 5-31 所示。

02 在 <style type="text/css"></style> 标签对中定义名为 .s1 和 .s2 的 CSS 样式,分别设置其 display 属性值为 block、inline,代码如图 5-32 所示。

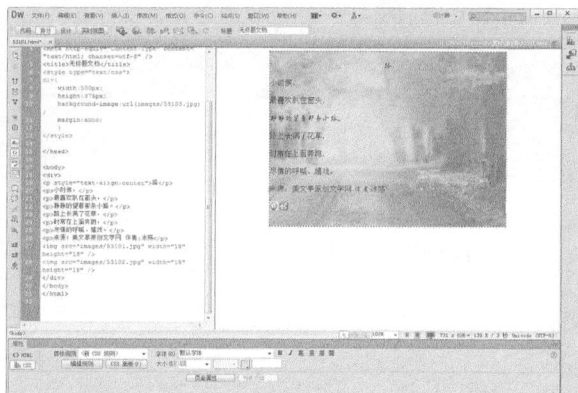

图5-31

```
.s1{
    display:block;
}
.s2{
    display:inline;
}
</style>
```

图5-32

03 在 <body> 标签部分选中块级元素 <p> 中的文字，如图 5-33 所示。

```
<body>
<div>
<p style="text-align:center">路</p>
<p>小时候，</p>
<p>最喜欢趴在窗头，</p>
<p>静静的望着那条小路。</p>
<p>路上长满了花草，</p>
<p>时常在上面奔跑，</p>
<p>尽情的呼喊、嬉戏。</p>
<p>来源：美文亭原创文学网 作者:冰殇</p>
```

图5-33

04 在"属性"面板"目标规则"下拉列表中选择 .s2 的类样式，如图 4-34 所示。

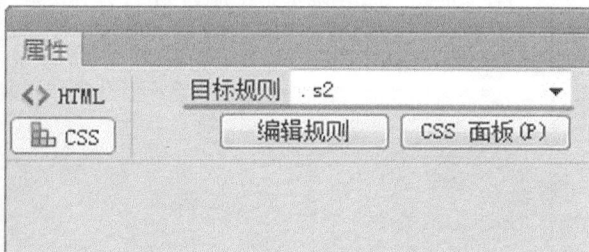

图5-34

05 使用相同方法为行内图片添加名为 .s1 的类样式，代码效果如图 5-35 所示。

```
<div>
<p style="text-align:center">路</p>
<p class="s2">小时候，</p>
<p class="s2">最喜欢趴在窗头，</p>
<p class="s2">静静的望着那条小路。</p>
<p class="s2">路上长满了花草，</p>
<p class="s2">时常在上面奔跑，</p>
<p class="s2">尽情的呼喊、嬉戏。</p>
<p class="s2">来源：美文亭原创文学网 作者:冰殇</p>
<img src="images/53101.jpg" width="18"
height="18" class="s1" />
<img src="images/53102.jpg" width="18"
height="18" class="s1" />
</div>
```

图5-35

06 执行"文件 > 另保存"命令，将文件保存为"光盘 \ 源文件 \ 第 5 章 \5-3-1.html"，如图 5-36 所示。

图5-36

07 按 F12 键测试页面效果，如图 5-37 所示，比较块级元素与行内元素的区别。

图5-37

5.4　CSS布局方式——浮动

浮动是 CSS 排版中最常用的一种方式。浮动属

81

性通过 float 属性进行设置，用来改变元素块的显示方式，其语法格式如下：

```
div{
    float: none | left | right;
}
```

float 属性值如表 5-9 所示。

表5-9

属性值	说明
none	表示元素不浮动
left	表示元素左浮动
right	表示元素右浮动

提示：
浮动的框可以左右移动，直到其外边缘碰到包含框或另一个浮动框的边缘。

5.4.1 两个元素的浮动应用

两个元素可以同时左浮动或右浮动；可以一个不动，另一个右浮动；还可以一个左浮动，一个右浮动。下面通过案例为大家介绍两个元素的浮动方法。

课堂案例

浮动图像

案例位置：光盘\源文件\第5章\5-4-1.html

视频位置：光盘\视频\第5章\5-4-1.swf

难易指数：★★☆☆☆

学习目标：掌握两个元素的浮动方法

最终效果如图5-38所示

图5-38

01 执行"文件 > 新建"命令，新建一个 XHTML

页面，如图 5-39 所示。

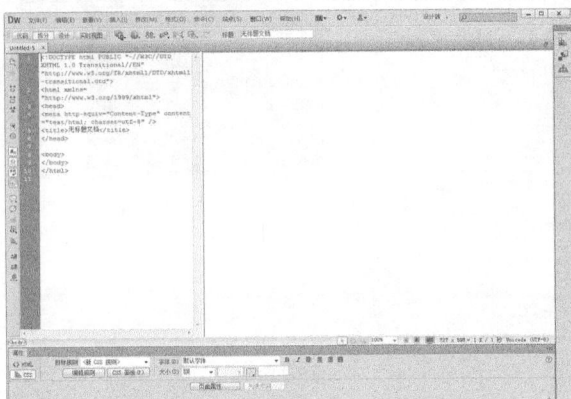

图5-39

02 在 <body> 标签部分插入名为 box 的 div，代码如图 5-40 所示。

图5-40

03 继续在名为 box 的 div 内插入两个 id 名为 left 和 right 的小容器，代码如图 5-41 所示。

```
<body>
<div id="box">
    <div id="left">左列</div>
    <div id="right">右列</div>
</div>
</body>
```

图5-41

04 在 <head> 标签部分，分别为 id 名为 box 和 left 的 div 设置 CSS 样式，代码如图 5-42 所示。

```
<style type="text/css">
#box{
    width:1024px;
}
#left{
    width:350px;
    height:450px;
    background-image:url(images/54101.jpg);
    border:5px dotted #66F;
    float:left;
}
</style>
```

图5-42

05 设置 #right 的 CSS 样式与 #left 相同，执行"文件 > 保存"命令，将文件保存为"光盘\源文件\第5章\5-4-1.html"，如图 5-43 所示。

图 5-43

06 按 F12 键测试页面效果，如图 5-44 所示。

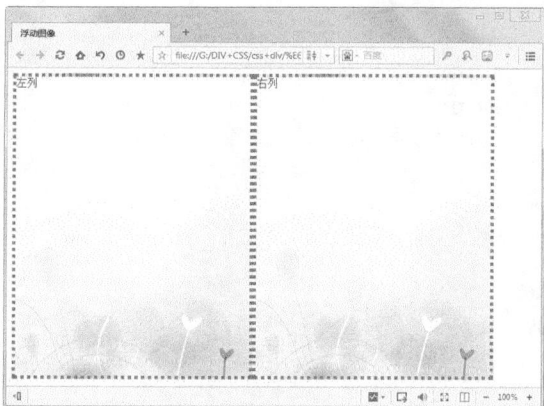

图 5-44

07 将 #box 的 width 属性改为 1024px，#right 的 float 属性改为 right，代码如图 5-45 所示。

```
#box{
    width:1024px;
}

#right{
    width:350px;
    height:450px;
    background-image:url(images/54101.jpg);
    border:5px dotted #66F;
    float:right;
}
</style>
```

图 5-45

08 按 F12 键测试页面效果，比较左浮动与右浮

动的不同，如图 5-46 所示。

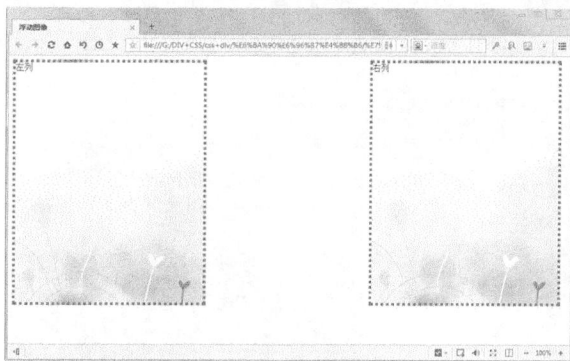

图 5-46

> **提示：**
> 一个元素的宽度由元素本身的宽度和左右边距、边框、填充组成的。本例中 #left 的宽度为 350px，左右边框加起来有 10px，实际高度有 360px；而下面将设置的 #right 与 #left 相同，所以 #box 的宽度应设置为 720px。

5.4.2 多个元素的浮动应用

元素可以根据需要设置多个浮动，如 3 个元素浮动。多个元素的浮动与两个元素的浮动相似，但多个元素的浮动会因 div 高度的不同而受到影响。

课堂案例

浮动多个图像

案例位置：光盘\源文件\第5章\5-4-2.html

视频位置：光盘\视频\第5章\5-4-2.swf

难易指数：★★☆☆☆

学习目标：掌握多个元素的浮动方法

最终效果如图5-47所示

图 5-47

01 执行"文件>打开"命令,打开"光盘\素材\第 5 章\54201.html"文件,页面效果如图 5-48 所示。

图 5-48

02 在名为 #img1 的 CSS 样式代码中添加右浮动,代码如图 5-49 所示。

```
#img1{
    width:300px;
    height:200px;
    background-color:#FFF;
    margin:10px;
    padding:5px;
    float:right;
}
```

图 5-49

03 将图片设置右浮动后,id 名为 img1 的 div 将脱离文档流并向右浮动,直到它的边缘碰到包含框 box 的右边框,如图 5-50 所示。

图 5-50

04 将 #img1 的右浮动改为左浮动,代码如图 5-51 所示。

```
#img1{
    width:300px;
    height:200px;
    background-color:#FFF;
    margin:10px;
    padding:5px;
    float:left;
}
```

图 5-51

05 将 div 设置左浮动后,id 名为 img1 的 div 将脱离文档流并向左浮动,直到它的边缘碰到包含框 box 的左边框,如图 5-52 所示。

图 5-52

提示:
因为 id 名为 img1 的 div 设置浮动后已不在文本流中,所以它不占据空间。实际上是覆盖住了 id 名为 img2 的 div,使 img2 的从设计视图中消失,但该 div 中的内容还占据着原来的空间。

06 分别在名为 #img2、#img3 和 #img4 的 CSS 样式中添加左浮动,将这 3 个 div 都向左浮动,代码如图 5-53 所示。

```
#img2{
    width:300px;
    height:200px;
    background-color:#FFF;
    margin:10px;
    padding:5px;
    float:left;
}
#img3{
    width:300px;
    height:200px;
    background-color:#FFF;
    margin:10px;
    padding:5px;
    float:left;
}
#img4{
    width:300px;
    height:200px;
    background-color:#FFF;
    margin:10px;
    padding:5px;
    float:left;
}
```

图 5-53

07 切换到"设计"视图，效果如图5-54所示。

图5-54

提示：

将页面中的元素都设置为左浮动后，id名为img1的div向左浮动直到其左边碰到包含框box的左边缘；另外3个div向左浮动直到碰到前一个浮动div；当包含框没有足够的水平空间时，id名为img4的div将转到下一行显示。

08 修改#img1的height属性为260px，代码如图5-55所示。

```
#img1{
    width:300px;
    height:260px;
    background-color:#FFF;
    margin:10px;
    padding:5px;
    float:left;
}
```

图5-55

09 执行"文件 > 另存为"命令，将文件保存为"光盘\源文件\第5章\5-4-2.html"，如图5-56所示。

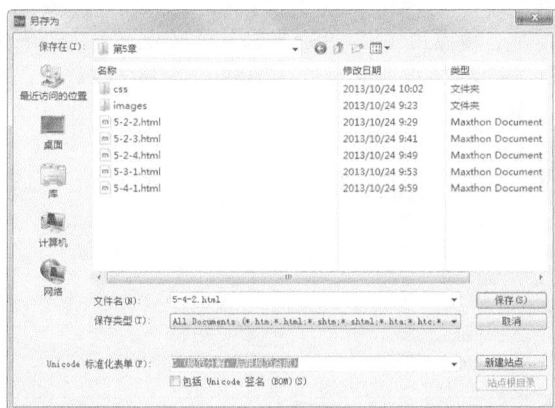

图5-56

10 按F12键测试页面效果，由于id名为img1的div高度比其他3个高，因此id名为img4的div被卡到了其后方，如图5-57所示。

图5-57

5.4.3 清除浮动

应用Div+CSS布局经常会使用到float属性，很多我们认为不可能的事都是通过浮动做到的，但float属性不在文档流中，导致很难包容float所导致的负面影响，所以清除浮动也是必须要做的。

清除浮动准确地说是清除浮动造成的负面影响，真正的清除浮动是float:none。通过定义clear的属性值可以定义元素的左右两边不出现浮动元素，即清除元素左右两边的浮动元素，语法格式如下：

```
div{
    clear:both;
}
```

clear属性值及其含义如表5-10所示。

表5-10

属性	说明
none	默认值，允许浮动元素出现在左右两侧
both	在左右两侧均不允许出现浮动元素
left	在左侧不允许出现浮动元素
right	在右侧不允许出现浮动元素
inherit	规定从父级元素继承clear属性

课堂案例

使用clear属性清除浮动

案例位置：光盘\源文件\第5章\5-4-3.html

视频位置：光盘\视频\第5章\5-4-3.swf

难易指数：★★☆☆☆

学习目标：掌握清除浮动的方法

85

最终效果如图5-58所示

图5-58

01 执行"文件>打开"命令,打开"光盘\素材\第5章\54301.html"文件,页面效果如图5-59所示。

图5-59

02 转换到该文件链接的外部 CSS 样式表中,找到名为 #img2 和 #img3 的 CSS 样式,如图 5-60所示。

```
#img2{
    width:300px;
    height:200px;
}
#img3{
    width:300px;
    height:200px;
}
```

图5-60

03 在名为 #img2 和 #img3 的 CSS 样式中分别添加左浮动和右浮动,代码如图 5-61 所示。

```
#img2{
    width:300px;
    height:200px;
    float:left;
}
#img3{
    width:300px;
    height:200px;
    float:right;
}
```

图5-61

04 设置浮动后的效果如图 5-62 所示。

图5-62

05 返回到"源代码"页面,在 id 名为 img3 的 div 之后添加一个 id 名为 img4 的 div,代码如图 5-63所示。

```
<body>
<div id="box">
  <div id="img1"><img src="images/54301.jpg" /></div>
  <div id="img2"><img src="images/54201.jpg" /></div>
  <div id="img3"><img src="images/54202.jpg" /></div>
  <div id="img4"><img src="images/54302.jpg" /></div>
</div>
</body>
```

图5-63

06 转换到外部 CSS 样式表文件,定义名为 #img4 的 CSS 样式,设置其宽度为 800px,高度为 214px,代码如图 5-64 所示。

```
#img3{
    width:300px;
    height:200px;
    float:right;
}
#img4{
    width:800px;
    height:214px;
}
```

图5-64

07 执行"文件 > 另存为"命令,将文件保存为"光盘 \ 源文件 \ 第 5 章 \5-4-3.html",如图 5-65 所示。

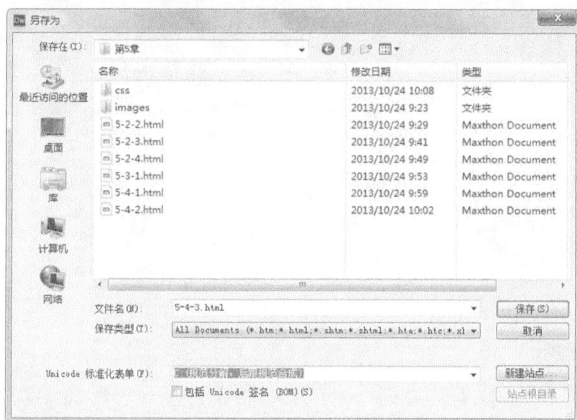

图 5-65

08 按 F12 键测试页面效果,可以看到由于浮动后的 div 不在文档流中,所以 id 名为 img4 的 div 与浮动后的 div 重叠在了一起,但图片本身还占据着原来的位置,如图 5-66 所示。

图 5-66

09 在名为 #img4 的 css 样式代码中添加 clear 属性,设置属性值为 left,代码如图 5-67 所示。

```
#img4{
    width:800px;
    height:214px;
    clear:left;
}
```

图 5-67

10 按 F12 键测试页面效果,可以看到定义 id 名为 img4 的 div 左边不允许出现浮动后,该 div 回到

了原本想要的位置,如图 5-68 所示。

图 5-68

5.5 CSS布局定位

利用 CSS 布局,首先是将整体页面进行进行 Div 分块,然后对各个块进行 CSS 定位,最后在各个块中添加相应的内容。利用 CSS 定位进行布局的页面,更容易进行更新,拓展结构时也可以通过 CSS 属性来重新定位。

5.5.1 CSS的定位属性

在网页的设计中,定位就是精确地定义元素在页面中的位置和大小,可以是页面中的绝对位置,也可以是相对于其父级元素或另一个元素的相对位置。

CSS 中的定位属性如表 5-11 所示。

表5-11

属性	说明
position	定义位置
top	定义元素距顶部的垂直距离
right	定义元素距右部的水平距离
bottom	定义元素距下部的垂直距离
left	定义元素距左部的水平距离
z-index	定义元素的层叠顺序
width	定义元素的宽度
height	定义元素的高度
overflow	定义元素内容溢出的处理方式
clip	剪切元素

表 5-11 中前 6 个是元素的实际定位属性,后 4 个是用来控制元素内容的属性。其中,position 属性是最重要的定位属性,它既可以定义元素的绝对位置,

又可以定义元素的相对位置；而 top、right、bottom 和 left 必须在 position 属性中使用才会起作用。

position 属性的语法格式如下：

```
div {
    position: static;
}
```

position 属性有 4 个属性值，其含义如表 5-12 所示。

表5-12

属性值	说明
static	默认值，无特殊定位
absolute	绝对定位，相对于其父级元素进行定位
fixed	绝对定位，相对于浏览器窗口进行定位
relative	相对定位

> **提示：**
> position 设置为 static 时，对象遵循 HTML 元素定位规则，不能通过 z-index 属性进行层次分级；设置为 absolute 和 fixed 的元素可以通过 top、right、bottom 和 left 等属性进行设置；设置为 relative 的元素可以通过 top、right、bottom 和 left 等属性在页面中偏移位置。

5.5.2 相对定位

对元素进行相对定位时，首先该元素必须在页面的一个位置上，然后通过设置元素的水平或垂直位置，让这个元素相对于它的起点进行移动。设置相对定位的偏移之后，元素原来占据的位置会空着，不会被其它的元素挤占。因此，移动元素可能会导致它覆盖其他元素。

通过设置 z-index 属性来控制这些元素的堆叠次序，z-index 属性值越大，元素在堆中的位置就越高。

课堂案例

设置元素的相对定位

案例位置：光盘\源文件\第5章\5-5-2.html

视频位置：光盘\视频\第5章\5-5-2.swf

难易指数：★★☆☆☆

学习目标：掌握相对定位的方法

最终效果如图5-69所示

图5-69

01 执行"文件 > 打开"命令，打开"光盘 \ 素材 \ 第 5 章 \55201.html"文件，页面效果如图 5-70 所示。

图5-70

02 在"代码"视图中找到名为 #img1 的 CSS 样式，如图 5-71 所示。

```
#img1{
    width:300px;
    height:200px;
    background-color:#FFF;
    margin:10px;
    padding:5px;
    float:left;
}
```

图5-71

03 在名为 #img1 的 CSS 样式代码中添加 position 属性为 relative，top 和 left 属性分别为 80px，如图 5-72 所示。

04 执行"文件 > 另存为"命令，将文件保存为

"光盘 \ 源文件 \ 第 5 章 \5-5-2.html",如图 5-73 所示。

```
#img1{
    position:relative;
    top:80px;
    left:80px;
    width:300px;
    height:200px;
    background-color:#FFF;
    margin:10px;
    padding:5px;
    float:left;
}
```

图5-72

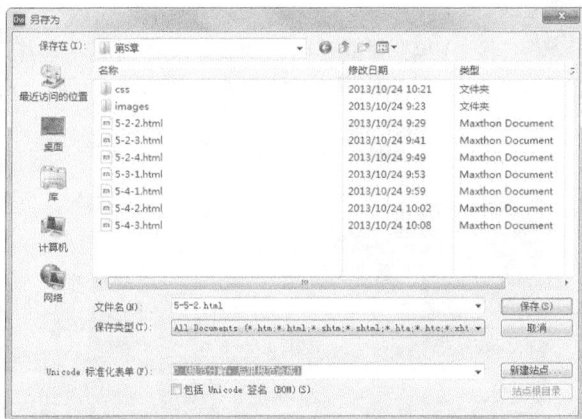

图5-73

05 按 F12 键测试页面效果,如图 5-74 所示。

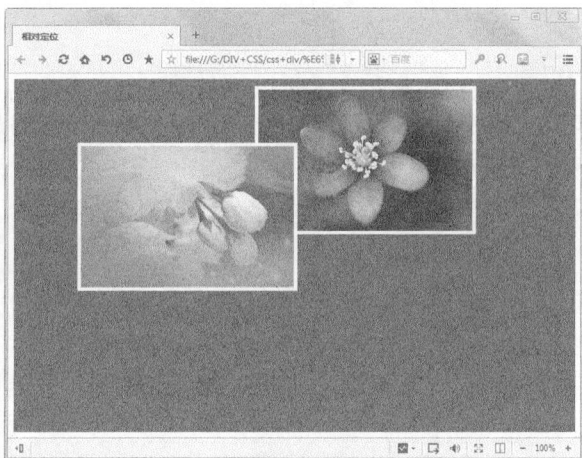

图5-74

提示:
在使用相对定位时,无论是否移动,元素都会占据原来的空间,移动元素会导致它覆盖其他元素。因此,在上图中可以看到设置相对定位后的 div 覆盖住了另一个 div 的一角,而它的原位置并没有被另一个 div 占据。

5.5.3 绝对定位

使用绝对定位的元素与文档流无关,不占据文档流的空间,普通文档流中其他元素的布局表现的就像绝对定位的元素不存在一般。简单地说,使用了绝对定位之后,对象就浮在了网页上面。

绝对定位是参照浏览器的左上角,配合 top、right、bottom 和 left 进行定位的,如果没有定义上述 4 个值,这默认以父级元素的坐标原点为起始位置;在父级元素的 position 属性为默认值时,top、right、bottom 和 left 的坐标原点以 body 的坐标原点为起始位置。

课堂案例
设置元素的绝对定位

案例位置:光盘\源文件\第5章\5-5-3.html
视频位置:光盘\视频\第5章\5-5-3.swf
难易指数:★ ★ ★ ☆ ☆
学习目标:掌握绝对定位的方法
最终效果如图5-75所示

图5-75

01 执行"文件>打开"命令,打开"光盘\素材\第 5 章 \55301.html"文件,页面效果如图 5-76 所示。

02 在"代码"视图中找到名为 #img1 的 CSS 样式,如图 5-77 所示。

03 在名为 #img1 的 CSS 样式代码中添加 position 属性为 absolute,top 属性值为 150px,left 属

性值为200px，代码如图5-78所示。

图5-76

```
#img1{
    width:300px;
    height:200px;
    background-color:#FFF;
    margin:10px;
    padding:5px;
}
```

图5-77

```
#img1{
    position:absolute;
    top:150px;
    left:200px;
    width:300px;
    height:200px;
    background-color:#FFF;
    margin:10px;
    padding:5px;
}
```

图5-78

04 在"代码"视图中找到名为 #img3 的 CSS 样式，并为其添加 position 属性为 absolute，top 属性值为 50px，left 属性值为 420px，代码如图 5-79 所示。

```
#img3{
    position:absolute;
    top:50px;
    left:420px;
    width:300px;
    height:200px;
    background-color:#FFF;
    margin:10px;
    padding:5px;
}
```

图5-79

05 执行"文件 > 另存为"命令，将文件保存为"光盘 \ 源文件 \ 第 5 章 \5-5-3.html"，如图5-80 所示。

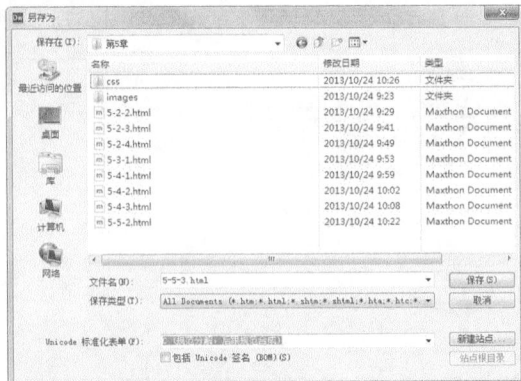

图5-80

06 按 F12 键测试页面效果，可以看到图片显示在了绝对定位后的位置上，如图 5-81 所示。

图5-81

07 分别在名为 #img1 和 #img3 的 CSS 样式代码中添加 z-index 属性，属性值分别为 2 和 1，代码如图 5-82 所示。

```
#img1{
    position:absolute;
    top:150px;
    left:200px;
    width:300px;
    height:200px;
    background-color:#FFF;
    margin:10px;
    padding:5px;
    z-index:2;
}
```

```
#img3{position:absolute;
    top:50px;
    left:420px;
    width:300px;
    height:200px;
    background-color:#FFF;
    margin:10px;
    padding:5px;
    z-index:1;
}
```

图5-82

> **提示：**
> 通过设置 z-index 属性来控制这些元素的堆叠次序，z-index 属性值越大，元素在堆中的位置就越高。

08 按 F12 键测试页面效果，可以看到图片的堆叠次序发生了变化，如图 5-83 所示。

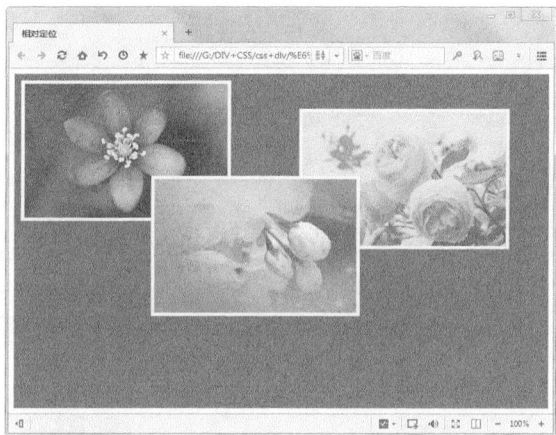

图5-83

09 在“代码”视图中找到名为 #box 的 CSS 样式，并为其添加 margin 属性，属性值为 auto，代码如图 5-84 所示。

```
#box{
    width:790px;
    height:500px;
    background-color:#3e6e72;
    overflow:hidden;
    margin:auto;
}
```

图5-84

10 按 F12 键测试页面效果，将浏览器窗口最大化，可以看到页面布局变乱了，如图 5-85 所示。

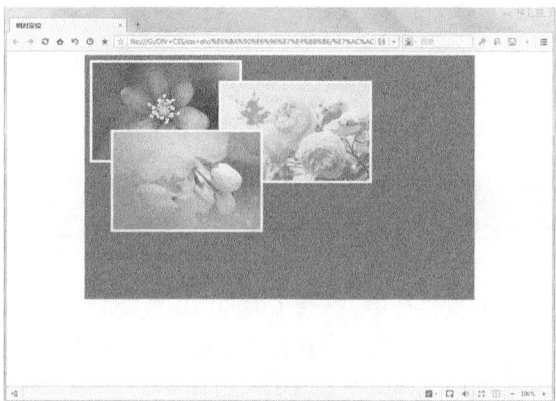

图5-85

> **提示：**
> 由于 id 名为 box 的 div 是其他元素的父级元素，在案例中并没有为其设置 position 属性，即 position 属性为默认值。当父级元素的 position 属性为默认值时，绝对定位元素的 top、right、bottom 和 left 的坐标原点以 body 的坐标原点为起始位置。

5.5.4 固定定位

不知大家是否有注意到，在进入一些网站的时候，总会有几个框一直都在视线中，不会随着滚动条的拖动而消失。这种情况就是通过固定定位得到的。

固定定位是绝对定位的一种特殊形式，固定定位的容器不会随着滚动条的拖动而发生变化。固定定位可以把一些特殊效果固定在浏览器的视线位置。

课堂案例

使用固定定位导航栏

案例位置：光盘\源文件\第5章\5-5-4.html

视频位置：光盘\视频\第5章\5-5-4.swf

难易指数：★★☆☆☆

学习目标：掌握固定定位的方法

最终效果如图5-86所示

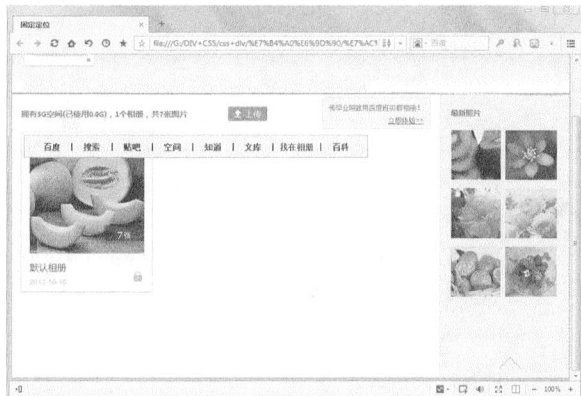

图5-86

01 执行“文件>打开”命令，打开“光盘\素材\第5章\55401.html”文件，页面效果如图 5-87 所示。

02 在浏览器中预览页面，会发现头部的导航栏随着滚动条一起滚动，如图 5-88 所示。

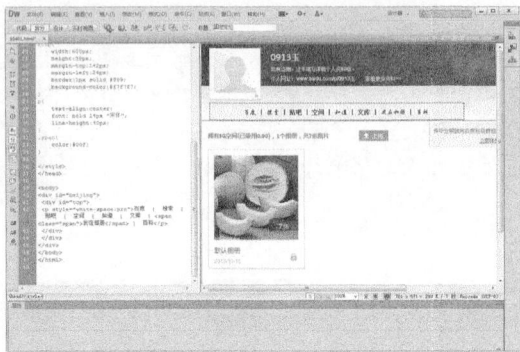

图 5-87

图 5-88

03 在"代码"视图中找到名为 #top 的 CSS 样式，如图 5-89 所示。

```
#top{
    width:600px;
    height:38px;
    margin-top:142px;
    margin-left:24px;
    border:1px solid #999;
    background-color:#f7f7f7;
}
```

图 5-89

04 在名为 #top 的 CSS 样式代码中添加 position 属性，属性值为 fixed，代码如图 5-90 所示。

```
#top{
    position:fixed;
    width:600px;
    height:38px;
    margin-top:142px;
    margin-left:24px;
    border:1px solid #999;
    background-color:#f7f7f7;
}
```

图 5-90

05 执行"文件 > 另存为"命令，将文件保存为"光盘 \ 源文件 \ 第 5 章 \5-5-4.html"，如图 5-91 所示。

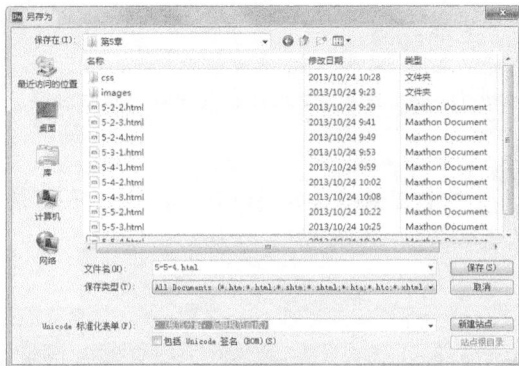

图 5-91

06 按 F12 键测试页面效果，如图 5-92 所示。

图 5-92

07 拖动浏览器的滚动条，会发现头部的导航栏始终固定在原始位置不动，如图 5-93 所示。

图 5-93

5.6 控制溢出元素

在网页设计中，当盒子内的内容改变时，该如何处理？例如，在没有设置盒子高度或宽度的情况下，该盒子的高度会根据它容纳的内容而进行增长，但设置盒子的高度或宽度后，里面的内容可能会超出矩形框；或者当两个容器嵌套时，如果外层容器和内层容器之间没有其他元素，而父级元素没有设置 margin-top 时，浏览器会把子元素的 margin-top 作用与父级元素中，出现以上情况时该如何处理？

本节将会为大家介绍 CSS 控制溢出元素的方法。

5.6.1 overflow

overflow 属性用于设置当对象的内容超过其指定的高度及宽度是应该如何进行处理，语法格式如下：

```
div{
    overflow:visible;
}
```

overflow 属性有 4 个属性值，其含义如表 5-13 所示。

表5-13

属性值	说明
visible	默认值，不剪切内容也不添加滚动条
auto	在需要时剪切内容并添加滚动条，该属性为body对象和textarea的默认值
hidden	不显示超过对象尺寸的内容
scroll	总是显示滚动条

课堂案例

解决子div中margin-top传递给父div的问题

案例位置：光盘\源文件\第5章\5-6-1-1.html

视频位置：光盘\视频\第5章\5-6-1-1.swf

难易指数：★★☆☆☆

学习目标：掌握子div中margin-top传递给父div的处理方法

最终效果如图5-94所示

图5-94

01 执行"文件 > 打开"命令，打开"光盘\素材\第5 章\56101.html"文件，页面效果如图 5-95 所示。

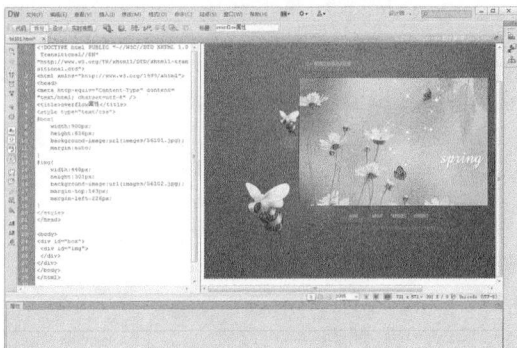

图5-95

02 在浏览器中预览页面，发现 id 名为 #box 的 div 距浏览器顶部的距离变大，导致整个页面的布局变乱，如图 5-96 所示。

图5-96

03 在"代码"视图中找到名为 #box 的 CSS 样式，如图 5-97 所示。

```
#box{
    width:900px;
    height:636px;
    background-image:url(images/56101.jpg);
    margin:auto;
}
```

图5-97

04 在 名 为 #box 的 CSS 样 式 代 码 中 添 加 overflow 属性，属性值为 hidden，代码如图 5-98 所示。

```
#box{
    width:900px;
    height:636px;
    background-image:url(images/56101.jpg);
    margin:auto;
    overflow:hidden;
}
```

图5-98

05 执行"文件>另存为"命令,将文件保存为"光盘 \ 源文件 \ 第 5 章 \5-6-1-1.html",如图 5-99 所示。

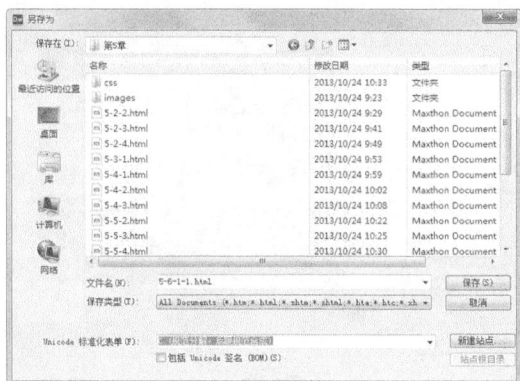

图5-99

06 按 F12 键测试页面效果,可以看到 id 名为 #box 的 div 回到了浏览器的顶部,如图 5-100 所示。

图5-100

课堂案例

为溢出元素添加滚动条

案例位置:光盘\源文件\第5章\5-6-1-2.html

视频位置:光盘\视频\第5章\5-6-1-2.swf

难易指数:★★☆☆☆

学习目标:掌握控制溢出元素的方法

最终效果如图5-101所示

01 执行"文件>打开"命令,打开"光盘\素材\第 5 章 \56102.html"文件,页面效果如图 5-102 所示。

02 在 id 名为 img 的 div 中插入"56103.jpg"图 片,代码如图 5-103 所示。

图5-101

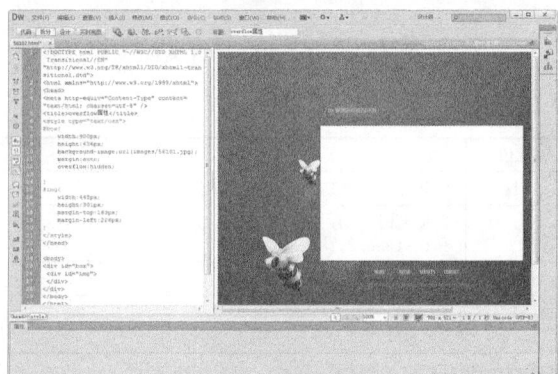

图5-102

```
<body>
<div id="box">
 <div id="img">
  <img src="images/56103.jpg" />
 </div>
</div>
</body>
```

图5-103

03 切换到"设计"视图,可以看到图片宽和高都 超出了指定的 div,如图 5-104 所示。

图5-104

04 在"代码"视图中找到名为 #img 的 CSS 样 式,如图 5-105 所示。

```
#img{
    width:448px;
    height:301px;
    margin-top:163px;
    margin-left:226px;
}
```

图5-105

05 在名为 #img 的 CSS 样式代码中添加 overflow 属性，属性值为 auto，代码如图 5-106 所示。

```
#img{
    width:448px;
    height:301px;
    margin-top:163px;
    margin-left:226px;
    overflow:auto;
}
```

图5-106

06 执行"文件 > 另存为"命令，将文件保存为"光盘 \ 源文件 \ 第 5 章 \5-6-1-2.html"，如图 5-107 所示。

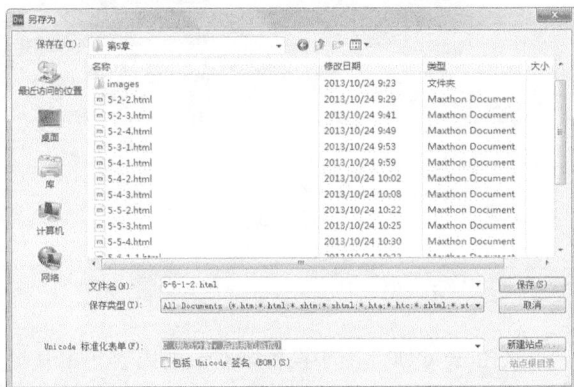

图5-107

07 按 F12 键测试页面效果，可以看到 id 名为 #img 的 div 内容被剪切并添加了滚动条，如图 5-108 所示。

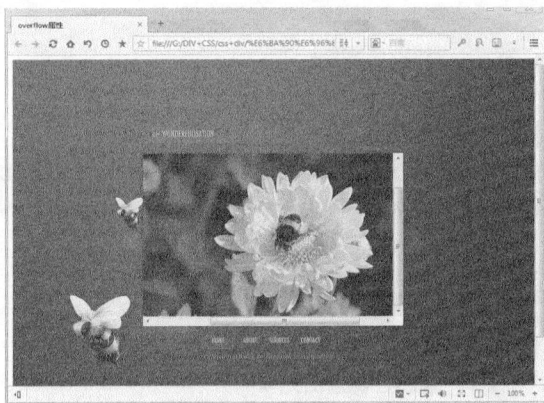

图5-108

5.6.2 overflow-x

overflow-x 属性用于设置当对象的内容超出其指定的宽度时应该如何进行处理，语法格式如下：

```
div{
    overflow-x:scroll;
}
```

overflow-x 的 4 个属性值的含义及用法与 overflow 的属性值相同。

课堂案例

使用overflow-x属性控制溢出元素

案例位置：光盘 \ 源文件 \ 第5章 \5-6-2.html

视频位置：光盘 \ 视频\第5章 \5-6-2.swf

难易指数：★ ★ ☆ ☆ ☆

学习目标：掌握控制溢出元素的方法

最终效果如图5-109所示

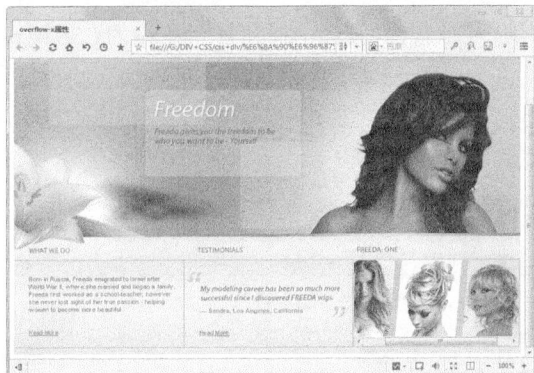

图5-109

01 执行"文件 > 打开"命令，打开"光盘 \ 素材 \ 第 5 章 \56201.html"文件，页面效果如图 5-110 所示。

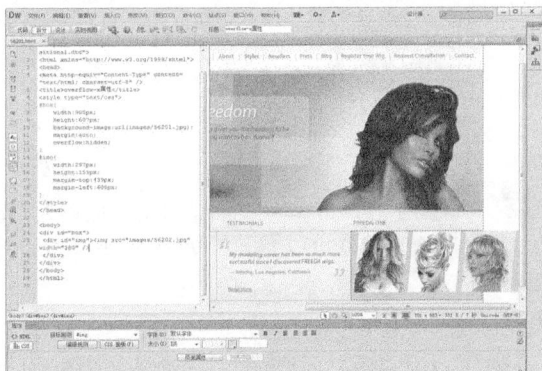

图5-110

02 在浏览器中预览页面,如图 5-111 所示。

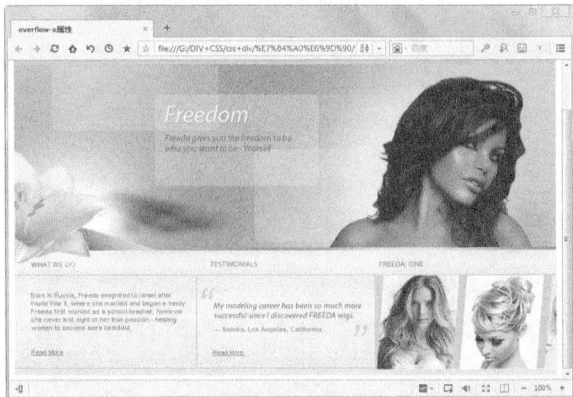

图5-111

> **提示:**
> 由于"46201.html"文件中已经为 id 名为 #box 的 div 添加了 overflow:hidden 样式,所以在浏览器中看不到超出该 div 的内容。

03 在"代码"视图中找到名为#img的CSS样式,如图 5-112 所示。

```
#img{
    width:297px;
    height:155px;
    margin-top:439px;
    margin-left:608px;
}
```

图5-112

04 在名为 #img 的 CSS 样式代码中添加 overflow 属性,属性值为 scroll,代码如图 5-113 所示。

```
#img{
    width:297px;
    height:155px;
    margin-top:439px;
    margin-left:608px;
    overflow-x:scroll;
}
```

图5-113

05 执行"文件 > 另存为"命令,将文件保存为"光盘 \ 源文件 \ 第 5 章 \5-6-2.html",如图 5-114 所示。

06 按 F12 键测试页面效果,可以看到 id 名为 #img 的 div 内容被剪切并添加了滚动条,如图 5-115 所示。

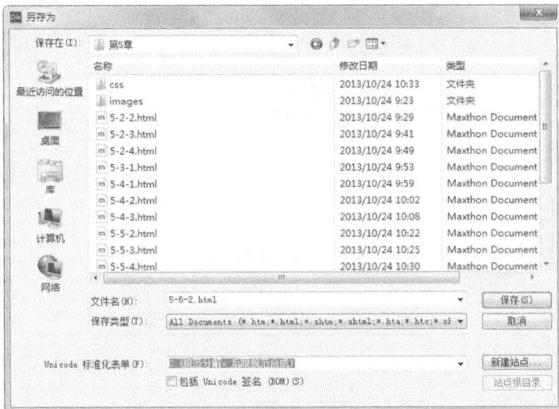

图5-114

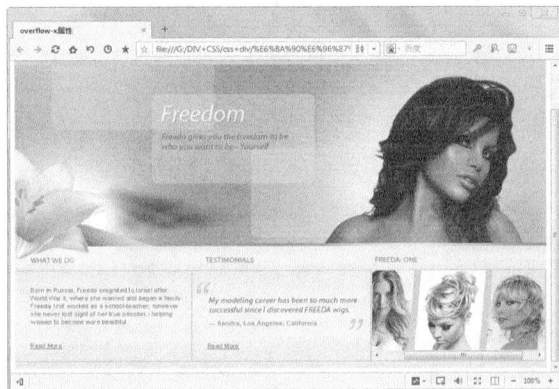

图5-115

5.6.3 overflow-y

overflow-y 属性用于设置当对象的内容超出其指定的高度时应该如何进行处理,语法格式如下:

```
div{
    overflow-y:scroll;
}
```

> **提示:**
> 因为 overflow-x 和 overflow-y 的用法及作用于 overflow 的相同,所以当对象的内容超过其指定高度或宽度时使用 overflow 即可。

课堂案例

使用overflow-y属性控制溢出元素

案例位置:光盘\源文件\第5章\5-6-3.html

视频位置:光盘\视频\第5章\5-6-3.swf

难易指数:★☆☆☆☆

学习目标:掌握控制溢出元素的方法

最终效果如图5-116所示

图 5-116

01 执行"文件 > 打开"命令，打开"光盘 \ 素材 \ 第 5 章 \56301.html"文件，页面效果如图 5-117 所示。

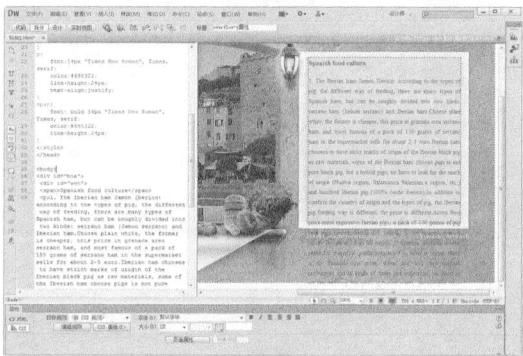

图 5-117

02 在"代码"视图中找到名为 #wen 的 CSS 样式，如图 5-118 所示。

```
#wen{
    width:355px;
    height:392px;
    margin-top:167px;
    margin-left:590px;
}
```

图 5-118

03 在名为 #wen 的 CSS 样式代码中添加 overflow 属性，属性值为 scroll，代码如图 5-119 所示。

```
#wen{
    width:355px;
    height:392px;
    margin-top:167px;
    margin-left:590px;
    overflow-y:scroll;
}
```

图 5-119

04 执行"文件 > 另存为"命令，将文件保存为"光盘 \ 源文件 \ 第 5 章 \5-6-3.html"，如图 5-120 所示。

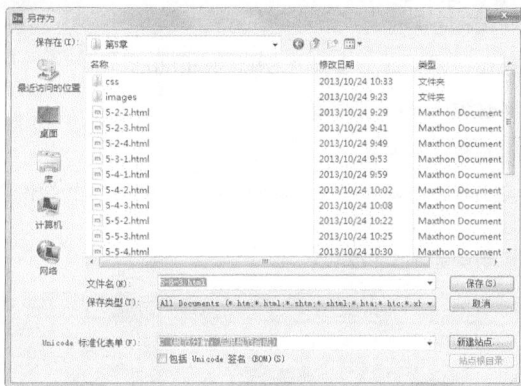

图 5-120

05 按 F12 键测试页面效果，可以看到 id 名为 #img 的 div 内容被剪切并添加了滚动条，如图 5-121 所示。

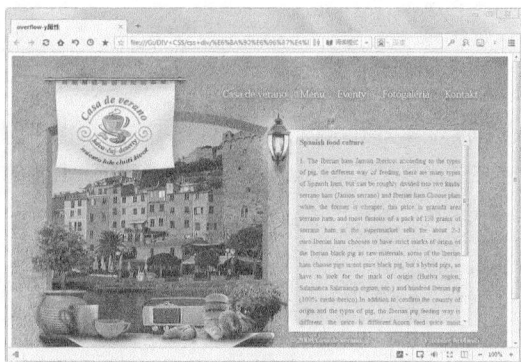

图 5-121

5.7 本章小结

本章主要介绍了 Div+CSS 布局的基础知识，包括 div 盒模型、元素的两种显示方式、利用 Div+CSS 对页面元素的定位方法以及溢出元素的处理方式。本章内容是 Div+CSS 布局的基础，只要打好基础，学习后面的内容会更加轻松。

5.8 课后习题

本章安排了两个课后习题，分别是制作歌曲专辑列表和给图片加入信息，这两个课后习题向读者简单地介绍了 Div+CSS 的基础布局，主要是为了使读者了解、掌握以及使用关于 CSS 布局的知识和方法。

5.8.1 课后习题1-制作歌曲专辑列表

案例位置：光盘\源文件\第5章\5-8-1.html

视频位置：光盘\视频\第5章\5-8-1.swf

难易指数：★★★☆☆

学习目标：了解、掌握以及使用关于CSS布局的知识和方法

最终效果如图5-122所示

图5-122

步骤分解如图 5-123 所示。

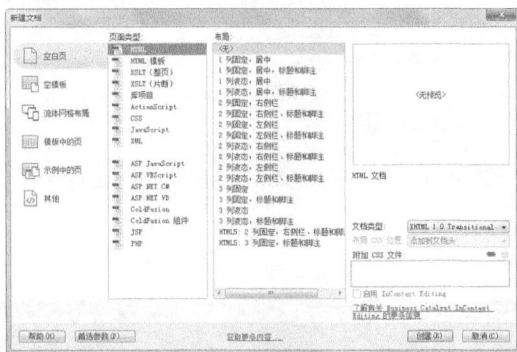

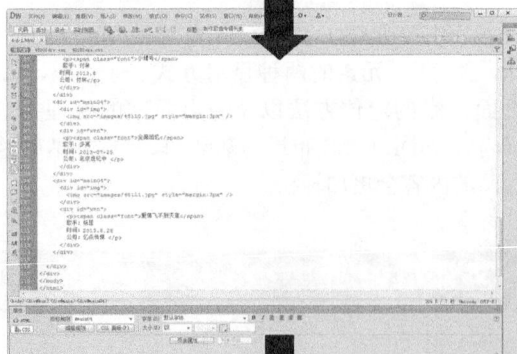

图5-123

5.8.2 课后习题2-给图片加入信息

案例位置：光盘\源文件\第5章\5-8-2.html

视频位置：光盘\视频\第5章\5-8-2.swf

难易指数：★★★☆☆

学习目标：了解、掌握以及使用关于CSS布局的知识和方法

最终效果如图5-124所示

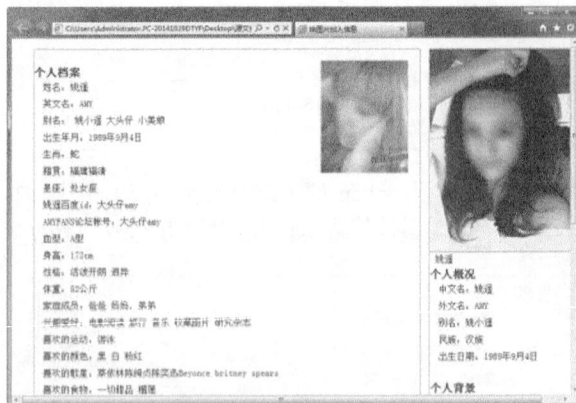

图5-124

步骤分解如图 5-125 所示。

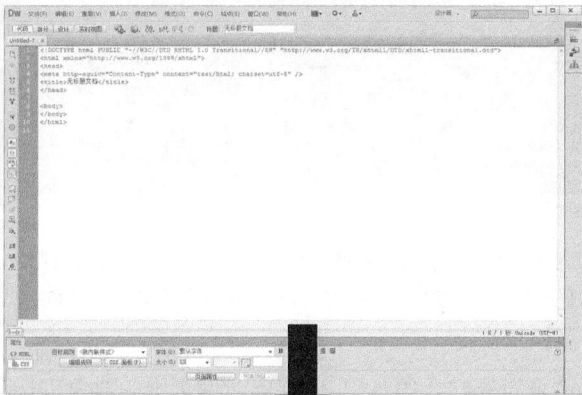

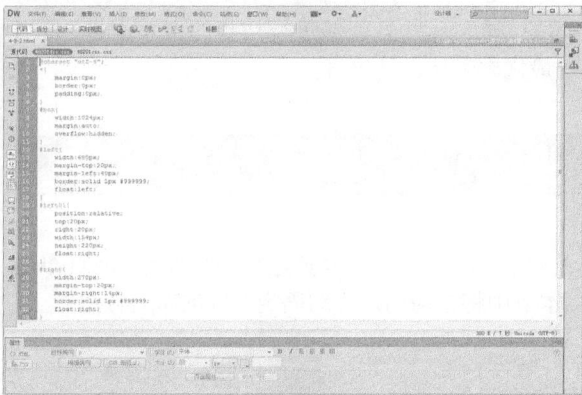

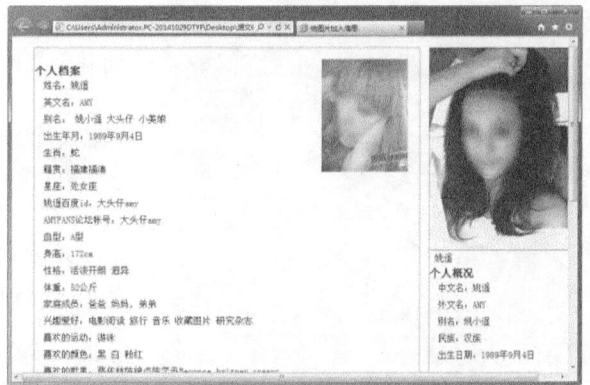

图5-125

第6章

CSS排版页面

Div+CSS

在网页布局排版设计中，Div+CSS 是占有很大优势的，相对于代码调理混乱、样式杂乱的表格布局，CSS 要清晰明了得多，从而也使设计师的工作更加轻松。

CSS 是控制网页布局样式的基础，它能够对网页中的对象进行精确的排版控制，支持几乎所有字体、字号等样式的设置，还拥有对网页元素盒模型的控制能力，并且能够进行初步的交互设计，是当前基于文件展示的最优秀表达设计语言。

6.1 固定宽度布局

在网页制作的过程，首先需要对网页进行布局操作，网页布局的形式多种多样，本节中将会向用户介绍固定宽度的布局方法。

6.1.1 一列居中布局

居中布局是网页设计中较为收欢迎的布局方式，如图 6-1 所示。所以如何让网页内容固定并居中显示是大多数开发人员显现要学习的重点之一。

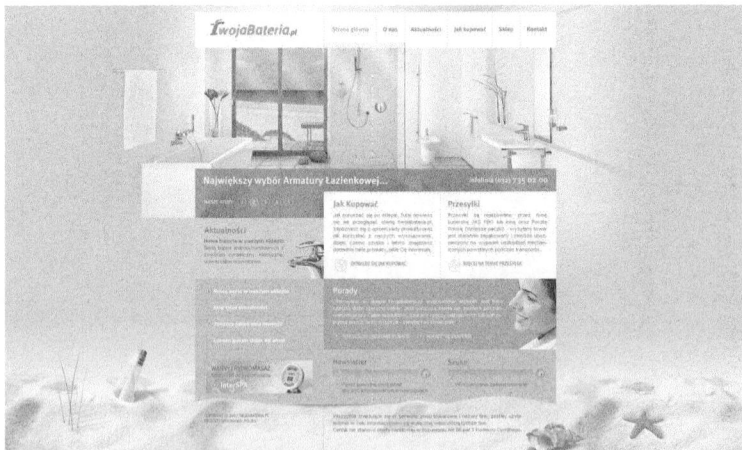

图6-1

课堂学习目标：

★ 掌握网页的固定宽度布局

★ 掌握网页的自适应宽度布局

★ 掌握复杂的页面布局

🖋 **知识点：水平居中显示**

水平布局的设计在页面设计中被广泛应用，在操作时，只需要通过 margin 属性的 auto 属性值即可实现。

课堂案例

使网页内容水平居中显示

案例位置：光盘\源文件\第6章\6-1-1（1）.html

视频位置：光盘\视频\第6章\6-1-1（1）.swf

难易指数：★☆☆☆☆

学习目标：掌握水平居中显示内容的方法

最终效果如图6-2所示

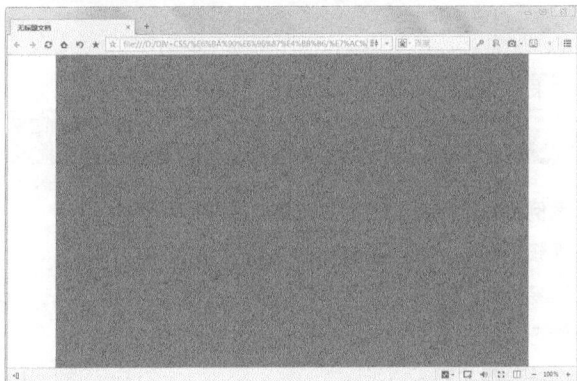

图6-2

01 执行"文件>新建"命令，新建一个空白的 XHTML 文档，效果如图 6-3 所示。

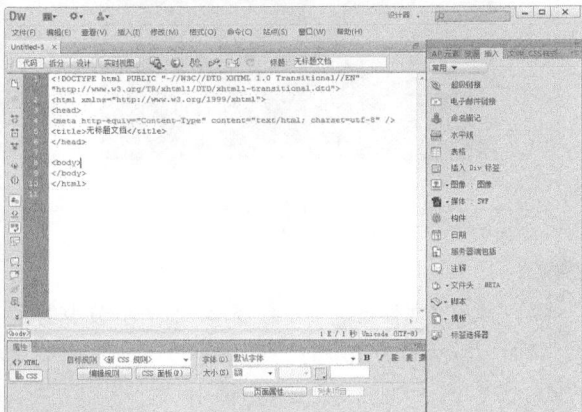

图6-3

02 执行"窗口>插入"命令，打开"插入"面板，单击该面板中的"插入 Div 标签"选项，如图6-4所示。

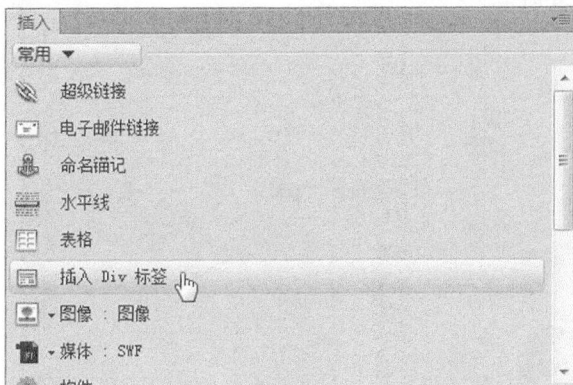

图6-4

03 弹出"插入 Div 标签"对话框，在 ID 文本框中输入 box，如图 6-5 所示。

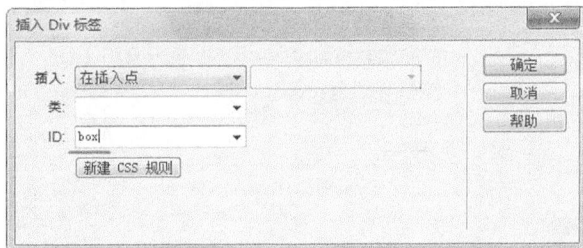

图6-5

04 单击"确定"按钮，即可在 <body> 标签中新建一个 id 名称为 box 的 <div> 标签，如图 6-6 所示。将多余的文本删除，如图 6-7 所示。

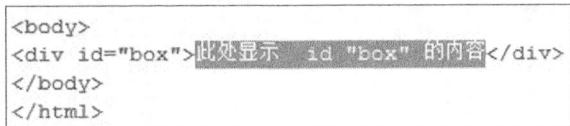

```
<body>
<div id="box">此处显示  id "box" 的内容</div>
</body>
</html>
```

图6-6

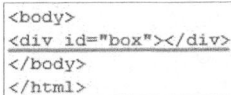

```
<body>
<div id="box"></div>
</body>
</html>
```

图6-7

05 在 <title> 标签的下方创建 <style> 标签对，如图 6-8 所示。

```
<title>无标题文档</title>
<style type="text/css"></style>
</head>
```

图 6-8

06 在 <style> 标签对中定义一下通配符,如图 6-9 所示。

```
<style type="text/css">
*{
    margin:0px;
    padding:0px;
    border:0px;
}
</style>
```

图 6-9

07 继续对名称为 box 的 div 进行 CSS 样式定义, 如图 6-10 所示。在该 CSS 样式中的 margin : auto; 就是水平居中显示的关键。

```
#box{
    width:900px;
    height:600px;
    background-color:#960;
    margin:auto;
}
</style>
```

图 6-10

08 执行"文件 > 保存"命令,将文档保存为"光盘 \ 源文件 \ 第 6 章 \6-1-1(1).html",如图 6-11 所示。

图 6-11

09 按 F12 键测试页面,网页内容的布局效果, 如图 6-12 所示。

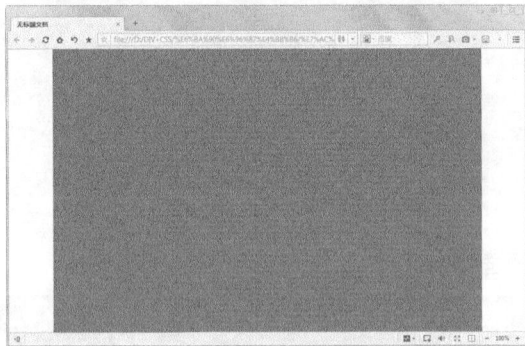

图 6-12

> **知识点:垂直居中显示**
> 垂直布局的方法要比水平布局麻烦一些,首先需要准确的元素高度,然后才能通过一系列的设置使其垂直居中显示。

课堂案例

使网页内容垂直居中显示

案例位置:光盘\源文件\第6章\6-1-1(2).html

视频位置:光盘\视频\第6章\6-1-1(2).swf

难易指数:★ ★ ☆ ☆ ☆

学习目标:掌握垂直居中显示内容的方法

最终效果如图6-13所示

图 6-13

01 执行"文件 > 打开"命令,将上一小节中的案例文档打开,如图 6-14 所示。

02 在 CSS 样式中定义 body 和 html 的高度为 100%,如图 6-15 所示。

03 在 #box 样式选择器中添加两个 CSS 样式,

用于定义元素的垂直显示的位置为一半，如图 6-16
所示。

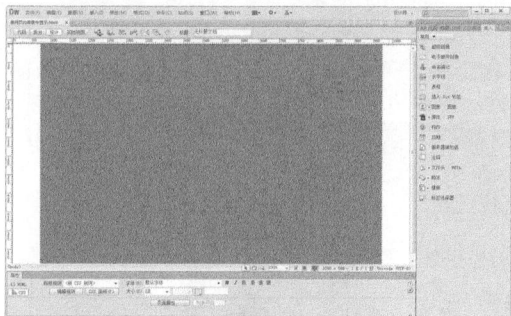
图6-14

```
body,html{
    height:100%;
}
#box{
    width:900px;
    height:600px;
    background-color:#960;
    margin:auto;
}
</style>
```
图6-15

```
body,html{
    height:100%;
}
#box{
    width:900px;
    height:500px;
    background-color:#960;
    margin: auto;
    position:relative;
    top:50%;
}
```
图6-16

04 执行"文件 > 保存"命令，将文档保存为"光盘 \ 源文件 \ 第 6 章 \6-1-1（2）.html"，如图 6-17 所示。

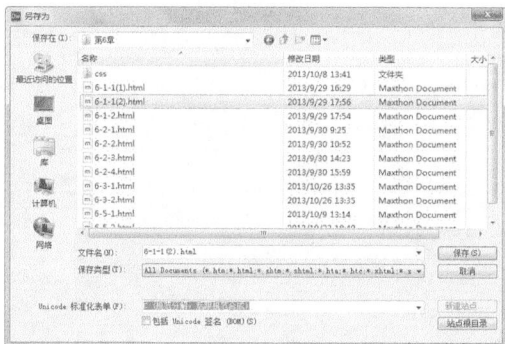
图6-17

05 按 F12 键测试页面，可以发现，页面中的元素并不是居中显示效果，而是元素的顶部垂直居中显示，如图 6-18 所示。

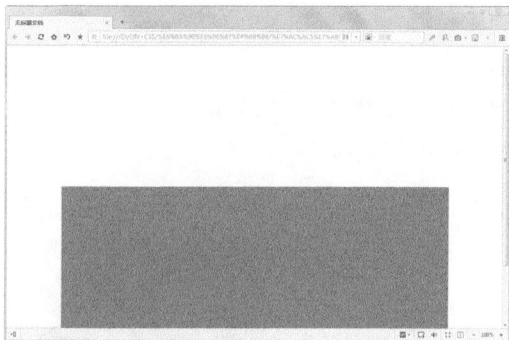
图6-18

06 在 #box 样式选择器中继续补充 CSS 样式，对元素顶部应用一半高度的负值边距，如图 6-19 所示。

```
#box{
    width:900px;
    height:500px;
    background-color:#960;
    margin: auto;
    position:relative;
    top:50%;
    margin-top:-250px;
}
```
图6-19

07 再次按 F12 键测试页面，观察页面中的垂直居中效果，如图 6-20 所示。

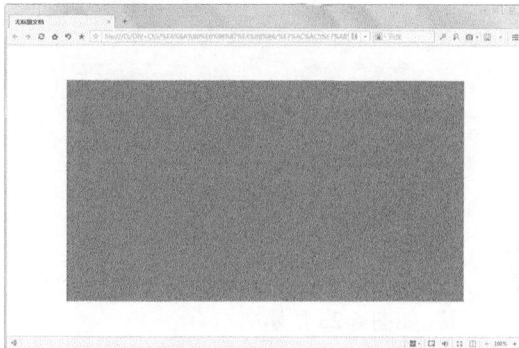
图6-20

6.1.2 两列居中布局

两列居中布局可以使用 Div 的嵌套方式来完成，用一个居中的 Div 作为容器，将两个 Div 放置在容器中，从而实现两列居中布局的效果。

课堂案例
制作两列居中布局页面

案例位置：光盘\源文件\第6章\6-1-2.html

视频位置：光盘\视频\第6章\6-1-2.swf

难易指数：★☆☆☆☆

学习目标：掌握两列居中布局的方法

最终效果如图6-21所示

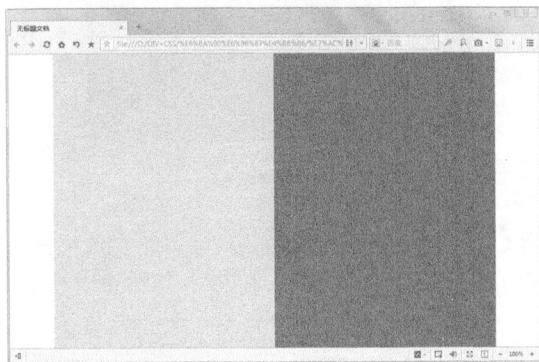

图6-21

01 执行"文件 > 新建"命令，新建一个空白的XHTML 文档，如图 6-22 所示。

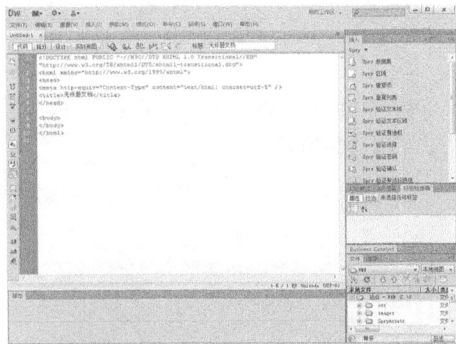

图6-22

02 在 <body> 标签中创建一个 id 名称为 box 的 <div> 标签，如图 6-23 所示。

```
<body>
<div id="box"></div>
</body>
</html>
```

图6-23

03 在 <title> 标签的下方创建 <style> 标签，并在其中定义 css 样式，如图 6-24 所示。

```
<style type="text/css">
*{
    margin:0px;
    padding:0px;
    border:0px;
}
#box{
    width:900px;
    height:600px;
    margin: auto;
}
</style>
```

图6-24

04 在名称为 box 的 div 中创建另外两个 div，如图 6-25 所示。

```
<body>
<div id="box">
  <div id="zuo"></div>
  <div id="you"></div>
</div>
</body>
</html>
```

图6-25

05 在 CSS 样式中定义另外两个 div 的效果，如图 6-26 所示。

```
#zuo{
    width:450px;
    height:600px;
    background-color:#0FC;
    float:left;
}
#you{
    width:450px;
    height:600px;
    background-color:#960;
    float:left;
}
```

图6-26

06 执行"文件 > 保存"命令，将文档保存为"光盘 \ 源文件 \ 第 6 章 \6-1-2.html"，如图 6-27 所示。

图6-27

07 按 F12 键测试页面，观察页面中两列居中布局的效果，如图 6-28 所示。

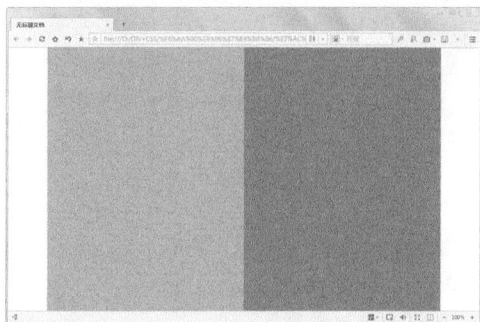

图6-28

6.2 自适应宽度布局

自适应宽度就是指无论浏览器放大到何种程度，页面元素都可以对其覆盖。

6.2.1 一列宽度自适应布局

如果要实现自适应宽度，就需要将宽度值进行百分比值设置，而如果直接使用 height :100%; 并不会实现宽度自适应的效果，这与浏览器的解析方式有一定的关系。

课堂案例

实现宽度自适应布局

案例位置：光盘\源文件\第6章\6-2-1.html

视频位置：光盘\视频\第6章\6-2-1.swf

难易指数：★★☆☆☆

学习目标：掌握宽度自适应的方法

最终效果如图6-29所示

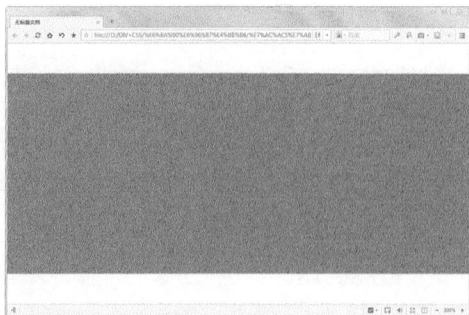

图6-29

01 执行"文件 > 打开"命令，打开"光盘 \ 源文件 \ 第 6 章 \6-1-1（2）.html"，如图 6-30 所示。

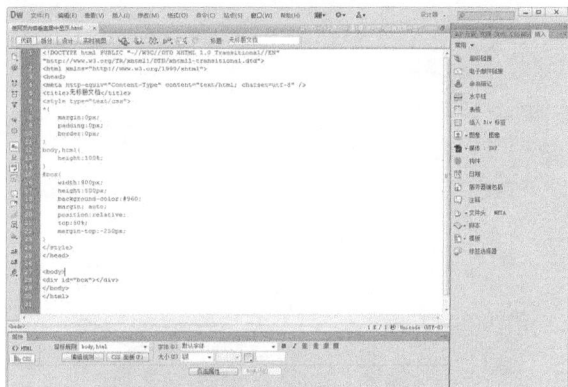

图6-30

02 在 CSS 样式中找到 body,html 选择器，在其中添加 width:100%; 属性，如图 6-31 所示。

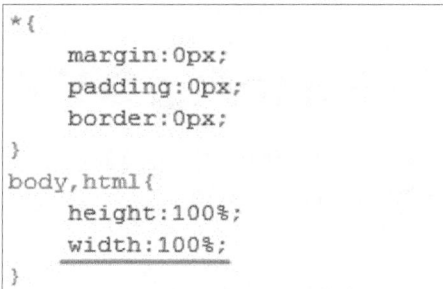

```
*{
    margin:0px;
    padding:0px;
    border:0px;
}
body,html{
    height:100%;
    width:100%;
}
```

图6-31

03 再次找到 #box 选择器，修改 width 属性值为 100%，如图 6-32 所示。

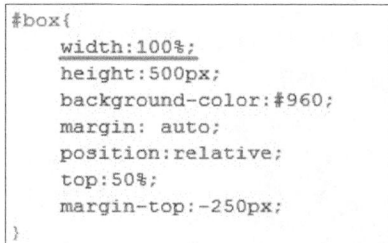

```
#box{
    width:100%;
    height:500px;
    background-color:#960;
    margin: auto;
    position:relative;
    top:50%;
    margin-top:-250px;
}
```

图6-32

04 执行"文件 > 另存为"命令，将文档保存为"光盘 \ 源文件 \ 第 6 章 \6-2-1.html"，如图 6-33 所示。

05 按 F12 键测试页面，观察页面中的元素宽度效果，如图 6-34 所示。

图 6-33

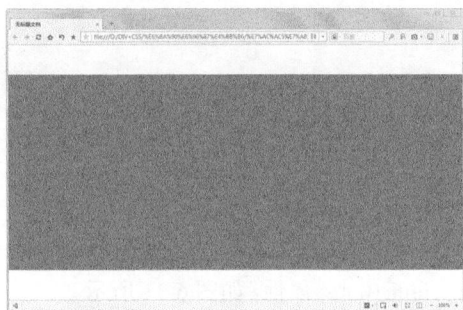

图 6-34

6.2.2 两列布局——左侧固定右侧自适应

在实际应用中,有时候需要左侧固定宽度,右侧根据浏览器窗口的大小自动调整。

课堂案例

两列布局右侧自适应

案例位置:光盘\源文件\第6章\6-2-2.html

视频位置:光盘\视频\第6章\6-2-2.swf

难易指数:★★☆☆☆

学习目标:掌握右侧自适应的布局方法

最终效果如图6-35所示

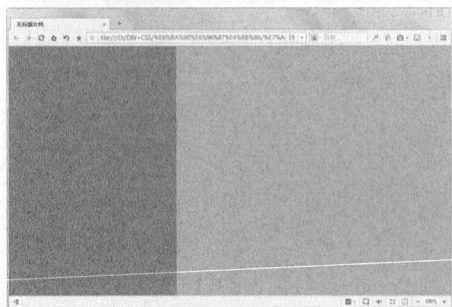

图 6-35

01 执行"文件>新建"命令,新建一个空白的 XHTML 文档,如图 6-36 所示。

图 6-36

02 在 <body> 标签中定义两个 id 名称不同的 <div> 标签,如图 6-37 所示。

```
<body>
<div id="zuo"></div>
<div id="you"></div>
</body>
</html>
```

图 6-37

03 在 <title> 标签的下方输入 <style> 标签,并在其中定义通配符,如图 6-38 所示。

```
<style type="text/css">
*{
    margin:0px;
    padding:0px;
    border:0px;
}
</style>
```

图 6-38

04 在 CSS 样式中定义 body,html 选择器,并在该样式中定义浏览器的宽度为 100%,如图 6-39 所示。

```
<style type="text/css">
*{
    margin:0px;
    padding:0px;
    border:0px;
}
body,html{
    width:100%;
}
</style>
```

图 6-39

05 继续在定义名称为 zuo 的 div 样式,定义其大小为固定的像素大小,并设置其为左浮动,如图 6-40 所示。

```
#zuo{
    width:400px;
    height:600px;
    background-color:#960;
    float:left;
}
```

图 6-40

06 再次定义名称为 you 的 div 样式，只需要定义其高度即可，无须定义关于宽度和浮动的任何属性，如图 6-41 所示。

```
#you{
    height:600px;
    background-color:#0FC;
}
```

图 6-41

07 执行"文件 > 保存"命令，将文档保存为"光盘 \ 源文件 \ 第 6 章 \6-2-2.html"，如图 6-42 所示。

图 6-42

08 按 F12 键测试页面，观察页面中左侧固定右侧自适应的效果，如图 6-43 所示。

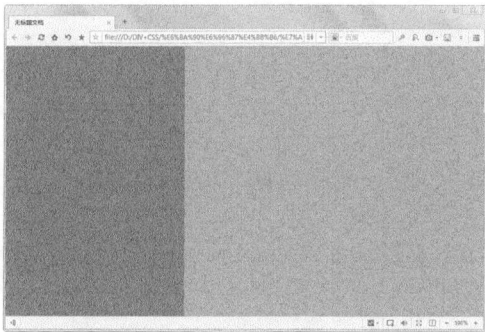

图 6-43

6.2.3 两列布局——两列均自适应布局

自适应主要通过宽度的百分比值进行设置，因此在两列宽度自适应布局中也同样是使用百分比宽度值进行控制的。

课堂案例

两列自适应布局

案例位置：光盘\源文件\第6章\6-2-3.html

视频位置：光盘\视频\第6章\6-2-3.swf

难易指数：★ ★ ☆ ☆ ☆

学习目标：掌握两列自适应的使用方法

最终效果如图6-44所示

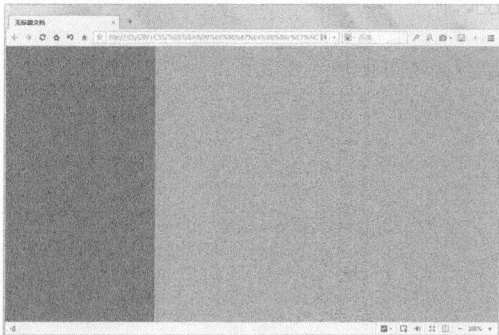

图 6-44

01 执行"文件 > 打开"命令，打开"光盘 \ 源文件 \ 第 6 章 \ 两列布局右侧自适应 .html"，如图 6-45 所示。

图 6-45

02 在 CSS 样式中找到 #zuo 选择器，将其中 width 属性的属性值修改为百分比值，如图 6-46 所示。

```
#zuo{
    width:30%;
    height:600px;
    background-color:#960;
    float:left;
}
```

图 6-46

03 再次找到 #you 选择器，修改其中的属性，将 width 同样定义为百分比值，如图 6-47 所示。

```
#you{
    width:70%;
    height:600px;
    background-color:#0FC;
    float:left;
}
```

图 6-47

04 执行"文件 > 另存为"命令,将文档保存为"光盘 \ 源文件 \ 第 6 章 \6-2-3.html",如图 6-48 所示。

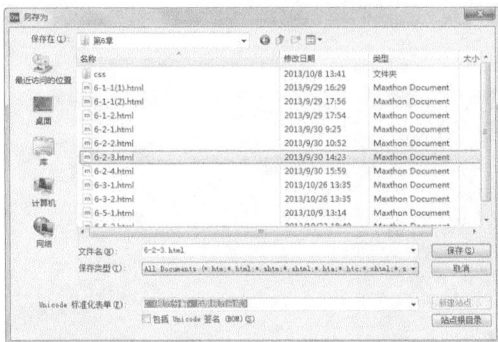

图 6-48

05 按 F12 键测试测试页面,观察页面中两列均自适应的效果,如图 6-49 所示。

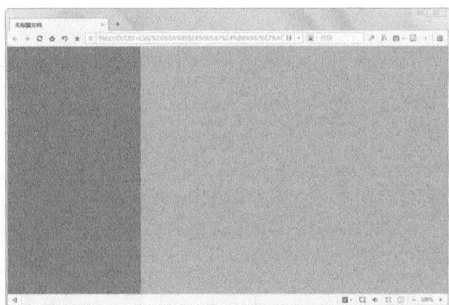

图 6-49

6.2.4 三列布局——两侧固定中间自适应

三列布局中间宽度自适应布局页面,是左侧固定宽度居左显示,右侧固定宽度居右显示,而中间栏则在左侧和右侧的中间显示,并根据左右侧的间距变化自适应宽度。

课堂案例

三列布局中间自适应

案例位置:光盘\源文件\第6章\6-2-4.html

视频位置:光盘\视频\第6章\6-2-4.swf

难易指数:★★★☆☆☆

学习目标:掌握三列布局的方法

最终效果如图6-50所示

01 执行"文件 > 新建"命令,新建一个空白的 XHTML 文档,如图 6-51 所示。

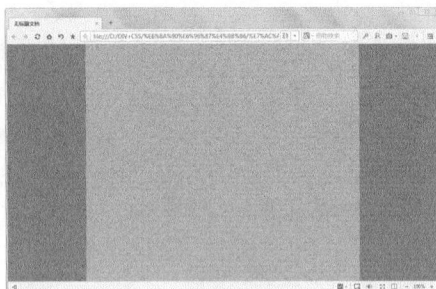

图 6-50

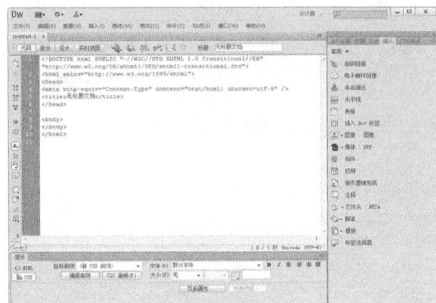

图 6-51

02 在 <body> 标签中新建 3 个 id 名称不同的 <div> 标签,如图 6-52 所示。

```
<body>
<div id="zuo"></div>
<div id="ong"></div>
<div id="you"></div>
</body>
</html>
```

图 6-52

03 在 <title> 标签的下方创建 <style> 标签对,并在其中定义通配符,如图 6-53 所示。

```
<style type="text/css">
*{
    margin:0px;
    padding:0px;
    border:0px;
}
</style>
```

图 6-53

04 为浏览器的宽度和高度定义 CSS 样式,将其定义为百分比值,如图 6-54 所示。

```
html,body{
    height:100%;
    width:100%;
}
</style>
```

图 6-54

05 为 id 名称为 zuo 的 <div> 标签定义 CSS 样式，定义其定位样式为绝对定位，并将位置定位在左上角，如图 6-55 所示。

```
#zuo{
    width:200px;
    height:100%;
    background-color:#960;
    position:absolute;
    top:0px;
    left:0px;
}
```

图 6-55

06 为 id 名称为 you 的 <div> 标签定义 CSS 样式，定义其定位样式为绝对定位，并将位置定位在右上角，如图 6-56 所示。

```
#you{
    width:200px;
    height:100%;
    background-color:#960;
    position:absolute;
    top:0px;
    right:0px;
}
```

图 6-56

07 继续为 id 名称为 ong 的 <div> 标签定义 CSS 样式，无需定义该 div 任何关于宽度的属性，只需将该 div 的左右边距设置为 200 像素，以供左右两侧的 div 放置显示，如图 6-57 所示。

```
#ong{
    height:100%;
    background-color:#0FC;
    margin-left:200px;
    margin-right:200px;
}
```

图 6-57

08 执行"文件 > 保存"命令，将文档保存为"光盘 \ 源文件 \ 第 6 章 \6-2-4.html"，如图 6-58 所示。

图 6-58

09 按 F12 键测试页面效果，观察页面中的三列布局中间自适应效果，如图 6-59 所示。

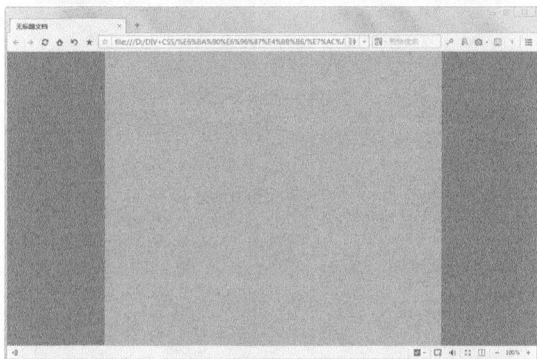

图 6-59

6.3 复杂的页面排版

CSS+Div 排版方式是非常灵活的，可以制作出非常复杂的页面排版。

本节将会向用户介绍复杂页面排版，主要包括垂直排列布局和水平排列布局。

6.3.1 复杂的页面排版——垂直布局

此类 Div+CSS 排版方式要简单一些，因为 <div> 标签本身具有换行的特性，各个 Div 之间自然的进行垂直排列。

根据左右侧的间距变化自适应宽度。

课堂案例
垂直页面布局

案例位置：光盘\源文件\第6章\6-3-1.html
视频位置：光盘\视频\第6章\6-3-1.swf
难易指数：★★★☆☆
学习目标：掌握三列布局的方法
最终效果如图6-60所示

01 执行"文件 > 新建"命令，新建一个空白的 XHTML 文档，如图 6-61 所示。

02 在 <body> 标签中新建 7 个 id 名称不同的 <div> 标签，如图 6-62 所示。

图6-60

图6-63

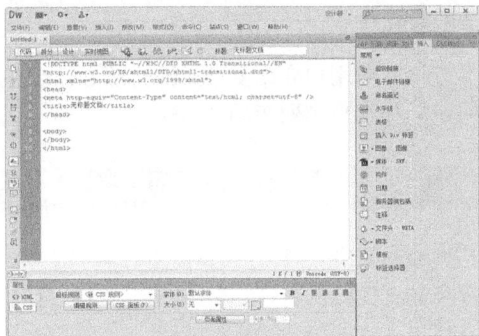

图6-61

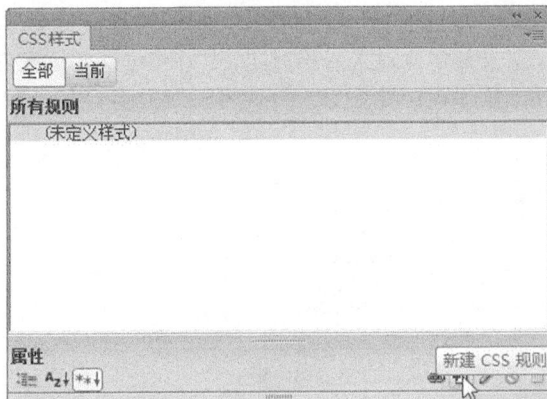

图6-64

```
<body>
<div id="box">
<div id="hen"></div>
<div id="zuo"></div>
<div id="xia1"></div>
<div id="xia2"></div>
<div id="xia3"></div>
<div id="dib"></div>
</div>
</body>
</html>
```

图6-62

05 在弹出的"新建 CSS 规则"对话框中设置各项参数，如图 6-65 所示。

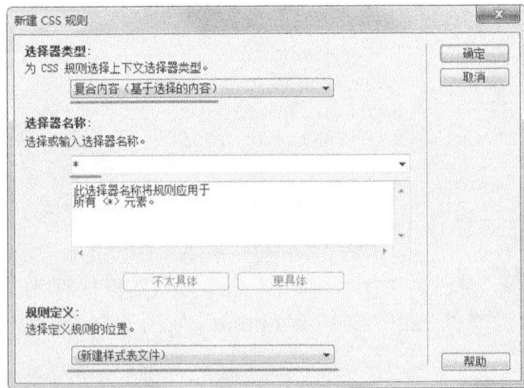

图6-65

03 执行"文件 > 保存"命令，将文档保存为"光盘 \ 源文件 \ 第 6 章 \6-3-1.html"，如图 6-63 所示。

04 单击"CSS 样式"面板中的"新建 CSS 规则"按钮，如图 6-64 所示。

06 单击"确定"按钮，弹出"将样式表文件另存为"对话框，将 CSS 文档保存到"光盘 \ 源文件 \ 第 6 章 \css\53101.css"，如图 6-66 所示。

07 单击"保存"按钮，弹出"* 的 CSS 规则定义"对话框，如图 6-67 所示。

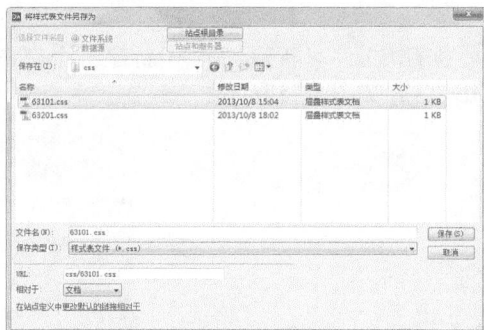

图6-66

图6-67

08 在"* 的 CSS 规则定义"对话框中无须定义任何参数, 直接单击"确定"按钮即可, 效果如图 6-68 所示。

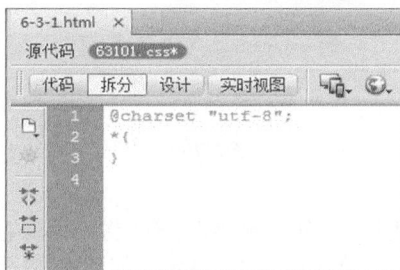

图6-68

09 在 CSS 文档中定义通配符, 如图 6-69 所示。

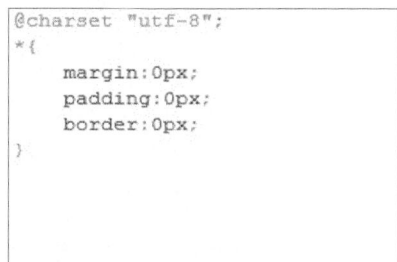

图6-69

10 在通配符的下方为 id 名称为 box 的 <div> 标签定义 CSS 样式, 如图 6-70 所示。

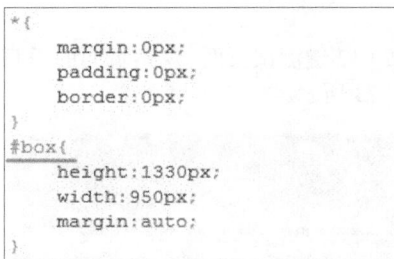

图6-70

11 继续定义名称为 hen 的 <div> 标签, 定义该 div 的大小以及背景颜色, 如图 6-71 所示。

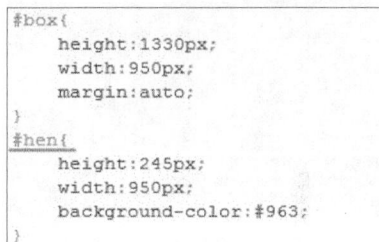

图6-71

12 使用相同的方法定义其他的 <div> 标签, 如图 6-72 所示。

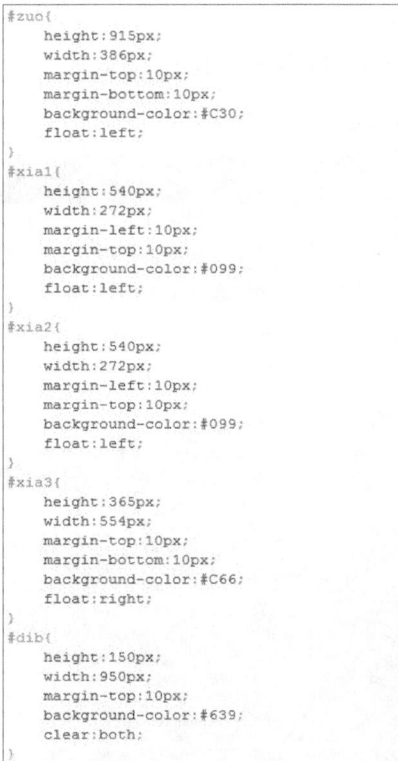

图6-72

111

13 按 F12 键测试页面,观察页面的垂直布局效果,如图 6-73 所示。

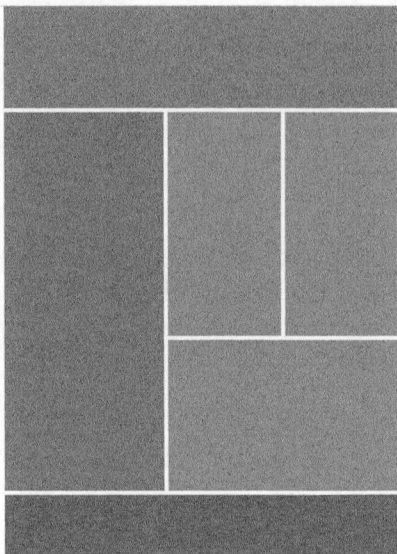

图6-73

6.3.2 复杂的页面排版——水平布局

此类 Div+CSS 排版方式要简单一些,因为 <div> 标签本身具有换行的特性,各个 Div 之间自然的进行垂直排列。

根据左右侧的间距变化自适应宽度。

课堂案例

水平页面布局

案例位置:光盘\源文件\第6章\6-3-2.html

视频位置:光盘\视频\第6章\6-3-2.swf

难易指数:★★★★☆

学习目标:掌握三列布局的方法

最终效果如图6-74所示

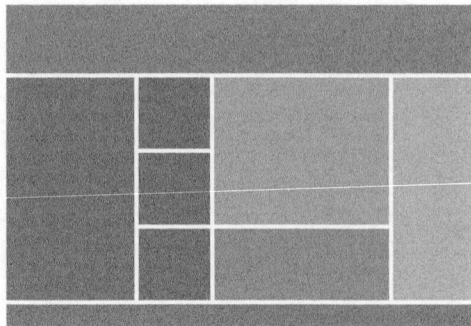

图6-74

01 执行"文件 > 新建"命令,新建一个空白的 XHTML 文档,如图 6-75 所示。

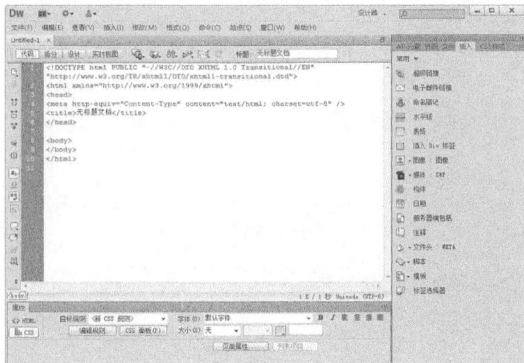

图6-75

02 在 <body> 标签中新建 11 个 id 名称不同的 <div> 标签,如图 6-76 所示。

```
<body>
<div id="box">
    <div id="hen"></div>
    <div id="zuo"></div>
    <div id="xia">
        <div id="xia-1"></div>
        <div id="xia-2"></div>
        <div id="xia-3"></div>
    </div>
    <div id="you"></div>
    <div id="jia"></div>
    <div id="zen"></div>
    <div id="dib"></div>
</div>
</body>
```

图6-76

03 执行"文件 > 保存"命令,将文档保存为"光盘 \ 源文件 \ 第 6 章 \6-3-2.html",如图 6-77 所示。

图6-77

04 使用上面案例中的方法创建一个外部的 CSS 样式表,如图 6-78 所示。

图6-78

05 在通配符的下方为 id 名称为 box 的 <div> 标签定义 CSS 样式，如图 6-79 所示。

06 定义名称为 hen 的 <div> 标签，指定该 div 的大小以及背景颜色，如图 6-80 所示。

图6-79

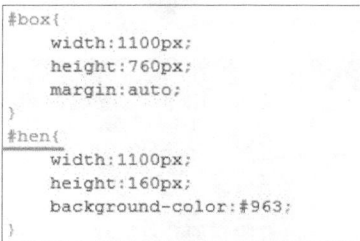

图6-80

07 在样式表中定义 xia 的 <div> 标签，指定该 div 的大小以及浮动样式，如图 6-81 所示。

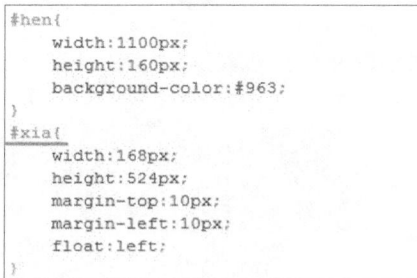

图6-81

08 在样式表中定义一个名称为 xia-1 的类样式，

如图 6-82 所示。

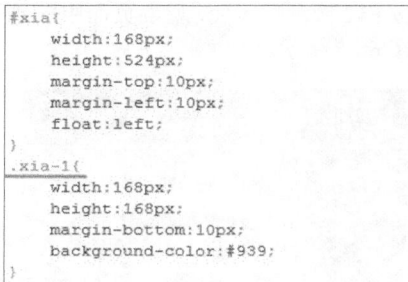

图6-82

09 切换回"源代码"中，为 xia-1、xia-2 和 xia-3 3 个 div 添加 class 属性，并指定属性值为 xia-1 类样式，如图 6-83 所示。

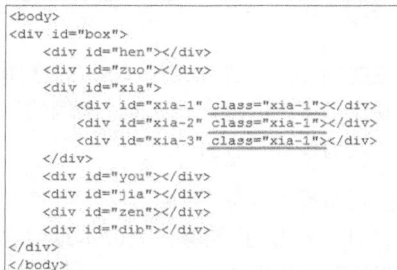

图6-83

10 切换回 53201.css 样式表中，使用相同的方法定义其他的 <div> 标签，如图 6-84 所示。

图6-84

113

11 按 F12 键测试页面，观察页面中的水平布局效果，如图 6-85 所示。

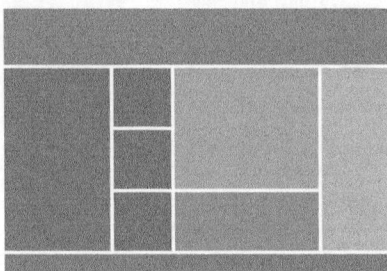

图6-85

6.4 本章小结

本章主要向用户介绍了 Div+CSS 的常用布局方法以及在制作过程中的运用，并通过实例的制作讲解多种布局方式的设计过程。

因为网页布局的好坏，对网页的加载速度会有很大的影响，所以希望用户能够在完成本章内容的学习后，掌握 CSS 布局的方法。

6.5 课后习题

本章安排了两个课后习题，分别是布局复杂页面和布局图像展示页面，这两个课后习题主要是针对前面所学的内容，进行复习，使用户的学习更加巩固。

6.5.1 课后习题1-创建复杂的页面

案例位置：光盘\源文件\第6章\6-5-1.html

视频位置：光盘\视频\第6章\6-5-1.swf

难易指数：★★★☆☆☆

学习目标：熟练的布局页面

最终效果如图6-86所示

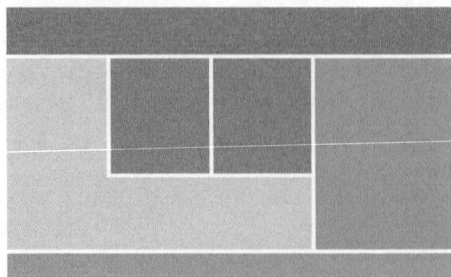

图6-86

步骤分解如图 6-87 所示。

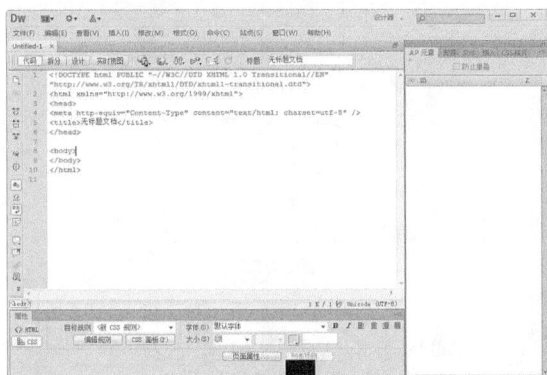

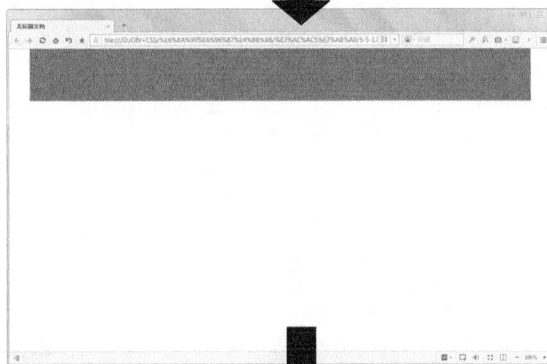

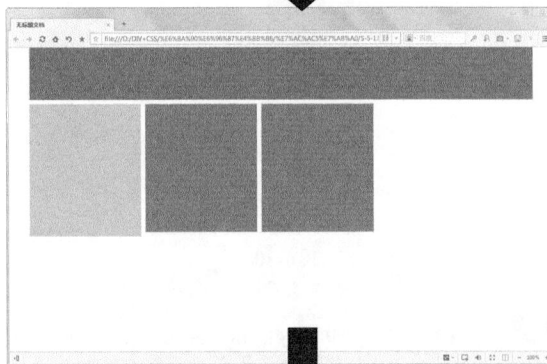

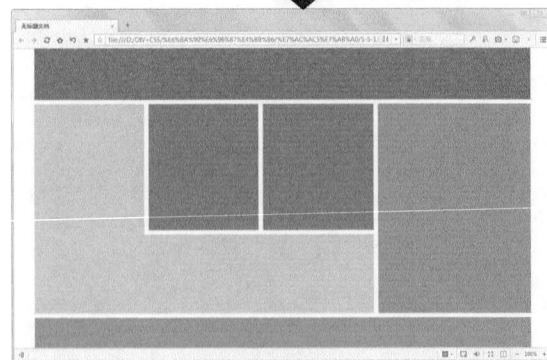

图6-87

6.5.2　课后习题2-布局图像展示页面

案例位置：光盘\源文件\第6章\6-5-2.html

视频位置：光盘\视频\第6章\6-5-2.swf

难易指数：★★★☆☆☆

学习目标：布局图像展示页面

最终效果如图6-88所示

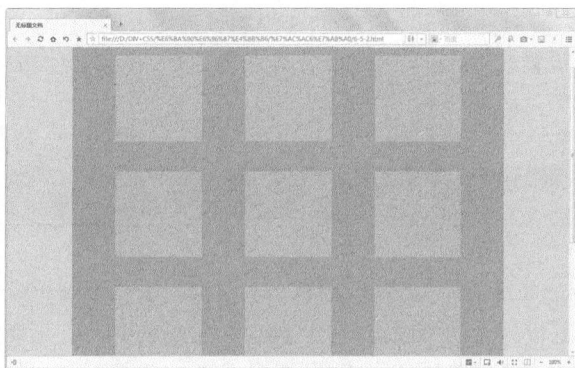

图6-88

步骤分解如图 6-89 所示。

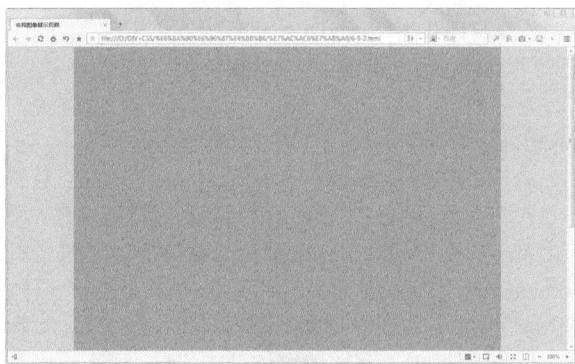

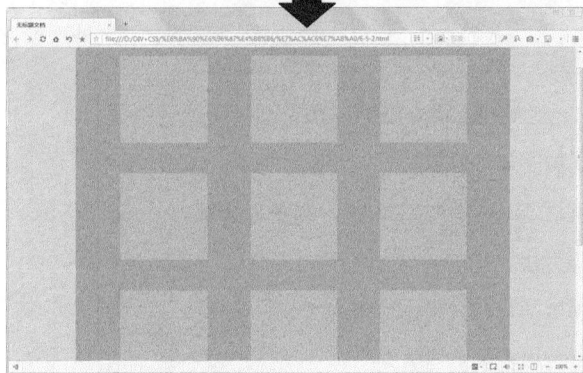

图6-89

第7章
CSS控制页面中的文本

在网页设计中,文字永远是不可或缺的重要组成部分。文字是用来向浏览者传递信息的手段,通过 CSS 控制页面中文字的样式,便于设计者进行设置或修改。本章将详细介绍使用 CSS 控制页面中文字及段落样式的方法。

7.1 字体

字体是指字的各种形状,也可以理解为笔画的姿态。在制作网页的过程中,根据设计者的不同需要,一般会在样式表中设置元素的 font-family 属性来控制文字的字体,基本格式如下:

```
body{
        font-family:" 宋体 ";
}
```

以上语句声明了 XHTML 中 body 元素的字体为"宋体"。除了这种声明之外,还可以为 body 元素添加多个字体,例如:

```
body{
        font-family:"Times New Roman"," 方正彩云简体 "," 宋体 ";
}
```

以上的声明方式在实际工作中也常会用到,其主要作用是:浏览者在浏览具有此类声明的网页时,会自动在浏览者的计算机中搜索 Times New Roman 字体;如果浏览者的计算机中未安装改字体,则会按 font-family 属性中所声明的字体顺序搜索"方正彩云简体"和"宋体";如果 font-family 属性中所声明的字体都未安装,那么该网页中的字体会使用浏览者本机上的默认字体来显示。

所以,在设计页面时,一定要考虑字体的显示问题。为了保证页面达到预计的效果,最好提供多种字体类型,而且最好以最基本的字体类型作为最后一个。

> **提示:**
> font-family 属性可以同时声明任意字体,字体之间必须使用英文逗号隔开,使用中文逗号是不起作用的。

课堂学习目标:

★ 了解字体的设置

★ 掌握CSS控制文字大小、颜色、粗细等方法

★ 熟练使用CSS控制段落样式

★ 掌握属性的缩写方法

课堂案例

通过CSS设置字体

案例位置:光盘\源文件\第7章\7-1.html

视频位置:光盘\视频\第7章\7-1.swf

难易指数：★★☆☆☆

学习目标：掌握CSS设置字体的方法

最终效果如图7-1所示

图7-1

01 执行"文件>打开"命令，打开"光盘\素材\第7章\71101.html"文件，效果如图7-2所示。

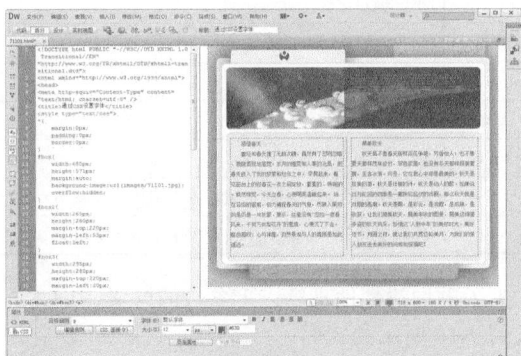

图7-2

02 在文档 `<style type="text/css"></style>` 标签对中定义名为 .font1 和 .font2 的 CSS 样式，字体分别设置为"隶书"、"宋体"，如图 7-3 所示。

```
.font1{
    font-family:"隶书";
}
.font2{
    font-family:"宋体";
}
</style>
```

图7-3

03 在 `<body>` 标签的部分选中一段文字，如图 7-4 所示。

```
<div id="box2">
    <p>感悟春天</p>
    <p>曾经和春天撞了无数次腰，竟然有了忽明忽暗、若隐若现的感觉。岁月的嬗变和人事的沧桑，把春天嵌入了我的梦萦和惆怅之中。早晨起来，看见窗台上的迎春花一夜之间绽放，羞羞的、艳艳的。倏然惊觉，今天立春，心便明亮温暖起来。站在沿街的窗前，极力捕捉春天的气息，然映入眼帘的是仍是一片灰蒙、肃杀，丝毫没有"忽如一夜春风来，千树万树梨花开"的意境，心便沉了下去。暗自感叹：心与神离，自然景观与人的境域是如此遥远。
    </p>
</div>
```

图7-4

04 在"属性"面板的"目标规则"下拉列表中选择类样式为 .font2，如图 7-5 所示。

图7-5

05 观察文本内容发生的变化，如图 7-6 所示。

```
<div id="box2">
    <p class="font2">感悟春天</p>
    <p >曾经和春天撞了无数次腰，竟然有了忽明忽暗、若隐若现的感觉。岁月的嬗变和人事的沧桑，把春天嵌入了我的梦萦和惆怅之中。早晨起来，看见窗台上的迎春花一夜之间绽放，羞羞的、艳艳的。倏然惊觉，今天立春，心便明亮温暖起来。站在沿街的窗前，极力捕捉春天的气息，然映入眼帘的是仍是一片灰蒙、肃杀，丝毫没有"忽如一夜春风来，千树万树梨花开"的意境，心便沉了下去。暗自感叹：心与神离，自然景观与人的境域是如此遥远。
    </p>
</div>
```

图7-6

06 使用相同方法设置文本中的其他内容，如图 7-7 所示。

07 执行"文件 > 另存为"命令，将文件保存为

"光盘 \ 源文件 \ 第 7 章 \7-1.html", 如图 7-8 所示。

```
<body>
<div id="box">
  <div id="box2">
    <p class="font2">感悟春天</p>
    <p class="font2">曾经和春天搏了无数次棋, 竟然有了恐明忽暗、若隐若现地感觉。岁月的嬗变和人事
的沧桑, 把春天嵌入了我的梦想和愁绪之中。早晨起来, 看见窗台上的迎春花一夜之间绽放, 蓄萋的、艳艳的
。娇然微笑, 今天立春, 心便明高温暖起来。站在沿街的窗前, 极力捕捉春天的气息, 然映入眼帘的是仍是一
片灰紫、萧杀, 丝毫没有一恋如一夜春风来, 千树万梨花开"的意境, 心便沉了下去。暗自感叹: 心与神离,
自然景观与人的境域是如此遥远。
    </p>
  </div>
  <div id="box3">
    <p class="font1">赞美秋天</p>
    <p class="font1">秋天虽不像春天那样百花争艳, 芳香怡人; 也不像夏天那样茂林绿竹, 翠色欲滴; 也
没有冬天那样银装素裹, 玉洁冰清。可是, 它在我心中却是最美的。秋天是甘美的酒, 秋天是壮丽的诗, 秋天
是动人的歌。如果说日月轮回的四季是一幕跌宕起伏的戏剧, 那么秋天就是戏剧的高潮。秋天是图, 是彩云,
是流霞, 是成熟; 是收获。让我们赞美秋天, 赞美丰收的图景, 赞美这绚丽多姿的秋天风采, 珍惜这一人到中
年一的美好时光。美好佳节, 月圆之夜, 就让我们共赏这轮美月, 为我们的亲人朋友送去美好的问候和祝福吧!
    </p>
  </div>
</div>
</body>
```

图 7-7

图 7-8

08 按 F12 键测试页面效果, 如图 7-9 所示。

图 7-9

7.2 文字大小概述

在浏览网页时, 可以看都标题通常都使用较大字体显示, 以达到突出主题的目的, 吸引浏览者的注意, 而小字体通常用来显示正文内容。这样大小字体结合构成的网页, 既吸引了浏览者的眼球, 又提高了阅读效率。

7.2.1 设置文字大小

在 CSS 中可以通过定义 font-size 属性, 来控制文字大小。文字大小可以是相对的, 也可以是绝对的, 其语法格式如下:

```
body{
    font-size: 数值;
}
```

例如定义 body 元素的字体大小为 12px, 代码如下:

```
body{
    font-size:12px;
}
```

除了以上通过数值方式定义外, 还可以通过 medium 之类的参数定义字体大小, font-size 可选参数如表 7-1 所示。

表7-1

属性值	说明
xx-small	最小, 绝对字体尺寸
x-small	较小, 绝对字体尺寸
small	小, 绝对字体尺寸
medium	正常, 默认值, 绝对字体尺寸
large	大, 绝对字体尺寸
x-large	较大, 绝对字体尺寸
xx-large	最大, 绝对字体尺寸
smaller	相对字体尺寸, 相对于父对象中字体尺寸减小
larger	相对字体尺寸, 相对于父对象中字体尺寸增大

为了更加清楚地理解以上参数的含义, 在CSS中输入图 7-10 所示的代码。

```
<body>
<div style="font-size:12pt">上级标记大小
  <p style="font-size:xx-small">最小</p>
  <p style="font-size:x-small">较小</p>
  <p style="font-size:small">小</p>
  <p style="font-size:medium">正常</p>
  <p style="font-size:large">大</p>
  <p style="font-size:x-large">较大</p>
  <p style="font-size:xx-large">最大
    <p style="font-size:smaller">子标签</p>
    <p style="font-size:larger">子标签</p>
  </p>
</div>
</body>
```

图 7-10

以上代码在浏览器中显示的效果如图 7-11 所示。

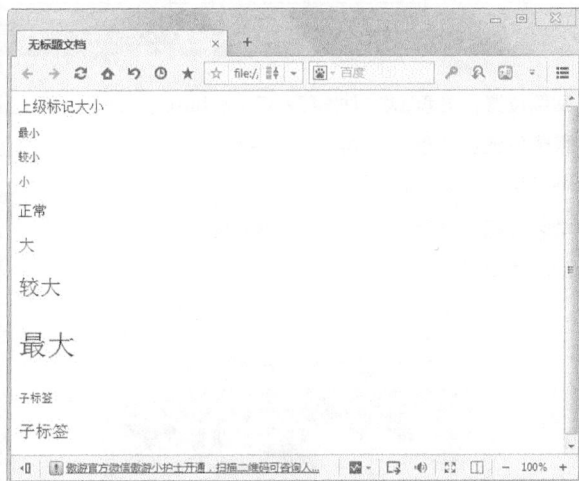

图7-11

提示：
　　使用 font-size 参数定义字体大小的好处在于比较容易记忆，但要注意，在不同的浏览器中，相同大小的文字显示效果可能会不一样。

7.2.2　定义文字的相对大小

　　在 CSS 中定义文字大小的单位有两种，分别是相对长度单位和绝对长度单位。其中，相对单位有 px、% 和 em，表 7-2 介绍了这 3 种相对单位及示例。

表7-2

单位	说明	示例
px	像素	fone-size:12px
%	百分比	fone-size:150%
em	相对长度单位，1 em=16 px	fone-size:2em

　　px 表示具体的像素，使用像素设置的文字的大小与显示器的大小以及分辨率有关；% 和 em 都是相对于父标签而言的比例。表 7-2 中描述的 1em=16px 是浏览器默认的显示比例，如果更改父标签的字体大小，使用 % 或 em 单位设置的文字也会产生影响。

提示：
　　更改父标签的字体大小会影响当前使用 % 或 em 设置的文字的相对大小，但不会影响使用 px 设置的文字的大小。如果没有设置父标签的文字大小，则会按照浏览器默认的显示比例（1 em=16 px）显示。

　　下面介绍文字相对大小的设置方法，代码如

图 7-12 所示。

图7-12

　　分别为 <body> 部分的不同文字应用相应的文字样式，在浏览器中显示的效果如图 7-13 所示。

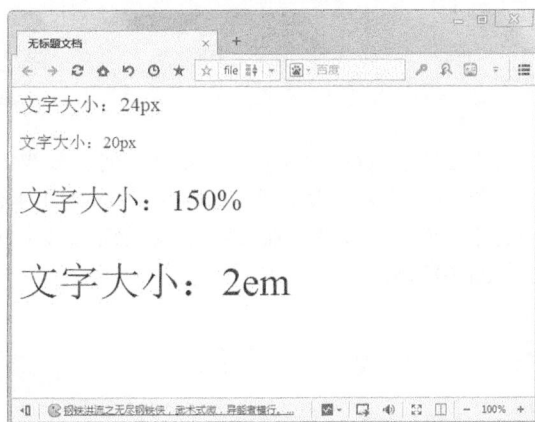

图7-13

　　删除 body 的 CSS 样式，然后在浏览器中观察文字的大小变化，如图 7-14 所示。

提示：
　　删除父标签 body 的 CSS 样式后，写在父标签中的文字显示默认字体大小，即 16 px。

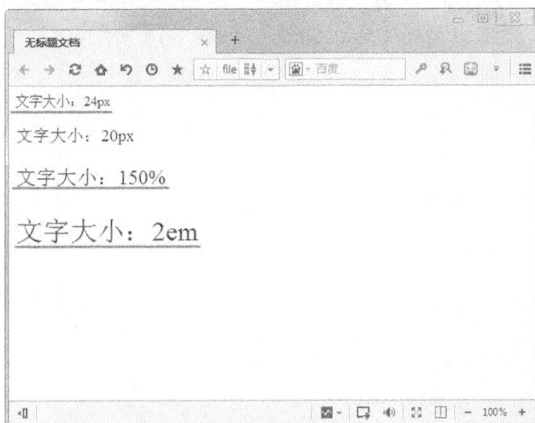

图7-14

119

7.2.3 定义文字的绝对大小

绝对长度单位有 in、cm、mm、pt 等，表 7-3 为其说明及示例。

表7-3

单位	说明	示例
im	英寸	fone-size:2in
cm	厘米	fone-size:5cm
mm	毫米	fone-size:10mm
pt	点/磅，印刷的点数	fone-size:32pt
pc	派卡，印刷上使用的单位	fone-size:3pc

提示：
相比通过绝对长度单位，使用相对单位设置文字大小的方法具有更大的灵活性，因此，相对大小的设置方法更受设计者的喜爱。

对于设置了绝对大小的文字，不管是何种分辨率的显示器，显示出来的大小都是相同的，也不会因为浏览器的不同而发生改变。在 CSS 中设置绝对大小的方法如图 7-15 所示。

```
<style type="text/css">
.font1{
    font-size:0.2in;   <!--设置文字大小-->
}
.font2{
    font-size:1cm;     <!--设置文字大小-->
}
.font3{
    font-size:5mm;     <!--设置文字大小-->
}
.font4{
    font-size:20pt;    <!--设置文字大小-->
}
.font5{
    font-size:2pc;     <!--设置文字大小-->
}
</style>
```

图7-15

分别为 <body> 部分的不同文字应用相应的文字样式，在浏览器中显示的效果如图 7-16 所示。

图7-16

课堂案例

定义页面中文字的大小

案例位置：光盘\源文件\第7章\7-2-3.html

视频位置：光盘\视频\第7章\7-2-3.swf

难易指数：★☆☆☆☆

学习目标：掌握字体大小的设置方法

最终效果如图7-17所示

图7-17

01 执行"文件>打开"命令，打开"光盘\素材\第7章\72101.html"文件，效果如图 7-18 所示。

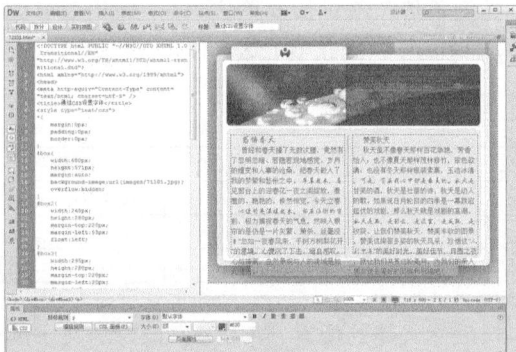

图7-18

02 在"代码"视图中分别定义名为 .font1 和 .font2 的 CSS 样式，设置 font-size 属性值分别为 20px、12px，如图 7-19 所示。

```
.font1{
    font-size:20px;
}
.font2{
    font-size:12px;
}
</style>
```

图7-19

03 在 <body> 标签部分选中一段文字，并设置其 class 属性为 .font1，文本内容如图 7-20 所示。

```
<body>
<div id="box">
  <div id="box2">
    <p class="font1">感悟春天</p>
    <p>曾经和春天撞了无数次腰，竟然有了忽明忽暗、若隐
若现地感觉。岁月的嬗变和人事的沧桑，把春天嵌入了我的
梦萦和愁怅之中。
    早晨起来，看见窗台上的迎春花一夜之间绽放，羞羞的、
艳艳的。倏然惊觉，今天立春，心便明亮温暖起来。
    站在沿街的窗前，极力捕捉春天的气息，然映入眼帘的是
仍是一片灰蒙、萧杀，丝毫没有"忽如一夜春风来，千树万树
梨花开"的意境，心便沉了下去。暗自感叹：心与神离，自然
景观与人的境域是如此遥远。
    </p>
  </div>
</div>
```

图 7-20

04 使用相同方法设置文本中的其他内容，如图 7-21 所示。

```
<p class="font1">感悟春天</p>
<p class="font2">曾经和春天撞了无数次腰，竟然有了忽明忽暗、若隐若现地感
觉。岁月的嬗变和人事的沧桑，把春天嵌入了我的梦萦和愁怅之中。早晨起来，看见窗
台上的迎春花一夜之间绽放，羞羞的、艳艳的。倏然惊觉，今天立春，心便明亮温暖起
来。站在沿街的窗前，极力捕捉春天的气息，然映入眼帘的是仍是一片灰蒙、萧杀，丝
毫没有"忽如一夜春风来，千树万树梨花开"的意境，心便沉了下去。暗自感叹：心与神
离，自然景观与人的境域是如此遥远。
</p>
</div>
<div id="box3">
<p class="font1">赞美秋天</p>
<p class="font2">秋天晶不像春天那样百花争艳，芳香怡人；也不像夏天那样茂
林修竹，翠色欲滴；也没有冬天那样银装素裹，玉洁冰清。可是，它在我心中却是最美
的，秋天是甘美的酒，秋天是壮丽的诗，秋天是动人的歌。如果说日月轮回的四季是一
幕幕连续起伏的戏剧，那么秋天便是到剧的高潮。秋天是图，是彩云，是流霞，是成熟，
是收获。让我们赞美秋天，赞美丰收的图景，赞美这绚丽多姿的秋天风采，珍惜这"人
到中年"的美好时光。美好佳节，月圆之夜，就让我们共赏这轮美月，为我们的亲人朋
友送去美好的问候和祝福吧！
</p>
```

图 7-21

05 执行"文件 > 另存为"命令，将文件保存为"光盘 \ 源文件 \ 第 7 章 \7-2-3.html"，如图 7-22 所示。

图 7-22

06 按 F12 键测试页面效果，如图 7-23 所示。

图 7-23

7.3 字体颜色

试想一下，走在路上的都是穿黑色衣服的路人，突然之间抬头看到一件粉色的衣服，会是一种什么感觉？同理，没有色彩的网页是枯燥而没有生机的，只有好的色彩搭配才会吸引更多人的眼球。

在 CSS 中，文字的颜色是通过 color 属性来设置的，表 7-4 介绍了设置文字颜色的几种常用方法。

表7-4

属性	方法	示例
color	color:rgb	color:rgb (0, 0, 125)
		color:rgb (0%, 0%, 25%)
	color:hex	color:#09F
		color:#0099FF
	color:name	color:red
	inherit	继承，从父元素继承颜色
	color:hsl	color:hsl (240, 100%, 50%)
	color:hsla	color:hsl (240, 100%, 50%, 1)
	color:rgba	color:rgba (0, 0, 125, 1)

表 7-4 中提供了 7 种设置文字颜色的方法，使用时可以根据不同情况选择最合适的。其中，最常用的是通过设置 hex 值来控制文字的颜色。

> **提示：**
> 在 XHTML 页面中，默认的颜色格式是 3 位十六进制数，如 #09F。

下面介绍文字颜色的设置方法，以及在浏览器中

的浏览效果，在页面中输入如下代码。

```
.font1{
    color:#00F;
}
.font2{
    color:rgb( 255,255,0);
}
.font3{
    color:rgba( 255,255,255,1);
}
.font4{
    color:hsl( 300,100%,50%);
}
.font5{
    color:hsla( 180,100%,50%,1);
}
.font6{
    color:red;
}
```

分别为 <body> 部分的不同文字应用相应的 CSS 样式，在浏览器中显示的效果如图 7-24 所示。

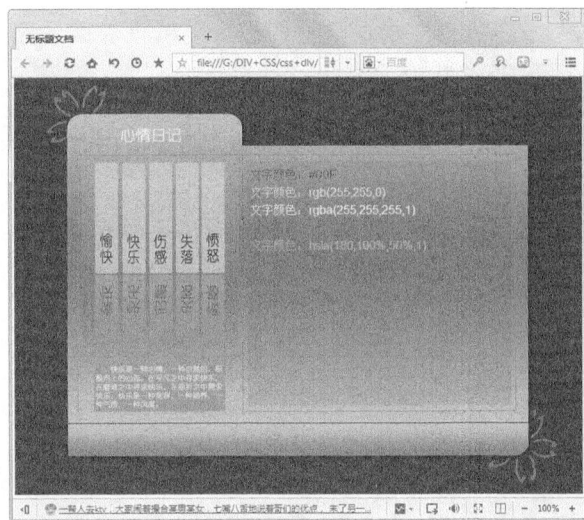

图 7-24

7.4 字体粗细

在 CSS 中可以通过 font-weight 属性的设置来定义文字的粗细程度，其语法格式如下：

```
body{
    font-weight:100;
}
```

font-weight 属性有 13 个有效值，分别是 100 ～ 900、bold、bolder、lighter、normal。如果没有设置该属性，会使用其默认值 normal。表 7-5 详细介绍了 font-weight 属性值。

表7-5

属性值	说明
100～900	值越大，加粗的程度越大
bold	粗体，相当于参数700
bolder	特粗体
lighter	细体
normal	正常字体，相当于参数400

下面介绍文字粗细的设置方法，以及在浏览器中的浏览效果，在页面中输入如下代码。

```
.font1{
    font-weight:bold;
}
.font2{
    font-weight:700;
}
.font3{
    font-weight:400;
}
,font4{
    font-weight:normal;
}
.font5{
    font-weight:bolder;
}
.font6{
    font-weight:lighter;
}
```

分别为页面中的不同文字应用CSS样式，在浏览器中显示的效果如图 7-25 所示。

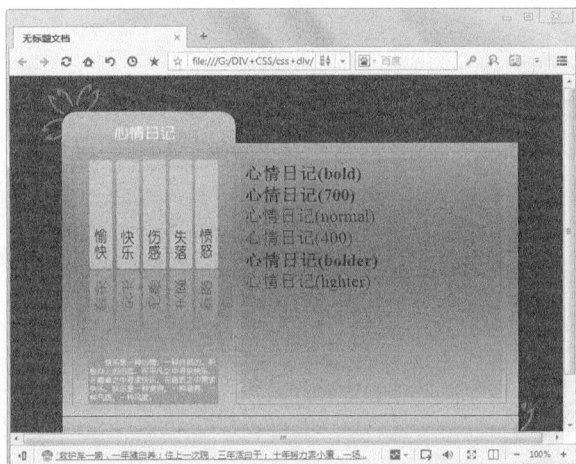

图 7-25

> **提示：**
> 在设置文字粗细时，并不会无限制加粗或细化。加粗或细化只限制在 100 ～ 900 的范围内，超出或低于这个范围，文字粗细将以最大值 900 或最小值 100 为准。

7.5 斜体

在网页设计的某些情况下，需要将文字设置为斜体，可以通过定义 font-style 属性来实现。其语法格式如下：

```
body{
    font-style:italic;
}
```

font-style 属性有（normal）、斜体（italic）和偏斜体（oblique）3 种属性值。下面通过一个例子形象地说明 font-style 各属性值的作用，具体代码如图 7-26 所示。

```
.font1{
    font-style:italic;
}
.font2{
    font-style:oblique;
}
.font3{
    font-style:normal;
}
```

图7-26

分别为页面中的文字添加CSS样式，在浏览器中显示的效果如图 7-27 所示。

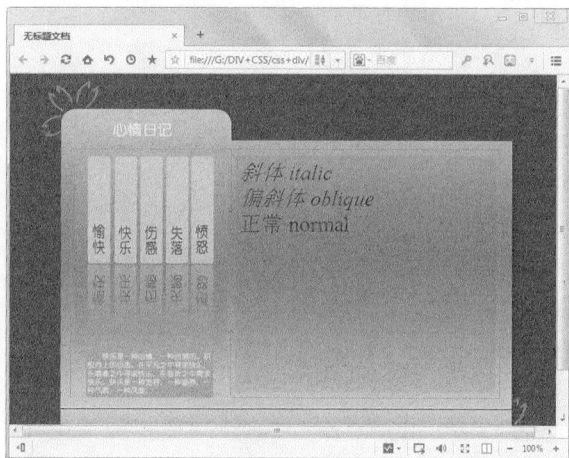

图7-27

7.6 下划线、顶划线和删除线

在网页设计中，有需要重点突出的文本，可以通过添加下划线、顶划线和删除线来实现。通过对 text-decoration 属性的设置，为文本添加下划线、顶划线与删除线，其语法格式如下：

```
.font1{
    text-decoration:underline;
}
```

表 7-6 详细说明了 text-decoration 的属性值含义。

表7-6

属性值	说明
blink	使文本闪烁
line-through	为文本添加删除线
none	无文本装饰
overline	为文本添加顶划线
underline	为文本添加下划线

在 CSS 中输入如图 7-28 所示代码，设置文本的 text-decoration 属性，在浏览器中显示的效果如图 7-29 所示。

```
.font1{
    text-decoration:overline;
}
.font2{
    text-decoration:line-through;
}
.font3{
    text-decoration:underline;
}
```

图7-28

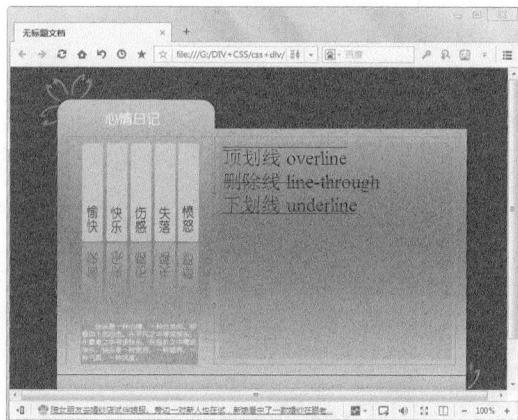

图7-29

> **提示：**
> 如果希望文本不仅有下划线，还有顶划线或者删除线，可以将 underline、overline 同时赋予给 text-decoration 属性，例如：
> .font1 {text-decoration:underline overline;}

7.7 属性的缩写法

在设计网页时，为了使页面中的文本规范，需要定义文字的多种属性,如定义文字的大小、粗细等。多个属性分开书写的话会比较麻烦,使用 font 属性即可解决这一问题,其语法格式如下:

```
.font1{
font:font-style font-varight font-weight font-size    font-family;
}
```

font 属性中各属性值之间使用空格隔开,但 font-family 属性要定义多个属性值的话,需要使用英文逗号隔开。

> **提示:**
> 在属性排列中,font-style、font-varight、font-weight 这 3 个属性是可以自由调换位置的,也可以只书写其中几个,而 font-size 和 font-family 必须按照固定的顺序书写,且全部书写在 font 属性中;否则整个 CSS 样式都会被忽略。

课堂案例
通过缩写控制文字属性

案例位置:光盘\源文件\第7章\7-7.html

视频位置:光盘\视频\第7章\7-7.swf

难易指数:★ ★ ☆ ☆ ☆

学习目标:掌握字体大小的设置方法

最终效果如图7-30所示

图7-30

01 执行"文件 > 打开"命令,打开"光盘\素材\第 7 章\77101.html"文件,效果如图 7-31 所示。

02 在"代码"视图中定义名为 .font1 的 CSS 样式,设置字体为宋体加粗,大小为 13 px,具体代码如图 7-32 所示。

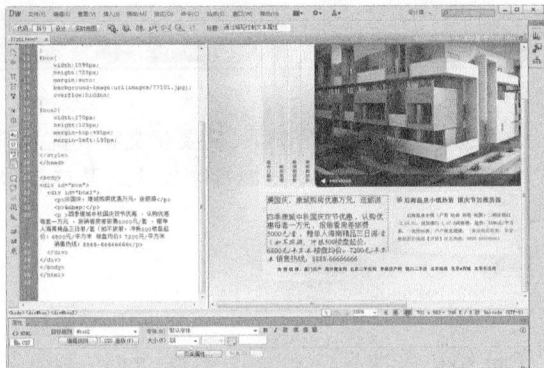

图7-31

```
#box2{
    width:270px;
    height:125px;
    margin-top:491px;
    margin-left:130px;
}

.font1{
    color:rgb(0,51,153);
    font:bold 13px "宋体";
    text-indent:20px;
    line-height:18px;
}
```

图7-32

03 使用相同方法定义 .font2 和 .sp 两个字体样式,代码如图 7-33 所示。

```
.font2{
    color:#000;
    font:11px "宋体";
    line-height:18px;
    text-indent:20px;
}

.sp{
    color:#F00;
}

</style>
```

图7-33

04 在 <body> 标签部分选中文字,并为其设置相应的 CSS 样式,文本内容如图 7-34 所示。

```
<body>
<div id="box">
    <div id="box2">
        <p class="font1">庆国庆,康城购房优惠万元,送旅游</p>
        <p> </p>
        <p class="font2">四季康城中秋国庆双节优惠,认购优惠每套一万元,报销看房差旅费5000元/套,嘉单人海南精品三日游/套(如不旅游,冲抵500元)<span class="sp">楼盘起价:6800元/平方米 楼盘均价:7200元/平方米 销售热线:8888-66666666</span></p>
    </div>
</div>
```

图7-34

05 执行"文件 > 另存为"命令,将文件保存为

"光盘 \ 源文件 \ 第 7 章 \7-7",如图 7-35 所示。

图7-35

06 按下"在浏览器中预览 / 调试"按钮 ⊙ ，在 IExplore 中预览效果，如图 7-36 所示。

图7-36

提示：
在本案例中，文字大小使用的是相对单位，在不同的浏览器中可能会出现字体大小不一的情况。

7.8 段落属性

网页设计离不开文字，而多个文字便会组成段落。从内容上说，它具有一个相对完整的意思，用于体现作者的思路发展或全篇文章的层次。段落是文章中最基本的单位，同样也是网页中最基本的单位，段落的位置以及显示效果都会直接影响到页面的布局及风格。

在 CSS 样式表中提供了多种文本属性，用来实现对页面中段落的控制。

7.8.1 段落的水平对齐方式

在 CSS 中段落的水平对齐方式是通过 text-align 属性来控制的，根据需要，可以设置为水平居中对齐、左对齐、右对齐和两端对齐等方式。text-align 属性的语法格式如下：

```
.duan{
    text-align:center;
}
```

text-align 的属性值含义如表 7-7 所示。

表7-7

属性值	说明
center	文本在行内居中对齐
justify	文本向行的两端分散对齐
left	文本在行内向左对齐
right	文本在行内向右对齐
start	文本向行的开始边缘对齐
end	文本向行的结束边缘对齐

提示：
start 和 end 属性值主要是针对行内元素的，即在包含元素的头部或尾部显示；center、left 和 right 对英文字母以及汉字起作用；而 justify 只对两端不对齐的英文段落起作用。

下面通过例子的前后对比说明 text-align 各属性值的作用，定义文本样式前的效果如图 7-37 所示。

图7-37

在 <body> 标签部分分别为段落定义内联样式，代码如图 7-38 所示，页面效果如图 7-39 所示。

```
<body>
<div id="box">
  <h3 style="text-align:center">秋韵蝉鸣，绵月而息</h3>
  <p style="text-align:left">天涯明月夜，多少相思入
画中，捧起曾经的水墨丹青，静静的感念，风雨飘摇的青苔
新街，你若安好，我亦晴天。</p>
  <p style="text-align:right">——题记</p>
  <p style="text-align:justify">Tianya moon night,
how many acacia show, lift once ink painters,
quietly appreciation, stormy moss new street, if you
well, I also sunny day.</p>
  <p style="text-align:start">命运跟我开了一个玩笑</p>
  <p style="text-align:end">而我已不再青春年少</p>
</div>
</body>
```

图7-38

125

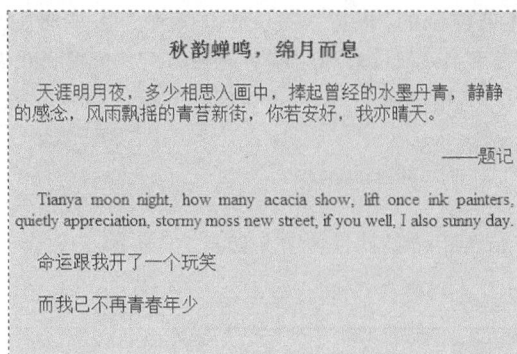

秋韵蝉鸣，绵月而息

天涯明月夜，多少相思入画中，捧起曾经的水墨丹青，静静的感念，风雨飘摇的青苔新街，你若安好，我亦晴天。

——题记

Tianya moon night, how many acacia show, lift once ink painters, quietly appreciation, stormy moss new street, if you well, I also sunny day.

命运跟我开了一个玩笑

而我已不再青春年少

图7-39

7.8.2 段落的垂直对齐方式

在 CSS 中段落的垂直对齐方式是通过 vertical-align 属性来控制的，可以设置文本顶部对齐、底部对齐和垂直居中对齐等。

vertical-align 属性的语法格式如下：

```
.duan{
        vertical-align: middle;
}
```

vertical-align 属性值有 8 个预设值可用，也可以使用百分比，具体含义如表 7-8 所示。

表7-8

属性值	说明
baseline	默认值，元素放置在父元素的基线上
bottom	把元素的顶端与行中最低元素的顶端对齐
text-bottom	把元素的底端与父元素的底端对齐
middle	把元素放置在父元素的中部
sub	垂直对齐文本的下标
super	垂直对齐文本的上标
top	把元素的顶端与行中最高元素的顶端对齐
text-top	把元素的顶端与父元素的顶端对齐
%	使用百分比值排列元素，可以为负值

知识点：vertical-align属性值的定义方法

1．Baseline

在页面中输入代码，如图 7-40 所示。该代码表示，在文字后方插入图片，且图片放置在文字的基线上，效果如图 7-41 所示。

```
<body>
<p>1、中国足球队！加油！！！<img src=
"images/1.gif" style="vertical-align:
baseline" /></p>
```

图7-40

1、中国足球队！加油！！！

图7-41

2．Middle、Bottom

在页面中输入代码，如图 7-42 所示。首先定义图片"2.gif"的对齐方式为居中对齐；然后定义图片"1.gif"的顶端与行中最低元素的顶端对齐，效果如图 7-43 所示。

```
<p><img src="images/2.gif" style="
vertical-align:middle" />中国足球队！
加油！！！<img src="images/1.gif"
style="vertical-align:bottom" /></p>
```

图7-42

中国足球队！加油！！！

图7-43

3．Text-bottom

在页面中输入代码，如图 7-44 所示。定义图片"1.gif"的底端与文字的底端对齐，效果如图 7-45 所示。

```
<p><img src="images/2.gif" style="
vertical-align:middle" />中国足球队！
加油！！！<img src="images/1.gif"
style="vertical-align:text-bottom" />
</p>
```

图7-44

中国足球队！加油！！！

图7-45

4．Sub

在页面中输入代码，如图 7-46 所示。定义"加油！！！"的文字大小为 12 像素，且垂直对齐文本的下标，效果如图 7-47 所示。

```
<p>中国足球队！<b style=" font-size:
12px;vertical-align:sub">加油！！！</b>
<img src="images/1.gif" /></p>
```

图7-46

图7-47

5．Super

在页面中输入代码，如图7-48所示。定义"加油！！！"的文字大小为12像素，且垂直对齐文本的上标，效果如图7-49所示。

```
<p>中国足球队！！<b style=" font-size:
12px;vertical-align:super">加油！！！
</b><img src="images/1.gif"/></p>
```

图7-48

图7-49

6．Top

在页面中输入代码，如图7-50所示。定义图片"1.gif"的顶端与行中最高元素的顶端对齐，效果如图7-51所示。

```
<p><img src="images/2.gif" style="
vertical-align:middle" />中国足球队！
加油！！！ <img src="images/1.gif"
style="vertical-align:top" /></p>
```

图7-50

图7-51

7．Text-top

在页面中输入代码，如图7-52所示。定义图片"1.gif"的顶端与父元素的顶端对齐，效果如图7-53所示。

```
<p><img src="images/2.gif" style="
vertical-align:middle" />中国足球队！
加油！！！ <img src="images/1.gif"
style="vertical-align:text-top" />
</p>
```

图7-52

图7-53

8．百分比

在页面中输入代码，如图7-54所示。定义各元素的文字大小12像素，并分别设置百分比为100%、-100%，效果如图7-55所示。

```
<p>中国队！ <b style=" font-size:12px;
vertical-align:100%">加油！！！ </b>
中国队！ <b style=" font-size:12px;
vertical-align:-100%">加油！！！ </b>
<img src="images/1.gif"  /></p>
```

图7-54

图7-55

> **提示：**
> %是使用line-height属性的百分比值进行排列的，可以使用正负号，正百分比是文本上升，负百分比是文本下降。

7.8.3 首行缩进

在普通段落中，为了表示一个段落的开始，通常会首行缩进两个字符。在网页的文本编辑中，可以通过定义text-indent属性来控制文本缩进。

text-indent属性的语法格式如下：

```
.duan{
    text-indent:24px;
}
```

text-indent的属性值是由数值和单位组成的，同时也可以使用百分比数值进行定义。使用该属性，HTML中的任何标记都会首行缩进给定的长度或百分比。

例如，在页面中输入图7-56所示的代码，分别定义text-indent的属性值为48px和7%，在 <body> 标签部分为文字添加CSS样式，在浏览器显示的效果如图7-57所示。

```
.duan1 {
    text-indent:36px;    <!--直接定义长度进行缩进-->
}
.duan2 {
    text-indent:7%;      <!--使用百分比进行缩进-->
}
</style>
```

图7-56

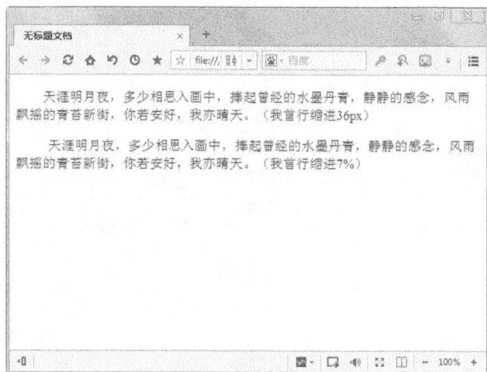

图7-57

7.8.4 行间距与字间距

行间距与字间距如果设置合理，会使整个网页看起来更加整洁，从而提起浏览者的阅读兴趣，提高阅读效果。

知识点：行间距line-height

在 CSS 中，可以通过定义 line-height 属性来设置行间距，其语法格式如下：

```
.hanggao {
    line-height:36px;
}
```

line-height 与 text-indent 相同，可以直接定义行高，也可以使用百分比数值。在页面中输入图 7-58 所示的代码。

```
<style type="text/css">
.hg1 {
    line-height:none;        <!--预设值none-->
}
.hg2 {
    line-height:normal;      <!--默认值noemal-->
}
.hg3 {
    line-height:36px;        <!--直接定义行高-->
}
.hg4 {
    line-height:-50%;        <!--使用百分比值-->
}
</style>
```

图7-58

为页面中的文字应用 CSS 样式，在浏览器显示的效果如图 7-59 所示。

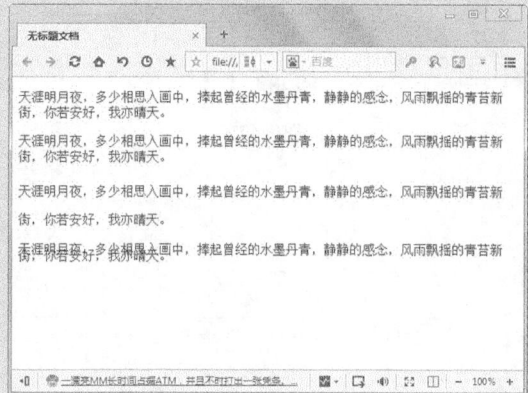

图7-59

知识点：字间距letter-spacing

在 CSS 中通过定义 letter-spacing 属性来设置字符之间的间距，可以使用负值，使字符之间更加紧凑，其语法格式如下：

```
.zi {
    letter-spacing:normal;
}
```

以上代码中 letter-spacing 的属性值 nomal 为默认间距；除默认间距外，还可以使用数值与单位组成的长度值设置间距。

在页面中输入图 7-60 所示的代码。为页面中的文字应用 CSS 样式，在浏览器显示的效果如图 7-61 所示。

```
<style type="text/css">
.z1 {
    letter-spacing:normal;    <!--默认值noemal-->
}
.z2 {
    letter-spacing:8px;       <!--使用正值8px-->
}
.z3 {
    letter-spacing:-2px;      <!--使用负值-2px-->
}
.z4 {
    letter-spacing:1ex;       <!--使用正值1ex-->
}
</style>
```

图7-60

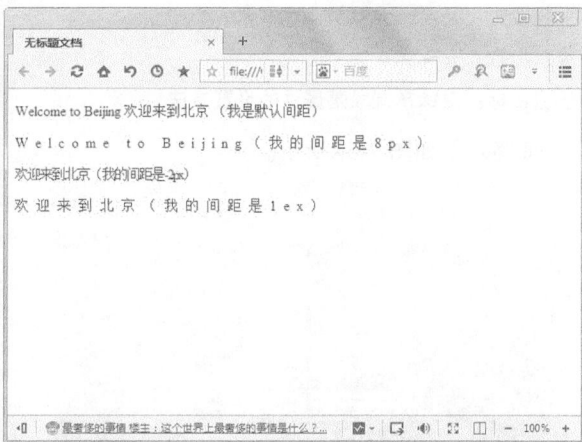

图7-61

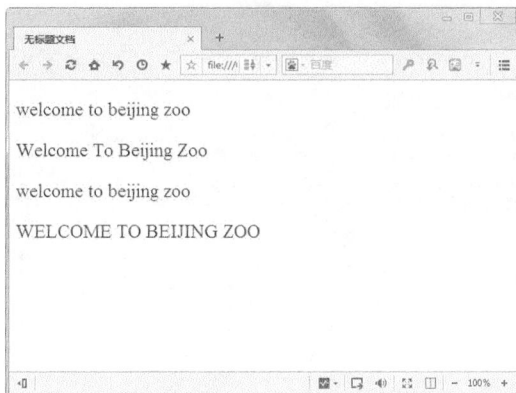

图7-63

7.8.5 文本转换

文本转换text-transform是CSS提供的非常实用的功能之一,它可以将小写字母转换为大写字母或者将大写字母转换为小写字母。其语法格式如下:

```
.wb{
    text-transform:none;
}
```

以上代码中text-transform的属性值none为文本不进行转换;除此之外还有capitalize、lowercase和uppercase 3种属性值,其含义如表7-9所示。

表7-9

属性值	说明
none	文本不进行转换
capitalize	每个单词的首字母转换成大写,其余字母不进行转换
lowercase	转换成小写
uppercase	装换成大写

text-transform属性仅作用于字母型文本,下面的例子将形象地介绍文本字母的大小写转换,具体代码如图7-62所示,转换后的效果如图7-63所示。

```
<body>
<p style="text-transform:none">welcome
to beijing zoo</p>
<p style="text-transform:capitalize">
welcome to beijing zoo</p>
<p style="text-transform:lowercase">
WELCOME TO BEIJING ZOO</p>
<p style="text-transform:uppercase">
welcome to beijing zoo</p>
</body>
```

图7-62

提示:
将属性值设置为capitalize,可以将英文单词的首字母转换成大写。需要注意的是,两个单词之间如果有标点符号,如逗号、句号等,标点符号之后的英文字母无法实现首字母大写;如果出现以上情况,在标点符号后加一个空格即可。

7.8.6 处理空白符

HTML中的空白符包括空格、换行符和制表符3种,在默认情况下,空白符均会被忽略或多个空白符被合并为一个。然而有些时候,人们却希望代码中的多个连续空格在浏览器中真是地呈现出来。

在CSS中,white-space属性用于设置文本内空白符的处理方式,这其中包括:是否合并空白符、是否保留换行符、是否禁止自动换行,其语法格式如下:

```
.kongbaifu{
    white-space:normal;
}
```

各属性值的含义如表7-10所示。

表7-10

属性值	说明
normal	默认值,空白符会被浏览器忽略或合并
nowrap	禁止文本自动换行,始终在同一行上,直到文本结束或遇到 标签为止
pre	空白符会被浏览器保留
pre-line	合并空白符,但保留换行符
pre-wrap	保留空白符,但还是正常地进行换行

下面介绍处理空白符的设置方法,在页面中输入文本,浏览效果如图7-64所示。

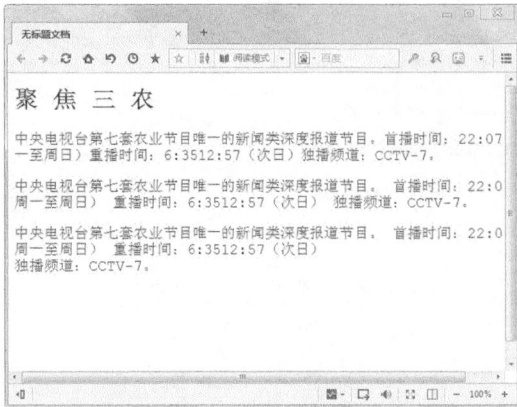

图 7-64

分别为文本添加 white-space 属性，具体代码如图 7-65 所示。

```
<body>
<div style="width:700px; height:400px;">
  <h1 style="text-align:center; white-space:pre">聚    焦
    农</h1>
  <p style="font-size:20px; white-space:nowrap;">
中央电视台第七套农业节目唯一的新闻类深度报道节目。<br>首播时间
：22:07（周一至周日）重播时间：6:3512:57（次日）独播频道：CCTV-7。
  </p>
  <p style="font-size:20px; white-space:pre-line">
中央电视台第七套农业节目唯一的新闻类深度报道节目。
    首播时间：22:07（周一至周日）
    重播时间：6:3512:57（次日）        重播频道：CCTV-7。
  </p>
  <p style="font-size:20px; white-space:pre-wrap">
中央电视台第七套农业节目唯一的新闻类深度报道节目。        首播
时间：22:07（周一至周日）        重播时间：6:3512:57（次日）<br>
独播频道：CCTV-7。
  </p>
</div>
</body>
```

图 7-65

在浏览器中浏览效果如图 7-66 所示，比较添加 white-space 属性前后的区别，可以清晰地看到处理空白符的效果。

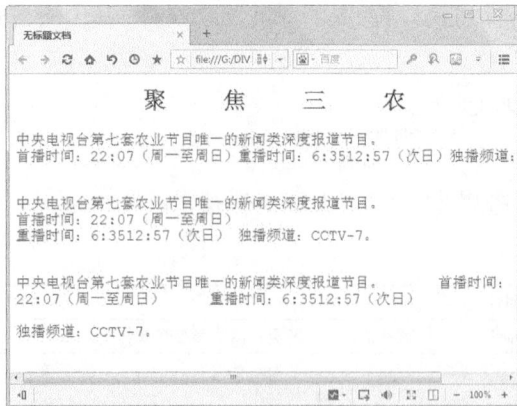

图 7-66

课堂案例
综合运用段落属性控制文本

案例位置：光盘\源文件\第7章\7-8-6.html

视频位置：光盘\视频\第7章\7-8-6.swf

难易指数：★★☆☆☆

学习目标：熟练掌握段落属性的设置方法

最终效果如图 7-67 所示。

图 7-67

01 执行"文件>打开"命令，打开"光盘\素材\第7章\78601.html"文件，效果如图 7-68 所示。

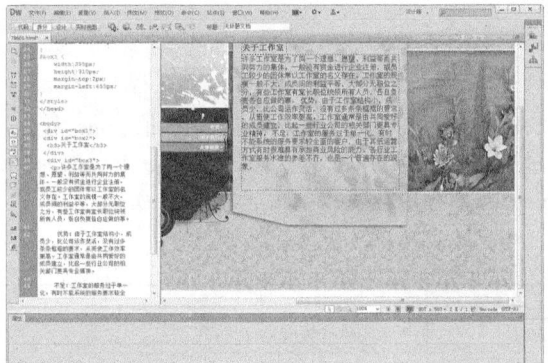

图 7-68

02 在 XHTML 页面中定义名为 p 的 CSS 样式，设置字体属性、首行缩进、行高以及空白处理，具体代码如图 7-69 所示。

```
p {
    font:normal 12px "Arial","宋体";
    text-indent:24px;
    line-height:24px;
    white-space:pre-line;
}
</style>
```

图 7-69

03 文本效果如图 7-70 所示。

04 分别定义名为 h3 和 .font 的 CSS 样式，设置标

题和强调文本的颜色和字体，代码如图 7-71 所示。

图 7-70

```
h3 {
    color:rgb(217,142,75);
}
.font{
    font:18px "黑体","宋体";
    color:rgb(217,142,75);
}
</style>
```

图 7-71

05 在 `<body>` 标签部分选中文字，如图 7-72 所示。

```
<div id="box3">
    <p>许多工作室是为了同一个理想、愿望、利益等而
共同努力的集体。一般没有资金进行企业注册，或员工
较少的团体常以工作室的名义存在。工作室的规模一般
不大，成员间的利益平等，大部分无职位之分，有些工
作室有室长职位统领所有人员，各自负责各自应做的事。

    优势：由于工作室结构小，成员少，比公司运作
灵活，没有过多条条框框的要求，从而使工作效率更高
。工作室通常是由共同爱好的成员建立，比起一些行业
公司的相关部门更具专业精神。

    不足：工作室的服务过于单一化，有时不能系统的
服务要求较全面的客户，由于其低运营方式有时很难具
有承担商业风险的能力。各行业工作室服务水准的参差
不齐，也是一个普遍存在的现象。</p>
    </p>
</div>
```

图 7-72

06 执行"窗口 > 属性"命令，打开"属性"面板，在"目标规则"下拉列表中选择类样式为 .font，如图 7-73 所示。

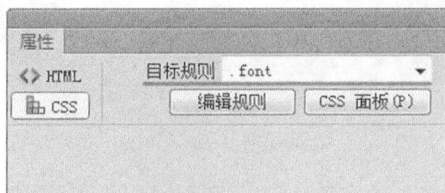

图 7-73

07 使用相同方法为其他文字添加类样式，文本内容如图 7-74 所示。

```
<div id="box3">
    <p>许多工作室是为了同一个理想、愿望、利益等而共同努力的
集体。一般没有资金进行企业注册，或员工较少的团体常以工作
室的名义存在。工作室的规模一般不大，成员间的利益平等，大部分
无职位之分，有些工作室有室长职位统领所有人员，各自负责各自应做的事。

    <span class="font">优势：</span>由于工作室结构小，成员
少，比公司运作灵活，没有过多条条框框的要求，从而使工作效率
更高。工作室通常是由共同爱好的成员建立，比起一些行业公司的
相关部门更具专业精神。

    <span class="font">不足：</span>工作室的服务过于单一化
，有时不能系统的服务要求较全面的客户，由于其低运营方式有时
很难具有承担商业风险的能力。各行业工作室服务水准的参差不齐
，也是一个普遍存在的现象。</p>
</div>
```

图 7-74

08 执行"文件 > 另存为"命令，将文件保存为"光盘 \ 源文件 \ 第 7 章 \7-8-6.html"，如图 7-75 所示。

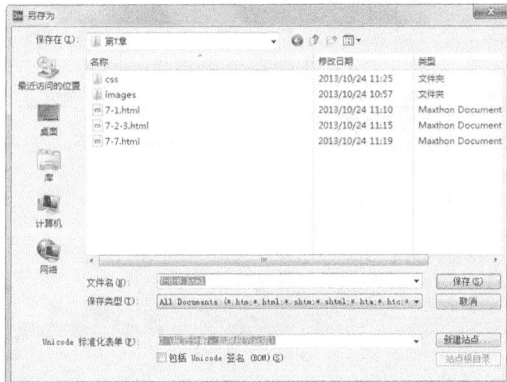

图 7-75

09 按 F12 键测试页面效果，如图 7-76 所示。

图 7-76

7.9 文本的高级样式

对于一些要求特殊效果的文本，例如为文本添加

阴影效果,使用上面介绍的 CSS 样式无法定义时,就需要使用一些特定的 CSS 样式来完成。

7.9.1 阴影文本

通过 text-shadow 属性控制文字的阴影及模糊效果,设置文本阴影可以增强网页的吸引力,其语法格式如下:

```
.wb{
    text-shadow:5px 2px 6px #000;
}
```

按先后顺序,5px 和 2px 分别表示阴影的水平位移和垂直位移,可以取正负值;6px 表示阴影的模糊半径,不可以为负值;#000 表示阴影的颜色值。

在 HTML 页面中输入图 7-77 所示的代码,在浏览器中的浏览效果如图 7-78 所示。

```
<body>
<div id="box">
 <p style=" text-shadow:6px 2px 6px #666;
font-size:60px">
使用text-shadow属性实现文字阴影效果
</p>
</div>
</body>
```

图 7-77

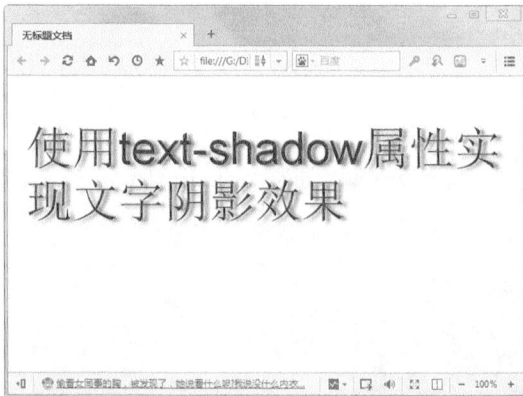

图 7-78

> **提示:**
> 如果只需要文字的模糊效果,可以将阴影的水平位移值和垂直位移值设置为 0;颜色值可以看做是阴影效果的基础,如果没有指定颜色,将使用 color 属性值来代替。

7.9.2 溢出文本

在网页中显示信息时,如果指定显示信息过长超过了显示区域的宽度,其结果就是信息撑破指定的信息区域,从而破坏了整个网页布局。如果设置的信息显示区域过长,就会影响整体页面的效果。在 CSS3 中通过 text-overflow 属性控制溢出文字的处理方式。

text-overflow 属性仅是注释当文本溢出是是否显示省略标记,并不具备其他的样式属性定义,语法格式如下:

```
.text{
    text-overflow:clip;
}
```

> **提示:**
> 要使用 text-overflow 属性实现溢出时产生省略号的效果还需要定义两点:强制文本在一行内显示 white-space:nowrap;溢出内容为隐藏 overflow:hidden,只有这样才能实现溢出文本显示省略号的效果。

text-overflow 的属性值及其含义如表 7-11 所示。

表7-11

属性值	说明
clip	不显示省略标记(…),而是简单的裁切
ellipsis	当对象内文本溢出时显示省略标记(…)

课堂案例
溢出文本的处理方式

案例位置:光盘\源文件\第7章\7-9-2.html
视频位置:光盘\视频\第7章\7-9-2.swf
难易指数:★ ☆ ☆ ☆ ☆
学习目标:熟练掌握溢出文本的处理方式
最终效果如图7-79所示

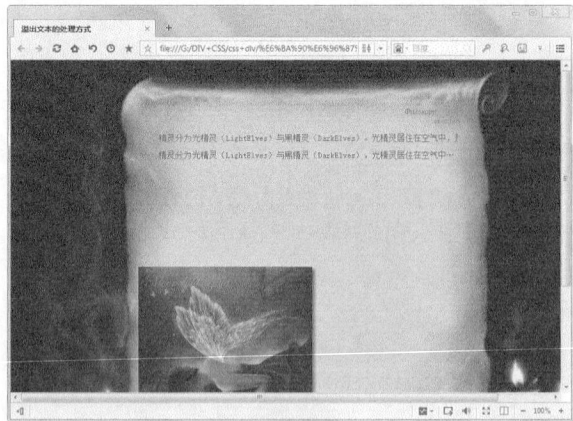

图7-79

01 执行"文件>打开"命令,打开"光盘\素材\第

7 章 \79301.html"文件，效果如图 7-80 所示。

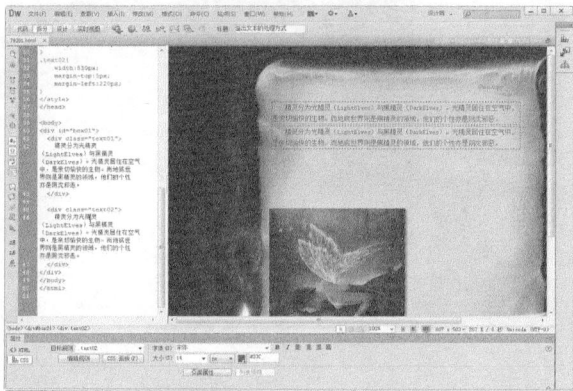

图7-80

02 转换到"代码"视图，可以看到包含文字的 div 代码，如图 7-81 所示。

```
<div id="box01">
    <div class="text01">
    精灵分为光精灵（LightElves）与黑精灵（DarkElves）。光
精灵居住在空气中，是亲切愉快的生物。而地底世界则是黑精灵的
领域，他们的个性亦是阴沉邪恶。
    </div>

    <div class="text02">
    精灵分为光精灵（LightElves）与黑精灵（DarkElves）。光
精灵居住在空气中，是亲切愉快的生物。而地底世界则是黑精灵的
领域，他们的个性亦是阴沉邪恶。
    </div>
</div>
```

图7-81

03 在 <style type="text/css"></style> 标签对中找到名为 .text01 和 .text02 的 CSS 样式，代码如图 7-82 所示。

```
.text01{
    width:530px;
    margin-top:120px;
    margin-left:220px;
}
.text02{
    width:530px;
    margin-top:5px;
    margin-left:220px;
}
</style>
</head>
```

图7-82

04 分别为 .text01 和 .text02 样式添加 overflow、white-space 和 text-overflow 属性，代码如图 7-83 所示。

05 执行"文件 > 另存为"命令，将文件保存为"光盘 \ 源文件 \ 第 7 章 \7-9-2.html"，如图 7-84 所示。

```
.text01{
    width:530px;
    margin-top:120px;
    margin-left:220px;
    overflow:hidden;
    white-space:nowrap;
    text-overflow:clip;
}

.text02{
    width:530px;
    margin-top:5px;
    margin-left:220px;
    overflow:hidden;
    white-space:nowrap;
    text-overflow:ellipsis;
}
```

图7-83

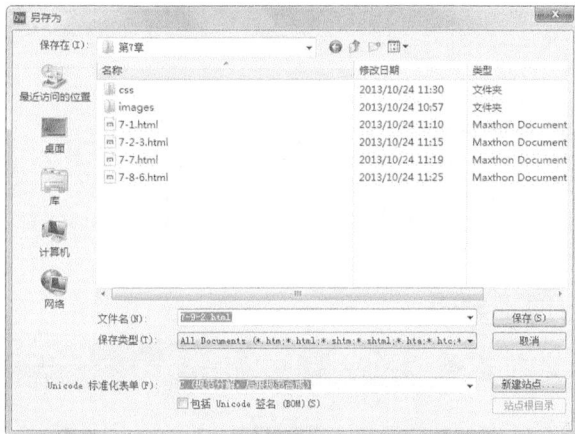

图7-84

06 按 F12 键测试页面效果，如图 7-85 所示。

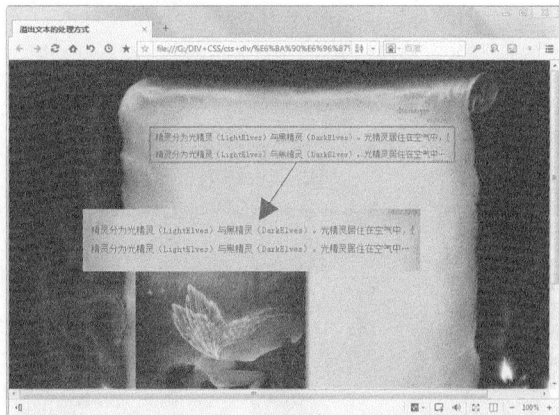

图7-85

提示：
如果将文字放置在 <p> 标签中，text-overflow 属性将失去效果。

7.9.3 控制文本换行

在一个指定区域内显示一整行英文或阿拉伯数

字没有转行，超出指定区域范围时，需要使用 CSS3 中的 word-wrap 属性来控制文本的换行，语法格式如下：

```
.text{
     word-wrap: normal;
}
```

　　word-wrap 属性值的含义如表 7-12 所示。

表7-12

属性值	说明
normal	只在允许的断字点换行（浏览器默认的处理方式）
break-word	内容在遇到边界时换行；如果需要，词内换行也会发生

> **提示：**
> 　　word-wrap 属性主要是针对英文或阿拉伯数字进行强制换行，而中文内容本身具有遇到容器边界后自动换行的功能，所以将该属性应用于中文不起作用。

课堂案例
控制文本的换行效果

案例位置：光盘\源文件\第7章\7-9-3.html
视频位置：光盘\视频\第7章\7-9-3.swf
难易指数：★☆☆☆☆
学习目标：熟练掌握文本的换行处理
最终效果如图7-86所示

图7-86

01 　　执行"文件>打开"命令，打开"光盘\素材\第7章\79301.html"文件，效果如图 7-87 所示。

02 　　转换到"代码"视图，可以看到包含文字的 div 代码，如图 7-88 所示。

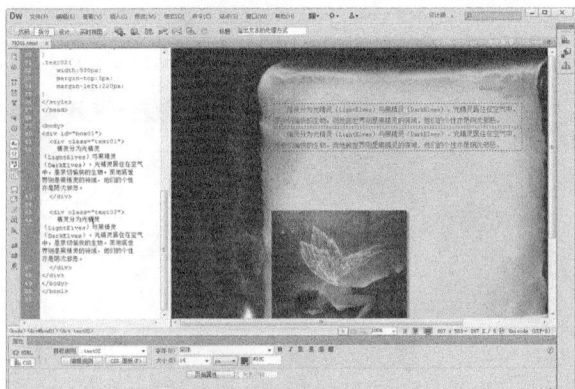

图7-87

```
<div id="box01">
   <div class="text01">
Dividedintolightelves(LightElves)anddarkelf(DarkElves).Elveslive
inair,lightiscordialpleasantlife.Theundergroundworldisdarkelves,
theirpersonalityisalsogloomyevil.
   </div>
   <div class="text02">
   Divided into light elves (LightElves) and dark elf
(DarkElves).Elves live in air, light is cordial pleasant
life.The underground world is dark elves, their personality is
also gloomy evil.
   </div>
</div>
```

图7-88

03 　　在 <style type="text/css"></style> 标签对中找到 CSS 样式 .text01 和 .text02，代码如图 7-89 所示。

```
.text01{
    width:530px;
    margin-top:120px;
    margin-left:220px;
}
.text02{
    width:530px;
    margin-top:5px;
    margin-left:220px;
}
</style>
</head>
```

图7-89

04 　　为 .text01 样式添加 word-wrap 属性，属性值为 break-word，代码如图 7-90 所示。

```
.text01{
    width:530px;
    margin-top:120px;
    margin-left:220px;
    word-wrap:break-word;
}
.text02{
    width:530px;
    margin-top:5px;
    margin-left:220px;
}
```

图7-90

05 　　执行"文件 > 另存为"命令，将文件保存为"光盘 \ 源文件 \ 第 7 章 \7-9-3.html"，如图 7-91 所示。

图7-91

06 按 F12 键测试页面效果，如图 7-92 所示。

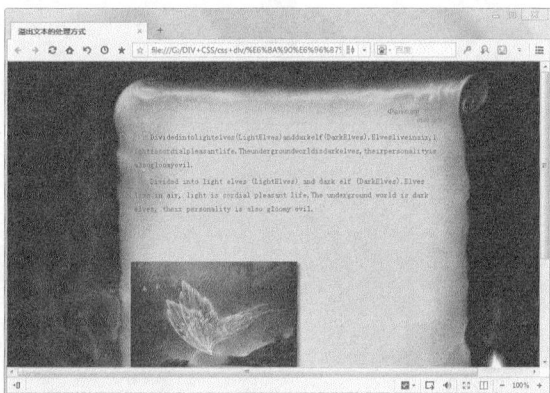

图7-92

7.10 本章小结

本章主要介绍使用CSS控制文本的方法，包括字体大小、颜色、粗细、下划线以及段落属性等的设置。文字是网页设计不可或缺的一部分，读者需要熟练掌握并学会灵活运用CSS来控制文本样式，从而设计出效果优美的网页文本。

7.11 课后习题

本章安排了两个课后习题，分别是制作文章页面和制作多种文本版面，这两个课后习题可以帮助读者深入理解CSS控制文本的方法，并应用在实际操作中。

7.11.1 课后习题1-制作文章页面

案例位置：光盘\源文件\第7章\7-11-1.html

视频位置：光盘\视频\第7章\7-11-1.swf

难易指数：★★☆☆☆

学习目标：使用CSS控制页面文本

最终效果如图7-93所示

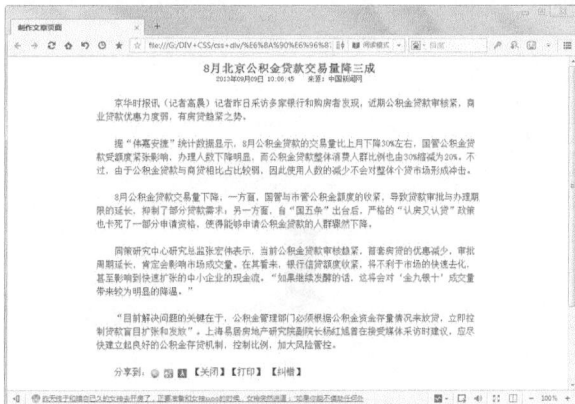

图7-93

步骤分解如图 7-94 所示。

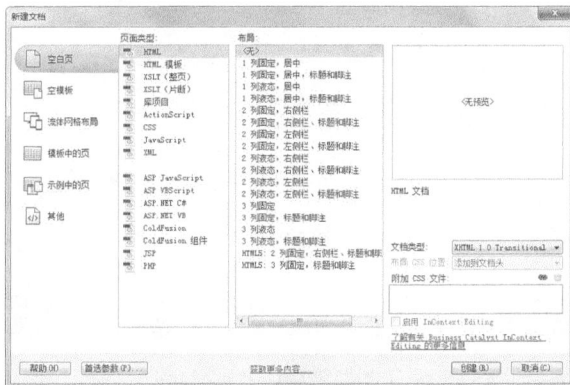

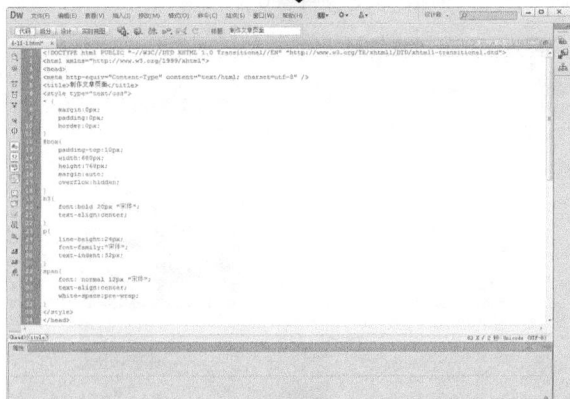

图7-94

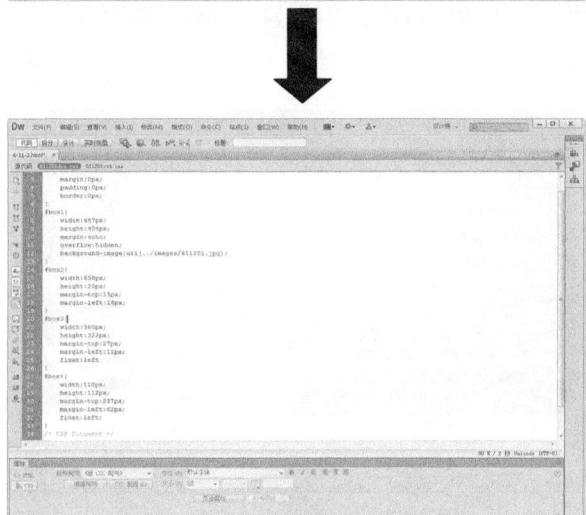

7.11.2　课后习题2-制作多种文本版面

案例位置：光盘\源文件\第7章\7-11-2.html

视频位置：光盘\视频\第7章\7-11-2.swf

难易指数：★★☆☆☆

学习目标：使用CSS控制页面文本

最终效果如图7-95所示

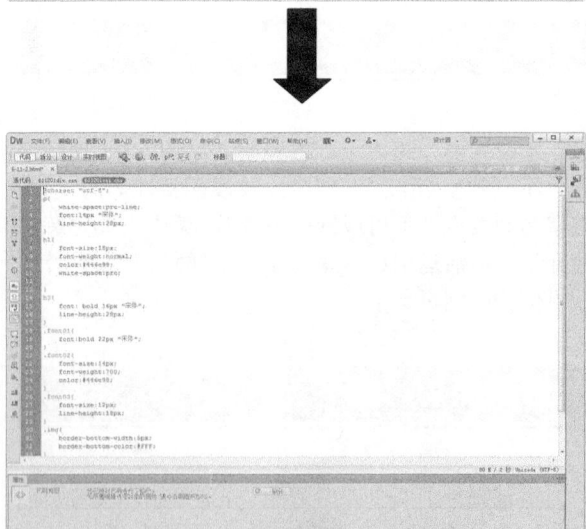

图7-95

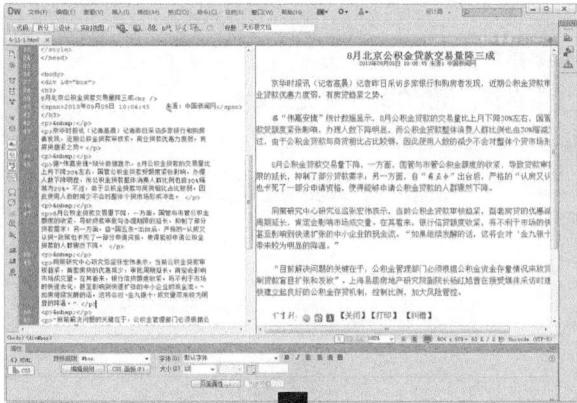

步骤分解 如图7-96所示

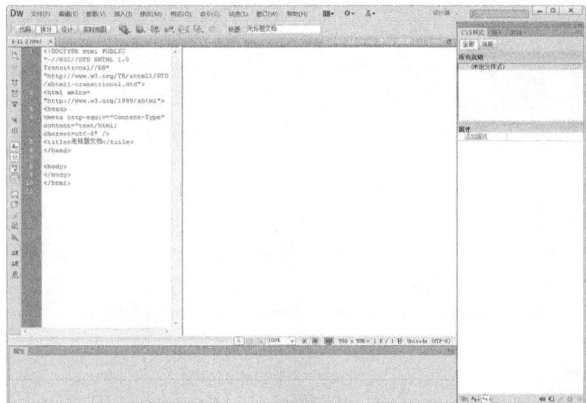

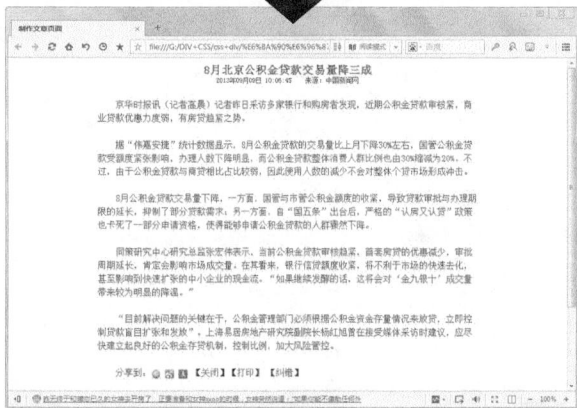

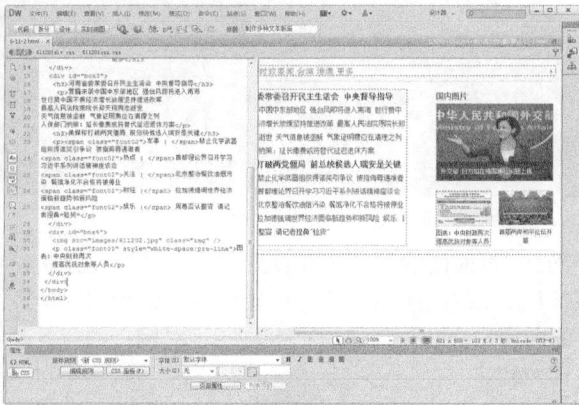

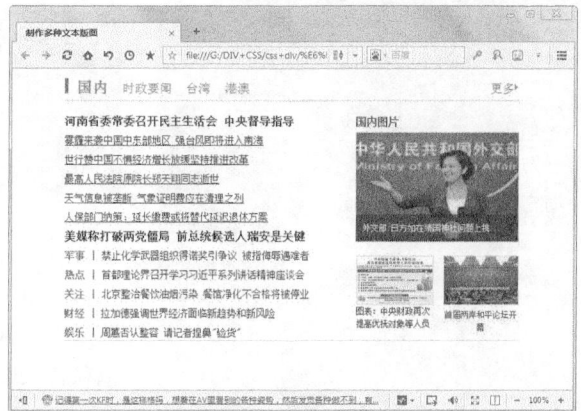

图7-96

第8章

CSS控制页面背景

对任何一个网站，页面的背景颜色和背景图片的基调往往是给用户的第一印象。因此，控制网站页面的背景是网页设计的一个重要步骤。本章主要向用户介绍如何使用CSS样式表对网页的背景颜色和背景图像进行控制。

8.1 背景控制概述

在网页设计中，背景控制是很常用的一种技术，如果网页有很好的背景颜色搭配，可以为整体页面带来丰富的视觉效果，会深深地吸引浏览者的眼睛，给浏览者非常好的印象。

用户除了可以使用纯颜色制作背景以外，还可以使用图像作为整个页面或者页面中某个元素的背景，如图 8-1 所示。

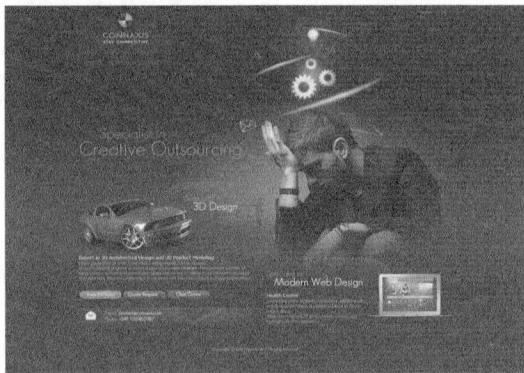

图8-1

8.1.1 背景控制原则

背景是网页设计中经常使用的技术，无论是单一的纯色背景，还是漂亮的背景图像，都可以给整个页面带来丰富的视觉效果。HTML 中的各个元素基本上都支持设置背景属性，包括 table 表格，tr 单元行及 td 单元格等。

对于背景图像的设置，在 HTML 页面中仅仅支持 x 轴及 y 轴都平铺的视觉效果。而 CSS 对于元素背景图像的设置则提供了更多的显示效果。

8.1.2 背景控制属性

CSS 提供了 6 种标准背景属性及多个可选的参数，使用这些属

课堂学习目标：

★ 掌握背景颜色的控制

★ 掌握背景图片的控制

★ 了解CSS 3.0新增的背景属性

性对于背景的控制，已经非常全面了。

● background：该属性用于控制用来设置背景的所有控制选项。

● background-color：该属性用于设置背景颜色。用户可以在其中应用 color-RGB（RGB 颜色格式）、color-HEX（HEX 颜色格式）、color-name（颜色的英文名称）和 color-transparent（颜色的不透明度）。

● background-image：该属性用于设置背景图像。用户可以在其中应用 URL（背景图像的地址）、none（无图像）、inherit（继承父级）。

● background-repeat：该属性用于设置背景图像的平铺方式。用户可以在其中应用 repeat（平铺背景图像）、no- repeat（不重复平铺）、repeat-x（水平平铺背景图像）、repeat-y（垂直平铺背景图像）、round（两端对齐平铺，多出的空间通过拉伸图像进行填充）、space（两端对齐平铺，多出的空间使用空白进行填充）和 inherit（继承父级）。

● background-attachment：该属性用于设置背景图像在页面或在元素中的位置。用户可以在其中应用 top left（垂直顶部、水平靠左）、top center（垂直顶部、水平居中）、center left（垂直居中、水平居左）、center center（垂直居中、水平居中）、center right（垂直居中、水平居右）、bottom left（垂直底部、水平居左）、bottom center（垂直底部、水平居中）、bottom right（垂直底部、水平居右）、x-% y-%（图像靠左上方百分比距离）、x-pos y-pos（图像靠左上方绝对距离）和 inherit（继承父级）。

● background-position：该属性用于设置背景图像的滚动方式，可以是固定，也可以是随内容滚动。用户可以在其中应用 scroll（背景图像滚动）、fixed（背景图像固定）和 inherit（继承父级）。

8.2　背景颜色控制

对于一个网站来说，必须有不同于其他网站的背景与基调才能对浏览者产生吸引力，因为浏览者在浏览网页时，首先观察到的就是页面的背景与基调，如果网站的背景和基调与其他网站太过雷同的话会给浏览者带来审美疲劳，从而对浏览的网页失去兴趣。所以设计师在设计网页页面时，应该注意如何选择合适的颜色作为页面背景。

8.2.1　控制页面背景颜色

在 Dreamweaver 中控制页面背景颜色的方法非常简单且方便，只需要在 CSS 样式中为 body 添加 background-color 属性，即可控制页面的背景颜色。

课堂案例
为整个页面设置背景颜色

案例位置：光盘\源文件\第8章\8-2-1.html
视频位置：光盘\视频\第8章\8-2-1.swf
难易指数：★☆☆☆☆
学习目标：掌握页面背景颜色的设置方法
最终效果如图8-2所示

图8-2

01 执行"文件>打开"命令，打开"光盘\素材\第8章\82101.html"文档，如图 8-3 所示。

02 按 F12 键测试目前页面的效果，如图 8-4 所示。

图 8-3

图 8-4

03 返回 Dreamweaver 软件中，在 CSS 样式中输入 body 选择器，在该选择器中定义 background-color 属性，如图 8-5 所示。

```
body{
    background-color:#b3b6bd;
}
```

图 8-5

04 执行"文件 > 另存为"命令，将文档保存为"光盘 \ 源文件 \ 第 8 章 \8-2-1.html"，如图 8-6 所示。

图 8-6

05 按 F12 键测试页面，观察网页中的颜色背景效果，如图 8-7 所示。

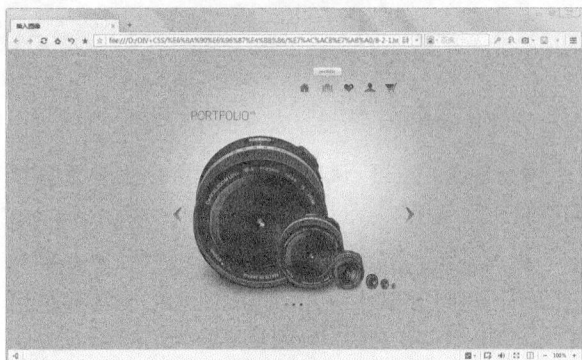

图 8-7

8.2.2 设置区块背景颜色

通过 background-color 属性不仅可以为整个页面设置背景颜色，还可以设定页面中某个特定元素的背景颜色。因此很多页面都会通过为元素设定不同背景颜色从而进行页面分块。

课堂案例

为页面元素设置背景颜色

案例位置：光盘\源文件\第8章\8-2-2.tml

视频位置：光盘\视频\第8章\8-2-2.swf

难易指数：★☆☆☆☆

学习目标：掌握元素背景颜色的设置方法

最终效果如图8-8所示

图 8-8

01 执行"文件 > 打开"命令，打开"光盘 \ 素材 \ 第 8 章 \82201.html"，如图 8-9 所示。

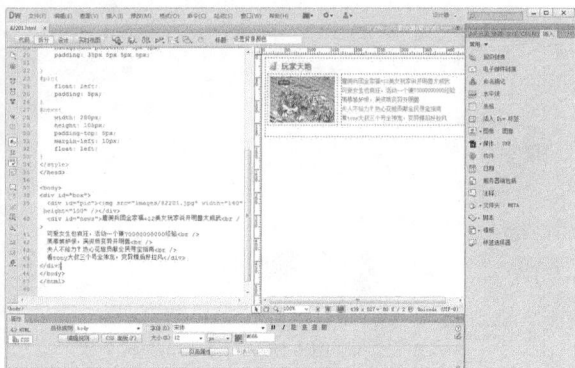

图8-9

02 按 F12 键测试目前页面的效果,如图 8-10 所示。

图8-10

03 返回 Dreamweaver 中,在 CSS 样式表中找到 #box 选择器,并在其中添加 background-color 属性以及 border 属性,如图 8-11 所示。切换到"设计"视图,效果如图 8-12 所示。

```
#box {
    width:440px;
    height:130px;
    margin:auto;
    background-image:url(images/82202.jpg);
    background-repeat:no-repeat;
    background-position:5px 5px;
    padding:35px 5px 5px 5px;
    background-color:#E9FAFD;
    border:2px solid #56BCD3;
}
```

图8-11

图8-12

04 继续在 CSS 中找到 #pic 选择器,并在其中添加 background-color 属性,如图 8-13 所示。

```
#pic {
    float: left;
    padding: 5px;
    background-color: #ACDBE4;
}
```

图8-13

05 执行"文件 > 另存为"命令,将其保存为"光盘 \ 源文件 \ 第 8 章 \8-2-2.html",如图 8-14 所示。

图8-14

06 按 F12 键测试页面,观察页面中为区块添加背景颜色的效果,如图 8-15 所示。

图8-15

8.3 背景图像控制

在设计网站页面时,除了可以使用纯色作为背景色,还可以使用图片作为页面的背景,CSS 可以帮助我们对页面中的背景图片进行精确的控制,包括位置、重复方式、对齐方式等，这些都可以通过 CSS 代码进行控制。

8.3.1　控制页面背景图片

想要将图片设置为页面背景，可以通过 CSS 样式表中的 background-image 代码直接定义图片的 url（地址），图片就会自动以背景方式显示在页面中。

课堂案例

为整个页面设置背景图像

案例位置：光盘\源文件\第8章\8-3-1.tml

视频位置：光盘\视频\第8章\8-3-1.swf

难易指数：★★★☆☆

学习目标：掌握背景图片的设置方法

最终效果如图8-16所示

图8-16

01 执行"文件 > 打开"命令，打开"光盘\素材\第 8 章\83101.html"，如图 8-17 所示。

图8-17

02 按 F12 键测试目前页面的效果，如图 8-18 所示。

图8-18

03 返回 Dreamweaver 中，在 CSS 样式表中输入，body 选择器，在该选择器中添加背景颜色以及背景图像属性，如图 8-19 所示。

```
body{
    background-color:#c7c7c9;
    background-image: url(images/83101.jpg);
}
```

图8-19

04 执行"文件 > 另存为"命令，将其保存为"光盘\源文件\第 8 章\8-3-1.html"，如图 8-20 所示。

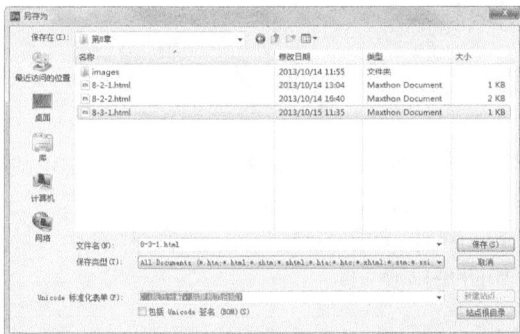

图8-20

05 按 F12 键测试页面，观察页面中背景图像的效果，如图 8-21 所示。

图8-21

8.3.2 背景图的重复

页面中使用背景图后，会自动水平垂直平铺，这时可以通过设置 backround-repeat 的值控制背景在水平或垂直方向平铺，也可设置不平铺。

课堂案例

将背景图设置为水平平铺

案例位置：光盘\源文件\第8章\8-3-2.html

视频位置：光盘\视频\第8章\8-3-2.swf

难易指数：★★☆☆☆

学习目标：了解背景图像的平铺效果

最终效果如图8-22所示

图 8-22

01 执行"文件 > 新建"命令，新建一个空白的 HTML 文档，如图 8-23 所示。

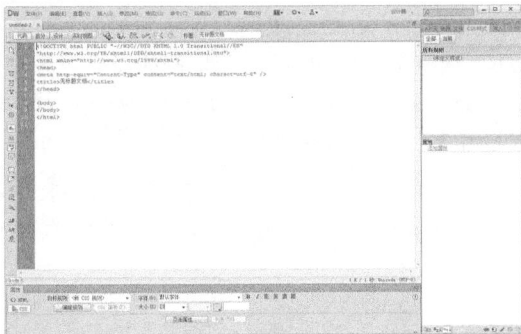

图 8-23

02 执行"文件 > 保存"命令，将文档保存为"光盘 \ 源文件 \ 第 8 章 \8-3-2.html"，如图 8-24 所示。

03 在"代码"视图中修改 <Litle> 标签对中标题，并在该标签对的下方输入 <style> 标签对，如图 8-25 所示。

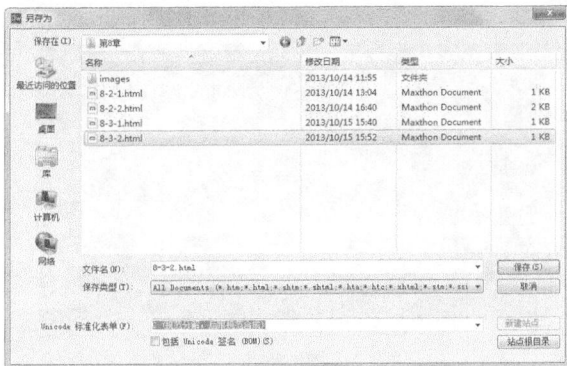

图8-24

```
<title>将背景图设置为水平平铺</title>
<style type="text/css">

</style>
</head>

<body>
</body>
</html>
```

图 8-25

04 在 <style> 标签中定义 CSS 通配符，如图 8-26 所示。

```
<style type="text/css">
*{
    margin:0px;
    padding:0px;
    border:0px;
}
</style>
```

图8-26

05 添加 body 选择器，在该选择器中定义背景颜色和背景图像属性，如图 8-27 所示。

```
body{
    background-color:#33859a;
    background-image:url(images/83201.jpg);
}
```

图 8-27

06 按快捷键 Ctrl+S 保存文档，按 F12 键测试页面当前效果，如图 8-28 所示。

> **提示：**
> 这里没有对背景图像的平铺属性进行设置，因此浏览器会默认对背景图像同时进行水平和垂直方向的平铺。根据测试结果，案例中的背景图像效果非常地差，而且设置的背景颜色也根本无法表现出来。

143

图8-28

07 返回 Dreamweaver 软件中，在 body 选择器中为背景图像设置平铺属性，将属性值设置为"不平铺"，如图 8-29 所示。

```
body{
    background-color:#33859a;
    background-image:url(images/83201.jpg);
    background-repeat:no-repeat;
}
```

图8-29

08 再次按F12 键测试页面的当前效果，如图 8-30 所示。

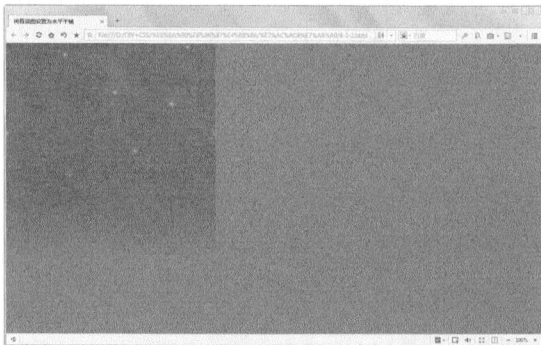

图8-30

提示：
可以发现，虽然背景颜色显示出来了，可是因为背景图像太小，导致整个页面的背景效果仍然很差。

09 返回 Dreamweaver 软件中，将平铺属性的属性值设置为"水平平铺"，如图 8-31 所示。

```
body{
    background-color:#33859a;
    background-image:url(images/83201.jpg);
    background-repeat:repeat-x;
}
```

图8-31

10 再次按 F12 键测试页面，观察页面中的整体背景效果，如图 8-32 所示。

图8-32

8.3.3 背景图的位置

在以前的传统表格布局中，没有办法实现精确到像素单位的定位。但是通过CSS控制背景，就可以做到背景图像的精确定位。

通过 background-position 属性，更改初始背景图像的位置。background-position 值由两个值组成，第一值表示水平位置，第二个值表示垂直位置。如果只赋予一个值，那这个值就是水平位置，该属性的基本格式如下：

background-position :水平垂直；

background-position 的属性值可以是单词值或者百分比值。

background-position 属性可以使用单词值进行位置定位，这些值可以组合在一起，例如需要背景图像水平居右、垂直居中，就可以定义值为 right center。如果只赋予一个单词值，则默认第二个值是 center。

百分比值的应用方法基本和单词值相同，但是比单词值更加的精确一些。例如赋予的值为"20% 70%"。

提示：
background-position 属性的默认值为 top left，也就是 0% 0%。

课堂案例
对背景图进行定位

案例位置：光盘\源文件\第8章\8-3-3.html

视频位置：光盘\视频\第8章\8-3-3.swf

难易指数：★★☆☆☆

学习目标：了解背景图像的定位效果

最终效果如图8-33所示

图8-33

01 执行"文件 > 新建"命令，新建一个空白的 HTML 文档，如图 8-34 所示。

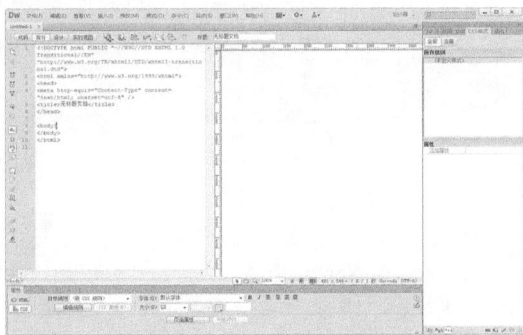

图8-34

02 执行"文件 > 保存"命令，将文档保存为"光盘 \ 源文件 \ 第 8 章 \8-3-3.html"，如图 8-35 所示。

图8-35

03 在"代码"视图中修改 <title> 标签对中的标题，并在该标签对的下方输入 <style> 标签对，如图 8-36 所示。

```
<head>
<meta http-equiv="Content-Type" content=
"text/html; charset=utf-8" />
<title>背景图像的定位</title>
<style type="text/css">

</style>
</head>
<body>
</body>
</html>
```

图8-36

04 在 <style> 标签中定义 CSS 通配符，如图 8-37 所示。

```
<style type="text/css">
*{
    margin:0px;
    padding:0px;
    border:0px;
}
</style>
```

图8-37

05 添加 body 选择器，在该选择器中定义背景图像和背景图像平铺属性，如图 8-38 所示。背景效果如图 8-39 所示。

```
<style type="text/css">
*{
    margin:0px;
    border:0px;
    padding:0px;
}
body{
    background-image:url(images/83301.jpg);
    background-repeat:repeat-x;
}
</style>
```

图8-38

图8-39

06 在 `<body>` 标签中新建一个 id 名称为 box 的 div 标签，如图 8-40 所示。

```
<body>
<div id="box"></div>
</body>
</html>
```

图 8-40

07 在 CSS 样式中添加 #box 选择器，并在其中定义高度属性、背景图像和背景图像平铺属性，如图 8-41 所示。页面效果如图 8-42 所示。

```
#box{
    height:706px;
    background-image:url(images/83302.png);
    background-repeat:no-repeat;
}
```

图 8-41

图 8-42

08 为 #box 选择器添加 background-position 属性，并定义属性值为 center center，如图 8-43 所示。得到页面效果如图 8-44 所示。

```
#box{
    height:706px;
    background-image:url(images/83302.png);
    background-repeat:no-repeat;
    background-position:center center;
}
```

图 8-43

图 8-44

09 修改 background-position 属性的属性值为 30% 70%，如图 8-45 所示。

```
#box{
    height:706px;
    background-image:url(images/83302.png);
    background-repeat:no-repeat;
    background-position:30% 70%;
}
```

图 8-45

10 执行"文件 > 保存"命令，按 F12 键测试页面，观察背景的定位效果，如图 8-46 所示。

图 8-46

> **提示：**
> background-repeat 属性可以和 background-position 属性一起使用，实现在页面上的某个位置精确放置背景图像。

8.3.4 背景图像的滚动

在浏览器中预览网页时，当拖动滚动条后，页面背景会自动根据滚动条的下拉操作与页面其余部分一起滚动。

而在 CSS 样式中，针对背景元素的控制，提供了 background-attachment 属性，该属性可以使背景不受滚动条的影响，始终保持在固定的位置。

课堂案例
制作背景图像的滚动效果

案例位置：光盘\源文件\第8章\8-3-4.html

视频位置：光盘\视频\第8章\8-3-4.swf

难易指数：★★☆☆☆

学习目标：了解背景图像的滚动效果

最终效果如图8-47所示

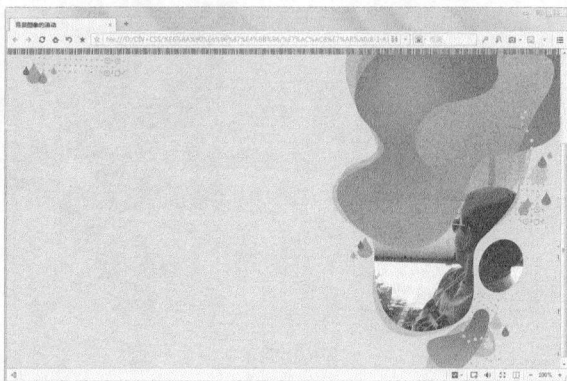

图8-47

01 执行"文件 > 新建"命令，新建一个空白的HTML文档，如图 8-48 所示。

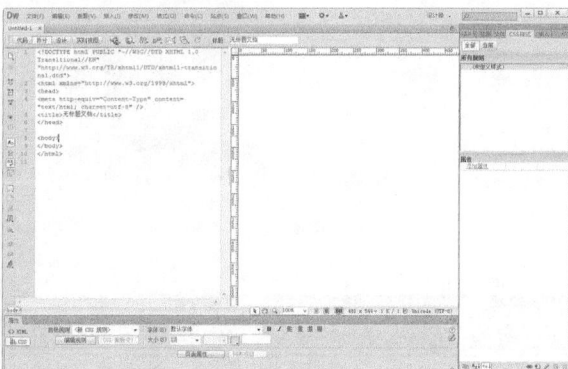

图8-48

02 执行"文件 > 保存"命令，将文档保存为"光盘 \ 源文件 \ 第 8 章 \8-3-4.html"，如图8-49 所示。

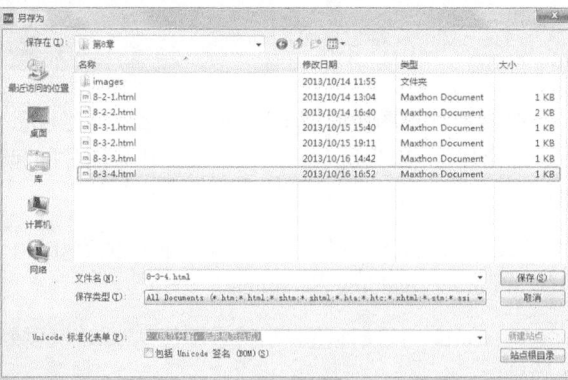

图8-49

03 修改 <title> 标签对中的标题，并在该标签对的下方输入 <style> 标签对，如图 8-50 所示。

```
<head>
<meta http-equiv="Content-Type"
content="text/html; charset=utf-8" />
<title>背景图像的滚动</title>
<style type="text/css">

</style>
</head>
```

图8-50

04 在 <style> 标签中定义 CSS 通配符，如图 8-51 所示。

```
<style type="text/css">
*{
    margin:0px;
    padding:0px;
    border:0px;
}
</style>
```

图8-51

05 添加 body 选择器，在该选择器中定义背景颜色、背景图像、背景图平铺和背景图定位属性，如图 8-52 所示。背景效果如图 8-53 所示。

```
body {
    background-color: #DCD9D4;
    background-image: url(images/83401.jpg);
    background-repeat: no-repeat;
    background-position: top right;
}
```

图8-52

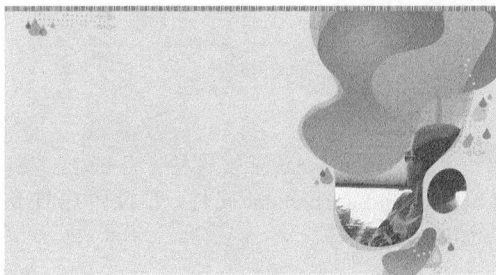

图8-53

06 在 <body> 标签中新建一个 id 名称为 box 的div 标签，并为该 div 定义 CSS 样式，如图 8-54 所示。

```
#box {
    height: 1000px;
    }
</style>
</head>
<body>
<div id="box"></div>
</body>
</html>
```

图8-54

147

07 执行"文件＞保存"命令，按F12键测试页面，如图 8-55 所示。将页面向下拖动，可以看到页面的背景也会随着页面向下移动，如图 8-56 所示。

图8-55

图8-56

08 返回 Dreamweaver 软件中，为 body 选择器添加 background-attachment 属性，并设置属性值为 fixed，如图 8-57 所示。

```
body {
    background-color: #DCD9D4;
    background-image:
url(images/83401.jpg);
    background-repeat: no-repeat;
    background-position: top right;
    background-attachment:fixed;
}
```

图8-57

09 再次按F12键测试页面，效果如图 8-58 所示。将页面向下拖动，页背景的效果如图 8-59 所示。

图8-58

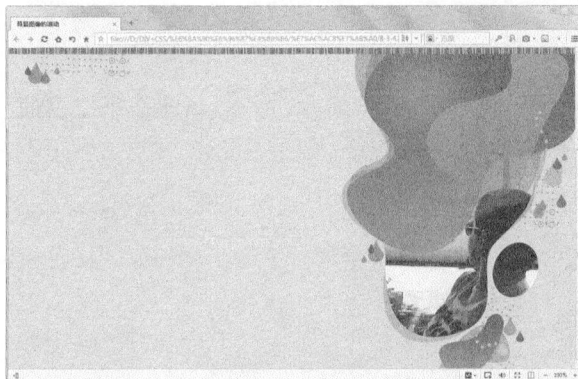

图8-59

8.4　CSS 3.0新增背景属性

在 CSS 3.0 中新增加了 4 种有关网页背景控制的新增属性，分别是 background-origin、background-clip、background-size 和 multiple backgrounds，下面分别对这 4 种新增的背景控制属性进行简单的介绍。

8.4.1　background-origin

在设置背景图像时，background-origin 是比较重要的一个属性，因为这个属性可以设置背景图片的起始位置。

background-origin 属性可以取的属性值有 3 种，分别为 border、padding 和 content。

● border: 该属性值表示背景图像从border 区域开始显示。

● padding: 该属性值表示背景图像从 padding 区域开始显示。

● content：该属性值表示背景图像从content 区

域开始显示。

因为该属性是 CSS 3.0 的新增属性，很多浏览器对该属性的支持并不是很好，所以根据浏览器内核的不同，该属性的书写格式也会发生相应的变化，如表8-1 所示。

表8-1

内核类型	书写形式
Gecko	-moz-background-origin
Webkit	-webkit-background-origin
Presto	-o-background-origin

以 Gecko 为内核的浏览器主要有 Netscape 浏览器、Camino 浏览器以及火狐浏览器；以 Webkit 为内核的浏览器主要有 Safari 浏览器和谷歌浏览器；以 Presto 为内核的浏览器主要有欧朋浏览器。

> **提示：**
> IE 浏览器采用的是自己的 Trident 内核，包括国内的傲游浏览器、QQ 浏览器和搜狗浏览器等，使用的都是 IE 浏览器的 Trident 内核。

虽然采用上面所说内核的浏览器可以兼容该属性，但是有些浏览器的版本因为过时同样不能显示该属性的效果，浏览器版本的兼容性如表 8-2 所示。

表8-2

浏览器类型	浏览器版本
IE	IE 8.0（不支持）
	IE 9.0（支持）
火狐	Firefox 3.0（支持）
	Firefox 3.5（支持）
谷歌	Chrome 1.0.x（支持）
	Chrome 2.0.x（支持）
欧朋	Opera 9.63（支持）
	Opera 10.0（支持）
Safari	Safari 3.1（支持）
	Safari 4.0（支持）

课堂案例

控制背景图的起始位置

案例位置：光盘\源文件\第8章\8-4-1.html

视频位置：光盘\视频\第8章\8-4-1.swf

难易指数：★★★☆☆

学习目标：了解background-origin属性的作用

最终效果如图8-60所示

图8-60

01 执行"文件 > 新建"命令，新建一个空白的 HTML 文档，如图 8-61 所示。

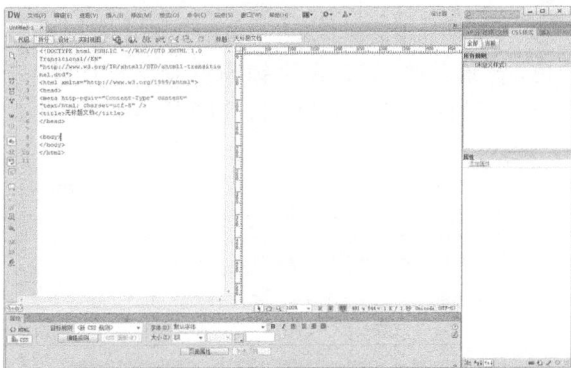

图8-61

02 执行"文件 > 保存"命令，将文档保存为"光盘 \ 源文件 \ 第 8 章 \8-4-1.html"，如图 8-62 所示。

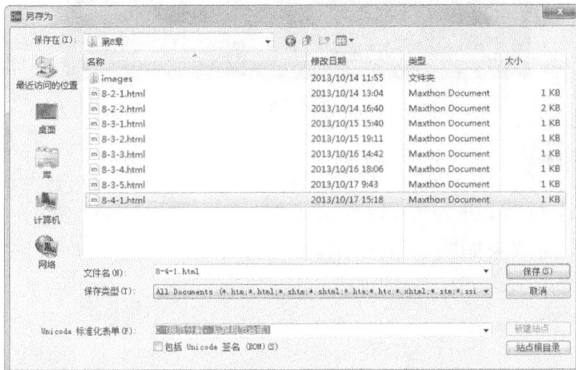

图8-62

03 修改 <title> 标签对中的标题，并在该标签对的下方输入 <style> 标签对，如图 8-63 所示。

04 在 <style> 标签中定义 CSS 通配符，如图 8-64 所示。

```
<head>
<meta http-equiv="Content-Type"
<title>控制背景图的起始位置</title>
<style type="text/css">

</style>
</head>
<body>
</body>
</html>
```

图8-63

```
<style type="text/css">
*{
    margin:0px;
    padding:0px;
    border:0px;
}
</style>
```

图8-64

05 添加 body 选择器，在该选择器中定义背景颜色、背景图像、背景图平铺和背景图定位属性，如图 8-65 所示。背景效果如图 8-66 所示。

```
body {
    background-image: url(images/84101.jpg);
    background-position: center top;
    background-repeat: no-repeat;
    background-color: #1F1F1F;
}
```

图8-65

图8-66

06 在 <body> 标签中新建一个 id 名称为 pic 的 div 标签，并为该 div 定义 CSS 样式，如图 8-67 所示。页面效果如图 8-68 所示。

```
#pic{
    width: 923px;
    height: 337px;
    margin: auto;
    margin-top: 355px;
    background-image: url(images/84102.jpg);
    background-repeat: no-repeat;
}
</style>
</head>
<body>
<div id="pic"></div>
</body>
</html>
```

图8-67

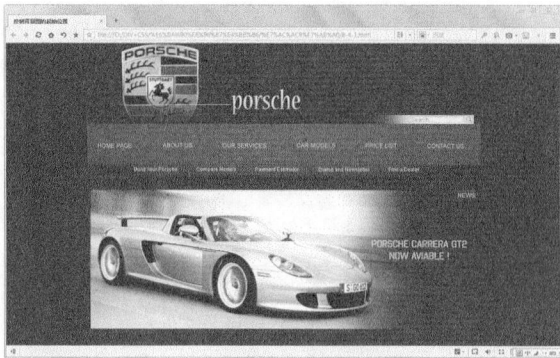

图8-68

07 返回 Dreamweaver 软件中，为 #pic 选择器添加边框和填充属性，如图 8-69 所示。页面效果如图 8-70 所示，可以看到 div 的背景并没有因为 div 添加了边框和填充而发生变化，仍然以 div 的边缘为起始位置。

```
#pic{
    width: 923px;
    height: 337px;
    margin: auto;
    margin-top: 355px;
    background-image: url(images/84102.jpg);
    background-repeat: no-repeat;
    border:#FFF 5px dashed;
    padding:20px;
}
```

图8-69

图8-70

08 再次为 #pic 选择器添加 background-origin 属性，设置其背景的起始位置为"内容"，如图 8-71 所示。

```
#pic{
    width: 923px;
    height: 337px;
    margin: auto;
    margin-top: 355px;
    background-image: url(images/84102.jpg);
    background-repeat: no-repeat;
    border:#FFF 5px dashed;
    padding:20px;
    -moz-background-origin:content;
    -webkit-background-origin:content;
    -o-background-origin:content;
    background-origin:content;
}
```

图8-71

09 再次按 F12 键测试页面，可以看到 div 的背景已经限行 div 的内容区域了，如图 8-72 所示。

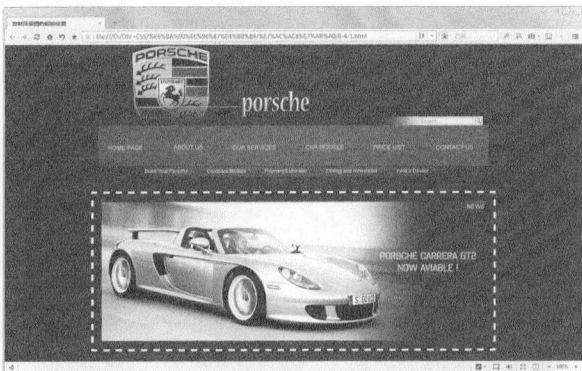

图8-72

8.4.2 background-clip

background-clip 属性的作用是用来确定背景图像的截剪区域。

background-clip 属性可以取的属性值有 4 种，分别为 border-box、padding-box、content-box 和 no-clip。

● border-box：该属性值表示背景图像会从 border 区域向外进行裁剪。

● padding-box：该属性值表示背景图像会从 padding 区域向外进行裁剪。

● content-box：该属性值表示背景图像会从 content 区域向外进行裁剪。

● no-clip：该属性值与 border-box 相同，表示背景图像会从 border 区域向外进行裁剪。

因为该属性是 CSS 3.0 的新增属性，很多浏览器对该属性的支持并不是很好，所以根据浏览器内核的不同，该属性的书写格式也会发生相应的变化，如表 8-3 所示。

表8-3

内核类型	书写形式
Gecko	-moz-background-clip
Webkit	-webkit-background-clip
Presto	-o-background-clip

该属性值对浏览器版本的兼容性如表 8-4 所示。

表8-4

浏览器类型	浏览器版本
IE	IE 8.0（不支持）
	IE 9.0（支持）
火狐	Firefox 3.0.10（支持）
	Firefox 3.5（支持）
谷歌	Chrome 2.0.x（支持）
	Chrome 3.0.x（支持）
欧朋	Opera 9.63（支持）
	Opera 10.0（支持）
Safari	Safari 4.0（支持）

课堂案例
裁剪背景图像

案例位置：光盘\源文件\第8章\8-4-2.html

视频位置：光盘\视频\第8章\8-4-2.swf

难易指数：★★☆☆☆

学习目标：了解如何裁剪背景图像

最终效果如图8-73所示

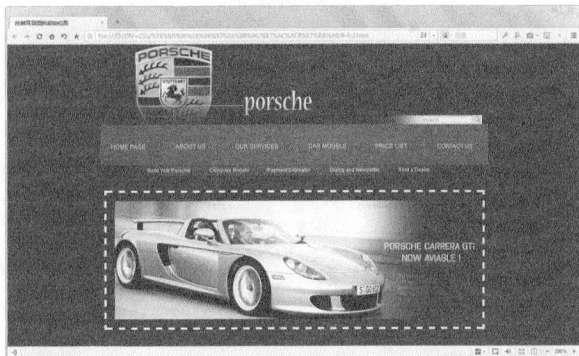

图8-73

01 执行"文件 > 新建"命令，新建一个空白的 HTML 文档，如图 8-74 所示。

02 执行"文件 > 保存"命令，将文档保存为"光盘 \ 源文件 \ 第 8 章 \8-4-2.html"，如图 8-75 所示。

03 修改 <title> 标签对中的标题，并在该标签对的下方输入 <style> 标签对，如图 8-76 所示。

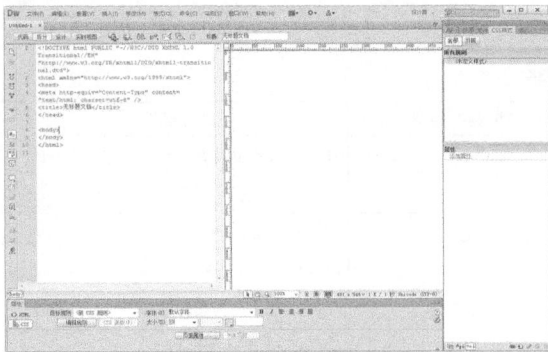

图 8-74

图 8-75

```
<head>
<meta http-equiv="Content-Type" cont
<title>裁剪背景图像</title>
<style type="text/css">

</style>
</head>
<body>

</body>
</html>
```

图 8-76

04 在 <style> 标签中定义 CSS 通配符以及页面背景图像，如图 8-77 所示。

```
<style type="text/css">
*{
    margin:0px;
    padding:0px;
    border:0px;
}
body {
    background-image: url(images/84101.jpg);
    background-position: center top;
    background-repeat: no-repeat;
    background-color: #1F1F1F;
}
</style>
```

图 8-77

05 在 <body> 标签中新建一个 id 名称为 pic 的 div 标签，并为该 div 定义 CSS 样式，如图 8-78 所示。页面效果如图 8-79 所示，可以看到 div 中的背景图像是完全占满整个 div 的。

```
#pic{
    width: 873px;
    height: 287px;
    margin: auto;
    margin-top: 355px;
    background-image: url(images/84102.jpg);
    background-repeat: no-repeat;
    border:#FFF 5px dashed;
    padding:20px;
}
</style>
</head>
<body>
<div id="pic"></div>
</body>
```

图 8-78

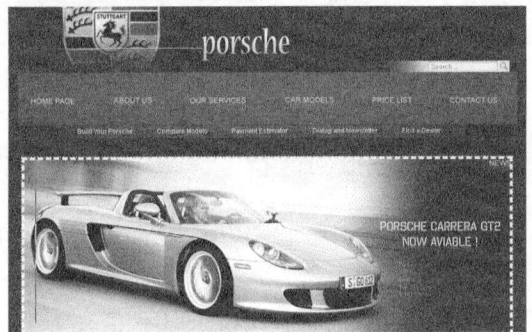

图 8-79

06 切换到"代码"视图中，为 #pic 选择器添加 background-clip 属性，并定义属性值为 content-box，如图 8-80 所示。

```
#pic{
    width: 873px;
    height: 287px;
    margin: auto;
    margin-top: 355px;
    background-image: url(images/84102.jpg);
    background-repeat: no-repeat;
    border:#FFF 5px dashed;
    padding:20px;
    -moz-background-clip:content-box;
    -webkit-background-clip:content-box;
    -o-background-clip:content-box;
    background-clip:content-box;
}
</style>
```

图 8-80

07 再次按 F12 键测试页面，可以看到 div 的背景除了内容区域的部分，其他的已经全部被裁剪掉了，如图 8-81 所示。

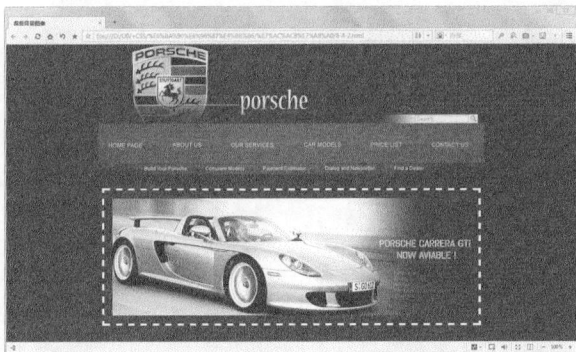

图8-81

8.4.3 background-size

background-size 属性的作用是用来设置背景图像的大小，可以以像素或百分比的方式指定背景图像的大小。当指定为百分比时，大小会由所在区域的宽度、高度，以及 background-origin 的位置决定。还可以通过 cover 和 contain 来对背景图像进行伸缩调整。

background-size 属性可以取的属性值有 4 种，分别为数值、百分比、cover 和 contain。

● 数值 : 使用数值作为属性值，背景图像会根据赋予的数值调整大小。

● 百分比 : 使用百分比值作为属性值，背景图像会根据赋予的百分比值调整大小。

● cover : 保持图像的宽高比例，将图片缩放到正好完全覆盖定义的背景区域。

● contain : 保持图像的宽高比例，将图片缩放到图片的宽或者高正好适应定义背景的区域的宽或高。

提示 :
这里需要注意的是，图片的大小不是按照图片原始大小的百分比来计算的，而是按照放置背景图片的元素的百分比来计算的。

提示 :
如果使用的属性值是数值或者百分比值，不允许出现负数数值。

因为该属性是 CSS 3.0 的新增属性，很多浏览器对该属性的支持并不是很好，所以根据浏览器内核的不同，该属性的书写格式也会发生相应的变化，如表 8-5 所示。

表8-5

内核类型	书写形式
Gecko	无
Webkit	-webkit-background-size
Presto	-o-background-size

该属性值对浏览器版本的兼容性如表 8-6 所示。

表8-6

浏览器类型	浏览器版本
IE	IE 8.0（不支持）
	IE 9.0（支持）
火狐	（不支持）
谷歌	Chrome 1.0.x（支持）
	Chrome 2.0.x（支持）
欧朋	Opera 9.63（支持）
Safari	Safari 3.1（支持）
	Safari 4.0（支持）

课堂案例

控制背景图像的大小

案例位置 : 光盘\源文件\第8章\8-4-3.html

视频位置 : 光盘\视频\第8章\8-4-3.swf

难易指数 : ★★★★☆☆

学习目标 : 掌握控制背景图像大小的方法

最终效果如图8-82所示

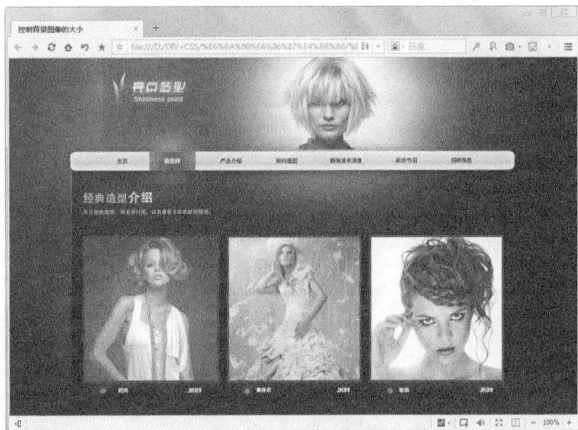

图8-82

01 执行"文件 > 新建"命令，新建一个空白的 HTML 文档，如图 8-83 所示。

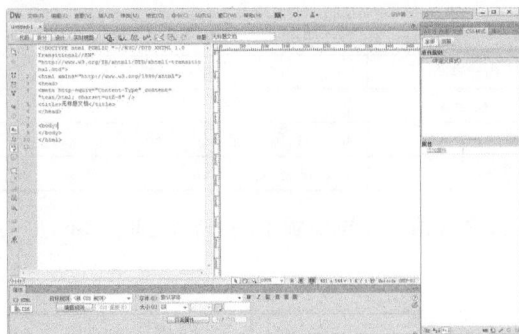

图8-83

02 执行"文件 > 保存"命令,将文档保存为"光盘 \ 源文件 \ 第 8 章 \8-4-3.html",如图 8-84 所示。

图8-84

03 修改 <title> 标签对中的标题,并在该标签对的下方输入 <style> 标签对,如图 8-85 所示。

```
<head>
<meta http-equiv="Content-Type" content
<title>控制背景图像的大小</title>
<style type="text/css">

</style>
</head>

<body>

</body>
</html>
```

图8-85

04 在 <style> 标签中定义 CSS 通配符,如图 8-86 所示。

```
<style type="text/css">
*{
    margin:0px;
    padding:0px;
    border:0px;
}
</style>
```

图8-86

05 在 <body> 标签中新建一个 id 名称为 box 的 div 标签,如图 8-87 所示。

```
<body>
<div id="box">
</div>
</body>
</html>
```

图8-87

06 为 box 定义 CSS 样式,如图 8-88 所示。页面效果如图 8-89 所示。

```
#box{
    width:1024px;
    height:642px;
    background-image:url(images/84301.jpg);
    margin:auto;
    overflow:hidden;
}
</style>
```

图8-88

图8-89

07 在 box div 中创建 3 个新的 div,如图 8-90 所示。

```
<body>
<div id="box">
    <div id="tu1"></div>
    <div id="tu2"></div>
    <div id="tu3"></div>
</div>
</body>
</html>
```

图8-90

08 为刚刚创建的 3 个 div 定义 CSS 样式,如图 8-91 所示。页面效果如图 8-92 所示,可以看到第 1 个 div 中的背景图像太小,无法占满整个 div;第 2 个

div 中的背景图像太窄，也无法占满整个 div ; 而第 3 个 div 中的背景图像太大，无法显示出图像的主体。

```
#tu1{
    width:236px;
    height:257px;
    margin:323px 0 0 135px;
    float:left;
    background-image:url(images/84302.jpg);
    background-repeat:no-repeat;
}
#tu2{
    width:236px;
    height:257px;
    margin:323px 0 0 22px;
    float:left;
    background-image:url(images/84303.jpg);
    background-repeat:no-repeat;
}
#tu3{
    width:236px;
    height:257px;
    margin:323px 0 0 22px;
    float:left;
    background-image:url(images/84304.jpg);
    background-repeat:no-repeat;
}
```

图8-91

图8-92

09 使用 background-size 属性在 CSS 中定义第 1 个 div 的背景大小，将其属性值定义为准确的数值，如图 8-93 所示。得到页面效果如图 8-94 所示，可以看到第一个 div 中的背景图已经完全占满了整个 div。

```
#tu1{
    width:236px;
    height:257px;
    margin:323px 0 0 135px;
    float:left;
    background-image:url(images/84302.jpg);
    background-repeat:no-repeat;
    background-size:236px 257px;
    -webkit-background-size:236px 257px;
    -o-background-size:236px 257px;
}
```

图8-93

图8-94

10 同样在第 2 个 div 的 # tu2 样式中添加 background-size 属性定义属性值为 cover，如图 8-95 所示。页面效果如图 8-96 所示。

```
#tu2{
    width:236px;
    height:257px;
    margin:323px 0 0 22px;
    float:left;
    background-image:url(images/84303.jpg);
    background-repeat:no-repeat;
    background-size:cover;
    -webkit-background-size:cover;
    -o-background-size:cover;
}
```

图8-95

图8-96

11 在第 3 个 div 的# tu3 样式中也添加 background-size 属性，定义属性值为 contain，如图 8-97 所示。页面效果如图 8-98 所示。可以看到背景图虽然缩小并完全显示出来，却没有占满整个 div。

```
#tu3{
    width:236px;
    height:257px;
    margin:323px 0 0 22px;
    float:left;
    background-image:url(images/84304.jpg);
    background-repeat:no-repeat;
    background-size:contain;
    -webkit-background-size:contain;
    -o-background-size:contain;
}
```

图8-97

图8-98

12 修改第 3 个 div 的 CSS 样式，将 contain 属性值修改为 cover，如图 8-99 所示。

```
#tu3{
    width:236px;
    height:257px;
    margin:323px 0 0 22px;
    float:left;
    background-image:url(images/84304.jpg);
    background-repeat:no-repeat;
    background-size:cover;
    -webkit-background-size:cover;
    -o-background-size:cover;
}
```

图8-99

13 按 F12 键测试页面，观察页面中背景图像的大小变化，如图 8-100 所示。

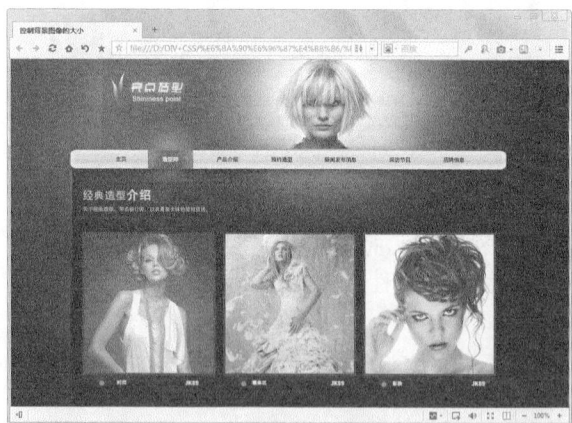

图8-100

8.4.4 multiple background

在 CSS3 中允许使用 background 属性定义多重的背景图像，可以把不同的背景图像放置到一个元素中。

多个背景图像的路径地址之间使用逗号","隔开

即可，如图 8-101 所示。用户也可以简写属性，如图 8-102 所示。

```
<style type="text/css">
#pic {
    background-image: url(images/1.jpg), url(images/2.jpg), url(images/3.jpg);
    background-repeat:no-repeat, repeat-x, repeat-y;
    background-position:left top, center top, right top;
}
</style>
```

图8-101

```
<style type="text/css">
#pic {
    background: url(images/1.jpg) left top no-repeat, url(images/2.jpg)
center top no-repeat, url(images/3.jpg) right top no-repeat;
}
</style>
```

图8-102

如果有多个背景图像，而其他属性只有一个，例如 background-repeat 属性只有一个，则所有背景图都应用这一个 background-repeat 属性值，如图 8-103 所示。

```
<style type="text/css">
#pic {
    background-image: url(images/1.jpg), url(images/2.jpg), url(images/3.jpg);
    background-repeat:no-repeat;
    background-position:left top, center top, right top;
}
</style>
```

图8-103

因为该属性是 CSS 3.0 的新增属性，很多浏览器的支持并不是很好。该属性值对浏览器版本的兼容性如表 8-7 所示。

表8-7

浏览器类型	浏览器版本
IE	IE 8.0（不支持）
	IE 9.0（支持）
火狐	Firefox 3.5（不支持）
	Firefox 4.0（支持）
谷歌	Chrome 13.0（支持）
欧朋	Opera11.50（支持）
Safari	Safari 5.1（支持）

课堂案例

在元素中放置多个背景图像

案例位置：光盘\源文件\第8章\8-4-4.html

视频位置：光盘\视频\第8章\8-4-4.swf

难易指数：★★★☆☆

学习目标：掌握多个背景图像的置入方法

最终效果如图8-104所示

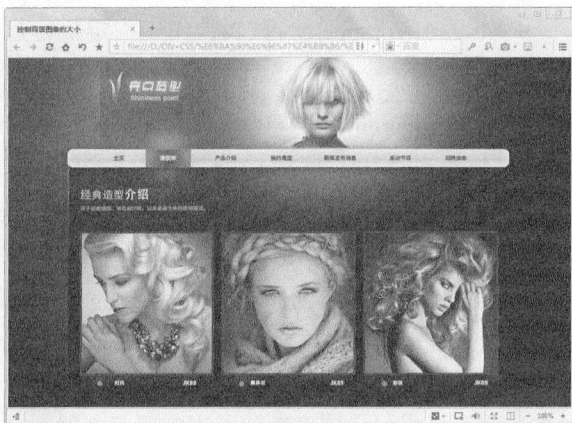

图8-104

01 执行"文件 > 新建"命令，新建一个空白的 HTML 文档，如图 8-105 所示。

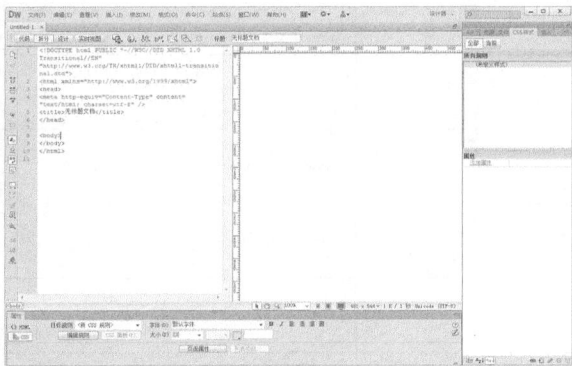

图8-105

02 执行"文件 > 保存"命令，将文档保存为"光盘\源文件\第 8 章\8-4-4.html"，如图 8-106 所示。

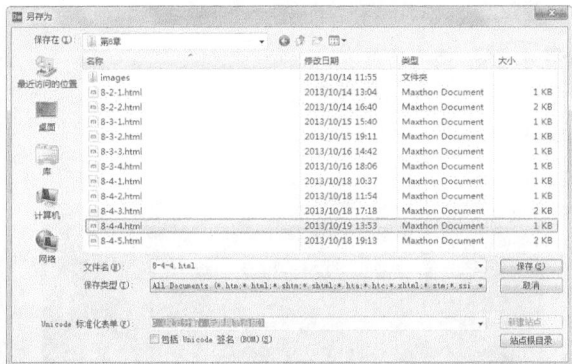

图8-106

03 修改 <title> 标签对中的标题，并在该标签对的下方输入 <style> 标签对，如图 8-107 所示。

```
<head>
<meta http-equiv="Content-Type" content="
<title>置入多个背景</title>
<style type="text/css">

</style>
</head>

<body>

</body>
</html>
```

图8-107

04 在 <style> 标签中定义 CSS 通配符，如图 8-108 所示。

```
<style type="text/css">
*{
    margin:0px;
    padding:0px;
    border:0px;
}
</style>
```

图8-108

05 在 <body> 标签中新建一个 id 名称为 box 的 div 标签，如图 8-109 所示。

```
<body>
<div id="box">
</div>
</body>
</html>
```

图8-109

06 为 box 定义 CSS 样式，如图 8-110 所示。页面效果如图 8-111 所示。

```
#box{
    width:1024px;
    height:642px;
    background-image:url(images/84301.jpg);
    margin:auto;
    overflow:hidden;
}
</style>
```

图8-110

图8-111

157

07 在 box div 中再创建一个 id 名称为 pic 的 div，如图 8-112 所示。

```
<body>
<div id="box">
    <div id="pic"></div>
</div>
</body>
</html>
```

图 8-112

08 为刚刚创建的 div 定义 CSS 样式，如图 8-113 所示。

```
#pic{
    width:752px;
    height:257px;
    margin:323px 0 0 135px;
}
```

图 8-113

09 为 pic 定义背景属性，在属性值中依次添加多个图像的路径，同时定义背景的平铺属性，并且依次指定每张图片的位置，如图 8-114 所示。

```
#pic{
    width:752px;
    height:257px;
    margin:323px 0 0 135px;
    background-image:url(images/84401.jpg),url(images/84402.jpg),url(images/84403.jpg);
    background-repeat:no-repeat;
    background-position:left top, center top, right top;
}
```

图 8-114

10 执行"文件 > 保存"命令，按 F12 键测试页面，观察页面中这多个背景图片的效果，如图 8-115 所示。

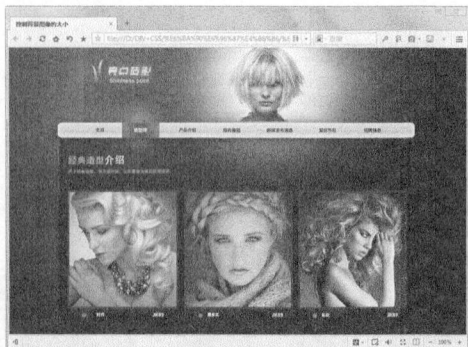

图 8-115

8.4.5 实现动态背景

通过使用 CSS 3.0 中新增的 transition 属性可以实现背景图像过渡的效果。

该属性的属性类型有 transition-property、transition-duration、transition-timing-function 和 transition-delay 4 种。

● transition-property：该属性用于指定执行过渡变换的方式。

● transition-duration：该属性用于指定过渡的时间长短。

● transition-timing-function：该属性用于指定过渡的路径。

● transition-delay：该属性用于指定过渡执行延迟的时间。

因为该属性是 CSS 3.0 的新增属性，很多浏览器的支持并不是很好。该属性值对浏览器版本的兼容性如表 8-8 所示。

表 8-8

浏览器类型	浏览器版本
IE	IE 8.0（不支持）
	IE 9.0（支持）
火狐	Firefox 3.5（不支持）
	Firefox 4.0（支持）
谷歌	Chrome 13.0（支持）
欧朋	Opera11.50（支持）
Safari	Safari 5.1（支持）

课堂案例
制作动态背景效果

案例位置：光盘\源文件\第8章\8-4-5.html

视频位置：光盘\视频\第8章\8-4-5.swf

难易指数：★★★☆☆

学习目标：了解动态背景

最终效果如图8-116所示

图 8-116

01 执行"文件 > 新建"命令，新建一个空白的 HTML 文档，如图 8-117 所示。

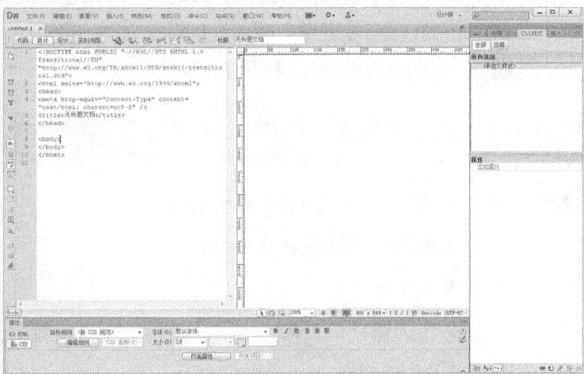

图8-117

02 执行"文件 > 保存"命令，将文档保存为"光盘 \ 源文件 \ 第 8 章 \8-4-5.html"，如图 8-118 所示。

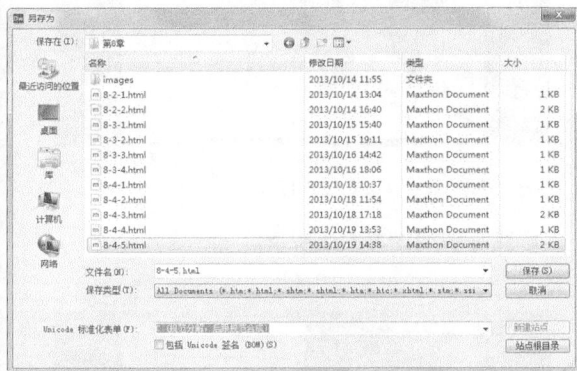

图8-118

03 修改 <title> 标签对中的标题，并在该标签对的下方输入 <style> 标签对，如图 8-119 所示。

```
<head>
<meta http-equiv="Content-Type" content="
<title>置入多个背景</title>
<style type="text/css">

</style>
</head>

<body>

</body>
</html>
```

图8-119

04 在 <style> 标签中定义 CSS 通配符，以及页面的通用属性，如图 8-120 所示。

```
<style type="text/css">
* {
    margin: 0px;
    padding: 0px;
    border: 0px;
}
body {
    font-family: "宋体";
    font-size: 12px;
    line-height: 18px;
    color: #FFF;
}
</style>
```

图8-120

05 在 <body> 标签中新建一个 id 名称为 box 的 div 标签，并在 box 中在嵌套两个 div，添加文字内容，如图 8-121 所示。

```
<body>
<div id="box">
  <div id="pic"></div>
  <div id="wen">
    <h2>什么是好的网站设计？</h2>
    <p>网站是企业向用户和网民提供信息（包括产品和服务）的一种方式，是企业开展电子商务的基础设施和信息平台，离开网站（或者只是利用第三方网站）去谈电子商务是不可能的。企业的网址被称为"网络商标"，也是企业无形资产的组成部分，而网站是Internet上反映和宣传企业形象与文化的重要窗口。</p>
    <p>网页设计的建站包含：企业网站、集团网站、门户网站、电子商务网站等，在行业中各自有各自的作用。</p>
  </div>
</div>
</body>
</html>
```

图8-121

06 为 pic 定义 CSS 样式，其中指定定位、背景，以及过渡属性，如图 8-122 所示。

```
#pic {
    background-image: url(images/84501.png), url(images/84502.png), url(images/84503.png);
    background-position:5% 5%, 50% 50%, 90% 110%;
    top: 0;
    left: 0;
    right: 0;
    bottom: 0;
    position: fixed;
    transition: left 300s linear;
    -webkit-transition: left 300s linear;
    -moz-transition: left 300s linear;
    -o-transition: left 300s linear;
}
```

图8-122

07 继续为 wen 定义 CSS 样式，并为 h2 标签定义字体效果，如图 8-123 所示。

```
#wen {
    margin:100px auto 0px auto;
    width:700px;
    height:150px;
    background-color:#333;
    opacity:0.75;
    color:#ccc;
    padding:40px;
    border:2px solid #666;
}
h2 {
    font-family:"黑体";
    font-weight:bold;
    font-size:28px;
    line-height:48px;
```

图8-123

08 定义鼠标移动到页面中，背景发生的变化，CSS 代码如图 8-124 所示。

```
#box:target #pic {
    left: -5000px;
}
#box:hover #pic {
    left: -9999px;
}
```

图 8-124

09 执行"文件>保存"命令，按F12键测试页面，观察页面的动态背景效果，如图 8-125 所示。

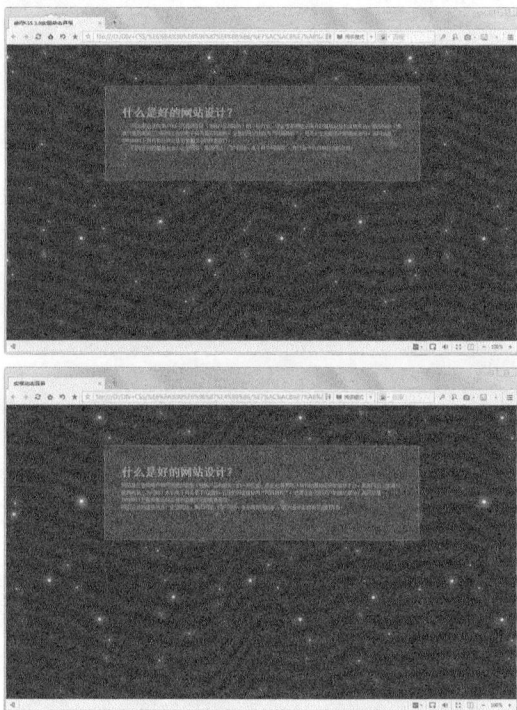

图 8-125

8.5 本章小结

本章主要讲解了控制页面背景颜色和背景图像的方法，在网页设计中，合理适当使用背景颜色或背景图像能够突出页面的重要部分。

通过本章的学习，读者应该掌握如何运用CSS样式表控制页面背景颜色、背景图像的设置，以及各种背景图像定位的方法，并了解如何去设置页面中元素的背景图像和背景颜色。

8.6 课后习题

本章安排了两个课后习题，分别是图片评论页面和游戏登录界面，这两个课后习题主要是针对在实际中如何创建网页的方法和技巧进行学习。

8.6.1 课后习题1-图片评论页面

案例位置：光盘\源文件\第8章\8-6-1.html
视频位置：光盘\视频\第8章\8-6-1.swf
难易指数：★★★☆☆
学习目标：制作图像评论页面
最终效果如图8-126所示

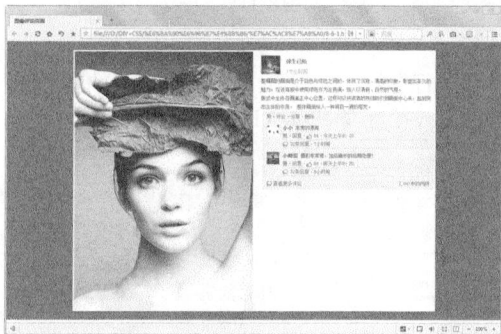

图 8-126

步骤分解如图 8-127 所示。

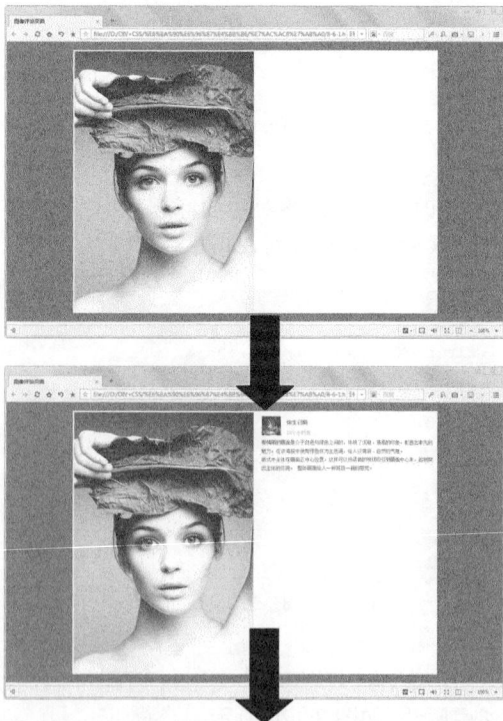

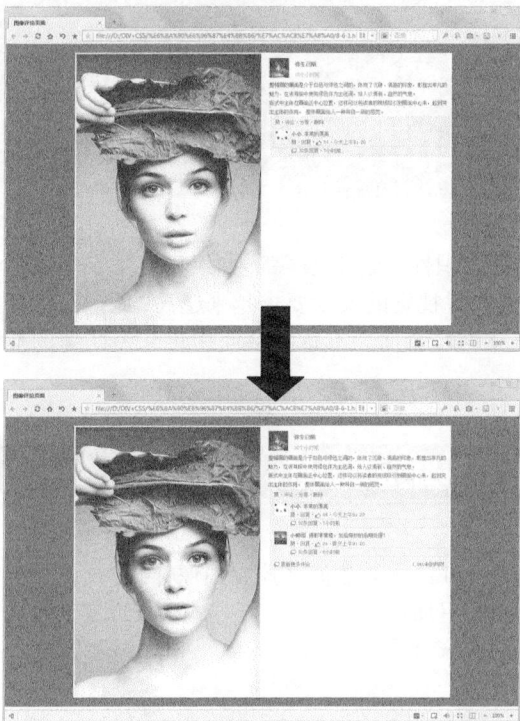

图8-127

8.6.2 课后习题2-创建外部CSS文件

案例位置：光盘\源文件\第8章\8-6-2.html

视频位置：光盘\视频\第8章\8-6-2.swf

难易指数：★★★☆☆

学习目标：创建外部CSS文件

最终效果如图8-128所示

图8-128

步骤分解如图 8-129 所示。

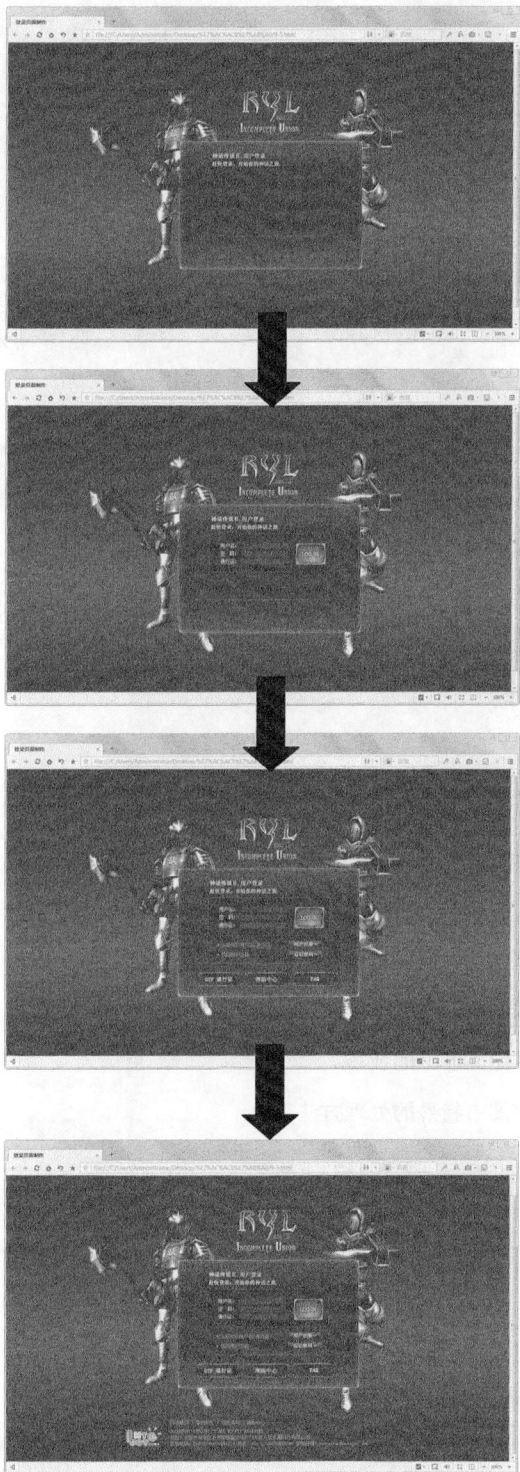

图8-129

第9章
CSS控制页面中的图片

一个网站内容的知识性、实用性再高，如果只有文字还是会让人觉得乏味，特别是在对视觉的实际要求越来越高的当下，往往需要图像来更好地美化网站页面。本章将会向用户介绍图像的操作方法。

9.1　使用CSS控制图片的样式

在 CSS 中，可以通过具体的数值来控制图像样式，这比直接在 HTML 中进行手动调整更加精确，而且 CSS 样式还可以实现一些在 HTML 中无法实现的特殊效果，如图 9-1 所示。

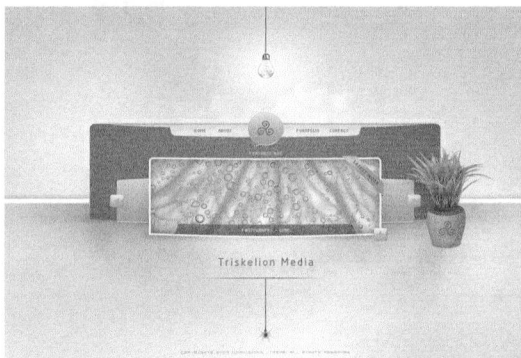

图9-1

9.1.1　在网页中插入图片

要进行图片的控制，首先需要插入图片。此处插入图片并不是通过 CSS 样式进行，而是直接在 HTML 代码中进行的。

在 Dreamweaver 中，用户可以直接使用"插入"面板进行图像的插入操作。

课堂案例

插入图像

案例位置：光盘\源文件\第9章\9-1-1.html

视频位置：光盘\视频\第9章\9-1-1.swf

难易指数：★★☆☆☆

学习目标：掌握插入图像法

最终效果如图9-2所示

课堂学习目标：

★ 掌握CSS控制图片的方法

★ 熟练图书的对齐方式方法

★ 掌握图文混排的技巧

★ 掌握图书特殊的处理方法

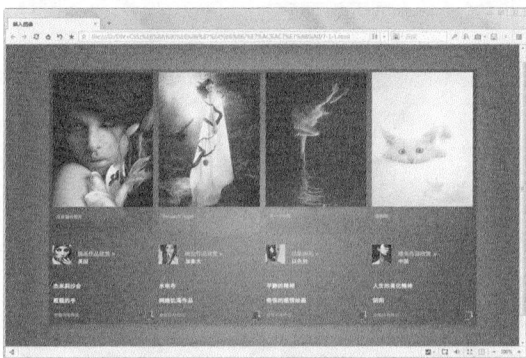
图9-2

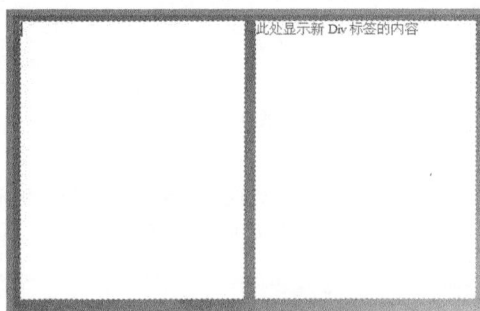
图9-5

的文本删除，并将光标插入该 div 中，如图 9-5 所示。

01 执行"文件 > 打开"命令，打开"光盘 \ 源文件 \ 第 9 章 \91101.html"文档，如图 9-3 所示。

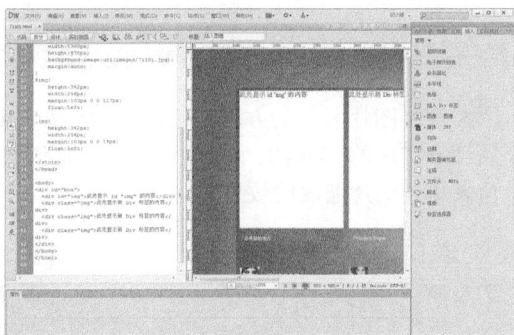
图9-3

04 单击"插入"面板中的"图像 : 图像"按钮，如图 9-6 所示。

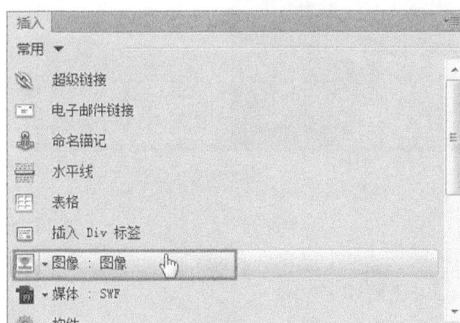
图9-6

02 按 F12 键测试当前页面的效果，如图 9-4 所示。

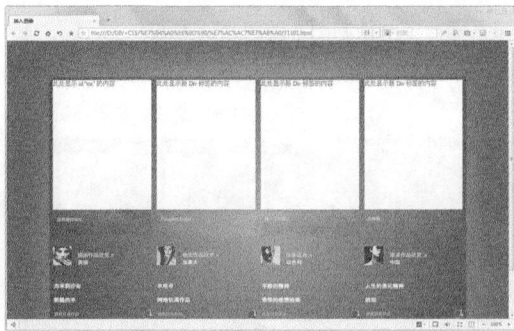
图9-4

05 在弹出的"选择图像源文件"对话框中选择"光盘 \ 素材 \ 第 9 章 \images9102.jpg"，如图 9-7 所示。

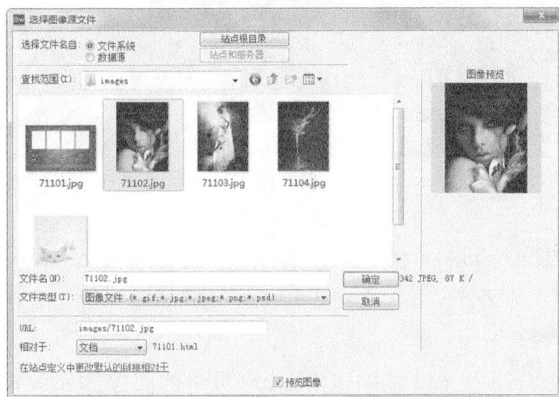
图9-7

03 返回 Dreamweaver 软件中，将第一个 div 中

06 单击"确定"按钮，打开"图像标签辅助功能属性"对话框，如图9-8所示。

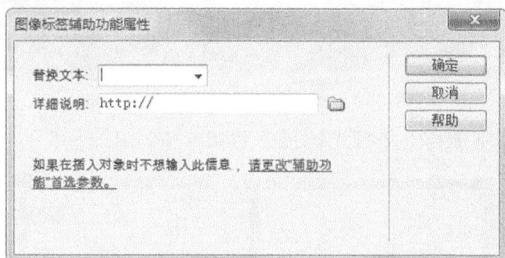

图9-8

07 在该对话框中无须做任何操作，单击"确定"按钮即可，插入图像效果如图9-9所示。

图9-9

08 使用相同的方法将其他图片插入到相应的div中，如图9-10所示。

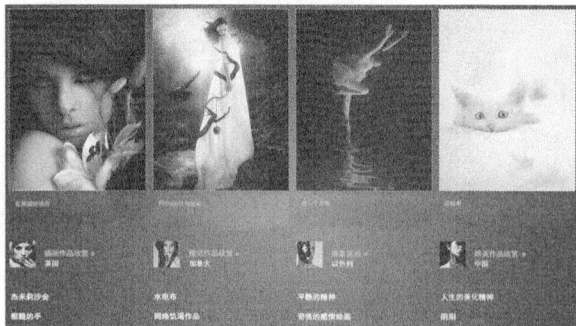

图9-10

09 执行"文件 > 另存为"命令，将其保存为"光盘 \ 源文件 \ 第 9 章 \9-1-1.html"，如图 9-11 所示。

10 按 F12 键测试页面，网页中的图像插入效果如图9-12所示。

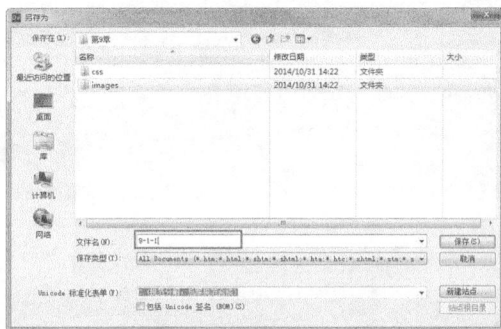

图9-11

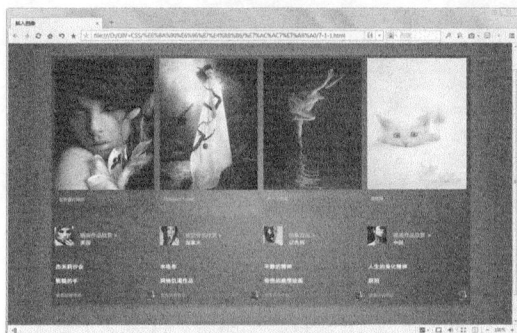

图9-12

9.1.2 控制图片的大小

CSS 控制图片大小的方法是使用 width 和 height 两个属性来实现的，为这两个属性赋予相对数值或绝对数值来达到图片缩放的效果。

课堂案例

修改网页中的图像大小

案例位置：光盘\源文件\第9章\9-1-2.tml
视频位置：光盘\视频\第9章\9-1-2.swf
难易指数：★ ★ ☆ ☆ ☆
学习目标：了解控制图片的大小的方法
最终效果如图9-13所示

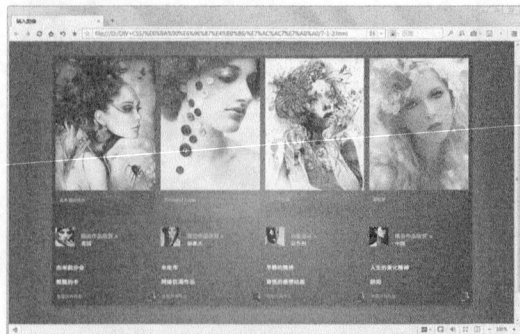

图9-13

01 执行"文件>打开"命令，打开"光盘\素材\第9章\91101.html"，如图9-14所示。

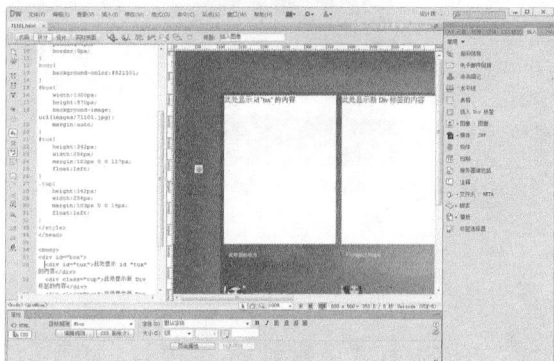

图9-14

02 将91201.jpg～91204.jpg 4张图片插入到相应的div中，如图9-15所示。

图9-15

03 执行"文件 > 另存为"命令，将其保存为"光盘\源文件\第9章\9-1-2.html"，如图9-16所示。

图9-16

04 按F12键测试页面，可以看到因为图像的大小不同，效果非常不理想，如图9-17所示。

图9-17

05 返回Dreamweaver中，在CSS样式表中添加img选择器，并定义宽高属性，如图9-18所示。

```
.tup{
    height:342px;
    width:256px;
    margin:103px 0 0 14px;
    float:left;
}
img{
    height:342px;
    width:256px;
}
```

图9-18

06 执行"文件>保存"命令，按F12键测试页面，页面中的图像效果如图9-19所示。

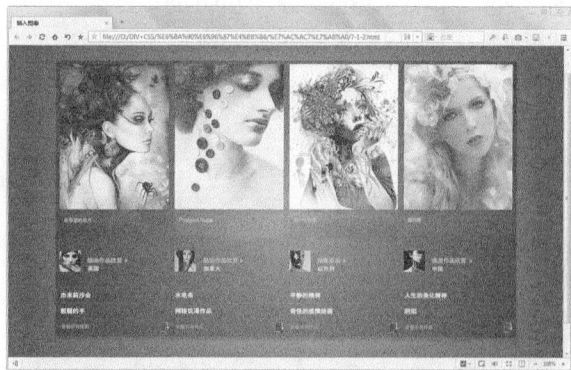

图9-19

9.1.3 为图像添加边框

在CSS中可以通过border属性为图像添加边框，并且可以调整边框的粗细、样式以及颜色。

border-width：该属性用于设置元素边框的粗细，其中包含的属性值有，thin（定义细边框）、medium（定义中等边框，即默认粗细）、thick（定义粗边框）和

length（自定义边框宽度，如 1px ）。

border-style：该属性用于设置元素边框的样式，其中包含的属性值有 none（ 定义无边框 ）、hidden（ 与 none 相同，用于解决边框冲突 ）、dotted（ 点状边框，但是大多浏览器无法显示点状边框，会被显示为实线 ）、dashed（ 虚线边框，但是大多浏览器无法显示点状边框，会被显示为实线 ）、solid（ 实线边框 ）、double（ 双线边框 ）和 groove（ 定义 3D 凹槽边框 ）。

border-color：该属性用于设置边框的颜色，其中包含的属性值有 color_name（ 规定颜色值的颜色名称，如 red ）、hex_number（ 规定颜色值为十六进制值，如 #FF0000 ）、rgb_number（ 规定颜色值为 RGB 值，例如 RGB（ 255.0.0 ）和 transparent（ 默认值，边框为透明 ）。

> **提示：**
> border 属性不仅可以设置图片的边框，还可以为其他元素设置边框，如文字、div 等。本章主要讲解的是使用 CSS 控制图片样式的方法，在这里就不对设置其他元素边框的方法进行过多讲解，用户可以通过设置图片边框的方法来设置其他元素。

课堂案例

为图像添加边框

案例位置：光盘\源文件\第9章\9-1-3.html
视频位置：光盘\视频\第9章\9-1-3.swf
难易指数：★★☆☆☆
学习目标：掌握图像边框的添加方法
最终效果如图9-20所示

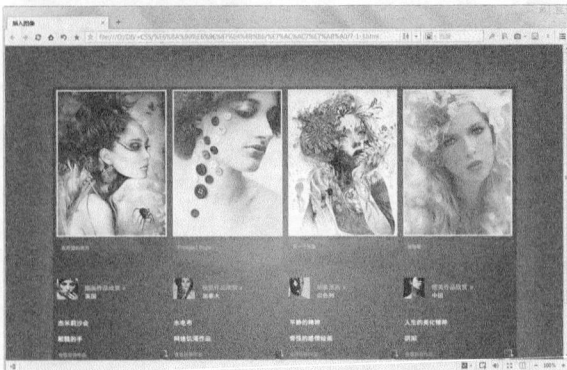

图9-20

01 执行"文件 > 打开"命令，打开"光盘\源文件\第 9 章\9-1-2.html"文档，如图9-21 所示。

图9-21

02 在 CSS 样式中找到 img 选择器，如图 9-22 所示。修改该选择器中的属性以及属性值，如图 9-23 所示。

```
img{
    height:342px;
    width:256px;
}
```

图9-22

```
img{
    height:332px;
    width:246px;
    border-color:#FFF;
    border-style:solid;
    border-width:5px;
}
```

图9-23

03 执行"文件 > 另存为"命令，将文档保存为"光盘\源文件\第 9 章\9-1-3.html"，如图 9-24 所示。

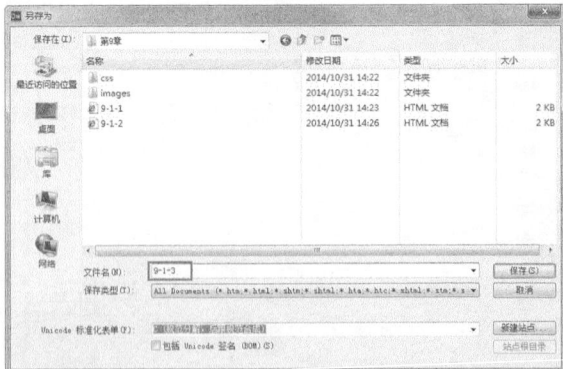

图9-24

04 按 F12 键测试页面，页面中的图像边框效果如图 9-25 所示。

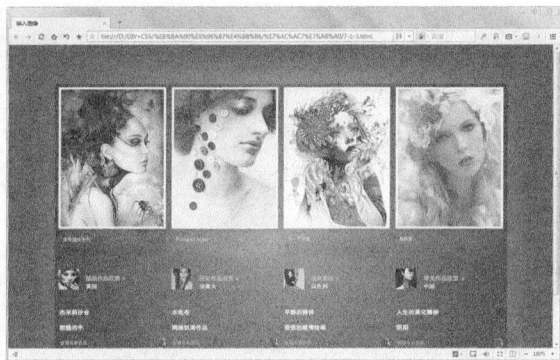

图9-25

9.1.4 为图像增加超链接

图像是在网页制作中是常常被作为链接媒介的元素。

使用 Dreamweaver 创建超链接的方法比较简单，选中需要设置超链接的图像，然后在"属性"面板中设置"链接"选项即可完成。

课堂案例

创建图像超链接

案例位置：光盘\源文件\第9章\9-1-4.html

视频位置：光盘\视频\第9章\9-1-4.swf

难易指数：★☆☆☆☆

学习目标：掌握为图像创建超链接的方法

最终效果如图9-26所示

图9-26

01 执行"文件 > 打开"命令，打开"光盘 \ 源文件 \ 第 9 章 \9-1-3.html"文档，如图 9-27 所示。

02 在"设计"视图中，单击选中第一张图像，如图 9-28 所示。

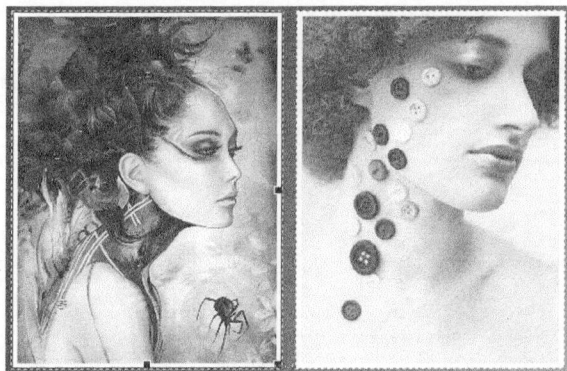

图9-27

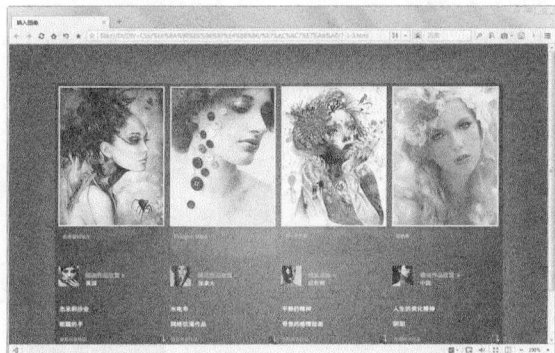

图9-28

03 执行"窗口 > 属性"命令，打开"属性"面板，在该面板的"链接"文本框中输入需要链接的地址。同时调整"目标"下拉列表框的值为 _blank，如图 9-29 所示。

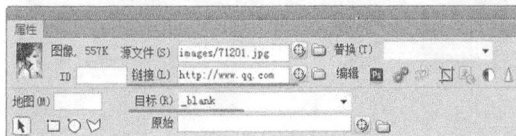

图9-29

04 切换到"代码"视图，观察代码中发生的变化，如图 9-30 所示。

```
<div id="box">
  <div id="tux"><a href="http://www.qq.com" target=
"_blank"><img src="images/71201.jpg" width="707"
height="944" /></a></div>
  <div class="tup"><img src="images/71202.jpg" width=
"300" height="401" /></div>
  <div class="tup"><img src="images/71203.jpg" width=
"188" height="252" /></div>
  <div class="tup"><img src="images/71204.jpg" width=
"231" height="309" /></div>
</div>
```

图9-30

05 使用相同的方法为其他图像添加超链接，如图 9-31 所示。

```
<div id="box">
  <div id="tux"><a href="http://www.qq.com" target=
"_blank"><img src="images/71201.jpg" width="707"
height="944" /></a></div>
    <div class="tup"><a href="http://www.163.com"
target="_blank"><img src="images/71202.jpg" width=
"300" height="401" /></a></div>
    <div class="tup"><a href="http://www.baidu.com"
target="_blank"><img src="images/71203.jpg" width=
"188" height="252" /></a></div>
    <div class="tup"><a href="http://www.sina.com.cn/"
target="_blank"><img src="images/71204.jpg" width=
"231" height="309" /></a></div>
</div>
```

图9-31

06 执行"文件 > 另存为"命令,将其保存为"光盘 \ 源文件 \ 第 9 章 \9-1-4.html",如图 9-32 所示。

图9-32

07 按 F12 键测试页面,如图 9-33 所示。单击页面中的图像,即可打开相应的链接,如图 9-34 所示。

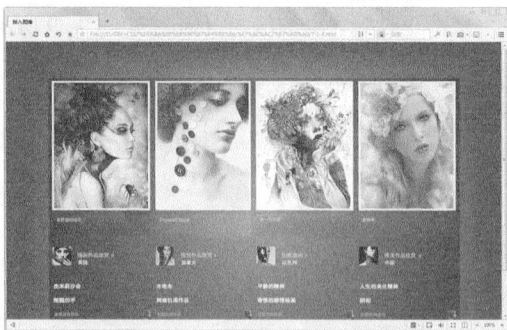

图9-33

图9-34

9.2 图片对齐

图像的对齐的方式是十分重要的,将图片对齐到理想的位置,可以使整个页面看起来更加的协调统一。

9.2.1 水平对齐

图片的水平对齐方式是通过 text-align 属性进行设置的,可以实现的图片对其方式有左、中和右 3 种。

但是图片的对其需要通过其父元素进行设置,如图 9-35 所示。对齐的效果如图 9-36 所示。

```
<style type="text/css">
#img1{
    width:600px;
    height:174px;
    text-align: left; /*设置图片左对齐*/
}
#img2{
    width:600px;
    height:174px;
    margin-top:5px;
    text-align: center; /*设置图片居中对齐*/
}
#img3{
    width:600px;
    height:174px;
    margin-top:5px;
    text-align: right; /*设置图片右对齐*/
}
</style>
</head>

<body>
<div id="img1"><img src="images/72102.jpg" width="160" height="174" /></div>
<div id="img2"><img src="images/72103.jpg" width="160" height="174" /></div>
<div id="img3"><img src="images/72104.jpg" width="160" height="174" /></div>
</body>
```

图9-35

图9-36

9.2.2 垂直对齐

垂直对齐在 CSS 中可以使用 vertical-align 属性来实现,该对齐方式主要体现在与文字搭配的情况下,尤其当图片的高度与文字高度不一致时。

vertical-align 的数值种类很多,有些属性在不同的浏览器中的显示效果可能会略有不同。

vertical-align 属性的值有很多,下面的 CSS 样式代码详细的列出了图片的各种垂直对齐方法,如图 9-37 所示。

```
<style type="text/css">
p{
        font-size:30px;   /*设置页面文字大小*/
}
.img1{
        vertical-align:baseline;   /*设置图片基线对齐*/
}
.img2{
        vertical-align:top;   /*设置图片顶部对齐*/
}
.img3{
        vertical-align:middle;   /*设置图片居中对齐*/
}
.img04{
        vertical-align:bottom;   /*设置图片底部对齐*/
}
.img5{
        vertical-align:text-top;   /*设置对齐文本顶部*/
}
.img6{
        vertical-align:text-bottom;   /*设置对齐文本底部*/
}
.img7{
        vertical-align:super;   /*设置对齐文本上标*/
}
.img8{
        vertical-align:sub;   /*设置对齐文本上标*/
}
</style>
```

图9-37

上图中各种垂直对齐的显示效果如图 9-38 所示。

垂直基线对齐:baseline

垂直顶部对齐:top

垂直居中对齐:middle

垂直底部对齐:bottom

对齐文本顶部:text-top

对齐文本底部:text-bottom

对齐文本上标:super

对齐文本下标:sub

图9-38

9.3 图文混排

在网页中通过使用 CSS 进行设置可以实现图文

混排的效果,图文混排效果与设置段落样式的方法一样,都是通过对不同属性进行设置而实现的一种特殊排版效果。

9.3.1 文本混排

文本混排的方式与设置首字下沉类似,都是通过为特定的元素设置属性达到预想中的效果,可以通过在 CSS 中的 float 属性进行设置来实现文本混排的效果。

课堂案例
实现文本混排效果

案例位置：光盘\源文件\第9章\9-3-1.html
视频位置：光盘\视频\第9章\9-3-1.swf
难易指数：★☆☆☆☆
学习目标：掌握文本混排的设置方法
最终效果如图9-39所示

图9-39

01 执行"文件>打开"命令,打开"光盘\素材\第9章\93101.html",如图 9-40 所示。

图9-40

169

02 在 CSS 样式中添加 #wen img 选择器，在该选择器中添加 border 和 float 属性，并为其添加相应的属性值，如图9-41所示。

```
#wen img{
    border:#FFF solid 2px;
    float:left;
}
```

图9-41

03 执行"文件 > 另存为"命令，将文档保存为"光盘 \ 源文件 \ 第 9 章 \9-3-1.html"，如图9-42所示。

图9-42

04 按 F12 键测试页面，页面中的文本混排效果如图 9-43 所示。

图9-43

9.3.2 设置混排间距

在上一小节中我们设置了文本混排的效果，然而观察发现，混排的文字与图片之间几乎没有间距。如果希望在图片与文字之间添加一定间距，可以在 img 选择器下为图片添加 margin 属性。

课堂案例
为混排图片设置间距

案例位置：光盘\源文件\第9章\9-3-2.html
视频位置：光盘\视频\第9章\9-3-2.swf
难易指数：★★☆☆☆
学习目标：掌握右侧自适应的布局方法
最终效果如图9-44所示

图9-44

01 执行"文件 > 打开"命令，打开"光盘 \ 源文件 \ 第 9 章 \9-3-1.html"，如图9-45所示。

图9-45

02 在 CSS 样式中找到 #wen img 选择器，在其中添加 margin-right 属性，并设置边距值为 8px，如图9-46所示。

```
#wen img{
    border:#FFF solid 2px;
    float:left;
    margin-right:8px;
}
```

图9-46

03 执行"文件 > 另存为"命令，将文档保存为"光盘 \ 源文件 \ 第 9 章 \9-3-2.html"，如图9-47所示。

图9-47

04 按 F12 键测试页面，观察页面中与文本混排的图片的边距变化，如图 9-48 所示。

图9-48

9.4 图片特殊效果

使用 CSS 还可以使图片呈现一些特殊的效果，例如圆角、渐变和阴影等效果。

9.4.1 圆角图片

圆角图片效果主要使用 border-radius 属性来实现的，该属性的取值为准确的数值加单位，例如 5px。

用户也可以只单独设置图片的某一个角，而其他三个角仍然保持直角效果。

● border-top-left-radius：该属性用于单独设置图片左上角的圆角效果。

● border-top-right-radius：该属性用于单独设置图片右上角的圆角效果。

● border-bottom-left-radius：该属性用于单独设置图片左下角的圆角效果。

● border-top-left-radius：该属性用于单独设置图片右上角的圆角效果。

提示：
在设置 border-radius 属性值时，所有的数值都不可以设置为负数。

课堂案例
制作圆角图片效果

案例位置：光盘\源文件\第9章\9-4-1.html

视频位置：光盘\视频\第9章\9-4-1.swf

难易指数：★★☆☆☆

学习目标：掌握圆角图片的设置方法

最终效果如图9-49所示

图9-49

01 执行"文件 > 新建"命令，新建一个空白的 HTML 文档，如图 9-50 所示。

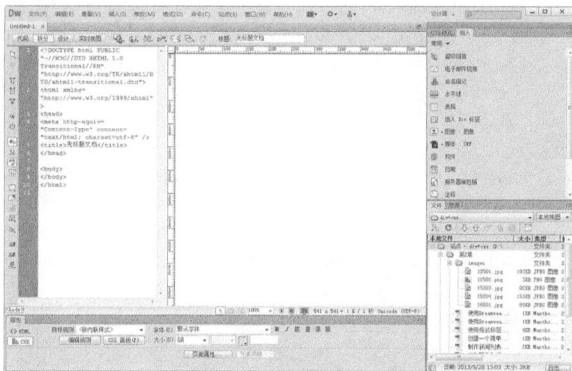

图9-50

02 执行"文件 > 保存"命令，将文档保存为"光盘 \ 源文件 \ 第 9 章 \9-4-1.html"，如图 9-51 所示。

图9-51

03 在"代码"视图中输入文档的标题,输入 <style> 标签对,并在其中定义通配符,如图 9-52 所示。

```
<head>
<meta http-equiv="Content-Type" cont
<title>圆角图片效果</title>
<style type="text/css">
*{
    margin:0px;
    padding:0px;
    border:0px;
}
</style>
</head>
```

图9-52

04 添加 body 选择器,在该选择器中定义页面背景效果,如图 9-53 所示。

```
<style type="text/css">
*{
    margin:0px;
    padding:0px;
    border:0px;
}
body{
    background-image:url(images/94101.jpg);
    background-color:#49432b;
    background-position:center top;
    background-repeat:no-repeat;
}
</style>
```

图9-53

05 在 <body> 标签中新建一个名称为 bei 的 div 标签,如图 9-54 所示。

```
<body>
<div id="bei"></div>
</body>
</html>
```

图9-54

06 为 bei 定义 CSS 样式,指定该 div 的位置、填充和背景,并指定该 div 为圆角的,如图 9-55 所示。

```
#bei{
    width:566px;
    height:331px;
    margin:auto;
    margin-top:72px;
    background-color:#000;
    border-radius:25px;
    padding:8px 50px 29px 50px;
}
```

图9-55

07 按 F12 键测试页面的背景效果,如图 9-56 所示。

图9-56

08 在刚刚创建的 div 中插入 5 张图片,如图 9-57 所示。

```
<body>
<div id="bei"><img src=
"images/94102.jpg" /><img src=
"images/94103.jpg" /><img src=
"images/94104.jpg" /><img src=
"images/94105.jpg" /><img src=
"images/94106.jpg" /></div>
</body>
```

图9-57

提示：
　　所有图片的代码必须写在一行上，否则图片与图片之间会自动添加间距。

09 　　在 5 张图片代码之间添加 <span> 标签对，如图 9-58 所示。

```
<body>
<div id="bei"><img src="images/94102.jpg" />
<span></span><img src="images/94103.jpg" />
<span></span><img src="images/94104.jpg" />
<span></span><img src="images/94105.jpg" />
<span></span><img src="images/94106.jpg" />
</div>
</body>
```

图9-58

10 　　使用 CSS 样式定义图片的左上角和右上角为圆角，并定义 <span> 标签的左边距为 4 px，如图 9-59 所示。

```
#bei img{
    border-top-left-radius:8px;
    border-top-right-radius:8px;
}
span{
    margin-left:4px;
}
</style>
```

图9-59

11 　　执行"文件 > 保存"命令，按 F12 键测试页面，观察页面中 div 背景和图片的圆角效果，如图 9-60 所示。

图9-60

9.4.2　多色边框效果

　　border-color 属性可以用来设置对象边框的颜色，在 CSS 3.0 中对该属性的功能进行了增强。例如设置了 border 的宽度为 5px，那么用户就可以在这个 border 上使用 5 种颜色，每种颜色显示 1px 的宽度。

　　如果所设置的 border 的宽度为 10px，但只指定了 5 种颜色，那么最后一个颜色将被添加到剩下的宽度上。

　　其定义的语法如图 9-61 所示。使用这种方法还可以完成一些渐变的边框效果，如图 9-62 所示。

```
#box{
    width:800px;
    height:50px;
    margin:auto;
    margin-top:72px;
    background-color:#000;
    border:solid 5px;
    border-colors:#555 #666 #777 #888 #999;
}
```

图9-61

图9-62

9.5　本章小结

　　在五彩缤纷的网络世界中，各种各样的图像组成了丰富多彩的页面，图片能够让人更直观地感受网页所要传达给用户的信息。本章主要介绍了使用 CSS 样式设置图像风格与样式的方法，包括为图像添加边框、图像定位、图像的对齐方式等，并通过案例，介绍了使用 Div+CSS 对网站页面进行布局制作的方法，以及页面中图像的控制方法。

9.6　课后习题

　　本章安排了两个课后习题，分别是制作个人信息页面头部内容和制作个人页面图册，这两个课后习题主要是为了用户可以巩固前面所学的内容，加深知识点的印象。

9.6.1　课后习题1-个人信息页头部

案例位置：光盘\源文件\第9章\9-6-1.html

视频位置：光盘\视频\第9章\9-6-1.swf

难易指数：★★★★☆

学习目标：制作个人信息页面头部

最终效果如图9-63所示

图9-63

步骤分解如图 9-64 所示。

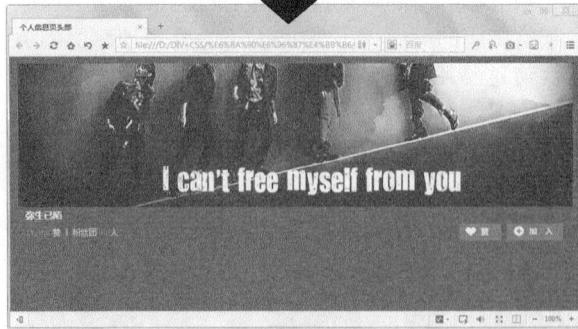

图9-64

9.6.2　课后习题2-个人页面图册

案例位置：光盘\源文件\第9章\9-6-2.html

视频位置：光盘\视频\第9章\9-6-2.swf

难易指数：★★★★☆

学习目标：制作个人页面的图册

最终效果如图9-65所示

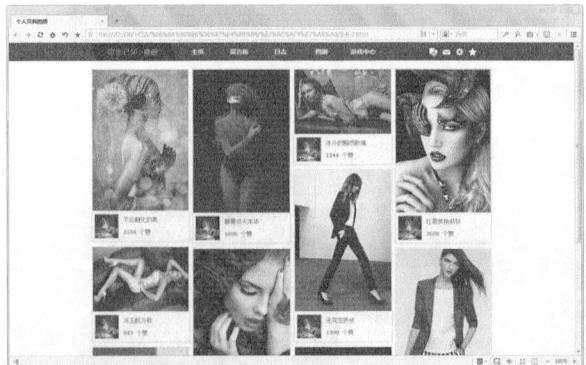

图9-65

步骤分解如图 9-66 所示。

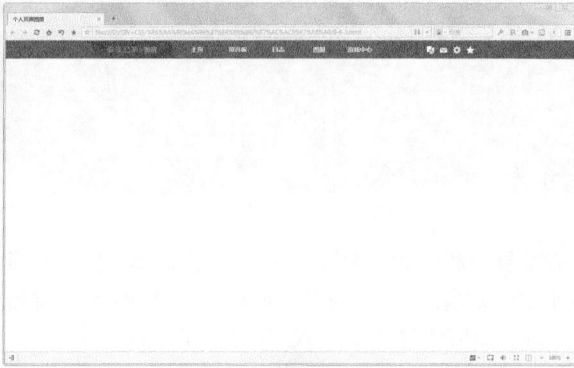

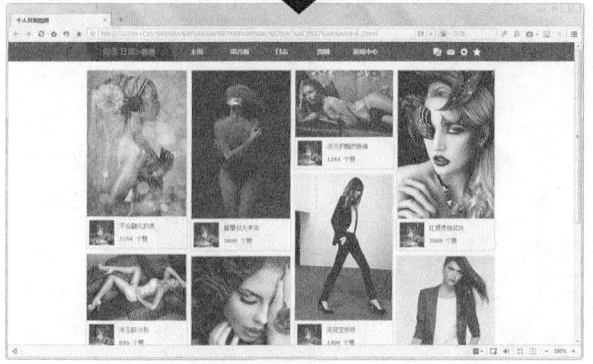

图9-66

第10章 CSS控制列表

Div+CSS

课堂学习目标：

- ★ 了解列表的控制原则
- ★ 掌握列表的类型及使用方法
- ★ 掌握改变列表符样式的方法
- ★ 熟练运用列表制作实用菜单

列表让设计者能够对相关的元素进行分组，并由此给它们添加意义和结构。使用列表可以制作网站中的很多元素，例如新闻列表、导航菜单等。本章主要讲解如何通过 CSS 样式对网页中的列表进行控制，并且通过导航实例的制作，详细讲解了页面中对列表样式的应用。

10.1 列表控制概述

列表形式在网站设计中占有很大比重，在信息的显示时非常整齐直观便于用户理解与点击，从出现网页开始到现在，列表元素一直是页面中非常重要的应用形式。

通过 CSS 样式控制列表，可以轻松地实现整齐直观的显示效果。例如，传统网站设计中的新闻列表、产品列表等内容，都需要以列表的形式控制。

在早期的表格式网页布局中，列表是表格用处最大的地方。如图 10-1 所示，第一个表格都是由多行多列的表格来完成的。当列表头部是图像时，则需要在原有基础上多加一列表格，用来插入图像，这样就曾加了很多列表元素的代码，不便于设计者读取，代码如图 10-2 所示。

图像	列表内容
图像	列表内容
图像	列表内容

图10-1

```
<table width="300" border="2" cellpadding="1"
cellspacing="1">
  <tr>
    <td width="40">图像</td>
    <td width="260">列表内容</td>
  </tr>
  <tr>
    <td>图像</td>
    <td>列表内容</td>
  </tr>
  <tr>
    <td>图像</td>
    <td>列表内容</td>
  </tr>
</table>
```

图10-2

实际上在 CCS 布局中，列表提倡使用的 ul 和 ol 标签在早期的 HTML 版本中就已经存在，但由于当时 CSS 没有非常强大的样式用来控制这些标签，因此被设计者放弃使用，改为使用表格来控制。

在 CSS 2 出现后，ul 和 ol 在 CSS 中拥有了较多的样式属性，完全可以使用 CSS 样式代替表格来制作列表。还减少了页面的代码数量，代码如图 10-3 所示，效果图 10-4 所示。

```
<ul>
    <li>列表内容</li>
    <li>列表内容</li>
    <li>列表内容</li>
</ul>
```

图10-3

图10-4

10.2 列表的类型

在 HTML 中有 3 种列表类型，分别是无序列表 <ul>、有序列表 <ol> 和自定义列表 <dl>。在实际运用中，常使用无序列表来实现导航和新闻列表的设置；使用有序列表实现条纹款项的表示；使用定义列表来制作图文混排的排版效果。

10.2.1 无序列表

所谓无序列表 ul，是指一组相关的列表项目排列在一起，在逻辑上没有先后顺序的列表形式。如果列表中不需要描述一条信息的序号，则可以使用 ul 元素。大部分页面中的列表项目都可以用 ul 来描述。

无序列表 ul 使用 <ul></ul> 标签对与 <li></li> 标签对配合使用，其中的每一个标签均为一条列表，所有 li 标签都包含在 ul 标签中。

课堂案例

制作无序列表

案例位置：光盘\源文件\第10章\10-2-1.html

视频位置：光盘\视频\第10章\10-2-1.swf

难易指数：★☆☆☆☆

学习目标：掌握无序列表的制作方法

最终效果如图10-5所示

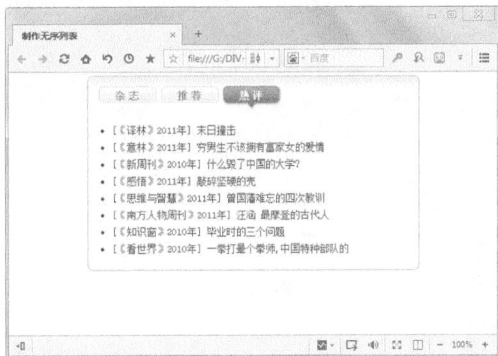

图10-5

01 执行"文件 > 新建"命令，新建一个 XHTML 文档，如图 10-6 所示。

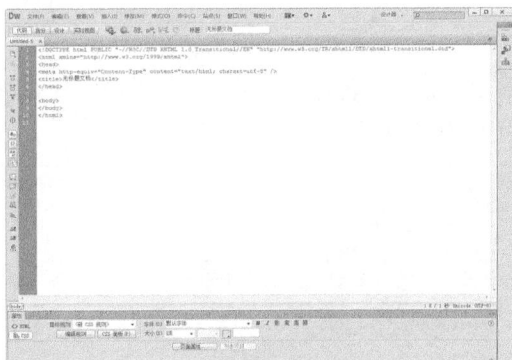

图10-6

02 执行"文件 > 保存"命令，将文件保存为"光盘 \ 源文件 \ 第 10 章 \10-2-1.html"，如图 10-7 所示。

03 在 <body> 标签部分插入两个 div 标签，分别设置 id 名为 box 和 wen，代码如图 10-8 所示。

04 在 <head> 标签部分输入标签对 <style type="text/css"></style>，在该标签对中定义名为 * 的 CSS 样

式,设置边距、边框和填充都为0px,代码如图10-9所示。

图10-7

```
<body>
<div id="box">
  <div id="wen">
  </div>
</div>
</body>
```

图10-8

```
<style type="text/css">
*{
    margin:0px;
    border:0px;
    padding:0px;
}
</style>
```

图10-9

05 分别定义名为 #box 和 #wen 的 CSS 样式,代码如图 10-10 所示。

```
#box{
    width:482px;
    height:285px;
    background-image:url(images/92101.jpg);
    background-repeat:no-repeat;
    margin:auto;
    overflow:hidden;
}
#wen{
    width:435px;
    height:205px;
    margin-top:70px;
    margin-left:40px;
}
</style>
```

图10-10

06 切换到"设计"视图,页面效果如图10-11所示。

07 在 wen div 中输入 <ul></ul> 标签对,在该标签对中输入列表文字,代码如图10-12所示。

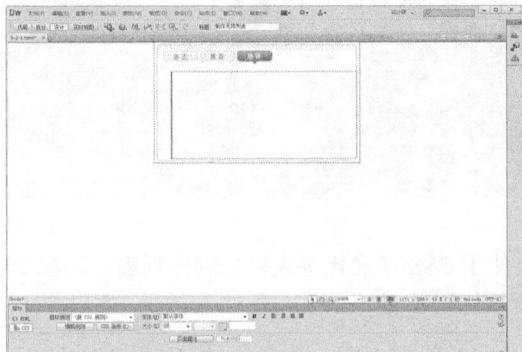

图10-11

```
<div id="wen">
  <ul>
    <li>[《译林》2011年]  末日撞击</li>
    <li>[《意林》2011年]  穷男生不该拥有富家女的爱情</li>
    <li>[《新周刊》2010年]  什么毁了中国的大学?</li>
    <li>[《感悟》2011年]  敲碎坚硬的壳</li>
    <li>[《思维与智慧》2011年]  曾国藩难忘的四次教训</li>
    <li>[《南方人物周刊》2011年]  汪涵 最摩登的古代人</li>
    <li>[《知识窗》2010年]  毕业时的三个问题</li>
    <li>[《看世界》2010年]  一拳打晕个拳师,中国特种部队的</li>
  </ul>
</div>
```

图10-12

08 在 <style type="text/css"></style> 标签对中定义名为li的CSS样式,设置字体为14 px的"宋体",行高为24 px,代码如图 10-13 所示。

```
#wen{
    width:435px;
    height:205px;
    margin-top:70px;
    margin-left:40px;
}
li{
    font:14px  "宋体";
    line-height:24px;
}
</style>
```

图10-13

09 按下 F12 键,在弹出的 Dreamweaver 对话框中单击"是"按钮,测试页面效果,如图10-14 所示。

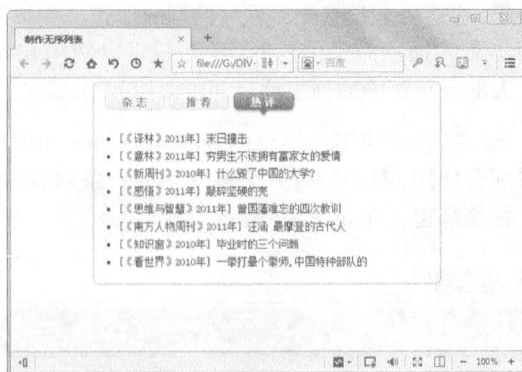

图10-14

10.2.2 有序列表

有序列表 <ol> 与无序列表 <ul> 相反,其列表中的每一个元素都会有序列之分,从上至下可以为数字、字母等多种不同形式。

有序列表 ol 使用 <ol></ol> 标签对与 <li> </li> 标签对配合使用,其中的每一个标签均为一条列表,所有 li 标签都包含在 ul 标签中。

课堂案例

制作有序列表

案例位置:光盘\源文件\第10章\10-2-2.html

视频位置:光盘\视频\第10章\10-2-2.swf

难易指数:★ ★ ☆ ☆ ☆

学习目标:掌握有序列表的制作方法

最终效果如图10-15所示

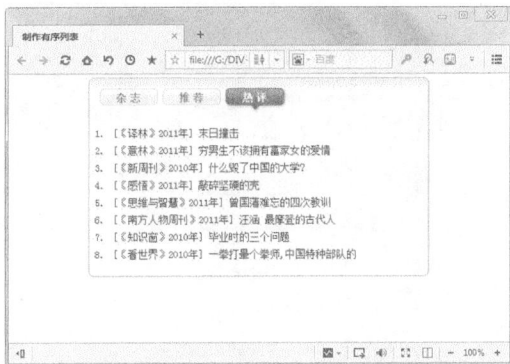

图10-15

01 执行"文件 > 打开"命令,打开"文件 \ 光盘 \ 源文件 \ 第 10 章 \10-2-1.html"文件,页面效果如图 10-16 所示。

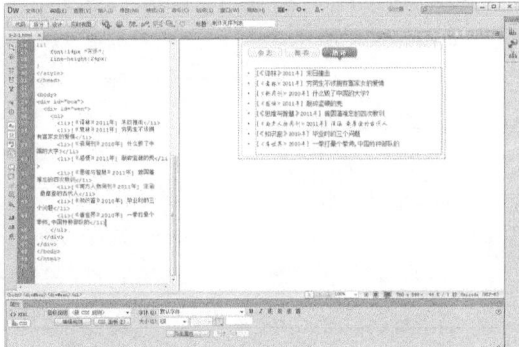

图10-16

02 在 <body> 标签部分找到 <ul></ul> 标签对,代码如图 10-17 所示。

```
<ul>
  <li>[《译林》2011年] 末日撞击</li>
  <li>[《意林》2011年] 穷男生不该拥有富家女的爱情</li>
  <li>[《新周刊》2010年] 什么毁了中国的大学?</li>
  <li>[《感悟》2011年] 敲碎坚硬的壳</li>
  <li>[《思维与智慧》2011年] 曾国藩难忘的四次教训</li>
  <li>[《南方人物周刊》2011年] 汪涵 最摩登的古代人</li>
  <li>[《知识窗》2010年] 毕业时的三个问题</li>
  <li>[《看世界》2010年] 一拳打晕个拳师,中国特种部队的</li>
</ul>
```

图10-17

03 将无序列表 ul 标签改为有序列表 ol,如图 10-18 所示。

```
<ol>
  <li>[《译林》2011年] 末日撞击</li>
  <li>[《意林》2011年] 穷男生不该拥有富家女的爱情</li>
  <li>[《新周刊》2010年] 什么毁了中国的大学?</li>
  <li>[《感悟》2011年] 敲碎坚硬的壳</li>
  <li>[《思维与智慧》2011年] 曾国藩难忘的四次教训</li>
  <li>[《南方人物周刊》2011年] 汪涵 最摩登的古代人</li>
  <li>[《知识窗》2010年] 毕业时的三个问题</li>
  <li>[《看世界》2010年] 一拳打晕个拳师,中国特种部队的</li>
</ol>
```

图10-18

04 执行"文件 > 另存为"命令,将文件保存为"光盘 \ 源文件 \ 第 10 章 \10-2-2.html",如图 10-19 所示。

图10-19

05 按 F12 键测试页面效果,如图 10-20 所示。

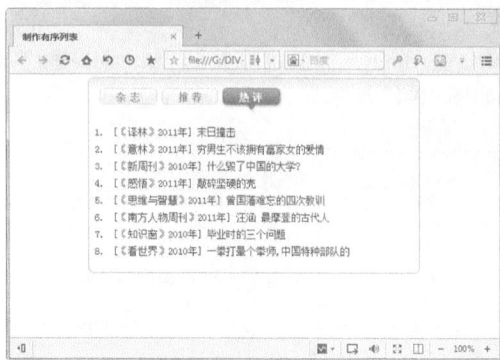

图10-20

> **提示：**
> 有序列表标签 ol 和无序列表标签 ul 都与 <li> </li> 标签对配合使用；而且也都可以继续嵌套列表，用来表示多层建构。

10.2.3　定义列表

定义列表是一种特殊的列表形式，以 <dl> 开始，以 </dl> 结束。列表中每个元素的标题使用 <dt> definition term </dt> 定义，后面跟随 <dd>definition description </dd>，用来描述列表中元素的内容。

课堂案例

制作定义列表

案例位置：光盘\源文件\第10章\10-2-3.html

视频位置：光盘\视频\第10章\10-2-3.swf

难易指数：★★☆☆☆

学习目标：掌握定义列表的制作方法

最终效果如图10-21所示

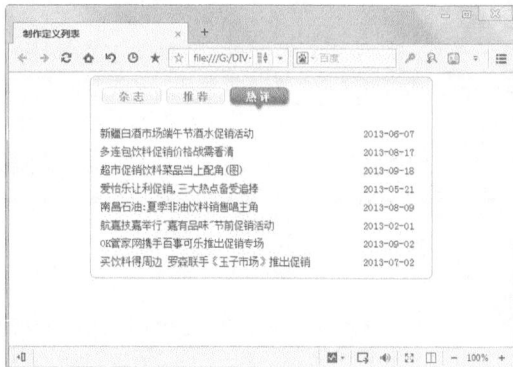

图10-21

01 执行"文件＞打开"命令，将"文件＼光盘＼素材＼

第10章\102301.html"文件，页面效果如图10-22所示。

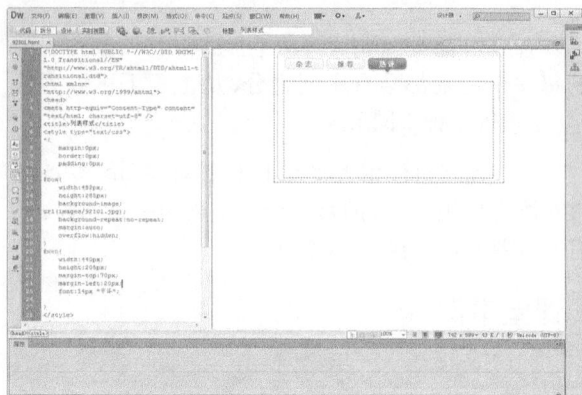

图10-22

02 在 id 名为 wen 的 div 中输入 <dl></dl> 标签对，在该标签对中输入 <dt></dt> 和 <dd></dd> 标签对，并输入相应的文字，如图 10-23 所示。

```
<div id="wen">
    <dl>
        <dt>新疆白酒市场端午节酒水促销活动</dt>
        <dd> 2013-06-07 </dd>
        <dt>多连包饮料促销价格战需看清</dt>
        <dd>2013-08-17</dd>
        <dt>超市促销饮料菜品当上配角 (图)</dt>
        <dd>2013-09-18</dd>
        <dt>爱怡乐让利促销,三大热点备受追择</dt>
        <dd>2013-05-21</dd>
        <dt>南易凸油:夏季莘油饮料销售唱主角</dt>
        <dd>2013-08-09</dd>
        <dt>航嘉技嘉举行"嘉有品味"节前促销活动</dt>
        <dd>2013-02-01</dd>
        <dt>OK管家网携手百事可乐推出促销专场</dt>
        <dd>2013-09-02</dd>
        <dt>买饮料得周边 罗森联手《玉子市场》推出促销</dt>
        <dd>2013-07-02</dd>
    </dl>
</div>
```

图10-23

03 在 <head> 标签部分定义名为 dt 和 dd 的 CSS 样式，分别设置宽度、高度、上边距、浮动等属性值，代码如图 10-24 所示。

```
dt{
    width:350px;
    height:20px;
    margin-top:5px;
    float:left;
}
dd{
    width:90px;
    height:20px;
    float:right;
    margin-top:5px;
    text-align:center;
}
<Btybe>
```

图10-24

04 执行"文件 > 另存为"命令,将文件保存为
"光盘\源文件\第 10 章\10-2-3.html",如图 10-25
所示。

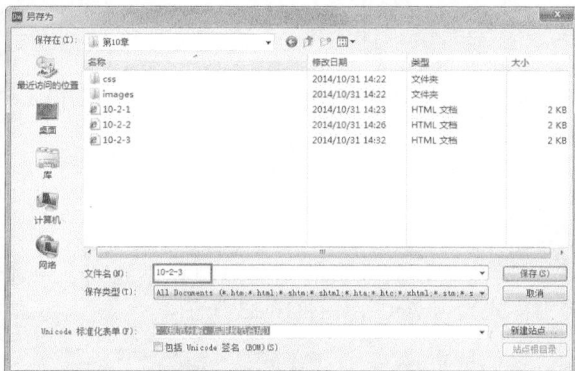

图10-25

05 按 F12 键测试页面效果,如图 10-26 所示。

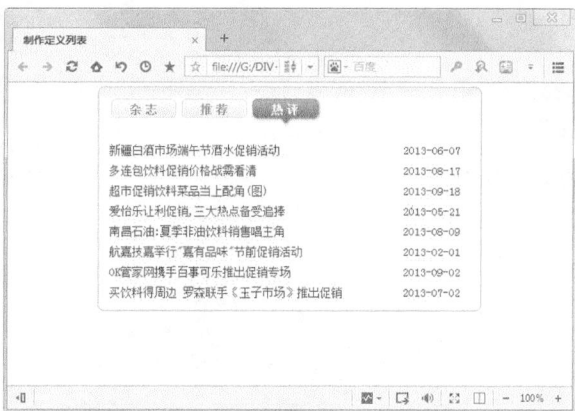

图10-26

10.3 改变列表符的样式

在 HTML 中,有自带的无序列表符样式,例
如 disc(实心列表符号);也有有序列表符样式,如
decimal(十进制数字);同时还可以将每项前面的列
表符代替为任意的图片。设置列表后,可以通过 CSS
样式来控制列符的位置。

10.3.1 使用自带的列表符

HTML 中自带的列表符分为无序列表符和有序
列表符两类,可以通过 list-style-type 的属性来定义列
表前面的列表符样式。

知识点:自带的列表符

1. 无序列表符

无序列表 ul 是网页中最常见的元素之一,它使
用 li 标签罗列出各个项目,每个项目的前面都带有特
殊符号,例如黑色实心圆等。对于无序列表,list-style-
type 的语法格式如下:

```
ul{
    list-style-type:disc ;
}
```

无序列表的 list-style-type 属性值及含义如表 10-1
所示。

表10-1

属性值	说明
disc	实心圆列表符
circle	空心圆列表符
square	正方形列表符
none	列表之前不显示任何标记

课堂案例
使用自带的无序列表符

案例位置:光盘\源文件\第10章\10-3-1-1.html

视频位置:光盘\视频\第10章\10-3-1-1.swf

难易指数:★★☆☆☆

学习目标:掌握改变自带无序列表符样式的方法

最终效果如图10-27所示

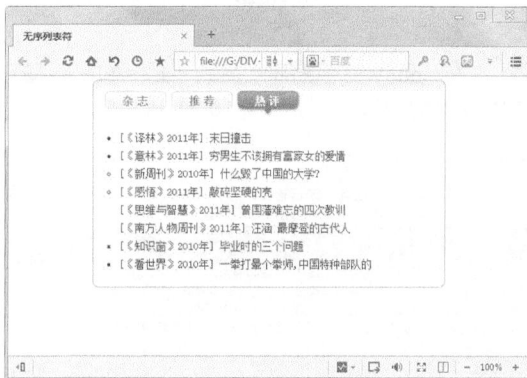

图10-27

01 执行"文件 > 打开"命令,打开"文件 \ 光盘 \ 源文件 \ 第 10 章 \10-2-1.html" 文件,页面效果如图 10-28 所示。

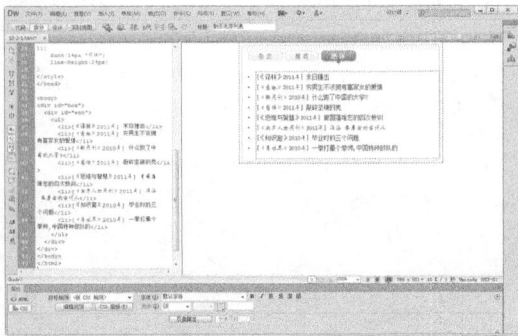

图10-28

02 在 <head> 标签部分定义名为 .style01 的 CSS 样式,设置其 list-style-type 属性值为 square,代码如图 10-29 所示。

```
li{
    font:14px "宋体";
    line-height:24px;
}
.style01{
    list-style-type:square;
}
```

图10-29

03 再定义两个名为 .style02 和 .style03 的 CSS 样式,设置其 list-style-type 属性值分别为 none 和 circle,代码如图 10-30 所示。

```
.style01{
    list-style-type:square;
}
.style02{
    list-style-type:none;
}
.style03{
    list-style-type:circle;
}
```

图10-30

04 在 <body> 标签部分找到 <ul></ul> 标签对,并选中其中的两段文字,如图 10-31 所示。

```
<div id="wen">
  <ul>
    <li>[《译林》2011年] 末日撞击</li>
    <li>[《壹林》2011年] 穷男生不该拥有富家女的爱情</li>
    <li>[《新周刊》2010年] 什么毁了中国的大学?</li>
    <li>[《看客》2011年] 翦碎坚硬的壳</li>
    <li>[《思维与智慧》2011年] 普国番滩忘的四次教训</li>
    <li>[《南方人物周刊》2011年] 洄逅 最厚坐的古代人</li>
    <li>[《知识窗》2010年] 毕业时的三个问题</li>
    <li>[《看世界》2010年] 一掌打倒个拳师,中国特种部队的</li>
  </ul>
</div>
```

图10-31

05 执行"窗口 > 属性"命令,打开"属性"面板,如图 10-32 所示。

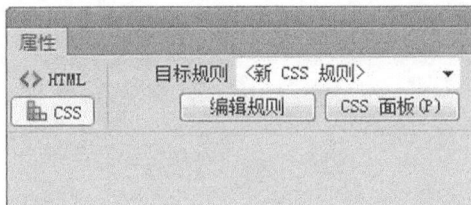

图10-32

06 在"属性"面板的"目标规则"下拉列表中选择类样式为 .style03,如图 10-33 所示。

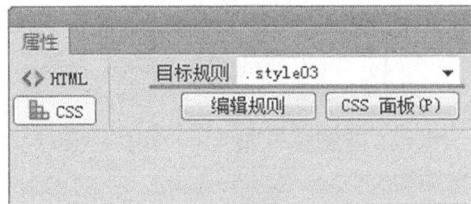

图10-33

07 使用相同方法为其他文字添加类样式,代码效果如图 10-34 所示。

```
<div id="wen">
  <ul>
    <li>[《译林》2011年] 末日撞击</li>
    <li>[《壹林》2011年] 穷男生不该拥有富家女的爱情</li>
    <li class="style03">[《新周刊》2010年] 什么毁了中国的大学?</li>
    <li class="style03">[《看客》2011年] 翦碎坚硬的壳</li>
    <li class="style02">[《思维与智慧》2011年] 普国番滩忘的四次教训</li>
    <li class="style02">[《南方人物周刊》2011年] 洄逅 最厚坐的古代人</li>
    <li class="style01">[《知识窗》2010年] 毕业时的三个问题</li>
    <li class="style01">[《看世界》2010年] 一掌打倒个拳师,中国特种部队的</li>
  </ul>
</div>
```

图10-34

08 执行"文件 > 另存为"命令,将文件保存为"光盘 \ 源文件 \ 第 10 章 \10-3-1-1.html",如图 10-35 所示。

图10-35

09 按 F12 键测试页面效果，如图 10-36 所示。

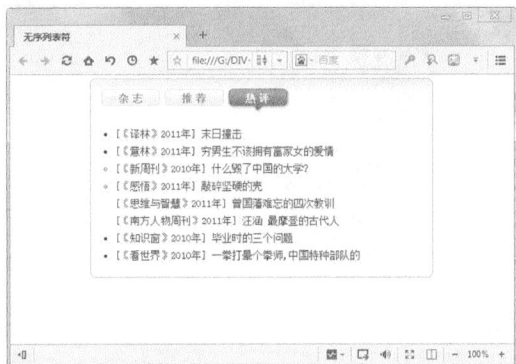

图10-36

2．有序列表符

有序列表 ol 也是使用 li 标签罗列出具有顺序的列表，例如十进制数字（1，2，3，…）等。对于有序列表，list-style-type 的语法格式如下：

```
ol{
    list-style-type: decimal ;
}
```

提示：

ol 的默认值是 decimal，ul 的默认值是 disc；通过 display:list-item 创建的列表，默认值也是 disc。

有序列表的 list-style-type 属性值及含义如表 10-2 所示。

表10-2

属性值	说明
decimal	十进制数字（1，2，3，…）
decimal-leading-zero	有前导零的十进制数字（01，02，03，…）
lower-alpha	小写英文字母（a，b，c，…）
lower-roma	小写罗马数字（i，ii，iii，…）
upper-alpha	大写英语字母（A，B，C，…）
upper-roman	大写罗马数字（I，II，III，…）
none	列表之前不显示任何标记

课堂案例

使用自带的有序列表符

案例位置：光盘\源文件\第10章\10-3-1-2.html

视频位置：光盘\视频\第10章\10-3-1-2.swf

难易指数：★ ☆ ☆ ☆ ☆

学习目标：掌握改变自带有序列表符样式的方法

最终效果如图10-37所示

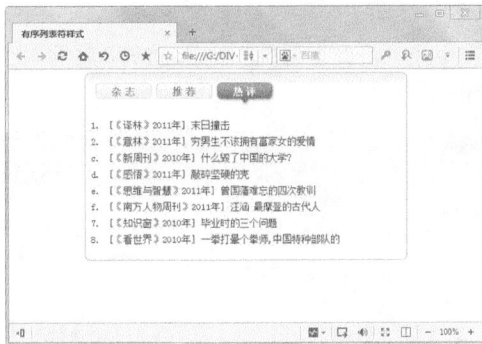

图10-37

01 执行"文件＞打开"命令，打开"文件\光盘\源文件\第 10 章\10-2-2.html"文件，页面效果如图 10-38 所示。

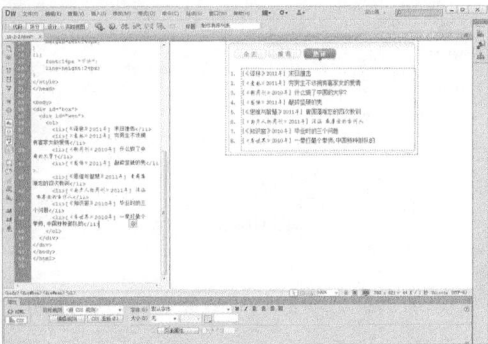

图10-38

02 在 <head> 标签部分定义名为 li.style 的 CSS 样式，设置其 list-style-type 属性值为 lower-alpha，代码如图 10-39 所示。

```
li{
    font:14px "宋体";
    line-height:24px;
}
li.style{
    list-style-type:lower-alpha;
}
```

图10-39

03 在 <body> 标签部分找到 <ol></ol> 标签对，并选中其中的 4 段文字，如图 10-40 所示。

```
<div id="wen">
    <ol>
        <li>[《译林》2011年] 末日撞击</li>
        <li>[《意林》2011年] 穷男生不该拥有富家女的爱情</li>
        <li>[《新周刊》2010年] 什么毁了中国的大学?</li>
        <li>[《感情》2011年] 敲碎坚硬的壳</li>
        <li>[《思维与智慧》2011年] 曾国藩难忘的四次教训</li>
        <li>[《南方人物周刊》2011年] 汪涵 最摩登的古代人</li>
        <li>[《知识窗》2010年] 毕业时的三个问题</li>
        <li>[《看世界》2010年] 一拳打晕个拳师,中国特种部队的</li>
    </ol>
</div>
```

图10-40

04 执行"窗口 > 属性"命令,打开"属性"面板,如图 10-41 所示。

图 10-41

05 在"属性"面板的"目标规则"下拉列表中选择类样式为 li.style,"属性"面板如图 10-42 所示。

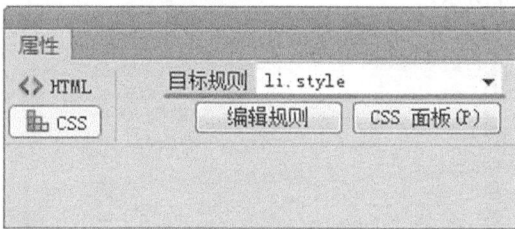

图 10-42

06 添加类样式后的代码效果如图 10-43 所示。

```
<div id="wen">
  <ul>
    <li>[《译林》2011年] 末日撞击</li>
    <li>[《意林》2011年] 穷男生不该拥有富家女的爱情</li>
    <li class="style">[《新周刊》2010年] 什么毁了中国的大学?</li>
    <li class="style">[《感悟》2011年] 献碎坚硬的壳</li>
    <li class="style">[《思维与智慧》2011年] 曾国藩难忘的四次教训</li>
    <li class="style">[《南方人物周刊》2011年] 迂运 最摩登的古代人</li>
    <li class="style">[《知识窗》2010年] 毕业时的三个问题</li>
    <li class="style">[《看世界》2010年] 一拳打晕个拳师,中国特种部队的</li>
  </ul>
</div>
```

图 10-43

07 执行"文件 > 另存为"命令,将文件保存为"光盘 \ 源文件 \ 第 10 章 \10-3-1-2.html",如图 10-44所示。

图 10-44

08 按 F12 键测试页面效果,如图 10-45 所示。

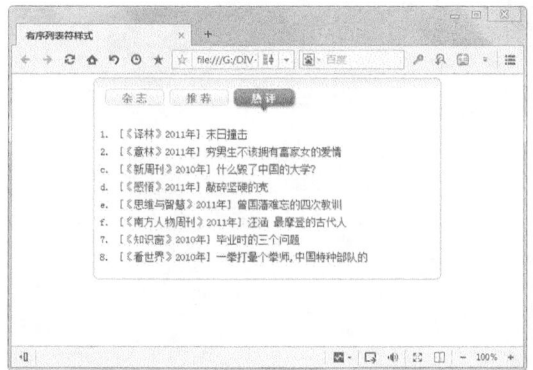

图 10-45

提示:
从上面的案例中可以看到在原来的有序列表基础上修改列表符的样式后,它们的排列次序不变。

10.3.2 用背景图片改变列表符

无序列表或有序列表不但可以改变项目前的列表符,还可以使用 list-style-image 属性将每个项目前的列表符替换为任意图片。

list-style-image 属性用来定义替换无序列表或有序列表符号的图片,语法格式如下:

```
liebiao{
        list-style-image:url(url);
}
```

以上代码中,后一个 url 表示用于指定背景图像的绝对路径或相对路径。

提示:
在网页设计中,经常可以看到使用图片指定列表样式的例子,用来美化网页界面、提升网页整体视觉效果。

课堂案例
使用图片作为列表符样式

案例位置:光盘\源文件\第10章\10-3-2.html

视频位置:光盘\视频\第10章\10-3-2.swf

难易指数:★☆☆☆☆

学习目标:掌握图片代替列表符的方法

最终效果如图10-46所示

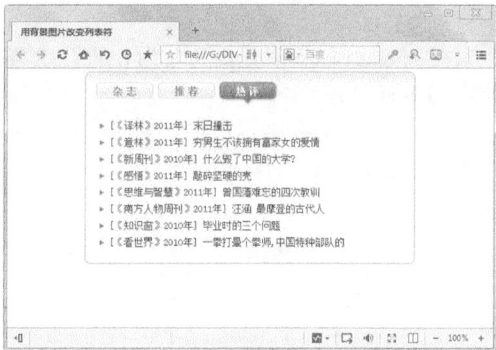

图10-46

01 执行"文件＞打开"命令，打开"文件＼光盘＼素材＼第 10 章＼103201.html"文件，页面效果如图 10-47 所示。

图10-47

02 在 <head> 标签部分找到名为 ol 的 CSS 样式，代码如图 10-48 所示。

```
ol{
    font:14px "宋体";
    line-height:24px;
    list-style-type:lower-alpha;
}
```

图10-48

03 修改其 list-style-type 属性值为 none，代码如图 10-49 所示。

```
ol{
    font:14px "宋体";
    line-height:24px;
    list-style-type:none;
}
```

图10-49

04 在 <head> 标签部分定义名为 li 的 CSS 样式，并设置其 list-style-image 属性值为 url（images/ 103201.jpg），代码如图 10-50 所示。

```
ol{
    font:14px "宋体";
    line-height:24px;
    list-style-type:none;
}
li{
    list-style-image:url(images/103201.jpg);
}
```

图10-50

05 执行"文件＞另存为"命令，将文件保存为"光盘＼源文件＼第 10 章＼10-3-2.html"，如图 10-51 所示。

图10-51

06 按 F12 键测试页面效果，如图 10-52 所示。

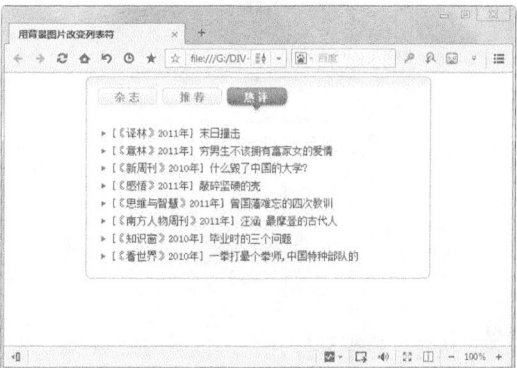

图10-52

> **提示：**
> 案例中定义列表符合图片的方法，除了可使用 list-style-image:url(images/103201.jpg) 语句外，还可以使用 background:url(images/103201.jpg)no-repeat 语句。

10.3.3 改变列表符的位置

HTML 自带列表符或使用图片作为列表符显示时，通常都显示在列表的外表，通过 list-style-position

属性可以将列表符与列表中的文本信息进行对齐，从而实现另一种效果。

list-style-position 属性的语法格式如下：

```
.style{
    list-style-position:inside;
}
```

list-style-position 属性值及含义如表 10-3 所示。

表10-3

属性值	说明
outside	列表符放置在文本以外
inside	列表符放置在文本以内

课堂案例

改变列表符的位置

案例位置：光盘\源文件\第10章\10-3-3.html
视频位置：光盘\视频\第10章\10-3-3.swf
难易指数：★ ☆ ☆ ☆ ☆
学习目标：掌握改变列表符位置的方法
最终效果如图10-53所示

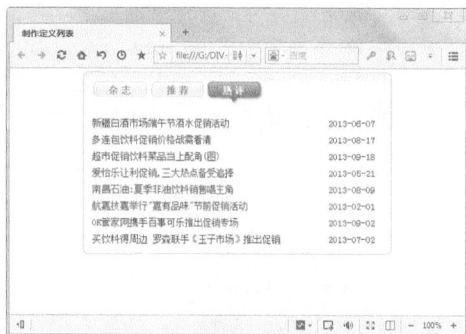

图10-53

01 执行"文件 > 打开"命令，打开"文件 \ 光盘 \ 源文件 \ 第 10 章 \10-3-2.html"文件，页面效果如图 10-54 所示。

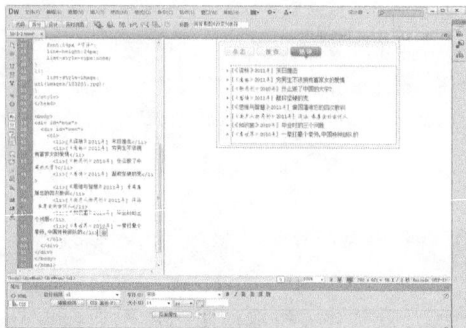

图10-54

02 在 <head> 标签部分找到名为 li 的 CSS 样式，代码如图 10-55 所示。

```
li{
    list-style-image:url(images/103201.jpg);
}
</style>
```

图10-55

03 在 li 样式下添加 padding-left 属性，设置其属性值为 20 px，代码如图 10-56 所示。

```
li{
    list-style-image:url(images/103201.jpg);
    padding-left:20px;
}
```

图10-56

04 在 <head> 标签部分定义名为 li.style 的 CSS 样式，并设置其 list-style-position 属性值为 inside，代码如图 10-57 所示。

```
li{
    list-style-image:url(images/103201.jpg);
    padding-left:20px;
}
li.style{
    list-style-position:inside;
}
```

图10-57

05 在 <body> 标签部分找到 <ol></ol> 标签对，并选中其中的 4 段文字，如图 10-58 所示。

```
<div id="wen">
    <ol>
        <li>[《译林》2011年] 末日撞击</li>
        <li>[《意林》2011年] 穷男生不该拥有富家女的爱情</li>
        <li>[《新周刊》2010年] 什么毁了中国的大学</li>
        <li>[《思梅》2011年] 敲碎坚硬的壳</li>
        <li>[《思维与智慧》2011年] 普国藩难忘的四次教训</li>
        <li>[《南方人物周刊》2011年] 陈逸 我摩登的古怪人</li>
        <li>[《知识窗》2010年] 毕业时的三个问题</li>
        <li>[《看世界》2010年] 一拳打垮个拳师,中国特种部队的</li>
    </ol>
</div>
```

图10-58

06 在"属性"面板的"目标规则"下拉列表中选择类样式为 li.style，"属性"面板如图 10-59 所示。

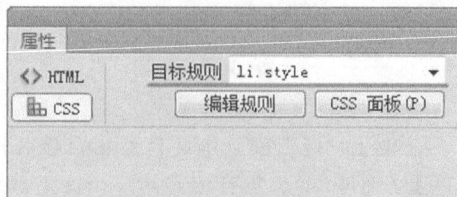

图10-59

07 添加类样式后的代码效果如图 10-60 所示。

```
<div id="wen">
  <ol>
    <li class="style">[《译林》2011年] 末日撞击</li>
    <li class="style">[《意林》2011年] 穷男生不该拥有富家女的爱情</li>
    <li class="style">[《新周刊》2010年] 什么毁了中国的大学?</li>
    <li class="style">[《看懂》2011年] 敲碎坚硬的壳</li>
    <li>[《思维与智慧》2011年] 曾国藩难忘的四次教训</li>
    <li>[《南方人物周刊》2011年] 汪涵 最厚道的古代人</li>
    <li>[《知识窗》2010年] 毕业时的三个问题</li>
    <li>[《看世界》2010年] 一拳打晕个拳师,中国特种部队的</li>
  </ol>
</div>
```

图 10-60

08 执行"文件 > 另存为"命令,将文件保存为"光盘 \ 源文件 \ 第 10 章 \10-3-3.html",如图 10-61 所示。

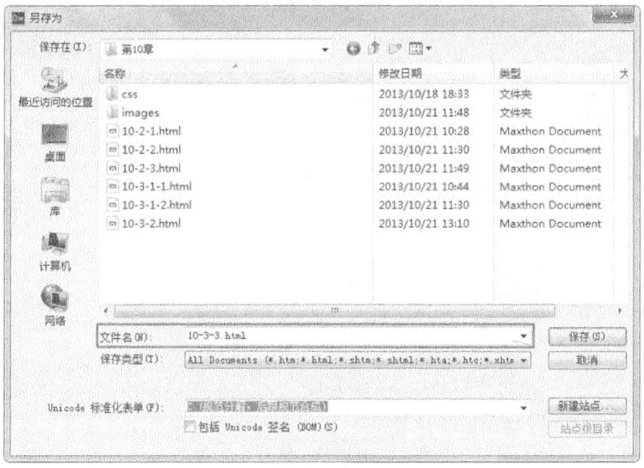

图 10-61

09 按 F12 键测试页面效果,如图 10-62 所示。

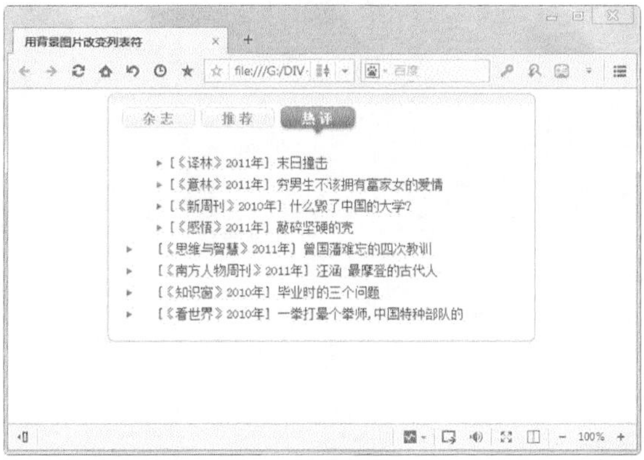

图 10-62

提示:
padding-left 属性的作用是设置图片与文字的间隔。

10.3.4 列表属性的速写法

在对项目列表的实际操作中,可以使用 list-style 属性将前面 3 个小节中所使用的 list-style-type 属性(定义列表符样式)、list-style-image 属性(用背景图片代替列表符)和 list-style-position 属性(改变列表符的位置)放在一起设置。其语法格式如下:

```
li{
    list-style:url( images/92101.jpg) outside square;
}
```

list-style 属性是复合属性,在指定列表符样式和图片值时,图像的优先级高于列表符样式;只有将图片值设置为 none 或无法显示 URL 所指的图片时,才会显示指定的列表符样式。

提示:
list-style 属性中的 3 个属性值可以是任意次序。

课堂案例

使用list-style复合属性

案例位置:光盘\源文件\第10章\10-3-4.html

视频位置:光盘\视频\第10章\10-3-4.swf

难易指数:★★☆☆☆

学习目标:掌握列表属性的速写法

最终效果如图10-63所示

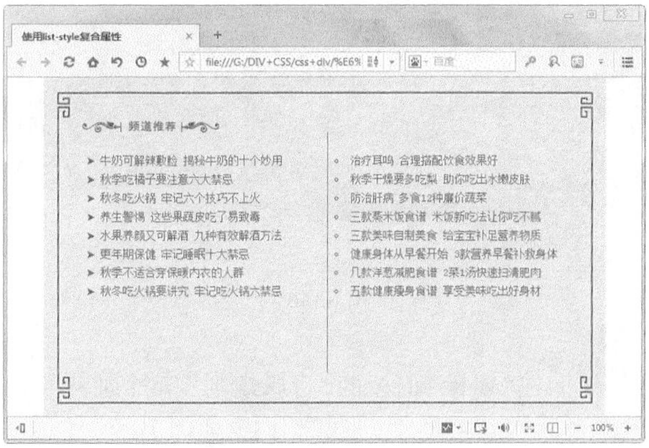

图 10-63

01 执行"文件 > 打开"命令,打开"文件 \ 光盘 \ 素材 \ 第 10 章 \103401.html"文件,页面效果如图 10-64 所示。

02 切换到"103401css.css"文件中,创建一个名为 li.style01 的 CSS 样式,设置其 list-style 和 padding-left 属性值,代码如图 10-65 所示。

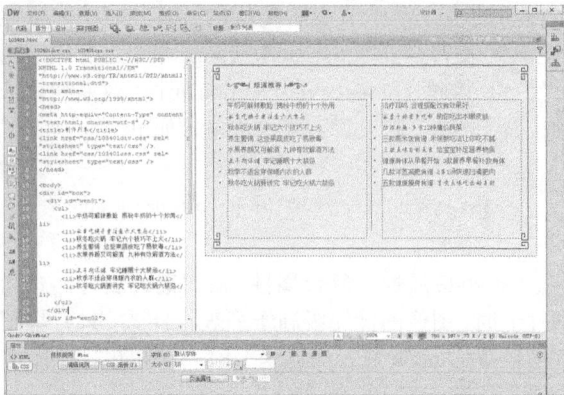

图10-64

```
ul{
    font:14px "宋体";
    color:#8d0000;
    line-height:24px;
}
li.style01{
    list-style:circle inside url(../images/103402.jpg);
    padding-left:5px;
}
```

图10-65

03 返回"源代码"页面,在 <body> 标签部分找到 id 名为 wen01 的 div,选中其中的文字,如图 10-66 所示。

```
<div id="wen01">
    <ul>
        <li>牛奶可解辣敷脸 揭秘牛奶的十个妙用</li>
        <li>秋季吃橘子要注意六大禁忌</li>
        <li>秋冬吃火锅 牢记六个技巧不上火</li>
        <li>养生警惕 这些果蔬皮吃了易致毒</li>
        <li>水果养颜又可解酒 九种有效解酒方法</li>
        <li>美容养保健 牢记睡眠十大禁忌</li>
        <li>秋季不适合穿保暖内衣的人群</li>
        <li>秋冬吃火锅要讲究 牢记吃火锅六禁忌</li>
    </ul>
</div>
```

图10-66

04 在"属性"面板的"目标规则"下拉列表中选择类样式为 li.style01,"属性"面板如图 10-67 所示。

图10-67

05 添加类样式后的代码效果如图 10-68 所示。

```
<div id="wen01">
    <ul>
        <li class="style01">牛奶可解辣敷脸 揭秘牛奶的十个妙用</li>
        <li class="style01">秋季吃橘子要注意六大禁忌</li>
        <li class="style01">秋冬吃火锅 牢记六个技巧不上火</li>
        <li class="style01">养生警惕 这些果蔬皮吃了易致毒</li>
        <li class="style01">水果养颜又可解酒 九种有效解酒方法</li>
        <li class="style01">美容养保健 牢记睡眠十大禁忌</li>
        <li class="style01">秋季不适合穿保暖内衣的人群</li>
        <li class="style01">秋冬吃火锅要讲究 牢记吃火锅六禁忌</li>
    </ul>
</div>
```

图10-68

06 执行"文件 > 另存为"命令,将文件保存为"光盘 \ 源文件 \ 第 10 章 \10-3-4.html",如图 10-69 所示。

图10-69

07 按 F12 键测试页面效果,如图 10-70 所示。

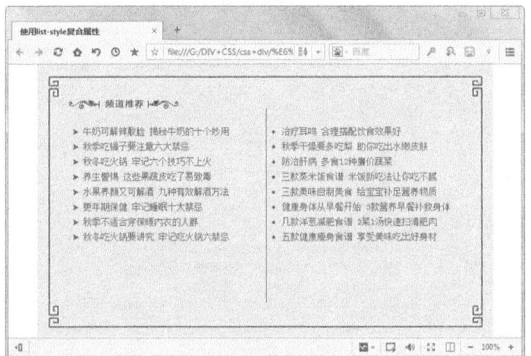

图10-70

08 切换到"103401css.css"文件中,创建一个名为 li.style02 的 CSS 样式,设置其 list-style 和 padding-left 属性值,代码如图 10-71 所示。

```
li.style01{
    list-style:circle inside url(../images/103402.jpg);
    padding-left:5px;
}
li.style02{
    list-style:circle outside none;
    padding-left:5px;
}
```

图10-71

09 返回"源代码"页面,在 <body> 标签部分找到 id 名为 wen02 的 div,选中其中的文字,如图 10-72 所示。

```
<div id="wen02">
    <ul>
        <li>治疗耳鸣 合理搭配饮食效果好</li>
        <li>秋季干燥季多吃梨 助你吃出水嫩皮肤</li>
        <li>防治积累 多食12种廉价蔬菜</li>
        <li>三款蒸米饭食谱 米饭新吃法让你吃不腻</li>
        <li>三秋美体自制么餐 给宝宝补足营养物质</li>
        <li>健康身体从早餐开始 3款营养早餐补救身体</li>
        <li>几款洋葱减肥食谱 2碗1汤快速扫清肥肉</li>
        <li>五款健康瘦身食谱 享受美味吃出好身材</li>
    </ul>
</div>
```

图10-72

10 在"属性"面板的"目标规则"下拉列表中选择类样式为 li.style02,"属性"面板如图 10-73 所示。

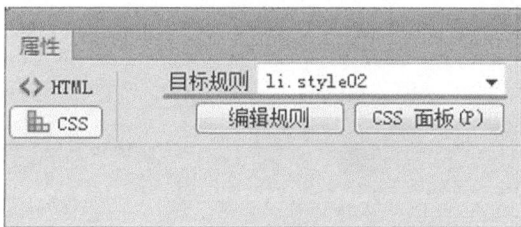

图10-73

> **提示:**
> 在选文本的时候需要注意,如果将所有的 <li></li> 标签对都选中,类样式会作用在整体的无序列表 ul 上,此时的 CSS 样式将失去效果。

11 添加类样式后的代码效果如图 10-74 所示。

```
<div id="wen02">
    <ul>
        <li class="style02">治疗耳鸣 合理搭配饮食效果好</li>
        <li class="style02">秋季干燥季多吃梨 助你吃出水嫩皮肤</li>
        <li class="style02">防治积累 多食12种廉价蔬菜</li>
        <li class="style02">三款蒸米饭食谱 米饭新吃法让你吃不腻</li>
        <li class="style02">三秋美体自制么餐 给宝宝补足营养物质</li>
        <li class="style02">健康身体从早餐开始 3款营养早餐补救身体</li>
        <li class="style02">几款洋葱减肥食谱 2碗1汤快速扫清肥肉</li>
        <li class="style02">五款健康瘦身食谱 享受美味吃出好身材</li>
    </ul>
</div>
```

图10-74

12 按 F12 键测试页面效果,如图 10-75 所示。

> **提示:**
> 通过案例中的比较,可以得出图像的优先级高于列表符样式;只有将图片值设置为 none 或无法显示 URL 所指的图片时,才会显示指定的列表符样式。

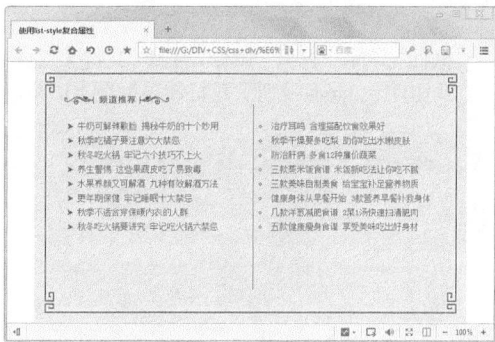

图10-75

10.4 使用列表制作实用菜单

当列表的列表符可以通过设置 list-style-type 属性值为 none 时,制作各式各样的菜单和导航条成了项目列表的最大用处之一,通过 CSS 属性控制可以达到意想不到的效果,本节将向读者介绍如何使用列表标签制作实用的网页导航菜单。

10.4.1 无需表格的菜单

通过 CSS 样式对列表的控制,可以制作出各式各样的菜单和导航栏效果,在 Div+CSS 布局中是最常使用的方法。下面通过案例来介绍导航菜单的制作方法。

课堂案例

制作导航菜单

案例位置:光盘\源文件\第10章\10-4-1.html
视频位置:光盘\视频\第10章\10-4-1.swf
难易指数:★★☆☆☆
学习目标:掌握制作菜单和导航栏效果的方法
最终效果如图10-76所示

图10-76

189

01 执行"文件 > 打开"命令,打开"文件 \ 光盘 \ 素材 \ 第10章 \ 104101.html"文件,页面效果如图10-77所示。

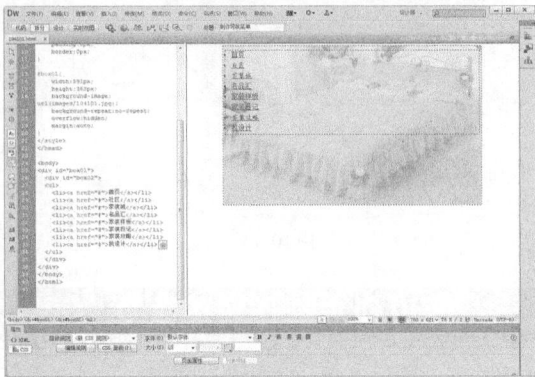

图10-77

02 在 <head> 标签部分定义名为 #box02 的 CSS 样式,设置 box02 div 的宽度为固定像素,并设置文字字体及大小;定义名为 #box02 ul 的 CSS 样式,将列表符设置为不显示,代码如图10-78所示。

```
#box01{
    width:591px;
    height:363px;
    background-image:url(images/104101.jpg);
    background-repeat:no-repeat;
    overflow:hidden;
    margin:auto;
}
#box02{
    width:160px;
    font: bold 14px "宋体";
}
#box02 ul{
    margin:10px 0px 0px 20px;
    padding:0px;
    list-style-type:none;
}
```

图10-78

03 转换到"设计"视图,页面效果如图 10-79 所示。

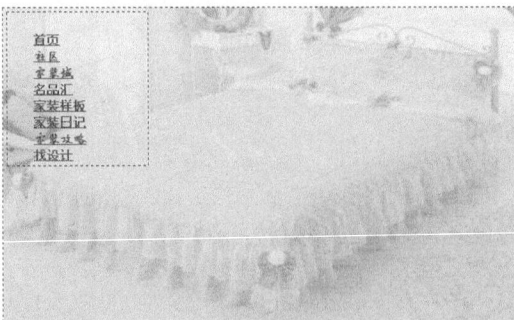

图10-79

04 返回"代码"视图中,再定义 #box02 li 和 #box02 li a 两个 CSS 样式,代码如图 10-80 所示。

```
#box02 ul{
    margin:10px 0px 0px 20px;
    padding:0px;
    list-style-type:none;
}
#box02 li{
    border:#986635 solid 1px;
}
#box02 li a{
    display:block;
    padding:5px 5px 5px 8px;
    text-decoration:none;
    border-left:#996535 solid 1px;
    border-right:#996535 solid 1px;
}
```

图10-80

05 转换到"设计"视图,页面效果如图10-81所示。

图10-81

06 继续返回"代码"视图,分别创建名为 #box li a:link、#box li a:visited 和 #box li a:hover 的 CSS 样式,代码如图 10-82 所示。

```
#box02 li a:link{
    background-color:#FFF;
    color:#986635;
}
#box02 li a:visited{
    background-color:#FFF;
    color:#986635;
}
#box02 li a:hover{
    background-color:#FF9;
    color:#F00;
}
```

图10-82

07 执行"文件＞另存为"命令，将文件保存为"光盘 \ 源文件 \ 第 10 章 \10-4-1.html"，如图 10-83 所示。

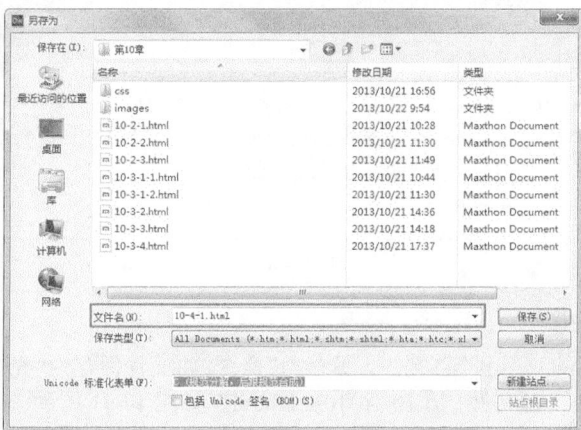

图10-83

08 按 F12 键测试页面效果，如图 10-84 所示。

图10-84

09 将鼠标移动到导航菜单位置，效果如图 10-85 所示。

图10-85

提示：
案例中打开的"104101.html"文件，在 <body> 部分插入了 <a href="#"></a>，其中 a 表示将引用该样式表里面所有的超链接样式；# 表示该链接的地址为空。在第 4 步定义的 CSS 样式中，display:block; 表示将元素设置为块元素，在这之后当鼠标移动到该块的任何部分时元素都会被激活。

10.4.2 菜单的横竖转换

在实际的网页设计中，根据不同的要求，垂直导航菜单有时无法满足，这时就需要导航菜单的水平显示，例如百度首页等网站，其导航菜单就是水平显示的。

页面的导航菜单不仅可以竖直排列，还能够在水平方向上显示。通过CSS属性的控制，可以轻松地实现导航菜单的横竖转换。下面通过案例来介绍导航菜单的横竖转换方法。

课堂案例
制作网站导航列表

案例位置：光盘\源文件\第10章\10-4-2.html
视频位置：光盘\视频\第10章\10-4-2.swf
难易指数：★★☆☆☆
学习目标：掌握导航菜单横竖转换的方法
最终效果如图10-86所示

图10-86

01 执行"文件＞打开"命令，打开"文件 \ 光盘 \ 源文件 \ 第 10 章 \10-4-1.html"文件，页面效果如图 10-87 所示。

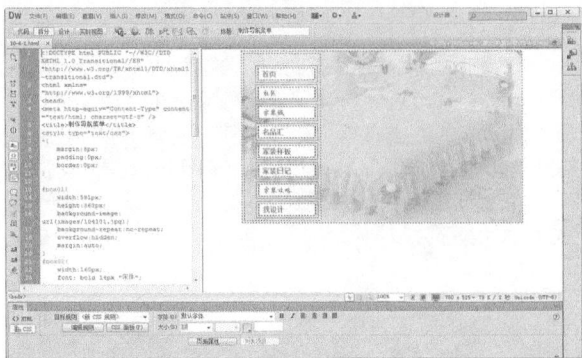
图10-87

02 在 \<head\> 标签部分找到 #box02 样式，删除 width 属性；找到 #box02 li 样式，将 border 属性修改为 float 属性，代码如图 10-88 所示。

```
#box02{
    font: bold 14px "宋体";
}
#box02 ul{
    margin:10px 0px 0px 20px;
    padding:0px;
    list-style-type:none;
}
#box02 li{
    float:left;
}
```
图10-88

03 转换到"设计"视图，发现页面效果如图 10-89 所示。

图10-89

04 返回"代码"视图中，找到 #box02　li a 样式，修改 padding 属性值，并将 border-left 和 border-right 属性修改为 border 属性，添加 margin 属性，代码如图

10-90 所示。

```
#box02 li{
    float:left;
}
#box02 li a{
    display:block;
    padding:5px 2px;
    text-decoration:none;
    border:#996535 solid 1px;
    margin:2px;
}
```
图10-90

05 执行"文件 > 另存为"命令，将文件保存为"光盘 \ 源文件 \ 第 10 章 \10-4-2.html"，如图 10-91 所示。

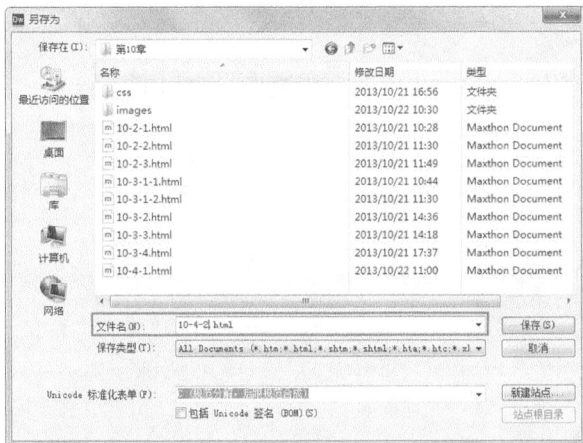
图10-91

06 按 F12 键测试页面效果，如图 10-92 所示。

图10-92

07 将鼠标移动到导航菜单位置,效果如图10-93所示。

> **提示:**
> 采用列表制作水平菜单时,如果没有设置 ul(或者 ol)标签的宽度(width)属性,则当浏览器的宽度缩小时,菜单会自动换行,这是使用 table 标签制作菜单所无法实现的。

图10-93

10.5 本章小结

本章主要讲解如何通过 CSS 样式对网页中的列表进行控制,包括列表的控制原则、列表的类型,以及如何改变列表符的样式,并通过实际案例,详细讲解了页面中如何应用列表样式。在实际的网页设计中,列表的使用也是非常重要的,比如使用列表来制作导航菜单。

10.6 课后习题

本章安排了两个课后习题,分别是制作下拉菜单和制作滑过菜单。完成这两个课后习题的制作可以熟练掌握列表的使用,并运用到实际的网页设计中。

10.6.1 课后习题1-制作滑过菜单

案例位置:光盘\源文件\第10章10-6-1.html

视频位置:光盘\视频\第10章\10-6-1.swf

难易指数:★★☆☆☆

学习目标:通过CSS样式控制列表

最终效果如图10-94所示

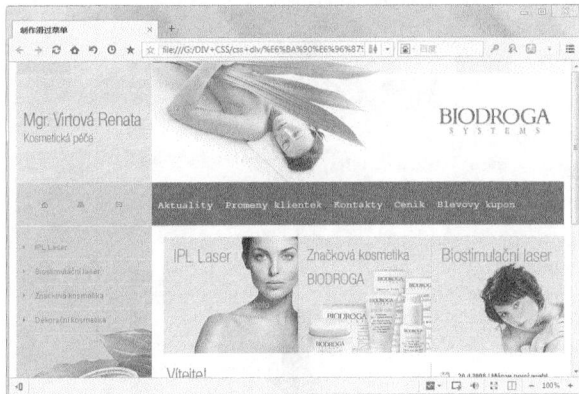

图10-94

步骤分解如图 10-95 所示。

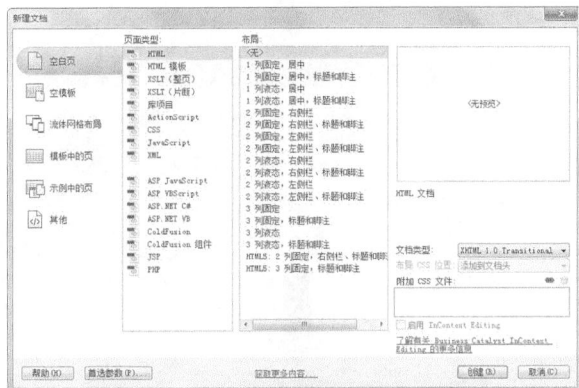

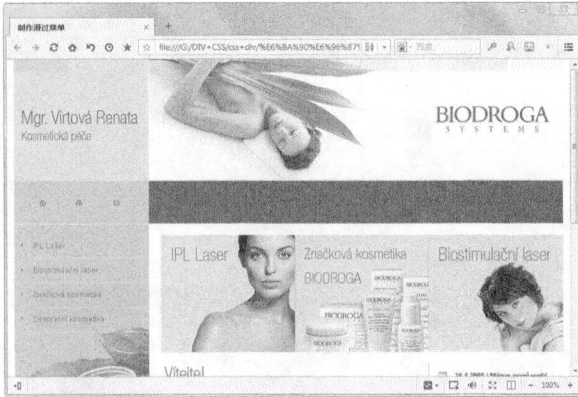

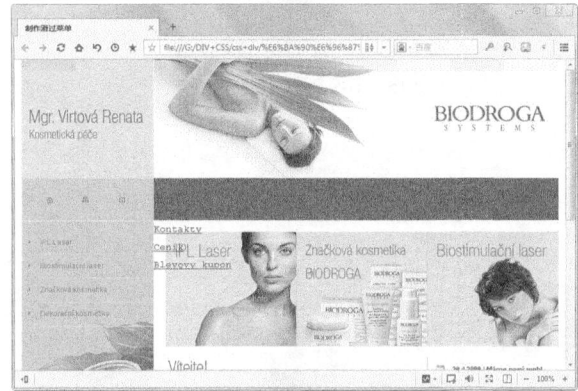

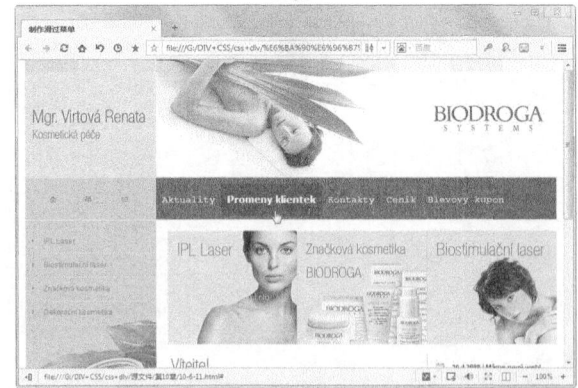

学习目标：通过CSS样式控制列表

最终效果如图10-96所示

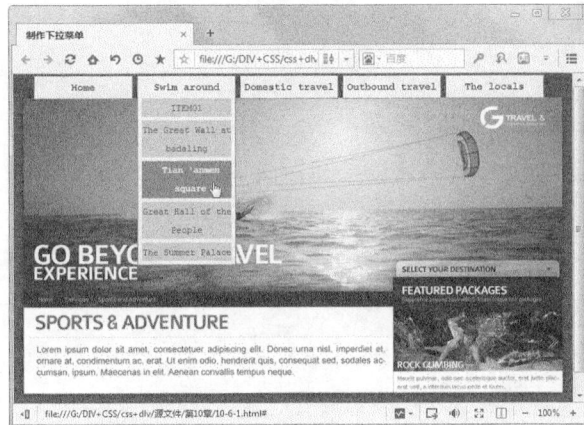

图10-96

步骤分解如图 10-97 所示。

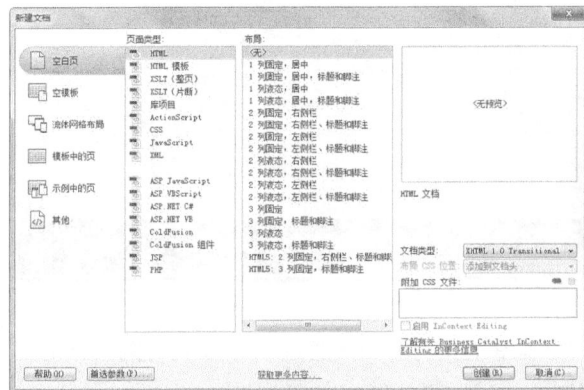

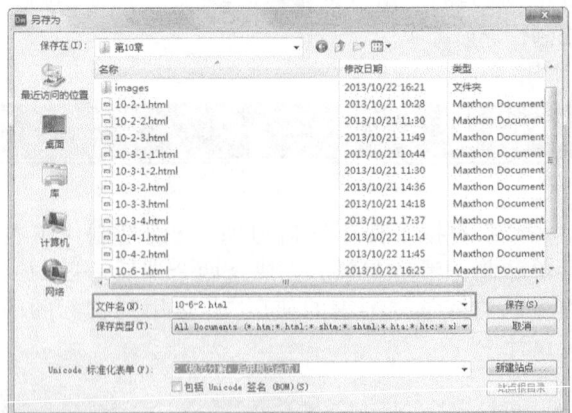

图10-95

10.6.2 课后习题2-制作下拉菜单

案例位置：光盘\源文件\第10章10-6-2.html

视频位置：光盘\视频\第10章\10-6-2.swf

难易指数：★★★☆☆

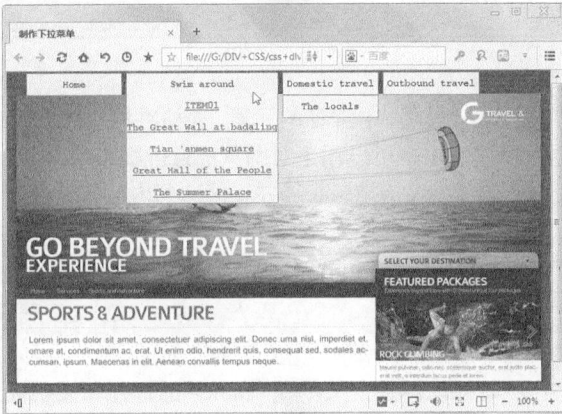

图10-97

第11章 CSS控制页面中的表格

Div+CSS

课堂学习目标：

- ★ 认识表格
- ★ 掌握CSS控制表格的方法
- ★ 了解表格的特效

在网页制作发展的早期中，表格发展成为基本的页面布局子语言。但是目前在Web标准中，表格正在慢慢地恢复它们原来的作用，也就是只用来显示表格数据，而不是用来进行页面布局。本章介绍网页中表格的制作方法。并将详细讲述使用CSS样式来控制、美化表格。

11.1 关于表格

HTML中的数据表格是网页中常见的元素，表格在网页中用来显示二维关系数据。虽然表格也可以用于对网页进行排版布局，但在Web标准中并不建议这样做，表格排版布局并不能达到内容与表现的分离。

11.1.1 表格的整体结构

HTML表格通过<table>标签定义。在<table>的打开和关闭标签之间，可以发现许多由<tr>标签指定的表格行。每一行由一个或者多个表格单元格组成。表格单元格可以是表格数据<td>，或者表格标题<th>，通常将表格标题认为是表达对应表格数据单元格的某种信息。

通过使用<thead>、<tbody>和<tfood>元素，将表格行聚集为组，可以构建更复杂的表格。每个标签定义包含一个或者多个表格行，并且将它们标识为一个组的盒子。<thead>标签用于指定表格标题行，<tfood>是表格标题行的补充，它是一组作为脚注的行，用<tbody>标签标记的表格正文部分，将相关行集合在一起，表格可以有一个或者多个<tbody>部分。

课堂案例

制作课程表

案例位置：光盘\源文件\第11章\11-1-1.html

视频位置：光盘\视频\第11章\11-1-1.swf

难易指数：★☆☆☆☆

学习目标：了解表格的标签

最终效果如图11-1所示

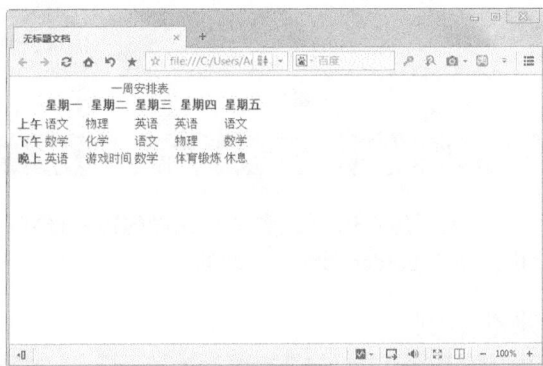

图11-1

01 执行"文件 > 新建"命令,新建一个空白的 HTML 页面,如图 11-2 所示。

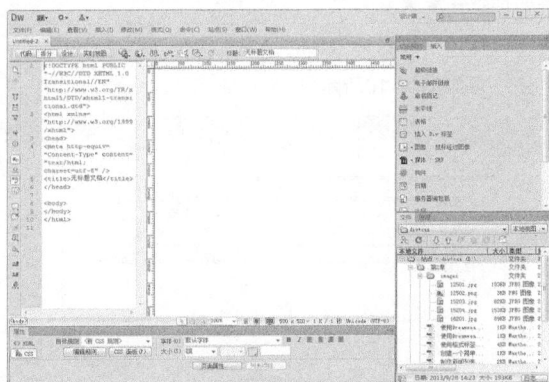

图11-2

02 执行"文件 > 保存"命令,将文档保存为"光盘 \ 源文件 \ 第 11 章 \11-1-1.html",如图 11-3 所示。

图11-3

03 在"代码"视图中的 <title> 标签内输入文档的标题,并在 <body> 标签中创建表格标签,如图 11-4 所示。

```
<head>
<meta http-equiv="Content-Type" content=
"text/html; charset=utf-8" />
<title>制作课程表</title>
</head>

<body>
<table>
</table>
</body>
</html>
```

图11-4

04 在表格标签中输入 <caption> 标签,在其中定义表格的标题,如图 11-5 所示。

```
<body>
<table>
  <caption>一周安排表</caption>
</table>
</body>
</html>
```

图11-5

05 继续在表格标签中输入标签 <thead>,定义表格的表头,即标题行如图 11-6 所示。

```
<body>
<table>
  <caption>一周安排表</caption>
  <thead>
    <tr>
      <th></th>
      <th>星期一</th>
      <th>星期二</th>
      <th>星期三</th>
      <th>星期四</th>
      <th>星期五</th>
    </tr>
  </thead>
</table>
</body>
```

图11-6

06 在表头下方定义表格的正文部分，如图 11-7 所示。

```
        <th>星期五</th>
      </tr>
    </thead>
    <tbody>
      <tr>
        <th>上午</th>
        <td>语文</td>
        <td>物理</td>
        <td>英语</td>
        <td>英语</td>
        <td>语文</td>
      </tr>
    </tbody>
  </table>
</body>
```

图11-7

07 在表格正文中再添加两行单元格，如图 11-8 所示。

```
        <td>语文</td>
      </tr>
      <tr>
        <th>下午</th>
        <td>数学</td>
        <td>化学</td>
        <td>语文</td>
        <td>物理</td>
        <td>数学</td>
      </tr>
      <tr>
        <th>晚上</th>
        <td>英语</td>
        <td>游戏时间</td>
        <td>数学</td>
        <td>体育锻炼</td>
        <td>休息</td>
      </tr>
    </tbody>
  </table>
```

图11-8

08 执行"文件>保存"命令，按F12键测试页面，如图 11-9 所示。

> **提示：**
> 浏览器通过对表格标签理解的默认样式设计显示表格，所以如果没有特殊的指定，单元格之间和表格周围通常没有边框。

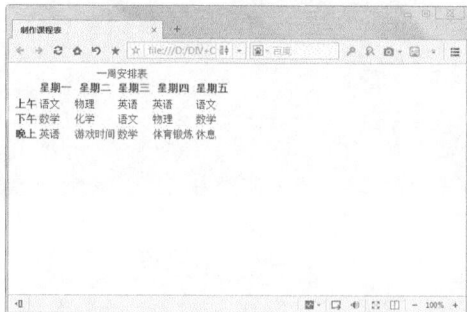

图11-9

11.1.2 表格的边框

表格表框的 CSS 样式和其他元素的边框样式一样，也是使用 border 属性来实现的。

课堂案例

为表格添加边框

案例位置：光盘\源文件\第11章\11-1-2.html

视频位置：光盘\视频\第11章\11-1-2.swf

难易指数：★ ★ ☆ ☆ ☆

学习目标：掌握表格边框的应用方法

最终效果如图11-10所示

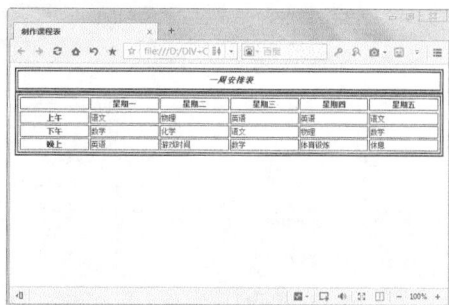

图11-10

01 执行"文件 > 打开"命令，打开"光盘 \ 源文件 \ 第 11 章 \11-1-1.html"文档，如图 11-11 所示。

图11-11

02 创建 <style> 标签,并在该标签中添加 table 选择器,定义表格的大小、文字大小、表框以及填充,如图 11-12 所示。之后表格效果如图 11-13 所示。

```
<style type="text/css">
table {
    width:100%;
    font-size:12px;
    border:6px double #000;
    padding:1px;
}
</style>
```

图 11-12

图 11-13

03 继续定义单元格和表格标题的 CSS 样式,如图 11-14 所示。

```
td,th {
    width:15%;
    border:1px solid #000;
}
caption {
    font-size:14px;
    font-style:italic;
    border:6px double #000;
    padding:5px;
    font-weight:bold;
}
```

图 11-14

04 执行"文件 > 另存为"命令,将文档保存为"光盘\源文件\第 11 章\11-1-2.html",如图 11-15 所示。

图 11-15

05 按 F12 键测试页面,观察表格的表框效果,如图 11-16 所示。

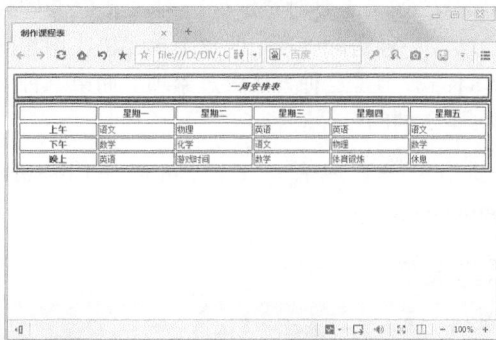

图 11-16

11.1.3 表格的标题

<caption> 标签是表格标题标签,<caption> 标签出现在 <table> 标签之间,作为第一个子元素,它通常在表格之前显示。

表格标题的位置并不是固定的,用户也可以使用 css 中的 caption-side 属性将标题放置在表格的其他位置,caption-side 属性的值如表 11-1 所示。

表11-1

属性值	效果
bottom	标题出现在表格之后
top	标题出现在表格之前
inherit	从父元素继承caption-side属性的值

提示:
在大多数的浏览器中,表格标题的默认位置是在表格上面居中。

例如在 caption 选择器中添加 caption-side 属性,并指定属性值为 bottom,那么表格的效果将如图 11-17 所示。

图 11-17

199

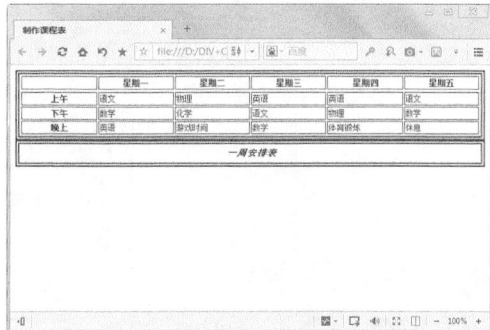

11.1.4 设置表格列样式

表格中的每个单元格除了是行的一部分,还是列的一部分。如果需要对特定列应用一组 CSS 样式有两种方法,一种是对该列中的每个单元格应用相同的类 CSS 样式,但是这种方法太过繁琐。而第二种方法是编写基于列的选择器。

要指定一列或者一组列,可以使用 <col> 和 <colgroup> 标签。

课堂案例
定义表格每一列的效果

案例位置:光盘\源文件\第11章\11-1-4.html

视频位置:光盘\视频\第11章\11-1-4.swf

难易指数:★★☆☆☆

学习目标:了解如何定义表格的列

最终效果如图11-18所示

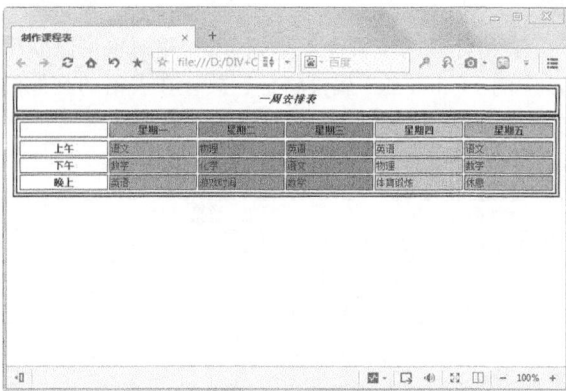

图11-18

01 执行"文件 > 打开"命令,打开"光盘 \ 源文件 \ 第 11 章 \11-1-2.html"文档,如图 11-19 所示。

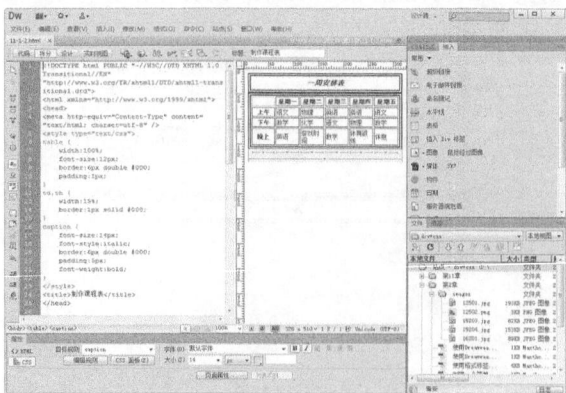

图11-19

02 在表格的标题标签下方创建 <colgroup> 标签和 <col> 标签,并为其定义 id 名称,如图 11-20 所示。

```
<table>
  <caption>一周安排表</caption>
  <colgroup>
    <col id="time" />
  </colgroup>
  <colgroup id="days">
    <col id="mon" />
    <col id="tue" />
    <col id="wed" />
    <col id="thu" />
    <col id="fri" />
  </colgroup>
  <thead>
```

图11-20

03 为刚刚添加的标签定义 CSS 样式,指定每一列的颜色效果,如图 11-21 所示。

```
#mon {
    background-color:#999;
}
#tue {
    background-color:#09F;
}
#wed {
    background-color:#C6C;
}
#thu {
    background-color:#CC6;
}
#fri {
    background-color:#6C9;
}
```

图11-21

04 执行"文件 > 另存为"命令,将文档保存为"光盘 \ 源文件 \ 第 11 章 \11-1-4.html",如图 11-22 所示。

图11-22

05 按 F12 键测试页面，观察表格每一列的颜色效果，如图 11-23 所示。

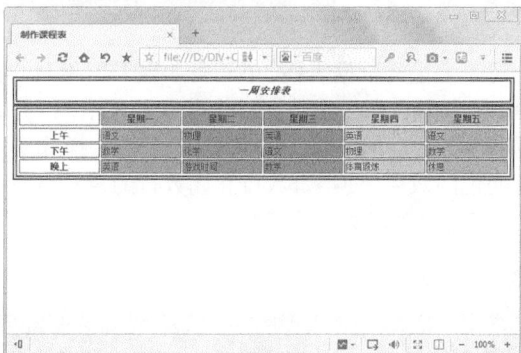

图11-23

11.2 单元格对齐

单元格元素的对齐的方式也是可以进行设置的，将单元格内的元素对齐到理想的位置，可以使表格更加的便于浏览阅读。

11.2.1 水平对齐

使用 text-align 属性可以使单元中的元素居左、居右或者居中排列。

课堂案例

定义水平对齐方式

案例位置：光盘\源文件\第11章\11-2-1.html

视频位置：光盘\视频\第11章\11-2-1.swf

难易指数：★★☆☆☆

学习目标：掌握定义表格水平对齐的方法

最终效果如图11-24所示

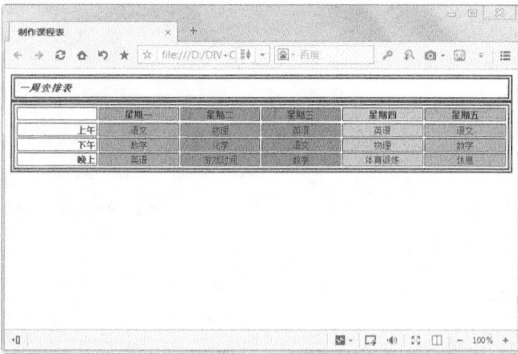

图11-24

01 执行"文件 > 打开"命令，打开"光盘 \ 源文件 \ 第 11 章 \11-1-4.html"，如图 11-25 所示。

图11-25

02 在 CSS 样式中找到 caption 选择器，在其中添加 text-align 属性，并定义属性值为 left，如图 11-26 所示。

```
caption {
    font-size:14px;
    font-style:italic;
    border:6px double #000;
    padding:5px;
    font-weight:bold;
    text-align:left;
}
```

图11-26

03 定义表格正文部分单元格 th 和 td 的对齐 CSS 样式，如图 11-27 所示。

```
tbody th {
    text-align:right;
}
tbody td {
    text-align:center;
}
```

图11-27

04 执行"文件 > 另存为"命令，将其保存为"光盘 \ 源文件 \ 第 11 章 \11-2-1.html"，如图 11-28 所示。

05 按 F12 键测试页面，观察单元格元素对齐所发生的变化，如图 11-29 所示。

图11-28

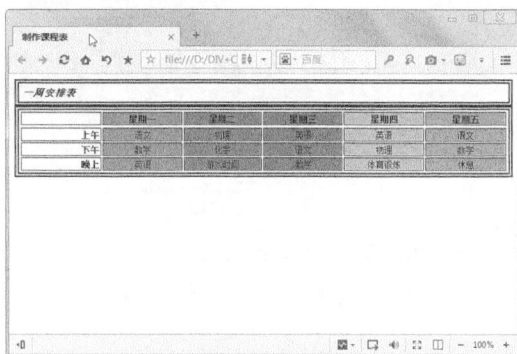

图11-29

11.2.2 垂直对齐

默认情况下，单元格的垂直对齐方式是垂直居中对齐。

用户可以使用 vertical-align 属性改变单元格的垂直对齐方式，如图 11-30 所示。对齐效果如图 11-31 所示。

```
td { height: 25px;
     vertical-align: bottom;
}
```

图11-30

图11-31

11.3 表格特效

在网页中使用表格来表现一些数据量比较大的内容时，表格的行和列就比较多，这时，表格会显得非常凌乱。

而通过 CSS 样式，可以实现一些表格的特殊效果，从而使数据信息更加有条理性。

11.3.1 隔行变色单元格

对于大量的数据表格，单元格如果采用相同的背景色，那么用户在查看数据时会非常的不清晰，并且容易读错，通常的解决方法就是通过 CSS 样式实现隔行变色的效果，使得奇数行和偶数行的背景色不一样，从而达到数据的一目了然。

课堂案例
实现隔行变色单元格

案例位置：光盘\源文件\第11章\11-3-1.html

视频位置：光盘\视频\第11章\11-3-1.swf

难易指数：★★★☆☆

学习目标：了解隔行变色单元格的实现方法

最终效果如图11-32所示

图11-32

01 执行"文件 > 打开"命令，打开"光盘 \ 素材 \ 第 11 章 \113101.html"文档，如图 11-33 所示。

图11-33

02 按 F12 键测试页面，浏览该页面目前的效果，如图 11-34 所示。

图11-34

03 切换到该文件所链接的外部 CSS 样式表文件 113101.css 中，可以看到应用于表格部分的 CSS 样式，如图 11-35 所示。

```
table {
    width: 590px;
}
caption {
    font-size: 20px;
    font-family: 黑体;
    color: #558193;
    line-height: 40px;
}
thead {
    height: 25px;
    line-height: 25px;
    background-image: url(../images/113105.gif);
    background-repeat: no-repeat;
}
#title {
    width: 400px;
}
#num {
    width: 80px;
}
#time {
    width: 110px;
}
td {
    border-bottom: solid 1px #ccc;
}
.list01 {
    background-image: url(../images/113106.gif);
    background-repeat: no-repeat;
    background-position: 5px center;
    padding-left: 20px;
}
.font01 {
    text-align: center;
}
```

图11-35

04 在样式表中添加一个名称为 bg01 的类样式，在属性中设置背景色为灰色，如图 11-36 所示。

```
.bg01 {
    background-color: #F4F4F4;
}
```

图11-36

05 执行"文件 > 另存为"命令，将 CSS 文档保存为"光盘 \ 源文件 \ 第 11 章 \css\113101.css"，如图 11-37 所示。

图11-37

06 返回"源代码"中，找到表格标签，在其中的 <tr> 标签中隔行应用 bg01 类样式，如图 11-38 所示。

```
<tr>
    <td class="list01">[组图] 让人拍案叫绝的"变异" PS高手作品</td>
    <td class="font01">28965</td>
    <td class="font01">2013-10-15</td>
</tr>
<tr class="bg01">
    <td class="list01">[组图] 超尴尬的网络版少儿识字卡片</td>
    <td class="font01">28643</td>
    <td class="font01">2013-10-15</td>
</tr>
<tr>
    <td class="list01">[组图] 辨别"山寨版"明星脸 擦亮你的慧眼</td>
    <td class="font01">23456</td>
    <td class="font01">2013-10-14</td>
</tr>
<tr class="bg01">
    <td class="list01">[组图] 未来世界可怕的生物武器</td>
    <td class="font01">23432</td>
    <td class="font01">2013-10-12</td>
</tr>
```

图11-38

07 执行"文件 > 另存为"命令，将文档保存为"光盘 \ 源文件 \ 第 11 章 \11-3-1.html"，如图 11-39 所示。

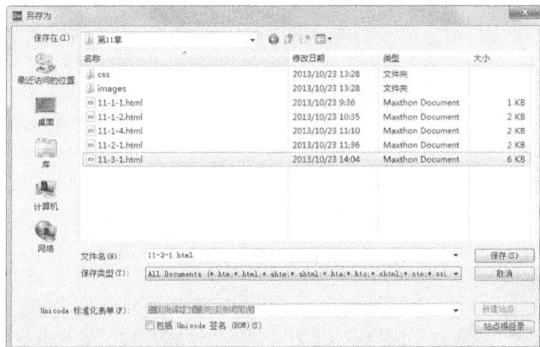

图11-39

08 按 F12 键测试页面，观察页面中表格效果，已变成隔行变色，如图 11-40 所示。

图11-40

11.3.2 鼠标经过变色表格

　　如果表格中有大量数据，长时间浏览即使使用了隔行变色的特效仍然会让人感到疲劳。要是数据行能根据鼠标悬停在上面与否动态改变颜色，使数据自动跳将出来，阅读便会轻松得多。通过CSS就可以轻松地实现变色表格的效果。

课堂案例

实现鼠标经过变色表格

案例位置：光盘\源文件\第11章\11-3-2.html

视频位置：光盘\视频\第11章\11-3-2.swf

难易指数：★★★☆☆

学习目标：了解如何实现鼠标经过变色表格

最终效果如图11-41所示

图11-41

01 执行"文件 > 打开"命令，打开"光盘 \ 素材 \ 第 11 章 \113101.html"文档，如图 11-42 所示。

02 切换到该文件所链接的外部 CSS 样式表文件 113101.css 中，如图 11-43 所示。

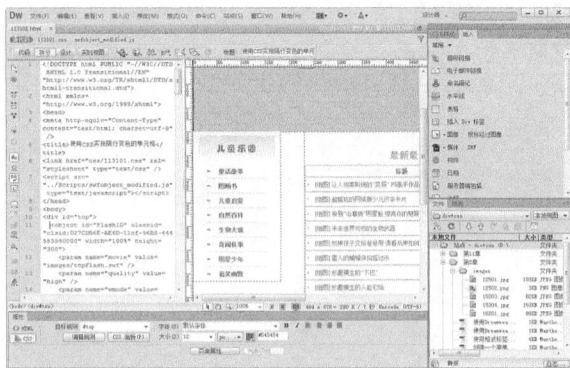

图11-42

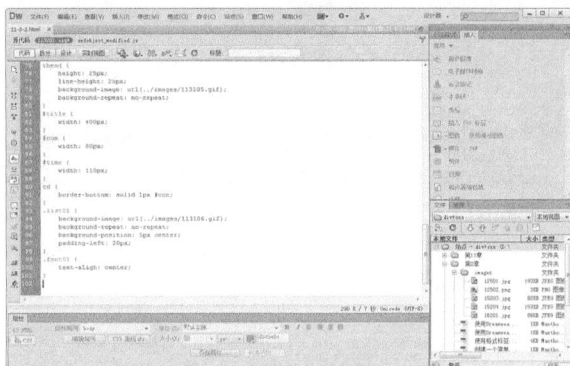

图11-43

03 在该样式表中添加 tr：hover 选择器，并在其中定义要改变的背景颜色及光标属性，如图 11-44 所示。

```
tr:hover{
    background-color:#F4F4F4;
    cursor:pointer;
}
```

图11-44

04 执行"文件 > 另存为"命令，将 CSS 文档保存为"光盘 \ 源文件 \ 第 11 章 \css\113201.css"，如图 11-45 所示。

图11-45

05 回到"源代码"中，在 `<head>` 标签中修改文档的标题，并修改 `<link>` 标签中链接的 CSS 的文件路径名称，如图 11-46 所示。

```
<head>
<meta http-equiv="Content-Type" content="text/html;
charset=utf-8" />
<title>实现鼠标经过变色表格</title>
<link href="css/113201.css" rel="stylesheet" type="text/css" />
<script src="../Scripts/swfobject_modified.js" type=
"text/javascript"></script>
</head>
<body>
<div id="top">
  <object id="FlashID" classid=
"clsid:D27CDB6E-AE6D-11cf-96B8-444553540000" width="100%" height
="300">
```

图11-46

06 执行"文件 > 另存为"命令，将其保存为"光盘 \ 源文件 \ 第 11 章 \11-3-2.html"，如图 11-47 所示。

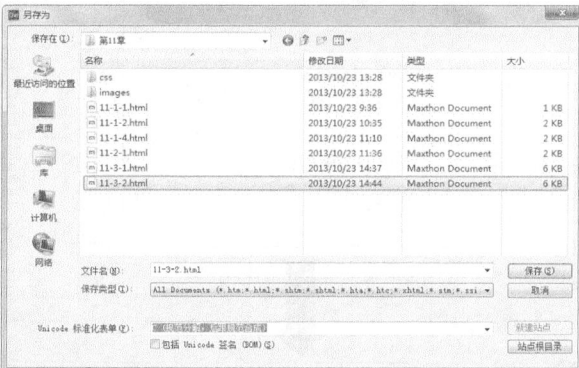

图11-47

07 按 F12 键测试页面，将鼠标移动到表格中，观察表格的效果，如图 11-48 所示。

图11-48

11.4　本章小结

本章主要向读者介绍了如何使用 CSS 样式对表格进行控制。完成本章内容的学习，读者需要能够熟练掌握表格模型的创建，以及如何通过CSS样式对表格各个部分进行控制和执行美化操作。

11.5　课后习题

本章安排了两个课后习题，分别是制作理财工具箱表格和音乐榜单表格，这两个课后习题主要是为了用户可以巩固前面所学的内容，加深知识点的印象。

11.5.1　课后习题1-制作家居查询表格

案例位置：光盘\源文件\第11章\11-5-1.html

视频位置：光盘\视频\第11章\11-5-1.swf

难易指数：★ ★ ★ ☆ ☆

学习目标：掌握表格边框的统一设置方法

最终效果如图11-49所示

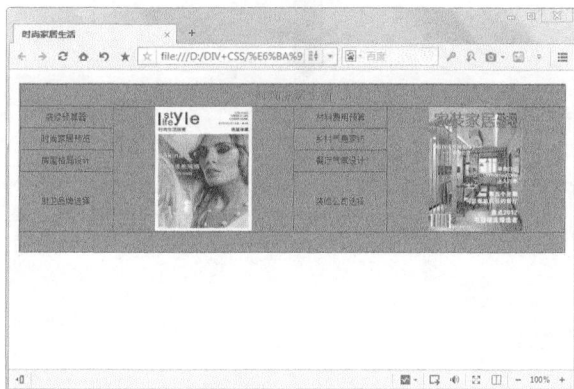

图11-49

步骤分解如图 11-50 所示。

```
<head>
<meta http-equiv="Content-Type" content="text
<title>理财工具箱 </title>
<style>
*{
    padding:0px;
    margin:0px;
}
body{
    font-family:"宋体";
    font-size:12px;
}
</style>
```

```
<body>
<table width="800" border="1" cellspacing="0" cellpadding="0">
  <tr>
    <td colspan="4"><h1>时尚家居生活</h1></td>
  </tr>
</table>
</body>
```

```
table{
    text-align:center;
    margin:20px auto;
    background:#39C;
}
tr{
    height:30px;
    line-height:30px;
}
h1{
    font-size:18px;
    color:#F00;
}
```

```
<body>
<table width="800" border="1" cellspacing="0" cellpadding="0">
  <tr>
    <td colspan="4"><h1>时尚家居生活</h1></td>
  </tr>
  <tr>
    <td>装修预算器</td>
    <td rowspan="4"><img src="images/115101.jpg" width="140" height="183" /></td>
    <td>材料费用预算</td>
    <td rowspan="4"><img src="images/115102.jpg" width="140" height="183" /></td>
  </tr>
  <tr>
    <td>时尚家居预览</td>
    <td>乡村气息家纺</td>
  </tr>
  <tr>
    <td>房屋格局设计</td>
    <td>餐厅气氛设计</td>
  </tr>
  <tr>
    <td>跟卫品牌选择</td>
    <td>装修公司选择</td>
  </tr>
  <tr>
    <td colspan="4"></td>
  </tr>
</table>
</body>
```

图11-50

11.5.2 课后习题2-新闻表格效果

案例位置：光盘\源文件\第11章\11-5-2.html

视频位置：光盘\视频\第11章\11-5-2.swf

难易指数：★★★☆☆

学习目标：掌握表格通行和通列的设置方法

最终效果如图11-51所示

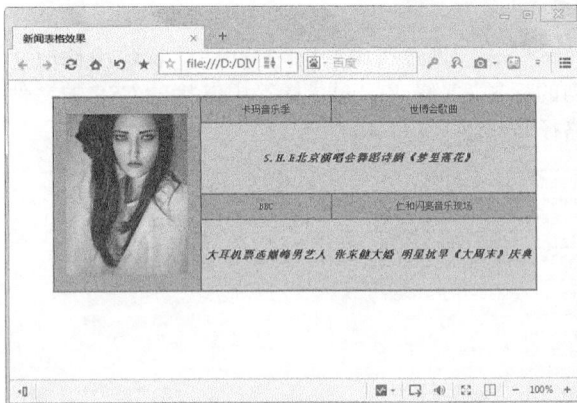

图11-51

步骤分解如图 11-52 所示。

```
<head>
<meta http-equiv="Content-Type"
charset=utf-8" />
<title>新闻表格效果</title>
<style>
*{
    padding:0px;
    margin:0px;
}
body{
    font-family:"宋体";
    font-size:12px;
}
</style>
```

```
<body>
<table width="600" border="1" cellspacing="0" cellpadding="10">
  <tr>
    <td style="width:180px;"><img src="images/115201.jpg" /></td>
    <td> 卡玛音乐季</td>
    <td> 世博会歌曲</td>
  </tr>
</table>

</body>
```

```
<body>
<table width="600" border="1" cellspacing="0" cellpadding="10">
  <tr>
    <td rowspan="4" style="width:180px;"><img src="images/115201.jpg" /></td>
    <td>卡玛音乐季</td>
    <td>世博会歌曲</td>
  </tr>
  <tr>
    <td height="87" colspan="2">S.H.E北京演唱会舞蹈诗剧《梦里落花》</td>
  </tr>
  <tr>
    <td>BBC</td>
    <td>仁和闪亮音乐现场</td>
  </tr>
  <tr>
    <td height="87" colspan="2">大耳机票选巅峰男艺人 张东健大婚 明星抗旱《大周末》庆典</td>
  </tr>
</table>

</body>
```

```
table{
    text-align:center;
    margin:20px auto;
    background:#00CCFF;}
tr{
    height:30px;
    line-height:30px;
}
.one{
    background-color:#FFCC33;
    font-size:14px;
    font-weight:800;
    font-style:italic;
}
```

```
<body>
<table width="600" border="1" cellspacing="0" cellpadding="10">
  <tr>
    <td rowspan="4" style="width:180px;"><img src="images/115201.jpg" /></td>
    <td>卡玛音乐季</td>
    <td>世博会歌曲</td>
  </tr>
  <tr class="one">
    <td height="87" colspan="2">S.H.E北京演唱会舞蹈诗剧《梦里落花》</td>
  </tr>
  <tr>
    <td>BBC</td>
    <td>仁和闪亮音乐现场</td>
  </tr>
  <tr class="one">
    <td height="87" colspan="2">大耳机票选巅峰男艺人 张东健大婚 明星抗旱《大周末》庆典</td>
  </tr>
</table>

</body>
```

图11-52

207

第12章 CSS控制表单

课堂学习目标：

- ★ 了解表单的设计原则
- ★ 熟悉表单的分类
- ★ 了解表单的基本添加方式
- ★ 使用CSS控制表单元素
- ★ 掌握CSS美化表单的方法

在 HTML 代码中，通过表单可以实现用户与系统的数据交互，但这种表单仅拥有最基本的功能，对于背景颜色、边框及字体等属性是不可以进行设置的。通过CSS样式则可以控制使用HTML无法控制的属性，从而使页面的布局更加美观。本章将会对表单的定义、应用方式及使用 CSS 控制表单样式的方法进行详细的讲解。

12.1 表单设计概述

表单是网页设计中不可或缺的元素之一，主要负责用户数据采集和网站与用户之间交换的信息交换，通常可以通过表单完成采集访问者的名字和 e-mail 地址、调查表、留言簿等操作。

12.1.1 表单的设计原则

表单元素用来收集用户信息，帮助用户进行功能性控制。表单的交互设计，是网站设计之中相当重要的环节。从表单视觉设计上来说，经常需要摆脱 HTML 提供的默认的比较粗糙的视觉样式，一般来说要注意以下几点。

1. 标题填写的时间与内容

首先要考虑收集的数据应该是用户所熟悉的内容，如姓名、地址和电话等。同时填写表单的时间应当尽可能的短。

每对标签和输入框垂直对齐给人一种简单明朗的感觉，并且一致的左对齐还减少了眼睛移动和处理的时间。简单地填写说明和清晰的验证可以避免用户通过其他链接转移视线到别的地方，从而放弃填写表单，如图 12-1 所示。

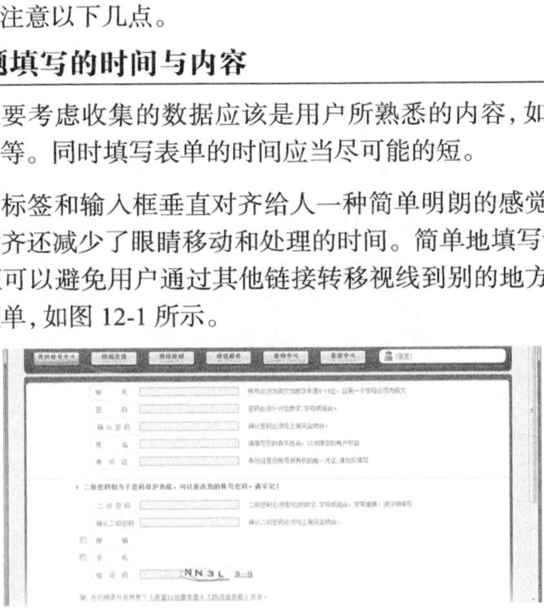

图12-1

2. 标注表单填写步骤

如果完成表单需要多个步骤，就要用图形或文字标明所需的步骤以及当前正在进行的步骤，如图 12-2 所示。

图12-2

3. 提供格式，保持页面效果一致

文本输入框内容需要提供一些常用的文本格式设定的选项，例如加粗、字体大小、超链接和图片等。而且，尽量让此内容与用户完全发布以后的内容格式相同，如图12-3所示。

图12-3

12.1.2 表单的分类

根据表单的运用范围可以将表单大致分为以下4类：用户登录表单、用户注册表单、搜索表单和跳转菜单。

● 用户登录表单

该表单应用是在网页中最常见的表单形式。通常此类表单由 input（单行文本框）和 button（按钮）组成，有一些网站的登录表单还包含 checkbox（复选框），以帮助登录用户记住登入信息，如图12-4所示。

图12-4

● 用户注册表单

该表单应用形式是网站中应用比较广泛的表单类型，通常会包括所有的表单元素，如图12-5所示。

图12-5

● 搜索表单

该表单形式在网站中应用广泛，特别是电子商务类型的网站，方便快捷的浏览表单可以使浏览者快速找到感兴趣的商品或信息，如图12-6所示。

图12-6

● 跳转表单

通过该表单形式可以快速跳转到菜单中指定的页面，一般用于制作网站的友情链接或站内指定位置跳转，如图12-7所示。

图12-7

12.2 表单的设计

表单可以快速将用户信息与网站交换。利用表单可以收集客户端提交的有关信息。接下来，本节将针对表单的基础进行介绍。

12.2.1 表单

表单是网页上的一个特定区域。这个区域是由一对 <form> 标签定义的。它有着两个方面的作用。

第一个方面，限定表单的范围。其他的表单对象，都要插入到表单之中。单击"提交"按钮时，表单范围之内的内容将被提交。

第二个方面，携带表单的相关信息，比如说处理表单的脚本程序的位置和提交表单的方法等。这些信息对于浏览者是不可见的，但对于处理表单却有着决定性的作用。

在 HTML 代码中输入如下内容，即可完成表单的创建，如图 12-8 所示。

```
<form name="name" method="method" action
="URL" enctype="value" target="target_win">
……
</form>
```

图12-8

> 📖 **知识点：<form>标签的属性**
>
> <form> 标签的属性如表 12-1 所示。

表12-1

属性	描述
name	表单的名称
method	定义表单结果从浏览器传送到服务器的方法，一般有GET和POST两种方法
action	用来定义表单处理程序（一个ASP、CGI等程序）的位置（相对地址或绝对地址）
enctype	设置表单资料的编码方式
target	设置返回信息的显示方式

12.2.2 表单元素

在 <form> 标签中，可以包含表单输入、菜单／列表标记、菜单／列表项目标记和多行文本域标记等多种表单元素。综合使用这些元素，可以完成复杂的表单效果，例如会员注册和用户调查，如图 12-9 所示。

图12-9

课堂案例
创建一个简单的表单

案例位置：光盘\源文件\第12章\12-2-2.html

视频位置：光盘\视频\第12章\12-2-2.swf

难易指数：★ ☆ ☆ ☆ ☆

学习目标：掌握Dreamweaver中创建表单的方法

最终效果如图12-10所示

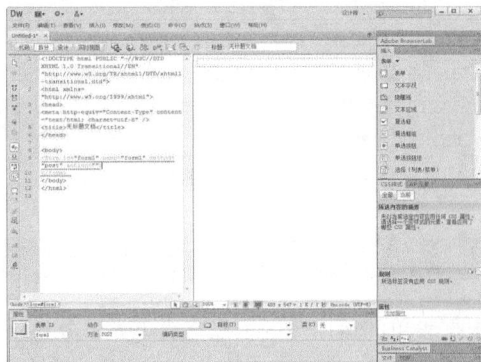

图12-10

01 打开 Dreamweaver 软件，新建一个 HTML 页面，如图 12-11 所示。

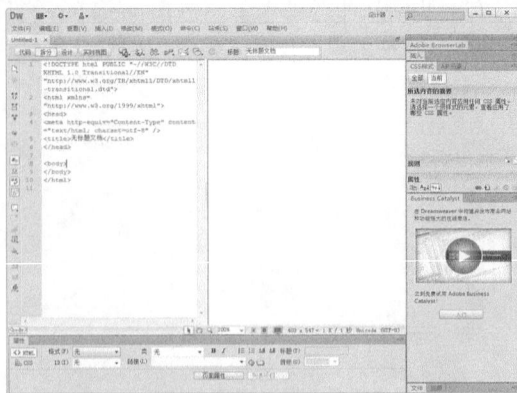

图12-11

02 选择"设计"视图,在"插入"面板的下拉列表中选择"表单"选项,如图12-12所示。

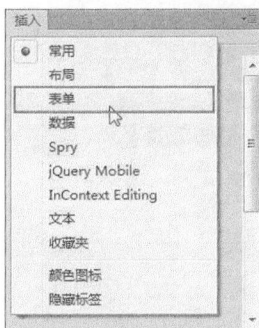

图12-12

03 选择"表单"选项,即可在页面中插入一个表单域,如图12-13所示。同时观察"代码"视图中添加的HTML代码,如图12-14所示。

图12-13

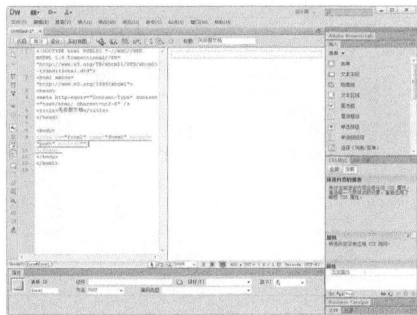

图12-14

提示:
插入的表单域在设计页面中将以红色虚线标注表单范围。红色虚线在浏览网页时会自动隐藏,不会显示。

12.3 表单输入<input>

输入标签是<input>是表单中最常用标签之一。

例如输入用户名和密码通常都会使用表单输入标签。

<input>标签的属性如表12-2所示。

表12-2

属性	描述
name	域的名称
type	域的类型

在type属性中,包含表12-3所示的属性值。

表12-3

属性	描述
text	文本域
password	密码域
file	文件域
checkbox	复选框
radio	单选按钮
button	普通按钮
submit	提交按钮
reset	重置按钮
hidden	隐藏域
image	图像域(图像提交按钮)

12.3.1 文本域和密码域

text属性值用来设定在表单的文本域中,输入任何类型的文本、数字或字母。输入的内容以单行显示,如图12-15所示。

```
<form id="form1" name="form1" method=
"post" action="">
<label for="name">名字</label>
<input type="text" name="name" id="name"
 size="20" maxlength="50" value
="http://" />
</form>
```

图12-15

知识点:文本域属性
与text属性相关的属性如表12-4所示。

表12-4

属性	描述
name	文本域的名称
id	文本域的编号
maxlength	文本域的最大输入字符数
size	文本域的宽度(以字符为单位)
value	文本域的默认值

在表单中还有一种文本域的形式为密码域,输入到此种文本域中的文字均以星号(*)或圆点(●)显

示，如图 12-16 所示。

```
<form id="form1" name="form1" method=
"post" action="">
 <label for="name">密码</label>
<input type="password" name="name" id=
"pass" size="20" maxlength="50" value
="http://" />
</form>
```

图 12-16

知识点：密码域属性

password 属性值相关的属性如表 12-5 所示。

表12-5

属性	描述
name	密码域的名称
id	文本域的编号
maxlength	密码域的最大输入字符数
size	密码域的宽度（以字符为单位）
value	密码域的默认值

课堂案例
创建用户登录界面

案例位置：光盘\源文件\第12章\12-3-1.html

视频位置：光盘\视频\第12章\12-3-1.swf

难易指数：★ ☆ ☆ ☆ ☆

学习目标：掌握文本域和密码域的创建方法

最终效果如图12-17所示

图12-17

01 启动 Dreamweaver，打开"光盘\素材\第12章\12-3-1.html 文件，页面效果如图 12-18 所示。

02 将光标移动到 div 内，在"插入"面板中选择"表单"选项，选择插入"文本字段"，如图 12-19 所示。

图12-18

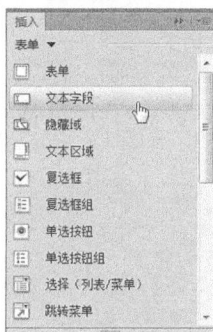

图12-19

03 弹出"输入标签辅助功能属性"对话框，在"标签"文本框中输入"用户名"，如图 12-20 所示。

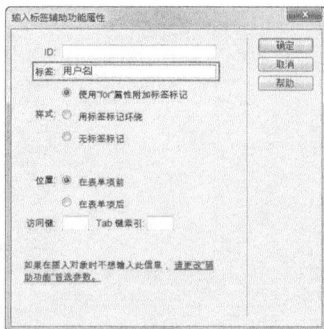

图12-20

04 单击"确定"按钮，弹出 Dreamweaver 提示对话，单击"是"按钮，即可完成文本字段的添加，如图 12-21 所示。

图12-21

05 选择文本字段,在"属性"面板中修改"字符宽度",如图 12-22 所示。

图12-22

06 使用相同的方法,添加"密码"文本字段,并修改"类型"为"密码",完成效果如图 12-23 所示。

图12-23

提示:
在"输入标签辅助功能属性"对话框中可以直接为文本字段指定 ID。然后就可以通过 CSS 样式控制文本字段的样式。

12.3.2 文件域

文件域可以让用户在域的内部填写自己硬盘中的文件路径,然后通过表单上传,这是文件域的基本功能。

在线发送 E-mail、上传个人照片和在线发送文件都是常见的文件域应用。有的时候要求用户将文件提交给网站,例如 Office 文档、浏览者的个人照片或者其他类型的文件,这个时候就要用的文件域。如图 12-24 所示。

```
<form id="form1" name="form1" enctype=
"multipart/form-data" method="post"
action="">
    <label for="fileField">上传个人照片:
</label>
    <input type="file" name="fileField"
id="fileField" />
    </form>
```

图12-24

文件域显示效果如图 12-25 所示。

图12-25

12.3.3 单选钮和复选框

单选按钮能够进行项目的单项选择,以一个圆框表示,如图 12-26 所示。

```
<form id="form1" name="form1" method=
"post" action="">选择你居住的城市:
 <input name="radio" type="radio" id=
"radio" value="radio" checked="checked"
/>北京
<input type="radio" name="radio" id=
"radio2" value="radio2" />上海
<input type="radio" name="radio" id=
"radio3" value="radio3" />南京
</form>
```

图12-26

其中,每一个单选按钮的名称是相同的,但都有其独立的值。Checked 表示此项被默认选中。Value 表示选中项目后传送到服务器端的值。上段代码中的"北京"项目是被默认选中的,如图 12-27 所示。

图12-27

复选框能够进行项目的多项选择,以一个方框标识,如图 12-28 所示。

```
<form id="form1" name="form1" method=
"post" action="">
请选择你喜欢的音乐:
<input type="checkbox" name="checkbox"
id="checkbox"  checked="checked" />摇滚乐
<input type="checkbox" name="checkbox2"
id="checkbox2" />爵士乐
<input type="checkbox" name="checkbox3"
id="checkbox3" />流行乐
</form>
```

图12-28

其中,Checked 表示此项被默认选中。Value 标识选中项目后传送到服务器端的值。每一个复选框都有其独立的名称和值。上段代码中的"摇滚乐"项目是被默认选中的,如图 12-29 所示。

213

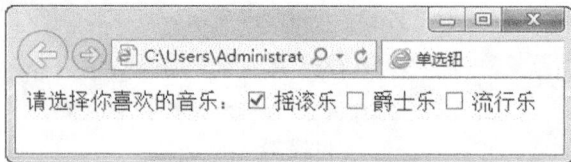

图12-29

课堂案例

制作用户信息选择页

案例位置：光盘\源文件\第12章\12-3-3.html

视频位置：光盘\视频\第12章\12-3-3.swf

难易指数：★★☆☆☆

学习目标：掌握单选按钮和复选框的应用

最终效果如图12-30所示

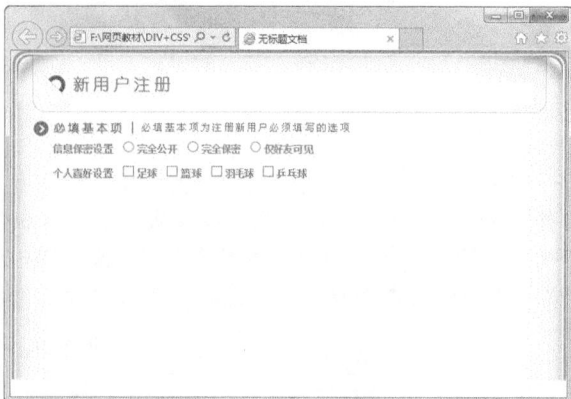

图12-30

01 启动 Dreamweaver，打开"光盘\素材\第12章\12-3-3.html 文件，页面效果如图 12-31 所示。

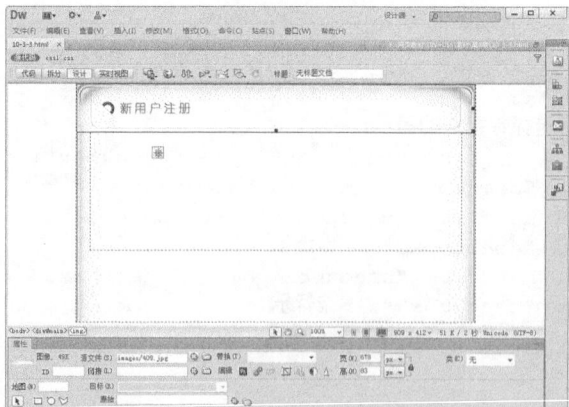

图12-31

02 移动光标到 reg 内，插入"光盘\素材\第12章\images\412.gif"图像，效果如图 12-32 所示。

图12-32

03 选择"插入"面板中的"表单"选项，选择插入"单选按钮"，并设置"输入标签辅助功能属性"对话框中的参数，如图 12-33 所示。

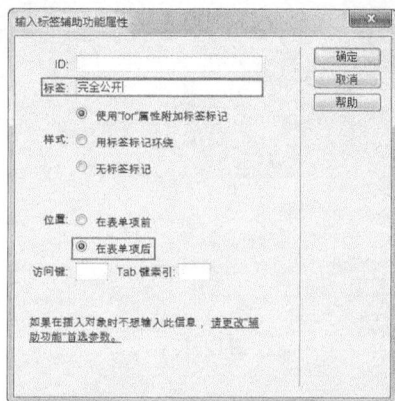

图12-33

04 单击"确定"按钮。并选择添加表单标签，如图 12-34 所示。对文本应用 font02 类样式，添加效果如图 12-35 所示。

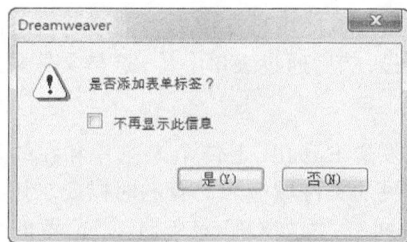

图12-34

图12-35

05 在按钮前输入文本"信息保密设置"并为其应用 font01 样式，效果如图 12-36 所示。

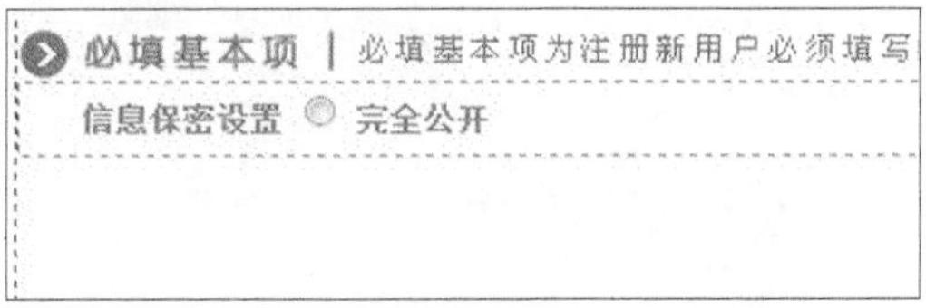

图12-36

06 使用相同的方法继续创建其他两个单选按钮，完成效果如图 12-37 所示。

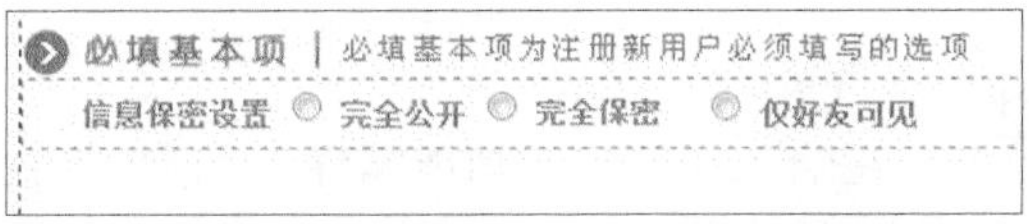

图12-37

07 按 Enter 键换行。在“插入”面板中选择插入“复选框”，并分别输入文字应用样式，完成后的效果如图 12-38 所示。

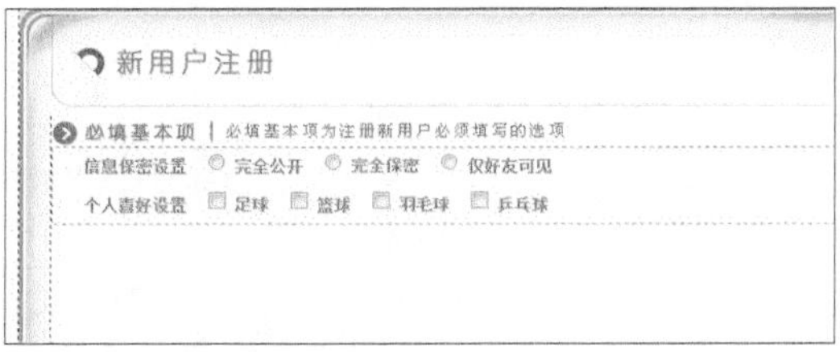

图12-38

08 切换到“代码”视图，为代码添加一些空格标签，可以实现更美观的排版效果，如图 12-39 所示。

```
<p>
  <label for="f_reg_shezhi" class="font01">信息保密设置</label>  
  <input type="radio" name="radio" id="radio" value="radio" />
  <label for="radio" class="font02">完全公开</label>  
  <input type="radio" name="radio" value="radiobutton" />
  <label for="radio" class="font02">完全保密</label>  
  <input type="radio" name="radio" value="radiobutton" />
  <label for="radio" class="font02">仅好友可见</label>
</p>
<p>
  <span class="font01">个人喜好设置</span>  
  <input type="checkbox" name="checkbox" id="checkbox" />
  <label for="checkbox" class="font02">足球</label>  

  <input type="checkbox" name="checkbox2" id="checkbox2" />
  <label for="checkbox2" class="font02">篮球</label>  

  <input type="checkbox" name="checkbox3" id="checkbox3" />
  <label for="checkbox3" class="font02">羽毛球</label>  

  <input type="checkbox" name="checkbox4" id="checkbox4" />
  <label for="checkbox4" class="font02">乒乓球</label>  
</p>
</form>
```

图12-39

09 保存文件，按 F12 键测试完成的页面的效果，如图 12-40 所示。

> **提示：**
> 使用单选按钮时应注意，同项目下所有选项的按钮的名字应该相同，否则将不能实现单独被选中的效果。

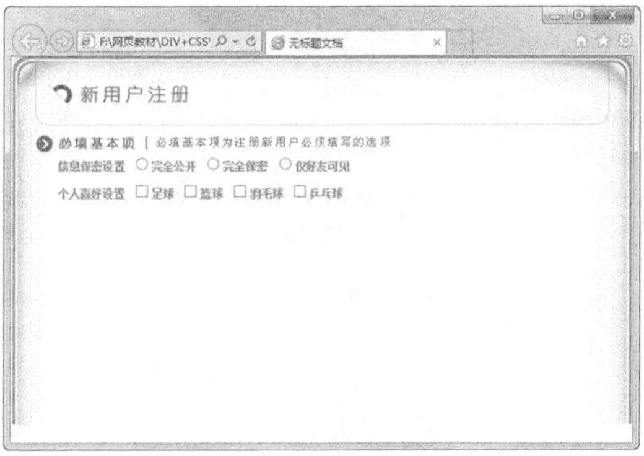

图12-40

12.3.4 按钮和图像域

单击提交按钮后，可以实现表单内容的提交。单击重置按钮后，可以清除表单的内容，恢复成默认的表单内容设定，如图 12-41 所示。

```
<form id="form1" name="form1" method=
"post" action="">
  <input type="submit" name="button" id=
"button" value="提交" />
  <input type="reset" name="button2" id=
"button2" value="重置" />
</form>
```

图12-41

按钮应用效果如图 12-42 所示。

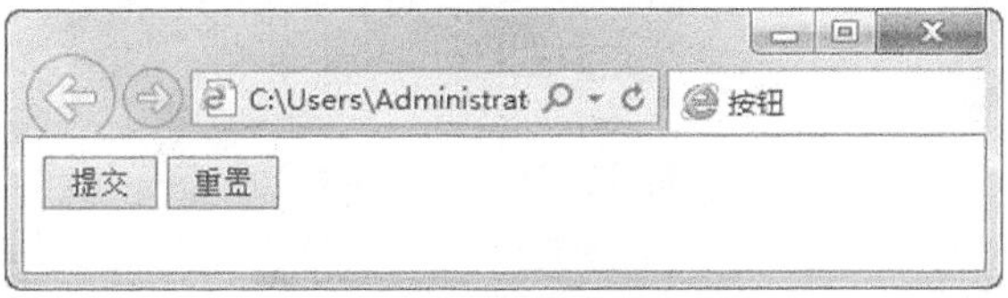

图12-42

图像域是指可以用在提交按钮位置上的图片，这幅图片具有按钮的功能。使用默认的按钮形式往往会让人觉得单调，如果网页使用了较为丰富的色彩或稍微复杂的设计，再使用表单默认的按钮形式甚至会破坏整体的美感。这时，可以使用图像域创建和网页整体效果相统一的图像提交按钮，如图 12-43 所示。

```
<form id="form1" name="form1" method=
"post" action="">
 <input type="image" name="imageField"
id="imageField" src=
"images/img-btn3.jpg" />
</form>
```

图12-43

图像域应用效果如图 12-44 所示。

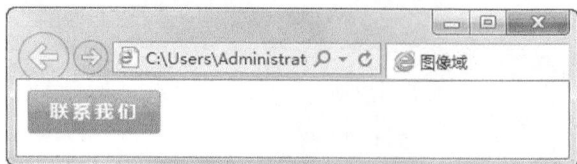

图12-44

提示：
　　按钮和图像域实现的功能基本是一样的。唯一的区别就是图像域效果更丰富、更美观一些。

课堂案例
创建表单提交按钮

案例位置：光盘\源文件\第12章\12-3-4.html

视频位置：光盘\视频\第12章\12-3-4.swf

难易指数：★★☆☆☆

学习目标：掌握插入图像域的方法

最终效果如图12-45所示

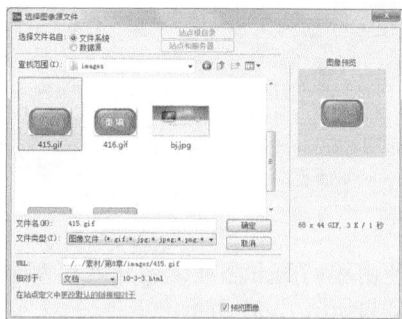

图12-45

01 接上一个案例的步骤，首先输入一段说明文字，并为其应用font03样式，页面效果如图12-46所示。

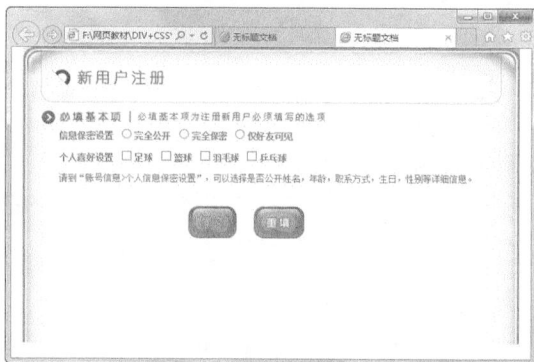

图12-46

02 按Enter键换行，单击"插入"面板中的"图像域"选项，选择一个图片作为"提交"按钮，如图12-47所示。

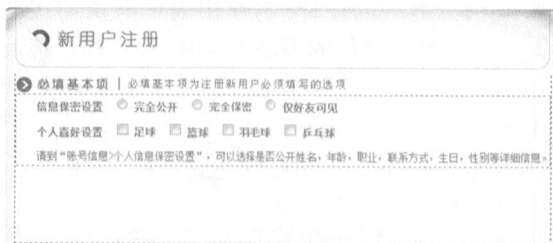

图12-47

03 "在输入标签辅助功能属性"对话框中设置ID名，如图12-48所示。

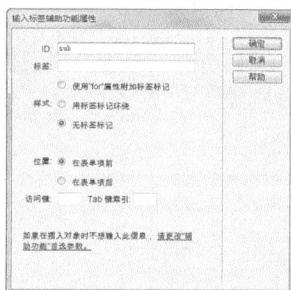

图12-48

04 单击"确定"按钮，即可完成图像的插入，效果如图12-49所示。

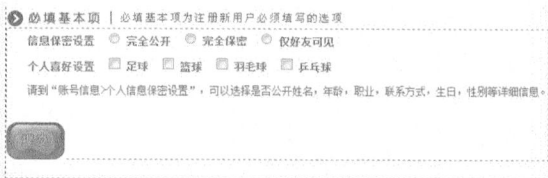

图12-49

05 切换到样式文件中，新建一个#sub的样式，在该样式中设定左边界的距离，页面效果如图12-50所示。

```
#sub {
        margin-left:200px;
}
```

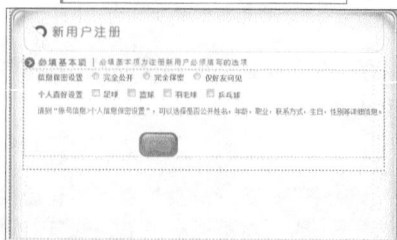

图12-50

06 采用相同的方法，再次插入另一个用于实现"重填"的图像按钮，并通过样式控制其位置，完成效果如图12-51所示。

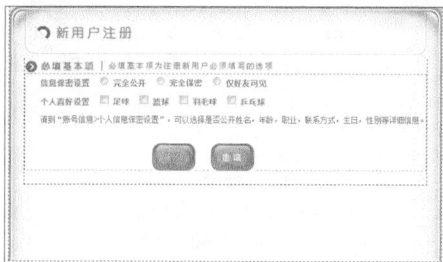

图12-51

07 将页面保存，按F12键在浏览器中测试页面，页面效果如图12-52所示。

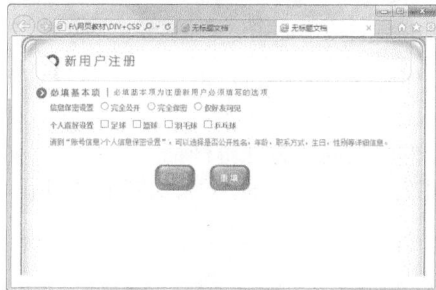

图12-52

12.3.5 隐藏域

隐藏域在页面中对于用户是看不见的，表单中插入隐藏域的目的在于收集或发送信息，以利于被处理表单的程序所使用。

浏览者单击发送按钮发送表单的时候，隐藏域的信息也被一起发送到服务器，如图12-53所示。

```
<form id="form1" name="form1" method=
"post" action="">
<input type="hidden" name="hiddenField"
id="hiddenField" />
</form>
```

图12-53

提示：
隐藏域在制作时以一个小图标的形式显示，在网页的实际浏览中不可见。

12.3.6 菜单列表

菜单是一种最节省空间的方式，正常状态下智能

看到一个选项，单击按钮打开菜单后才能看到全部的选项。列表可以显示一定数量的选项，如果超出了这个数量，会自动出现滚动条，浏览者可以通过拖曳滚动条来观看各选项。通过<select>和<option>标记可以设计页面中的菜单和列表效果，如图12-54所示。

```
<form id="form1" name="form1" method=
"post" action="">
  <p>请选择你喜欢的音乐: <br />
    <label for="select"></label>
    <select name="select" id="select">
      <option>爵士乐</option>
      <option>流行乐</option>
      <option>乡村音乐</option>
      <option>摇滚乐</option>
    </select></p>
  <p>
    选择你所在的城市: <br />
    <select name="city">
      <option Value="beijing" Selected>北京
      <option Value="shanghai">上海
      <option Value="nanjing">天津
      <option Value="guangzhou">重庆
    </select>
  </p>
</form>
```

图12-54

菜单列表应用效果如图12-55所示。

图12-55

知识点：<select>和<option>的属性含义
<select>标签和<option>标签的属性如表12-6所示。

表12-6

属性	描述
name	菜单或列表的名称
size	显示的选项数目
multiple	列表中的项目多选
value	选项值
selected	默认选项

课堂案例

创建用户出生日期页面

案例位置: 光盘\源文件\第12章\12-3-6.html

视频位置：光盘\视频\第12章\12-3-6.swf

难易指数：★★☆☆☆

学习目标：掌握菜单列表的创建和编辑方式

最终效果如图12-56所示

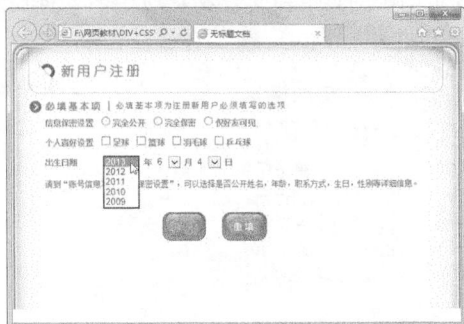

图12-56

01 继续接上一个案例，将光标移动到"个人喜好设置"行的末尾，按 Enter 键换行，输入文本"出生日期"并为其应用 font01 类样式，效果如图12-57 所示。

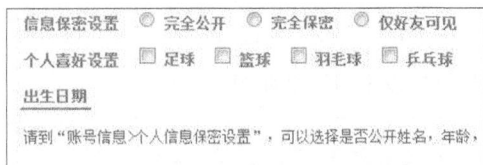

图12-57

02 单击"插入"面板中的"选择（列表 / 菜单）"选项，在"输入标签辅助功能属性"对话框中设置 ID 和标签，并指定标签位置在后，如图 12-58 所示。

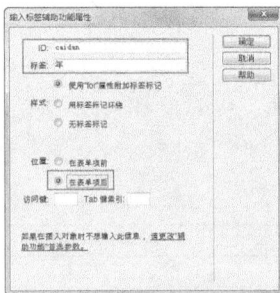

图12-58

03 单击"确定"按钮，即可插入一个列表菜单，如图 12-59 所示。

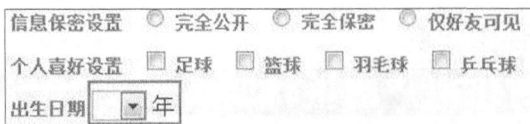

图12-59

04 选中列表菜单，单击"属性"面板上的"列表值"按钮，在"列表值"对话框中选择添加项目标签，如图 12-60 所示。

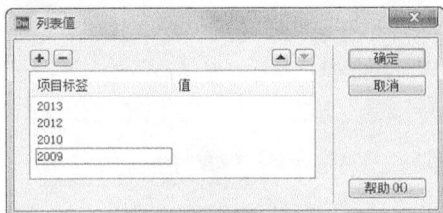

图12-60

05 单击"确定"按钮，完成列表菜单的创建，效果如图 12-61 所示。

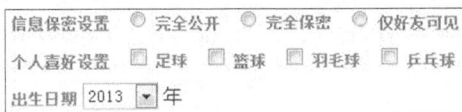

图12-61

06 使用相同的方法继续插入 2 个列表菜单，并对文本指定 font01 类样式，效果如图 12-62 所示。

图12-62

07 在 HTML 代码中添加一些空格以实现更整齐的页面效果，如图 12-63 所示。保存，按 F12 键测试页面，页面效果如图 12-64 所示。

图12-63

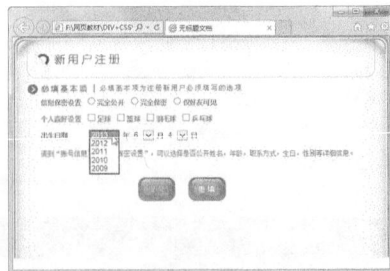

图12-64

12.3.7　多行文本域

多行文本域可以在其中输入更多的文本，如图 12-65 所示。

```
<form id="form1" name="form1" method=
"post" action="">
请留言: <br />
<textarea name="comment" rows="5" cols="
40">
</textarea>
</form>
```

图12-65

多行文本域应用效果如图 12-66 所示。

图12-66

课堂案例

创建用户留言界面

案例位置：光盘\源文件\第12章\12-3-7.html

视频位置：光盘\视频\第12章\12-3-7.swf

难易指数：★★☆☆☆

学习目标：掌握创建多行文本域的方法

最终效果如图12-67所示

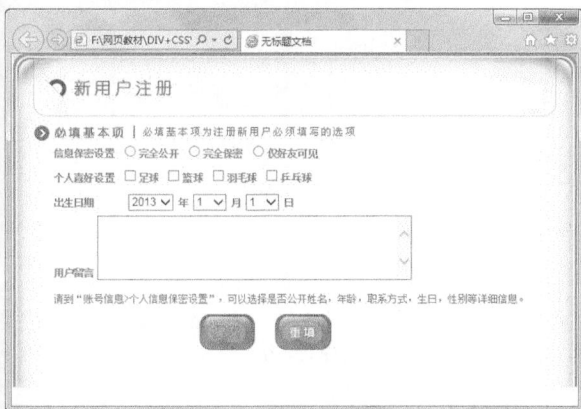

图12-67

01 接上一个案例，切换到 CSS1 文件，修改 #reg 的高度值为 268 px，如图 12-68 所示。

```
#reg {width:630px;
height:268px;
margin:auto;
line-height:25px;
}
```

图12-68

02 将光标移动到第三行文本尾部，按 Enter 键换行，输入"用户留言"并为其应用 font01 类样式，效果如图 12-69 所示。

图12-69

03 单击"插入"面板中的"文本区域"选项，并指定 ID 名，如图 12-70 所示。

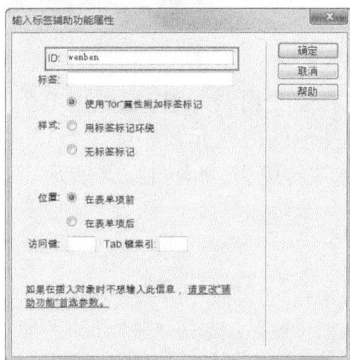

图12-70

04 单击"确定"按钮，即可完成多行文本域的创建，效果如图 12-71 所示。

图12-71

05 用户可以通过选中文本区域对象，然后在"属性"面板上修改"字符宽度"和"行数"的数值以而获得满意效果，如图 12-72 所示。

219

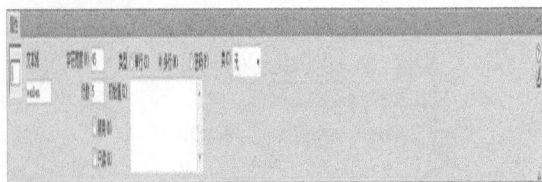

图 12-72

06 保存页面，按 F12 键测试页面效果，如图 12-73 所示。

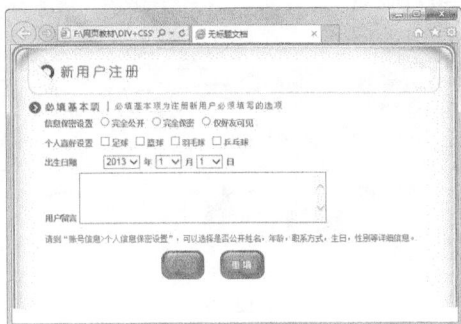

图 12-73

12.4 掌握<label>标签

<label> 标签为内联元素，是标记单个表单控件，可以和任何其他的内联元素一样设计样式。下面介绍 <label> 标签的用法，如图 12-74 所示。

```
<form id="form1" action="#" method=
"post">
<fieldset>
 <legend>请输入您的相关信息</legend>
 <p>
 <label for="author">用户名: </label>
 <input name="author" id="author" type=
"text"/>
 </p>
 <p>
 <label for="email">电子邮件: </label>
 <input name="email" id="email" type=
"text" />
 </p>
 <p>
 <label for="url">个人主页: </label>
 <input name="url" id="url" type="text"
/>
 </p>
 </fieldset>
 <fieldset>
  <legend>个人备注</legend>
  <p>
  <label for="text">个人信息: </label>
  <textarea name="text" cols="20" rows
="10" id="text"></textarea>
  </p>
 </fieldset>
</form>
```

图 12-74

提示：
<fieldset> 标签是块元素，用来将相关元件(例如一组选项按钮)组合在一起，<legend> 元素用作 <fieldset> 的标签。<fieldset> 标签创建围绕它包装的表单元素的边框，<legend> 标签设置为介绍性标题。

可以为 <label>、<fieldset> 和 <legend> 元素设置 CSS 样式，也可以为整个 <form> 设置 CSS 样式，CSS 样式代码如图 12-75 所示。

```
form {
        width:220px;
}
fieldset {
        margin: 10px 0;
        padding:20px;
        border:1px solid #ccc;
}
legend {
        font-weight: bold;
}
label {
        display:block;
}
```

图 12-75

前面的代码中，<fieldset> 标签是块元素，用来将相关元素(如一组选项按钮)组合在一起，<legend> 元素用作 <fieldset> 的标签。<fieldset> 标签创建围绕它包装的表单元素的边框，<legend> 标签设置为介绍性标题，其预览效果如图 12-76 所示。

制作效果　　　预览效果

图 12-76

提示：
可以与 <form>、<label>、<fieldset> 或者 <legend> 一起使用任何样式，它们可以与 HTML 中的任何元素一起使用，而且，Web 浏览器对此也有很好的支持。

12.5　文本框样式设计

通过 CSS 样式表同样可以对文本框设置字体、文本颜色和背景颜色等 CSS 规则。大多数浏览器中者是文本框默认为白色背景和黑色文本，<inprt type="text">用 serif 字体显示，<textarea>用等宽字体显示，但是没有严格规则。

下面学习用 CSS 样式表来修改这此浏览器的默认值，可以直接在上节中的 CSS 样式中添加图12-77 所示的 CSS 规则。

```
input   {
            font-family: "宋体";
            font-size: 12px;
            color: #000;
            background-color: yellow;
            width: 60%;
            padding-left: 10px;
            padding-tight: 10px;

}
textarea {
            font-family: "宋体";
            color: white;
            background-color: blue;
            width: 80%;

}
```

图12-77

预览页面，可以看到文本框的效果，如图 12-78所示。

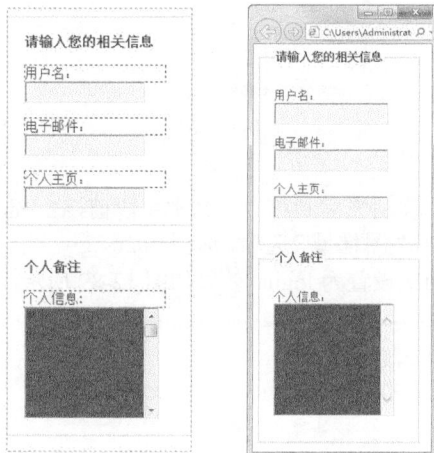

制作效果　　　　　　　预览效果

图12-78

课堂案例

制作网站用户登录框

案例位置：光盘\源文件\第12章\12-5.html

视频位置：光盘\视频\第12章\12-5.swf

难易指数：★★☆☆☆

学习目标：使用样式控制文本框和图像域

最终效果如图12-79所示

图12-79

01 启动 Dreamweaver，新建一个 HTML 页面，并保存为 12-5html。然后新建一个 CSS 文件，将其保存为 div.css 文件，如图 12-80 所示。

图12-80

02 打开 CSS 面板，单击"附加样式表"按钮，将 div.css 文件链接到 HTML 文件中，如图 12-81 所示。

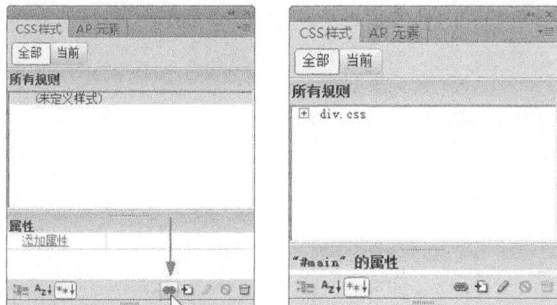

图12-81

03 切换到 div.css 文件中，创建 * 号通配符样式和 body 样式，如图 12-82 所示。

```
*  {
    margin:0px;
    padding:0px;
    border:0px;
    }

body{
    font-size:12px;
    font-family: "宋体";
    color: #333333;
}
```

图12-82

04 在 HTNL 文档中插入一个 ID 为 main 的 div，并在 CSS 文件中创建一个 #main 样式，如图 12-83 所示。效果如图 12-84 所示。

```
#main{
    width:158px;
    height:150px;
    margin:auto;
    padding-top:22px;
    padding-left:12px;
    background-image:url(../images/10204.gif);
    background-repeat:no-repeat;
    }
```

图12-83

图12-84

05 移动光标到 main 内，插入一个文本字段，并指定 ID 名称为 name，同时选择添加表单标签，如图 12-85 所示。

图12-85

06 使用相同的方法创建一个 ID 为 pass 的文本字段，页面效果如图 12-86 所示。

图12-86

07 切换到 CSS 文件中，为这两个文本字段创建样式，如图 12-87 所示。

```
#name,#pass{
    width:89px;
    height:18px;
    margin-bottom:3px;
    margin-left:4px;
    border:solid #999999 1px;
    }
```

图12-87

08 文本字段应用样式后的效果如图 12-88 所示。

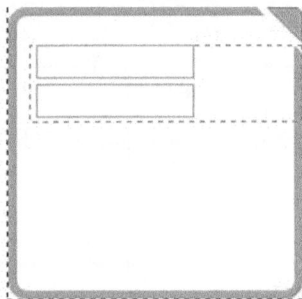

图12-88

09 移动光标到第一个文本字段前，在"插入"面板中选择"图像域"选项，选择 10264.gif 文件，并将图像域 ID 设置为 login，效果如图 12-89 所示。

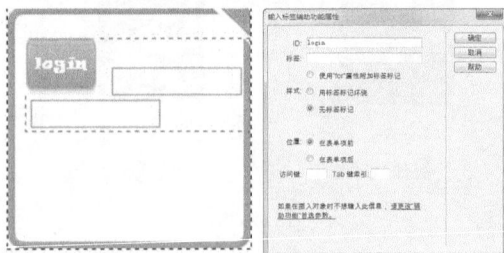

图12-89

10 切换到 CSS 文件中，创建 #login 样式，如图 12-90 所示。

```
#login{
    width:51px;
    height:40px;
    float:right;
    margin-top:5px;
    margin-right:8px;}
```

图12-90

11 在"插入"面板中再次选择"图像域"选项，将 10259.gif、10260.gif 和 10261.gif 文件依次插入到页面中，如图 12-91 所示。

图12-91

12 分别将 3 个图像域的 ID 命名为 zhuce、mima 和 shenfenyanz，切换到 CSS 文件中，创建对应样式，如图 12-92 所示。

```
#zhuce,#mima{
    margin-top:19px;
    margin-bottom:10px;}
```

图12-92

13 返回 HTML 页面中，将页面保存，按 F12 键测试页面，效果如图 12-93 所示。

图12-93

12.6　下拉列表样式设计

能过一个或者多个 <option> 标签周围包装 <select> 标签构造选择列表。如果没有给出 size 属性

值，选择列表将是下拉列表；如果没有给出 size 值，它将是可滚动列表，显示 size 表示的尽可能多行，HTML 代码如图 12-94 所示。

```
<p>
<label for="inkcolor">Ink Color:</label>
<select name="inkcolor" id="inkcolor">
  <option selected value="black" id=
"inkcolor1">Black</option>
  <option value="navy" id="inkcolor2">Navy
Blue</option>
  <option value="maroon" id="inkcolor3">
Maroon</option>
  <option value="qreen" id="inkcolor4">Green
</option>
  <option value="gray" id="inkcolor5">Gray</
option>
  <option value="red" id="inkcolor6">Red</
option>
  </select>
</p>
```

```
<label for="font">Choose a Font:</label>
  <select name="font" id="font" size="4">
    <option selected value="Tahoma" id=
"font1">Tahoma</option>
    <option value="Opulent" id="font2">
Opulent</option>
    <option value="Verdana" id="font3">
Verdana</option>
    <option value="Papyrus" id="font4">
Papyrus</option>
    <option value="Marianfudge" id="font5">
Marianfudge</option>
    <option value="Arial" id="font6">Arial</
option>
    <option value="CourierNew" id="font7">
Courier New</option>
  </select>
</p>
```

图12-94

未添加样式的浏览效果如图 12-95 所示。

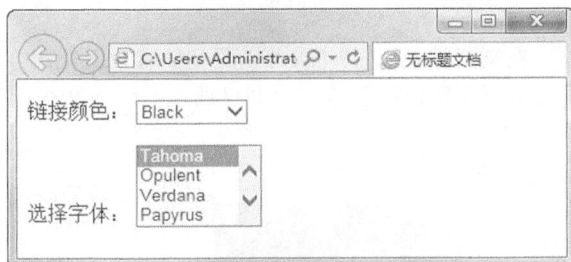

图12-95

添加 CSS 样式代码，如图 12-96 所示。

```
select {
        width: 100px;
}
#inkcolor {
        width: 200px;
}
#inkcolor option {
        color: white;
}
#inkcolor1 {
        background-color: black;
}
#inkcolor2 {
        background-color: navy;
}
#inkcolor3 {
        background-color: maroon;
}
#inkcolor4 {
        background-color: green;
}
#inkcolor5 {
        background-color: gray;
}
#inkcolor6 {
        background-color: red;
}
#font {
        background-color: silver;
        height: 100px;
        padding: 1em 15%;
        border: none;
}
```

```
#font option {
        font-size: large;
        background-color: white;
        text-align: center;
        margin: 3px 0;
        border: 1px solid black;
}
#font1 {
        font-family: Tahoma, Geneva, sans-serif;
}
#font2 {
        font-family: Opulent,sans-serif;
}
#font3 {
        font-family: Verdana, sans-serif;
}
#font4 {
        font-family: Papyrus,fantasy;
}
#font5 {
        font-family: Marianfudge,cursive;
}
#font6 {
        font-family: Arial,sans-serif;
}
#font7{
        font-family: "Courier New", Courier, monospace;
}
```

图12-96

在浏览器中预览页面，可以看到使有CSS样式所实现的下拉列表效果，如图 12-97 所示。

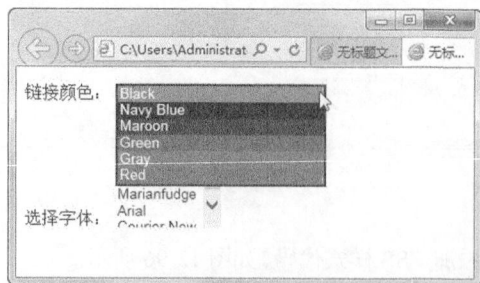

图12-97

12.7 复选框和单选钮样式设计

<lable> 标签用于为每种类型的复选框提供标签。它可以通过包含定义复选框的 <input> 标签来绕排复选框，或者设置指定它标记哪些表单元素的 for 属性来紧邻它。一组单选按钮可以在一个 <fieldset> 标签中绕排，用来组合 <input> 标签和合适的 <legend> 标签，HTML 代码如图 12-98 所示。

```
<form id="form1" action="#" method="post">
<p>
<label>
<input type="checkbox" id="gift" name="gift"
 value="1" />Check this box if your order if
 a gif</label></p>
<fieldset id="papercolorfieldset">
<legend>Color of paper:</legend>
<label><input type="radio" name="papercolor"
 id="papercolorblue" value="blue" />Blue</
label>
<label><input type="radio" name="papercolor"
 id="papercolorpink" value="pink" />Pink</
label>
<label><input type="radio" name="papercolor"
 checked="checked" id="papercolorwhite"
value="white" />White</label>
</fieldset>
</form>
```

图12-98

预览页面效果如图 12-99 所示。

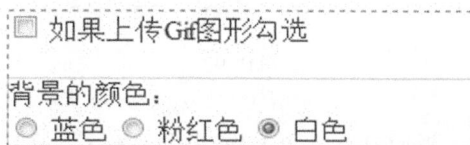

图12-99

添加 CSS 样式代码，如图 12-100 所示。

```
#gift {
        font-size: xx-large;
        color: yellow;
        background-color: blue;
        width: 50px;
        border-style: solid;
}
#papercolorblue,#papercolorpink {
        font-size: small;
        color: orange;
        background-color: lime;
}
#papercolorwhite {
        color: black;
        background-color: silver;
        width: 50px;
}
```

图12-100

在浏览器中预览页面，可以看到使用CSS样式所实现的复选框和单选按钮效果，如图 12-101 所示。

图12-101

课堂案例

制作网站用户注册页面

案例位置：光盘\源文件\第12章\12-7.html

视频位置：光盘\视频\第12章\12-7.swf

难易指数：★★★☆☆

学习目标：综合使用样式控制表单显示

最终效果如图12-102所示

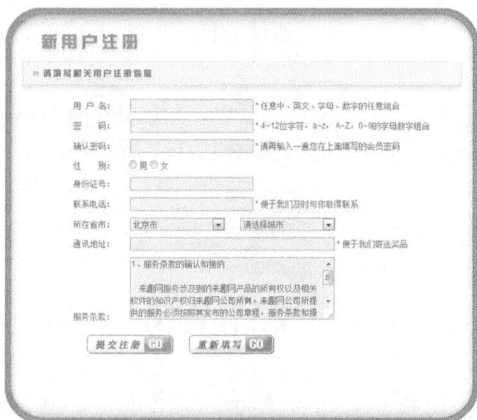

图12-102

01 启动 Dreamweaver，新建一个 HTML 页面，并保存为 12-7.html。新建一个 CSS 文件，将其保存为 css7.css 文件，如图 12-103 所示。

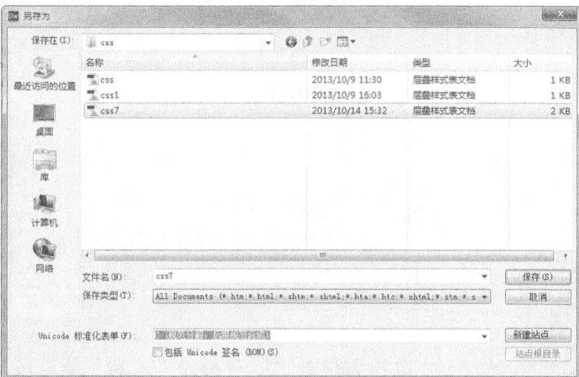

图12-103

02 打开 CSS 面板，单击"附加样式表"按钮，将css7.css 文件链接到 HTML 文件中，如图 12-104 所示。

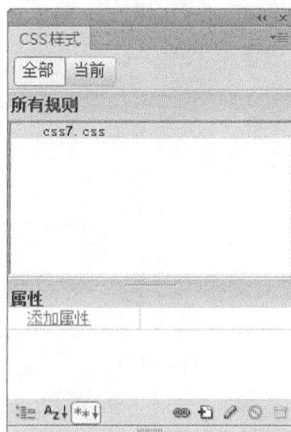

图12-104

03 在 HTML 页面中插入一个名称为 main 的 div，切换到 css7.css 文件中，创建通配符样式和 body样式，如图 12-105 所示。

```
* {margin:0px;
    padding:0px;
    border:0px;
}
body {font-family: Arial, Helvetica, sans-serif;
    font-size: 12px;
    color: #01459A;
}
```

图12-105

04 创建 #main 样式文件，控制 mian 的宽高和背景图，效果如图 12-106 所示。

```
#main {width:555px;
height:492px;
padding-top:125px;
padding-left:100px;
padding-right:140px;
background:url(../images/beijing.gif) no-repeat;
}
```

图12-106

05 移动光标到 main 内，单击"插入"面板上的"文本字段"选项，在"插入标签辅助功能属性"对话框中设置 ID 和标签，如图 12-107 所示。

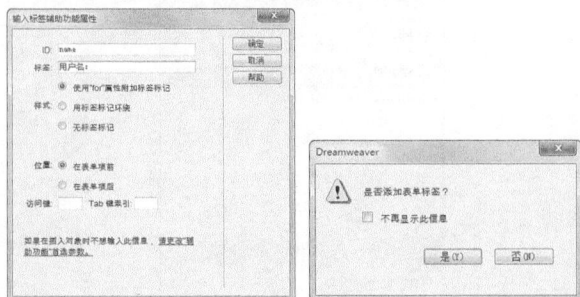

图12-107

06 切换到 CSS 文件中，为 name 创建样式，文本字段应用样式后的效果如图 12-108 所示。

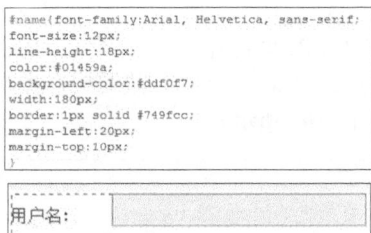

图12-108

07 继续使用相同的方式创建"密码"及"确认"文本字段，并分别创建对应的样式，如图 12-109 所示。

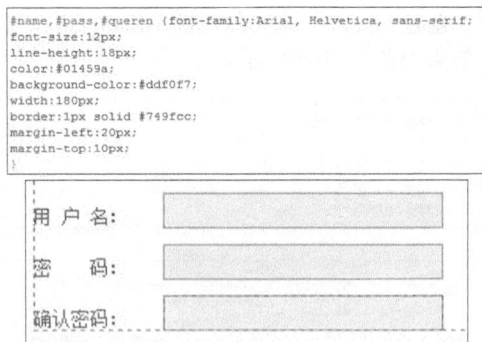

图12-109

08 按 Enter 键换行，输入"性别"字段，选择插入"单选按钮"选项，在"输入标签辅助功能属性"对话框中设置 ID 和标签"男"，如图 12-110 所示。

09 用相同的方式，再次插入一个"女"单选按钮，如图 12-111 所示。

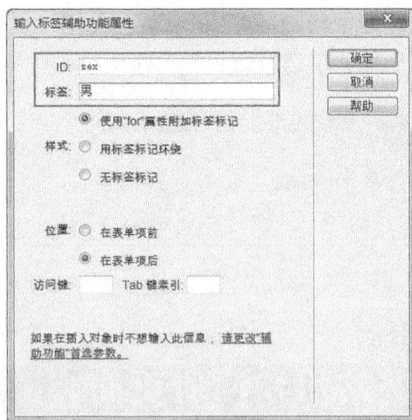

图12-110

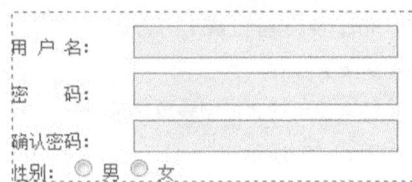

图12-111

10 切换到 HTML 页面中，注意观察两个单选按钮的 name 名称应相同，如图 12-112 所示。

```
<p>
<label for="sex">性别：</label>
<input type="radio" name="radio" id="radio" value="radio" />
男
<input type="radio" name="radio" id="sex" value="sex" />
女
</p>
```

图12-112

11 切换到 CSS 文件中，创建 #sex 样式，如图 12-113 所示。

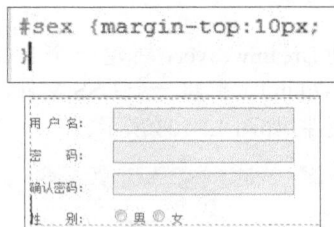

图12-113

提示：
要实现页面元素的对齐，除了可以使用 CSS 样式设置边距以外，还可以直接在 HTML 代码中添加 (空格)调整

12 使用相同的方法制作"身份证号"和"联系电话" 2 个文本字段，如图 12-114 所示。

```
#name, #pass, #queren, #shenfensheng, #dianhua {font-family:Arial, Helvetica,
sans-serif;
font-size:12px;
line-height:18px;
color:#01459a;
background-color:#ddf0f7;
width:180px;
border:1px solid #749fcc;
margin-left:20px;
margin-top:10px;
```

图12-114

13 按 Enter 键换行，单击"选择（列表／菜单）"选项，插入一个"所在省市"下拉列表，如图 12-115 所示。

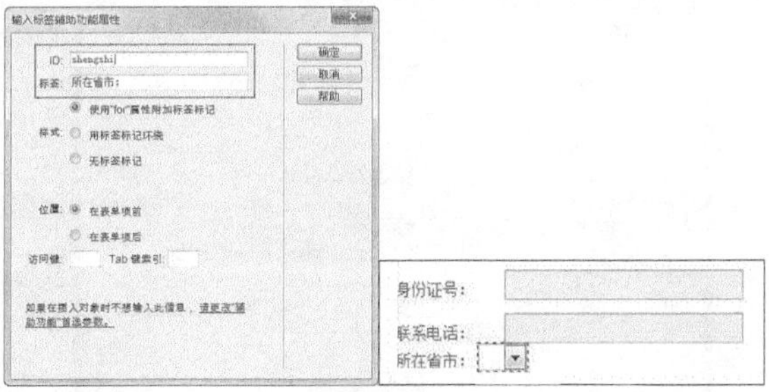

图12-115

14 单击"属性"面板中"列表值"按钮，添加列表值，如图 12-116 所示。

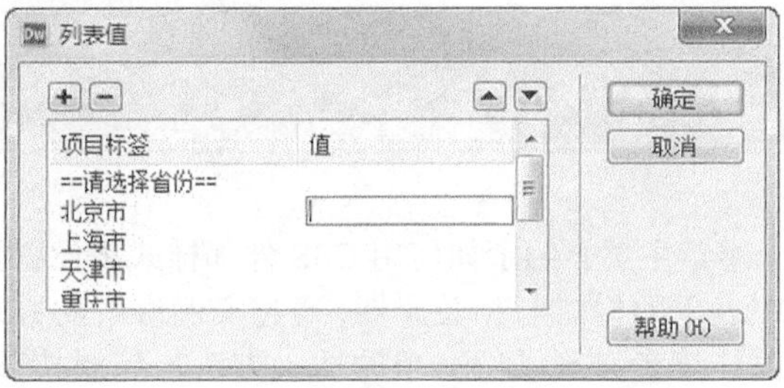

图12-116

15 单击"确定"按钮，完成设置。同样的方法再次添加一个"城市"下拉列表，如图 12-117 所示。

图12-117

16 切换到 CSS 文件中，创建对应 CSS 样式，应用后效果如图 12-118 所示。

```
#shengshi,#chengshi {
    font-family: Arial, Helvetica, sans-serif;
    font-size: 12px;
    line-height: 18px;
    color: #01459A;
    background-color: #DDF0F7;
    width: 140px;
    border: 1px solid #749FCC;
    margin-left: 20px;
    margin-top:10px;
}
```

图12-118

17 继续插入一个"通迅地址"文本字段，并创建样式规则，如图 12-119 所示。

```
#dizhi {
    font-family: Arial, Helvetica, sans-serif;
    font-size: 12px;
    line-height: 18px;
    color: #01459A;
    background-color: #DDF0F7;
    width: 300px;
    border: 1px solid #749FCC;
    margin-left: 20px;
    margin-top:10px;
}
```

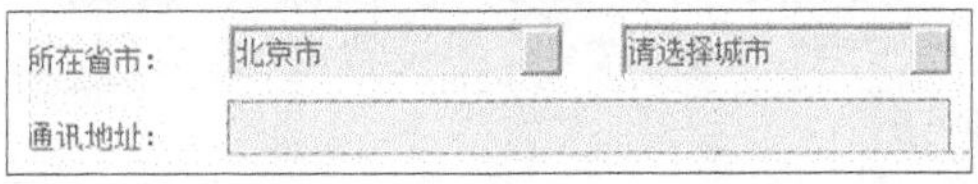

图12-119

18 按 Enter 键换行，继续插入一个"文本区域"选项，设置 ID 名称为 tiaokuan，如图 12-120 所示。

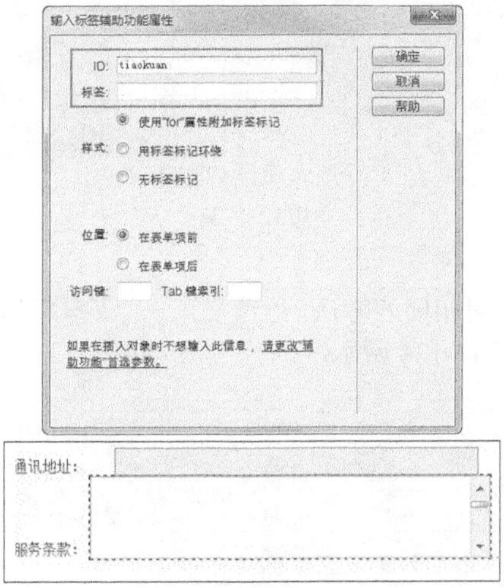

图12-120

227

19 在"属性"面板的"初始值"框中输入服务条款的文本内容,如图12-121所示。

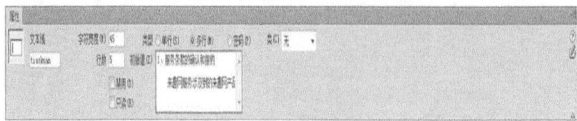

图12-121

20 切换到CSS文件中,创建#tiaokuan样式,页面效果如图12-122所示。

```
#tiaokuan {
    font-family: Arial, Helvetica, sans-serif;
    font-size: 12px;
    line-height: 18px;
    color: #01459A;
    background-color: #DDF0F7;
    width: 300px;
    border: 1px solid #749FCC;
    margin-left: 20px;
    margin-top:10px;
}
```

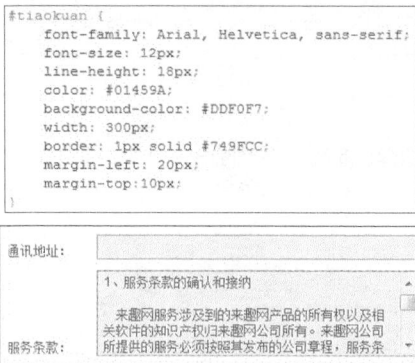

图12-122

21 按Enter键换行,选择"图像域"选项插入一个图片作为"提交"按钮,并设置ID名称,如图12-123所示。

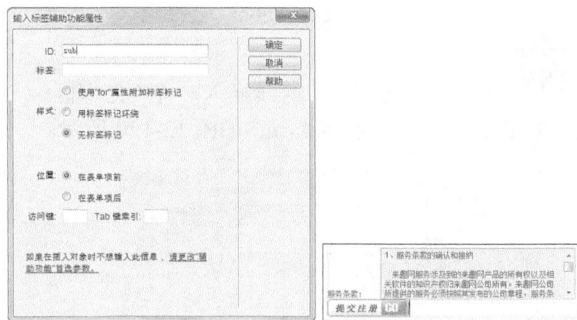

图12-123

22 用相同的方法,继续插入一个"重新填写"图像,如图12-124所示。

图12-124

23 切换到CSS文件中,创建两个按钮的CSS样式,效果如图12-125所示。

```
#sub,#chongtian {margin-top:20px;
                 margin-left:20px;
}
```

图12-125

24 根据各项内容可以输入一些说明文字,保存页面,按F12键测试页面,最终效果如图12-126所示。

图12-126

12.8 本章小结

本章主要介绍了如何用CSS外部样式来设置页面中表单的样式与相关属性,通过实例讲解的方式可以让读者直观了解表单的插入方法与控制技巧。通过本章的学习读者应该掌握如何运用CSS样式表设置表单样式,以及应用表。

12.9 课后习题

本章安排了两个课后习题,分别制作用户注册页面和用户登录页面。通过两个习题的制作,可以使读者对CSS控制表单有更清晰的认识,同时可以将CSS技术更全面的应用到网页制作中。

12.9.1　课后习题1-制作会员登录页面

案例位置：光盘\源文件\第12章\12-12-1.html

视频位置：光盘\视频\第12章\12-12-1.swf

难易指数：★★☆☆☆

学习目标：掌握样式控制表单的方法

最终效果如图12-127所示

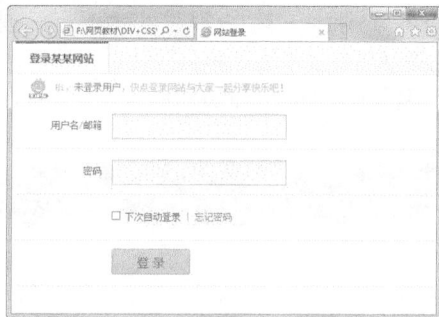

图12-127

步骤分解如图 12-128 所示。

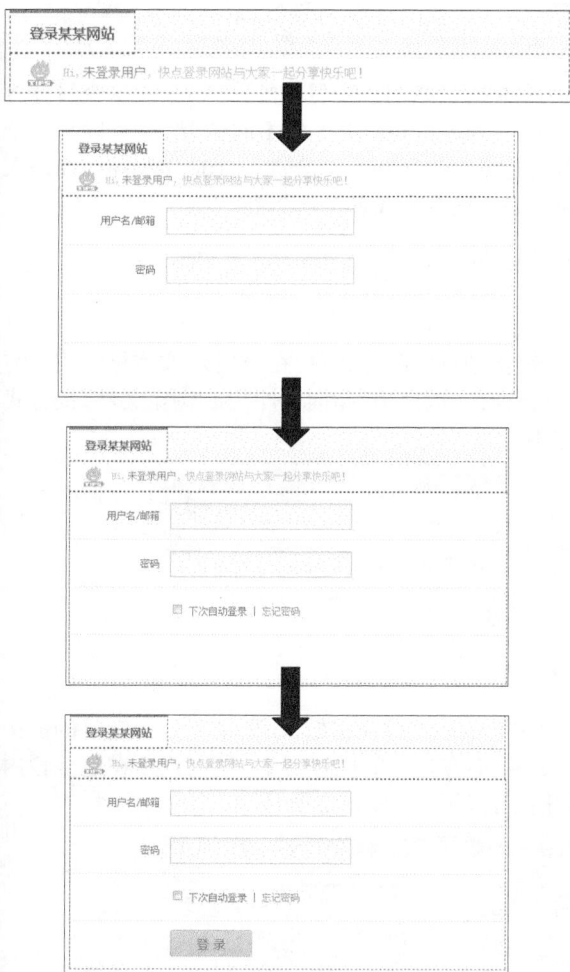

图12-128

12.9.2　课后习题2-制作会员注册页面

案例位置：光盘\源文件\第12章\12-12-2.html

视频位置：光盘\视频\第12章\12-12-2.swf

难易指数：：★★★☆☆

学习目标：掌握网页中表单美化技巧

最终效果如图12-129所示

图12-129

步骤分解如图 12-130 所示。

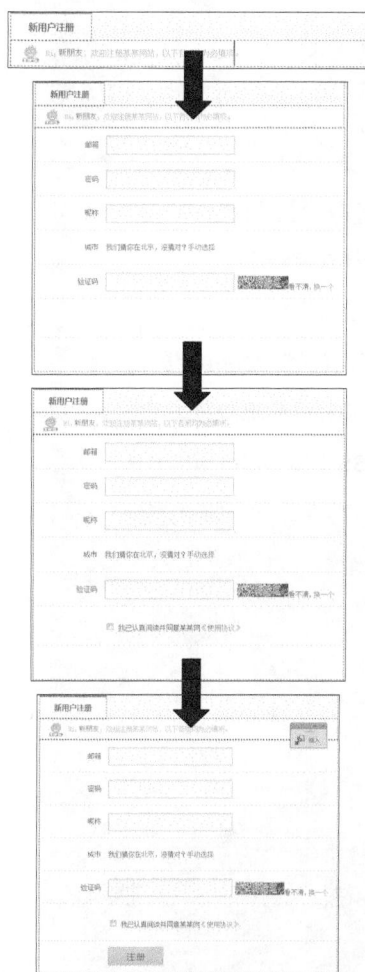

图12-130

第13章
控制页面超链接

超链接是整个互联网的基础,通过超链接能够实现页面的跳转、功能的激活等,超链接可以将每个页面串联在一起,可以设置样式来控制链接元素的形式和颜色等变化。本章通过两类网站页面的设计制作,详细讲解如何使用CSS实现对超链接样式的控制。

13.1 关于超链接

超链接是网页中最重要、最根本的元素之一,网站中的每一个网页都是通过超链接的形式关联在一起的,如果页面之间彼此是独立的,那么这样的网站是无法正常运行的。

13.1.1 什么是超链接

超链接是指从一个网页指向一个目标的连接关系,这个目标可以是另一个网页,也可以是相同网页上的不同位置,还可以是一个图片、一个电子邮件地址、一个文件,甚至是一个应用程序。而用来超链接的对象,可以是一段文本或者是一个图片。

按照链接路径的不同,超链接分为以下 3 种类型。

● 内部链接

内部链接就是链接站点内部的文件,在"链接"文本框中用户需要输入文档的相对路径,一般使用"指向文件"和"浏览文件"的方式来创建,如图 13-1 所示。

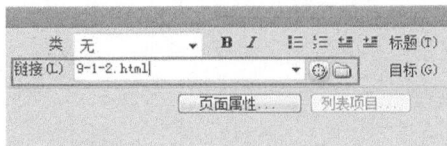

图 13-1

● 外部链接

外部链接是相对于本地链接而言的,不同的是处部链接的链接目标文件不在站点内,而在远程的服务器上,所以只须在链接栏内输入需链接的网址就可以了,如图 13-2 所示。

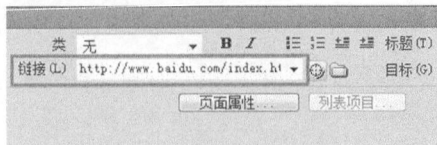

图 13-2

● 脚本链接

即通过脚本来控制链接结果。一般而言，其脚本语言为 JavaScript。常用的有 JavaScript:window.close（）、JavaScript:alert("…")等，如图 13-3 所示。

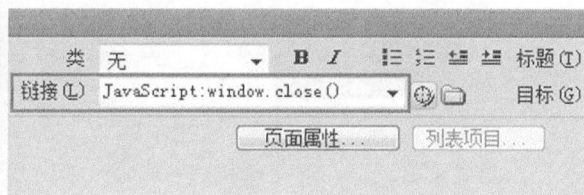

图13-3

如果按照使用对象的不同，超链接又可以分为以下几种。

● 文本超链接

建立一个文本超链接的方法非常简单，首先选中要建立成超链接的文本，然后在"属性"面板内的"链接"框内输入要跳转到的目标网页的路径及名字即可。

● 图像超链接

要创建图像超链接的方法和文本超链接方法基本一致，选中图像，在"属性"面板中输入链接地址即可。较大的图片中如果要实现多个链接可以使用"热点"帮助实现。

● E-mail 链接

页面中为 E-mail 添加链接的方法是利用 mailto 标签，在"属性"面板上的"链接"框内输入要提交的邮箱即可，如图 13-4 所示。

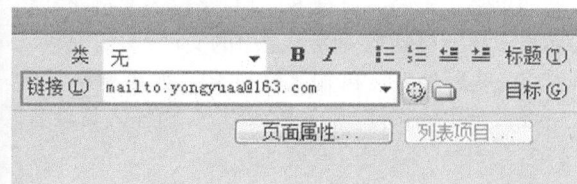

图13-4

● 锚记链接

锚点就是在文档中设置位置标记，并给该位置一个名称，以便引用。通过创建锚点，可以使链接指向当前文档或不同文档中的指定位置。锚点常常被用来跳转到特定的主题或文档的顶部，使访问者能够快速浏览到选定的位置，加快信息检索速度。

在"属性"面板上的"链接"框内输入要提交的锚记名称即可，如图 13-5 所示。

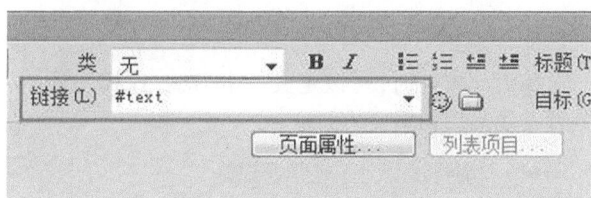

图13-5

● 多媒体文件链接

这种链接方法分为链接和嵌入两种。使用与外联图象类似的语句可把影视文件链接到 html 文档，差别只是文件扩展名不同。与链接外联影视文件不同，对嵌入有影视文件的 html 文档，浏览器在从网络上下载该文档时就把影视文件一起下载下来，如果影视文件很大，则下载的时间就会很长。

● 空链接

网页在制作或研发中有时候需要利用空链接来模拟链接，用来响应鼠标事件，可以防止页面出现各种问题，在"属性"面板上的"链接"框内输入 # 符号即可创建空链接，如图 13-6 所示。

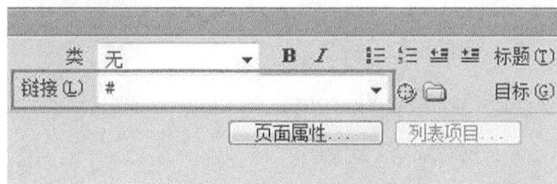

图13-6

13.1.2 合理安排超链接

在网页中创建超链接时，用户需要综合整个网站中的所有页面进行考虑，合理的安排超链接，这样才会使整个网站中的页面具有一定的条理性，创建超链接的建议。

- 避免孤立文件的存在

应该避免存在孤立的文件，这样能使将来在修改和维护链接时有清晰的思路。

- 在网页中避免使用过多的超级链接

在一个网页中设置过多超链接会导致网页的观赏性不强，文件过大。如果避免不了过多的超链接，可以尝试使用下拉列表框、动态链接等一些链接方式。

- 网页中的超链接不要超过4层

链接层数过多容易让人产生厌烦的感觉，在力求做到结构化的同时，应注意链接避免超过4层。

- 页面较长时可以使用书签

在页面较长时，可以定义一个书签，这样能让浏览者方便地找到想要的信息。

- 设置主页或上一层的链接

有些浏览者可能不是从网站的主页进入网站的，设置主页或上一层的链接，会让浏览者更加方便地浏览全部网页。

13.1.3 链接路径

Dreamweaver 中提供了多种创建超文本链接的方法，可创建到文档、图像、多媒体文件或可下载文件的链接，网页中的超链接按照链接路径的不同，可以分为绝对路径、相对路径和根路径。

同一个网站下的每一个网页都属于同一个地址之下。但是，当创建网页时，不可能也不需要为每一个链接都输入完全的地址。只需要确定当前文件同站点根目录之间的相对路径关系，下面来看几种路径。

- 绝对路径，例如：

http://www.kaixin.com。

- 相对路径，例如：

images/image.jpg。

- 根路径，例如

/myWebsite/rock/index.htm。

每一个文件都有自己的存放位置和路径，理解一个文件到要链接的另一个文件之间的路径关系是创建链接的根本。在 Dreamweaver 中可以很容易的选择文件链接的类型并设置路径。

- 绝对路径

绝对路径为文件提供完全的路径，包括使用的协议（如 http、ftp、rtsp 等）。一般常见的绝对路径如 http://www.sina.com.cn、ftp://202.116.234.1/ 等，如图 13-7 所示。

图13-7

尽管本地链接也可以使用绝对路径，但不建议采用这种方式，因为一旦将此部点移动到其他服务器，就会将所有本地绝对路径链接都断开。

绝对路径也会出现在尚未保存的网页上，如果在没有保存的网页上插入图像或添加链接，Dreamweaver 会暂时使用绝对路径，如图 13-8 所示。网页保存后，Dreamweaver 会自动将绝对路径转换为相对路径。

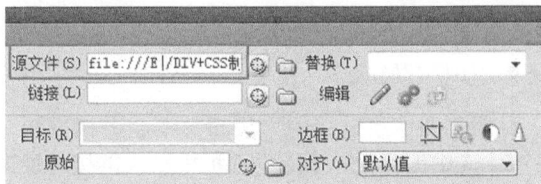

图13-8

- 相对路径

相对路径最适合网站的内部链接。只要是属于同一网站之下的，即使不在同一个目录下，相对路径也非常适合。

如果链接到同一目录下，则只需输入要链接文档的名称。要链接到下一级目录中的文件，只需先输入目录名，然后加"/"，再输入文件名。如果要链接到上一级目录中的文件，则先输入"../"，再输入目录名、文件名。

图 13-9 所示是一个站点的内部结构。

根路径同样适用于创建内部链接，但大多数情况下，不建议使用此种路径形式。通常它只在以下两种情况下使用。

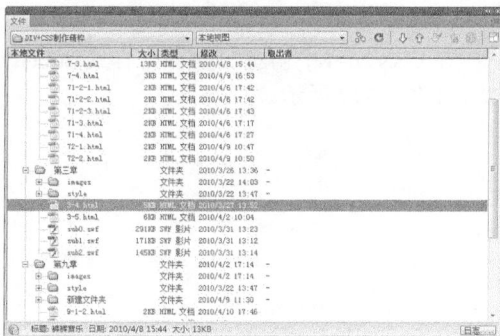

图13-9

● 当站点的规模非常大，放置于几个服务器
上时。

● 当一个服务器上同时放置几个站点时。

根路径以"\"开始，然后是根目录下的目录名，
如图 13-10 所示为一个根路径链接。

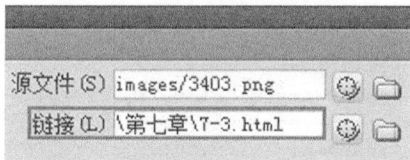

图13-10

13.1.4　超链接样式控制原则

现在的网页通常都是使用 CSS 控制页面效果的。
有了 CSS 样式的控制，网页便会给人一种赏心悦目、
工工整整的感觉，同时字体的变化也使主页变得更加
生动活泼。虽然只短短的十几行代码，得到的效果却
不同凡响，如图 13-11 所示。

图13-11

整个网站都是由超链接串连而成的，网页中的每
一个频道都可以通过超链接完成页面跳转。CSS 样
式对于超链接的控制是通过伪类来实现的，通过 CSS
样式对文本超链接的控制，可以实现很多页面中的链
接文字效果，如图 13-12 所示。

图13-12

13.1.5　伪类对超链接样式的控制

每个网页都是由超链接串联而成，无论是从首页
到每一个频道还是进入到其他网站，都是由链接完成
页面跳转的，CSS 对于链接的样式控制是通过伪类来
实现的，在 CSS 中提供了 4 个伪类，用于对链接样式进
行控制，每个伪类用于控制链接在一种状态下的样式。

> **提示：**
> 伪类就是 CSS 内置类，CSS 内部本身赋予它一些特
> 性和功能，不用再通过"class=..."或"id=..."引用就可以将
> 其中样式直接拿来使用，也可以改变它的部分属性。

根据访问者的操作，可以进行以下 4 种状态的样
式设置。

a:link	未被访问过的链接；
a:active	光标单击的链接；
a:hover	光标经过的链接；
a:visited	已经访问过的链接。

1.　a:link

这种伪类链接应用于链接未被访问过的样式，在
很多链接应用中，都会直接使用 a{} 这样的样式，这
种方法与 a:link 在功能上有什么区别？下面来实际操
作一下。HTML 代码如图 13-13 所示。

```
<html xmlns="http://www.w3.org/1999/xhtml">
<head>
<meta http-equiv="Content-Type" content=
"text/html; charset=utf-8" />
<title>无标题文档</title>
<style type="text/css">
a {
        color:#00FF00;
}
a:link {
        color: #0000FF;
}
</style>
</head>
<body>
<a>看有什么变化</a>
<a href="#">看有什么变化</a>
</body>
</html>
```

图13-13

在预览效果中,使用 a {} 的显示为绿色,而使用 a:link {} 的显示为蓝色,如图 13-14 所示。

a:link{} 只对代码中有 href=" " 的对象产生影响,即拥有实际链接地址的对象,而对直接用 a 对象嵌套的内容不会发生实际效果。

图13-14

课堂案例

案例位置:光盘\源文件\第13章\13-1-5-1.html

视频位置:光盘\视频\第13章\13-1-5-1.swf

难易指数:★ ☆ ☆ ☆ ☆

学习目标:掌握创建超链接的基本方法

最终效果如图13-15所示

图13-15

01 打开 Dreamweaver 软件,分别新建一个 HTML 页面和 CSS 文件。在"CSS 样式"面板中将 CSS 文件与 HTML 文件链接在一起,如图 13-16 所示。

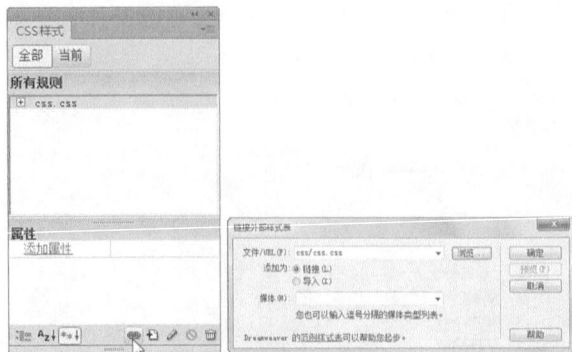

图13-16

02 在 CSS 文件中创建"通配符"样式和 body 标签样式,如图 13-17 所示。

```css
* {
    margin: 0px;
    padding: 0px;
    border:0px;
}
body {
    font-family: "宋体";
    font-size: 12px;
    color: #5C5C5C;
}
```

图13-17

03 在 HTML 页面中插入一个名称为 list1 的 div,并在 CSS 文件中为其指定样式,如图 13-18 所示。

```css
#list1 {
    height: 126px;
    width: 120px;
    background-image:url(../images/1119.gif);
    background-repeat:no-repeat;
    background-position:top;
    padding-top:50px;
    margin:auto;
}
```

图13-18

04 在页面中输入列表文本并为它们指定类样式,HTML 代码及效果如图 13-19 所示。

```html
<div id="list1"><br />
  <ul>
    <li class="li1">疯狂跑车</li>
    <li class="li2">暴力摩托</li>
    <li class="li3">跑跑卡丁车</li>
    <li class="li4">游来游去</li>
  </ul>
</div>
```

图13-19

05 在 CSS 文件中创建 li 列表样式,代码及效果如图 13-20 所示。

```
#list1 li {
    line-height: 25px;
    text-indent: 27px;
    list-style-type: none;
}
```

图13-20

06 继续创建 li1 样式，为该列表项添加图标，完成效果如图 13-21 所示。

```
#list1 li.li1 {
    background-image: url(../images/1120.gif);
    background-repeat: no-repeat;
    background-position: 5px;
}
```

图13-21

07 使用相同的方法，为其他列表项目添加图标，效果如图 13-22 所示。

```
#list1 li.li2 {
    background-image: url(../images/1121.gif);
    background-repeat: no-repeat;
    background-position: 5px;
}
#list1 li.li3 {
    background-image: url(../images/1122.gif);
    background-repeat: no-repeat;
    background-position: 5px;
}
#list1 li.li4 {
    background-image: url(../images/1123.gif);
    background-repeat: no-repeat;
    background-position: 5px;
}
```

图13-22

08 选择页面中各列表项，在"属性"面板中为它们添加链接。由于是演示，我们设置为"空链接"即可，效果如图 13-23 所示。

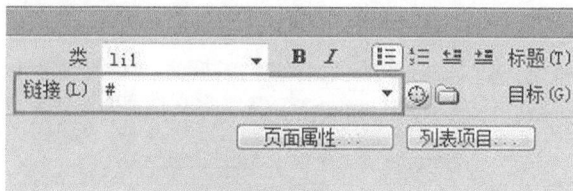

图13-23

09 在 CSS 文件中创建链接"类样式"，并将其应用到文本中，效果如图 13-24 所示。

```
.font01 {
    color:#036;
}
.font01:link {
    color:#F00;
    text-decoration:none;
}
```

图13-24

> **提示：**
> 除了可以对链接标签 <a> 进行设置外，还可以创建任意的类样式，然后对该类样式的不同状态进行设置。需要将该类样式指定给文本对象。

10 将文件保存，按 F12 键测试页面，效果如图 13-25 所示。

图 13-25

2. a:active

这种伪类链接应用于链接对象在被用户激活时的样式。在实际应用中，这种伪类链接状态很少使用，且对于无 href 属性的 a 对象，此伪类不发生作用。

:active 状态可以和 :link 及 :visited 状态同时发生。CSS 代码如图 13-26 所示。

```
<style type="text/css">
a {
    text-decoration: none;
    display: block;
    padding: 20px;
    float: left;
    background-color: #666666;
    color: #ffffff;
}
a :active {
    background-color: #0099ff;
}
</style>
```

图 13-26

在预览效果中初始背景为灰色，当光标单击链接而且还没有释放之前，链接块呈现出 a:active 中定义的蓝色背景，如图 13-27 所示。

图 13-27

● a:hover 这种伪类链接用来设置对象在光标经过或停留时的样式，该状态是非常实用的状态之一，当光标指向链接时，改变其颜色或改变下划线状态。

这些效果都可以通过 a:hover 状态控制实现，且

对于无 href 属性的 a 对象，此伪类不发生作用。下面来实际操作一下，CSS 代码如图 13-28 所示。

```
a {
    text-decoration: none;
    display: block;
    padding: 20px;
    float: left;
    background-color: #666666;
    color: #ffffff;
}
a :active {
    background-color: #0099ff;
}
a :hover {
    background-color: #ffcc00;
}
```

图 13-28

在预览效果如图 13-29 所示。当光标经过或停留链接区域时，背景色由灰色变成了红色。

图 13-29

课堂案例

创建鼠标经过链接效果

案例位置：光盘\源文件\第13章\13-1-5-2.html

视频位置：光盘\视频\第13章\13-1-5-2.swf

难易指数：★ ☆ ☆ ☆ ☆

学习目标：掌握设计经过链接样式的编写

最终效果如图13-30所示

图 13-30

01 接着上个案例。在 CSS 文件内创建 :hover 伪类代码，控制鼠标经过时链接的文字颜色，如图 13-31 所示。

```
.font01:hover {
    color:#000;
}
```

图13-31

02 继续创建样式，设置当鼠标经过时出现下划线，如图 13-32 所示。

```
.font01:hover {
    color:#000;
    text-decoration:underline;
}
```

图13-32

03 保存文件，按 F12 键测试。可以看见当鼠标经过链接时文字将变色，同时出现下划线，如图 13-33 所示。

图13-33

● a:visited 用来设置链接访问后的样式，对于浏览器而言，每一个链接被访问过之后在浏览器内部会做上一个特定的标记，这个标记能够被 CSS 所识别，a:ivisiteb 就是能够针对浏览器检测已经被访问过后的链接进行样式设计。

通过 a:visited 的样式设置，通常能够使访问过的链接呈现为较淡颜色或删除线的形式，可以提示用户该链接已经被点击过。图 13-34 所示的代码可以实现访问后的链接呈现灰色，并呈现删除线标记。

```
a:link{
    color: blue;
    text-decoration: none;
}
a:visited{
    color: #999999;
    text-decoration: line-through;
}
```

图13-34

预览效果如图 13-35 所示。被访问过的链接文本会由白色变成灰色，并添加了删除线。

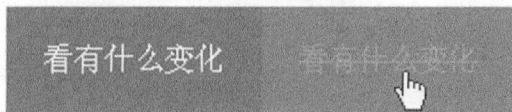

图13-35

课堂案例

创建一个访问过链接的样式

案例位置：光盘\源文件\第13章\13-1-5-3.html

视频位置：光盘\视频\第13章\13-1-5-3.swf

难易指数：★☆☆☆☆

学习目标：掌握创建已访问链接的样式的方法

最终效果如图13-36所示

图13-36

01 接上个案例。在 CSS 文件内创建如图 13-37 所示代码，更改链接被访问后文字的颜色。

```
.font01:visted {
    color:#933;
}
```

图13-37

02 保存文件，按 F12 键测试。单击链接后，文字颜色发生变化，效果如图 13-38 所示。

图13-38

> **提示：**
> 测试链接后，页面中的文字将呈现为已访问效果。需要清理浏览器缓存后，才会重新恢复到默认状态。

13.1.6 链接的打开方式

在 Dreamweaver 中有 5 种链接的打开方式可供选择。

_blank：在一个新的未命名的浏览器窗口中打开链接的页面。

_new：在一个新的浏览器窗口中打开所链接的页面，与 _blank 打开方式类似。

_parent：如果是嵌套的框架，链接会在父框架或窗口中打开；如果不是嵌套的框架，则等同于 _top，链接会在整个浏览器窗口中显示。

_self：该选项是浏览器的默认值，在当前网页所在窗口或框架中打开链接的网页。

_top：总是使用所有打开页面最上面的页面打开链接网页。

课堂案例

实现在新页面中打开链接

案例位置：光盘\源文件\第13章\13-1-6-4.html

视频位置：光盘\视频第13章\13-1-6-4.swf

难易指数：★☆☆☆☆

学习目标：掌握设置链接打开方式

最终效果如图13-39所示

图13-39

01 接上个案例。选择页面中添加了链接的文字，如图 13-40 所示。

图13-40

02 在"属性"面板的"目标"下拉列表中选择 _blank 选项，效果如图 13-41 所示。

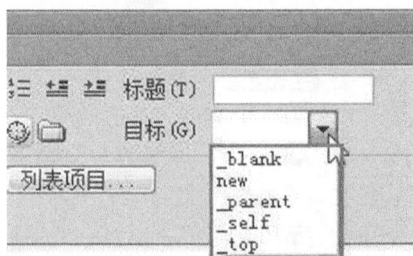

图13-41

03 保存文件，按 F12 键测试页面。单击链接文字，将会在一个全新的页面打开链接，如图 13-42 所示。

图13-42

13.2 图片映射

不仅可以将整张图像作为链接的载体，还可以将图像的某一部分设为链接，这要通过设置图像映射来实现。

热点链接的原理就是利用 HTML 语言在图片上定义一定形状的区域，然后给这些区域加上链接，这些区域被称为热点。图像映射就是一张图片上多个不同的区域拥有不同的链接地址。

课堂案例
使用图片映射创建多个链接

案例位置：光盘\源文件\第13章\13-2.html
视频位置：光盘\视频\第13章\13-2.swf
难易指数：★☆☆☆☆
学习目标：掌握图片映射的使用方法
最终效果如图13-43所示

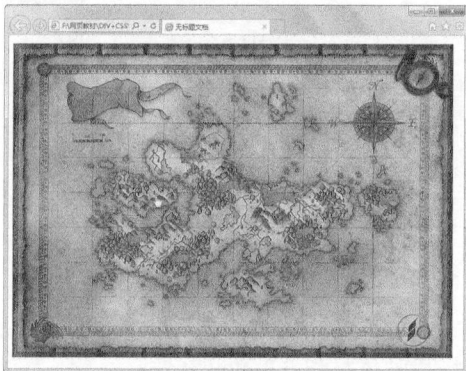

图13-43

01 打开 Dreamweaver 软件，新建一个 HTML 页面，并将其保存为 13-2.html 文件，如图 13-44 所示。

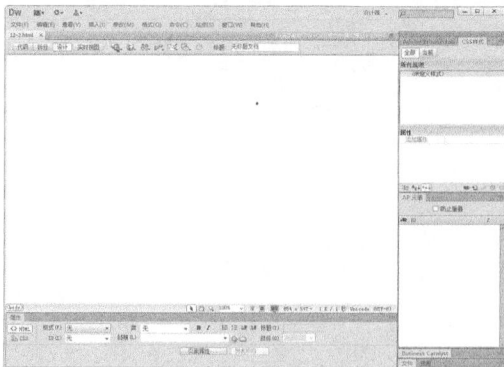

图13-44

02 将"光盘\素材\第 13 章\images\map.jpg"插入到页面中，页面效果如图 13-45 所示。

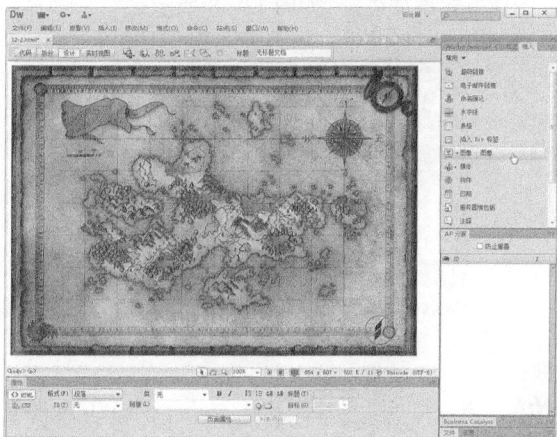

图13-45

03 单击"属性"面板上的"矩形热点工具"，在图片中需要添加链接的位置绘制一个矩形，如图 13-46 所示。

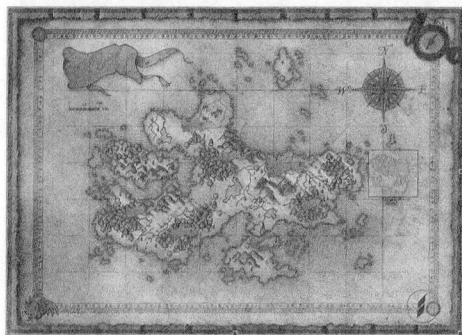

图13-46

04 使用"指针热点工具"选择刚创建的矩形热点，在"属性"面板上为其设置链接，默认为空链，如图 13-47 所示。

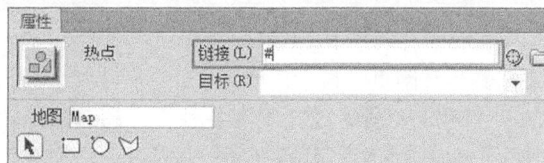

图13-47

提示：
在"属性"面板中单击"指针热点工具"按钮，可以在图像上移动热点的位置，并改变热点的大小和形状。

05 选择"多边形热点工具",在需要插入链接的位置的边缘依次单击,创建一个不规则的多边形热点,同样方式添加链接,如图 13-48 所示。

图13-48

06 保存文件,按 F12 键测试页面,可以看到添加了热点的位置都可以实现链接效果,如图 13-49 所示。

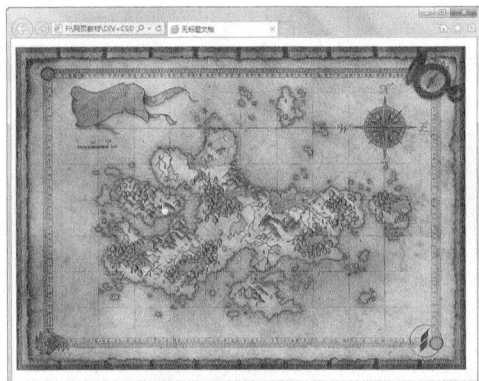

图13-49

提示:
通常为了减少页面的体积,会添加多边形热点的图片,在最后切片输出时还会以矩形的形式输出。

13.3 常见超链接特效

超链接是网页上最常用的元素,除了可以为网页中的文字超链接设置 CSS 实现各种文字超链接的效果外,还可以通过 CSS 样式对超链接的 4 个伪属性进行设置,从而实现一些网页中常见的特殊效果。

13.3.1 按钮式超链接

使用 CSS 可以制作出很多漂亮的超链接效果。通过控制链接的不同状态可以实现丰富的动态效果。

图 13-50 所示就是一种按钮式的菜单。

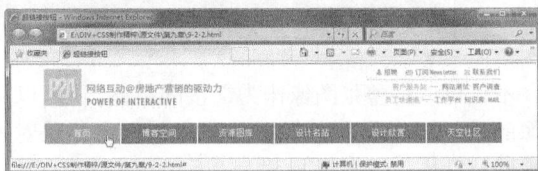

图13-50

接下来,通过一个案例来学习使用CSS制作按钮式超链接特性。

课堂案例

使用CSS制作按钮式超链接

案例位置:光盘\源文件\第13章\13-3-1.html
视频位置:光盘\视频\第13章\13-3-1.swf
难易指数:★☆☆☆☆
学习目标:掌握CSS控制超链接
最终效果如图13-51所示

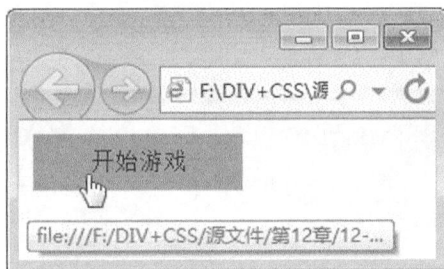

图13-51

01 打开 Dreamweaver 软件,新建一个 HTML 页面,并将其保存为 13-3-1.html 文件。

02 同时新建一个 CSS 文件,将其保存为 css1.css,在"CSS 样式"面板中将其与 HTML 文件链接,如图 13-52 所示。

图13-52

03 在 HTML 页面中输入文本内容，如图 13-53 所示。

图13-53

04 在"属性"面板中为文本添加空链，如图 13-54 所示。

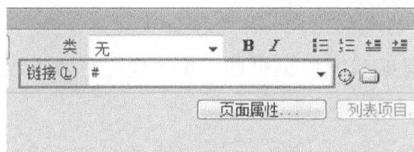

图13-54

05 在 CSS 文件中创建超链接的样式，代码及文本效果如图 13-55 所示。

```
a {
    width: 131px;
    height: 26px;
    float: left;
    text-align: center;
    color: #000;
    font-size:15px;
    border: #FFF solid 1px;
}
```

开始游戏

图13-55

06 继续创建 CSS 代码，设置未被访问和已访问过链接的样式，效果如图 13-56 所示。

```
a:link,a:visited{
    padding: 10px 0px 0px 0px;
    background-color:#999;
    text-decoration: none;
}
```

开始游戏

图13-56

07 创建鼠标经过时链接的样式，如图 13-57 所示。

```
a:hover {
    padding: 10px 0px 0px 0px;
    background-color: #75b040;
    text-decoration: none;
}
```

图13-57

08 将文件保存，按 F12 键测试页面效果，如图 13-58 所示。

图13-58

13.3.2 浮雕式超链接

除了为超链接设置"背景颜色"属性外，还可以将背景图片也加入到超链接的伪属性中，这样就可以制作出更多的绚丽效果。

接上例，将伪类中的背景颜色属性去除，添加背景图片样式。

课堂案例

使用CSS制作浮雕式超链接

案例位置：光盘\源文件\第13章\13-3-2.html

视频位置：光盘\视频\第13章\13-3-2.swf

难易指数：★☆☆☆☆

学习目标：掌握CSS控制超链接

最终效果如图13-59所示

Div+CSS
网页布局实用教程

图13-59

01 接上个案例。修改 a：link 和 a：visited 样式，如图 13-60 所示。

```
a:link,a:visited{
    padding: 10px 0px 0px 0px;
    background-image: url(images/9203.gif);
    background-repeat: no-repeat;
    text-decoration: none;
}
```
图13-60

02 观察链接文字效果，效果如图 13-61 所示。

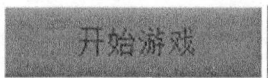
图13-61

03 在 CSS 文件中修改鼠标经过时链接的样式，如图 13-62 所示。

```
a:hover {
    padding: 10px 0px 0px 0px;
    background-image: url(images/9204.gif);
    background-repeat: no-repeat;
    text-decoration: none;
    color: #FF0;
}
```
图13-62

04 将文件保存，按 F12 键测试页面，观察修改 CSS 样式后的链接效果，如图 13-63 所示。

图13-63

13.4 CSS实现鼠标特效

用户在浏览网页时，看到的鼠标指针的形状通常是箭头或手形。在 Windows 环境下实际看到的鼠标指针种类有很多。通过使用 CSS 可以弥补了 HTML 语言在这方面的不足，使用 cursor 属性可以设置各式各样的鼠标指针样式。

13.4.1 CSS控制鼠标箭头

CSS 控制鼠标主要是通过 cursor 属性来实现的，该属性可以在任何标记里使用，从而可以改变各种页面元素的鼠标效果，代码如下所示。

```
body {
    cursor:move;
}
```
在浏览器中预览页面，可以看到页面中鼠标指针的形状，如图 13-64 所示。

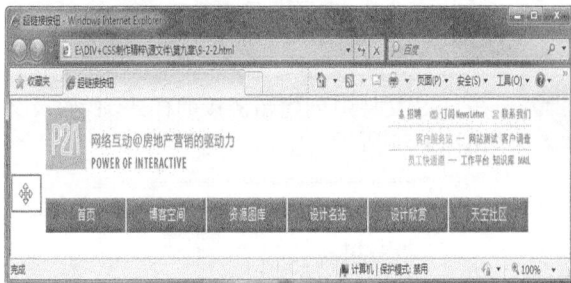
图13-64

上面的 CSS 代码中，由于给 <body> 标签设置了 cursor 属性，因此鼠标指针即使位于页面的空白处，都显示为所定义的鼠标指针形状。cursor 属性有很多定制好的鼠标指针效果，如表 13-1 所示。

表13-1

值	指针效果
auto	浏览器默认设置
crosshair	＋
default	↖
e-resize	⟺
help	↖?
inherit	继承
move	✥

242

表13-1 续表

值	指针效果
ne-resize	⤢
n-resize	↕
nw-resize	⤡
pointer	👆
se-resize	⤡
s-resize	↕
sw-resize	⤢
text	I
wait	○
w-resize	↔

以上列表中的鼠标指针样式，仅以 Windows 7 中的 IE8 浏览器为例，不同的机器或者操作系统可能存在差异。

提示：
很多时候，浏览器调用的鼠标是操作系统的鼠标效果，因此同一浏览器之间的差别很小，但不同操作系统的用户之间还是存在差异的。

13.4.2　鼠标变化的超链接

学习前面所讲的知识点后，便可以轻松的制作出鼠标指针样式变化的超链接效果。使用前面例子，来实现当鼠标进过图片超链接时，鼠标变成箭头加问号的效果。

课堂案例

使用CSS实现不同的鼠标指针

案例位置：光盘\源文件\第13章\13-4-2.html

视频位置：光盘\视频\第13章\13-4-2.swf

难易指数：★☆☆☆☆

学习目标：掌握CSS控制鼠标指针

最终效果如图13-65所示

01 启动 Dreamweaver，打开"光盘 \ 素材 \ 第 13 章 \13-4-2.html"文件，效果如图 13-66 所示。

图13-65

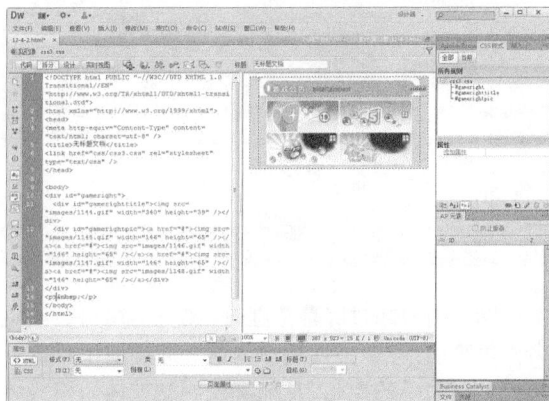

图13-66

02 在 CSS 文件中，创建一个 .pic 类样式，设置鼠标指针 cursor 值为 help，如图 13-67 所示。

```
.pic {
    cursor:help;
}
```

图13-67

03 选择 HTML 页面中的图片，在"属性"面板中分别添加空链接，同时指定新创建的类样式，如图 13-68 所示。

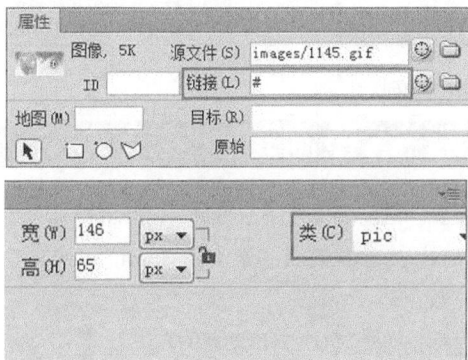

图13-68

04 　　将文件保存，按 F12 键测试页面，当鼠标移动到图片上时，变化为带"？"，效果如图 13-69 所示。

图13-69

13.4.3　设置页面滚动条

　　当网页内容超过屏幕范围时，浏览器窗口会给浏览者提供滚动条，以方便用户浏览。通过使用CSS可以实现对滚动条的控制，从而实现网站整体风格一体化的效果。

　　滚动条主要有 3dlight、highlight、face、arrow、shadow 和 darkshadow 几个部分组成。具体含义如表 13-2 所示。

表13-2

属性	说明
Scrollbar-3dlight-color	设置或检索滚动条亮边框颜色
Scrollbar-highlight-color	设置或检索滚动条3D界面的亮边
Scrollbar-face-color	设置或检索滚动条3D表面的颜色
Scrollbar-arrow-color	设置或检索滚动条方向箭头的颜色
Scrollbar-shadow-color	设置或检索滚动条3D界面的暗边颜色
Scrollbar-darkshadow-color	设置或检索滚动条暗边框颜色
Scrollbar-base-color	设置或检索滚动条基准颜色。其他界面颜色将根据此自动调整

课堂案例

使用CSS控制页面滚动条

案例位置：光盘\源文件\第13章\13-4-3.html

视频位置：光盘\视频\第13章\13-4-3.swf

难易指数：★☆☆☆☆

学习目标：掌握CSS控制滚动条的方法

最终效果如图13-70所示

图13-70

01 　　启动 Dreamweaver，新建 HTML 文件，输入文本内容，效果如图 13-71 所示。

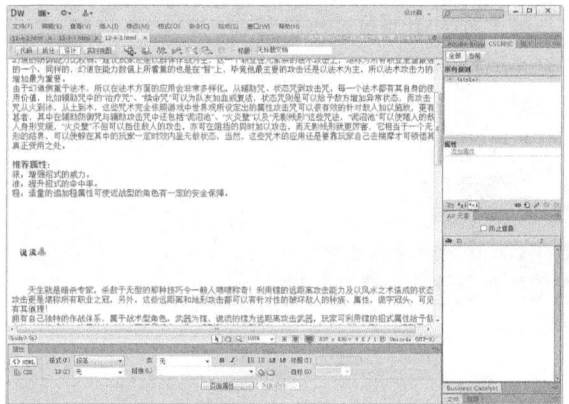

图13-71

02 　　在代码视图中创建字体样式，并将其应用到页面中的文字，如图 13-72 所示。

```
<style type="text/css">
.font {
    font-weight:bold;
    font-size:14px;
}
.margin {
    margin:40px 0px 0px 350px;
}
</style>
```

图13-72

03 　　创建 body 样式，设置滚动条颜色，如图 13-73 所示。

04 　　保存文件，按 F12 键测试页面，观察页面的效果，如图 13-74 所示。

```
body {

    scrollbar-face-color:green;
    scrollbar-hightlight-color:red;
    scrollbar-3dlight-color:orange;
    scrollbar-darkshadow-color:blue;
    scrollbar-shadow-color:yellow;
    scrollbar-arrow-color:purple;
    scrollbar-track-color:black;
    scrollbar-base-coler:pink;

}
</style>
```

图13-73

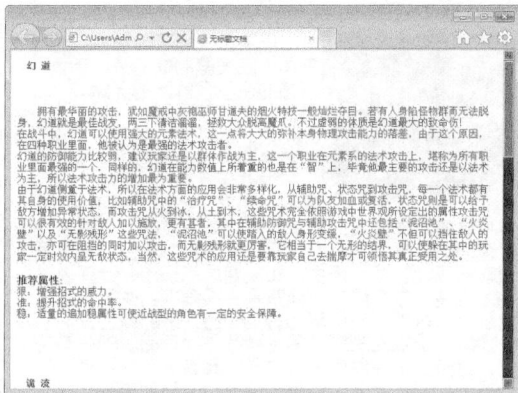

图13-74

> **提示：**
> 由于浏览器的兼容问题，版本较低的浏览器无法显示效果。建议用户采用 IE9 版本浏览滚动条效果。

13.4.4　设置链接定位

通过设置链接对象的位置偏移，可以实现一种跳动的链接效果。通常使用 Position 来完成定位。它有 4 个可选值，分别是 static、absolute、fixed 和 relative。

Position : static——无定位。

Position : absolute——绝对定位。

Position : fixed——相对于窗口的固定定位。

Position : relative——相对定位。

接下来通过一个案例来了解定位的设置方法。

课堂案例

使用CSS实现跳动链接效果

案例位置：光盘\源文件\第13章\13-4-4.html

视频位置：光盘\视频\第13章\13-4-4.swf

难易指数：★☆☆☆☆

学习目标：掌握定位的设置方法

最终效果如图13-75所示

图13-75

01　启动 Dreamweaver，新建 HTML 文件，输入文本内容，并为文本添加空链接。效果如图 13-76 所示。

图13-76

02　在"代码"视图中，创建样式，设定链接后文本效果，如图 13-77 所示。

```
<style type="text/css">
a:link {
    color:#00C;
}
</style>
```

图13-77

03　继续添加鼠标经过样式，在其中设置 position 属性的值为相对，并设置方向和数值，如图 13-78 所示。

```
<style type="text/css">
a:link {
    color:#00C;
}
a:hover {
    color: #F00;
    position: relative;
    left: 2px;
    top: 2px;
}
</style>
```

图13-78

04 保存文件，按 F12 键测试，观察页面的效果，如图 13-79 所示。

图13-79

13.5 本章小结

无论是从网站的首页到每一个频道还是进入其他网站，都是由链接来完成页面跳转的。超链接的默认样式是蓝色下划线文本，对浏览者没有任何吸引力，需要通过 CSS 样式改变超链接文本的样式，以使超链接与整个页面风格相一致。完成本章内容的学习后，读者需要能够熟练掌握页面中超链接文本样式的设置，以实现页面中不同文本链接的效果。

13.6 课后习题

本章安排了三个课后习题，分别制作用户注册页面和用户登录页面。通过三个习题的制作，可以使读者对 CSS 控制表单有更清晰的认识，同时可以将 CSS 技术更全面的应用到网页制作中。

13.6.1 课后习题1-使用CSS制作图片链接

案例位置：光盘\源文件\第13章\13-16-1.html

视频位置：光盘\视频\第13章\13-16-1.swf

难易指数：★★☆☆☆

学习目标：掌握CSS控制链接的方法

最终效果如图13-80所示

图13-80

步骤分解如图 13-81 所示。

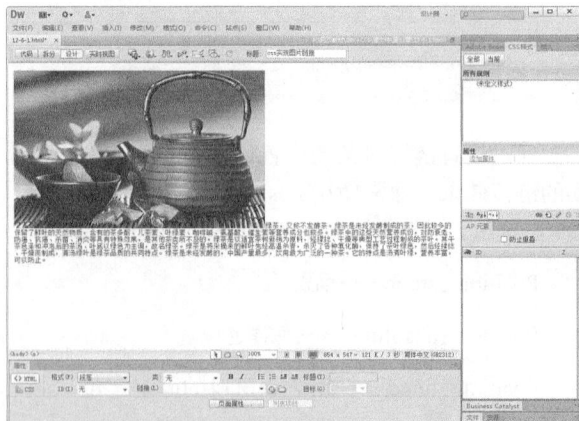

```
<style>
img{
        width:120px;
        height:100px;
        border:1px solid #ffdd00;
        float:left;

}

</style>
```

```
<style>
img{
        width:120px;
        height:100px;
        border:1px solid #ffdd00;
        float:left;

}
p{
        width:300px;
        height:200px;
        font-size:13px;
        font-family:"幼圆";
        text-indent:2em;

}
</style>
```

图13-81

13.6.2 课后习题2-制作导航菜单

案例位置：光盘\源文件\第13章\13-6-2.html

视频位置：光盘\视频\第13章\13-6-2.swf

难易指数：★★★☆☆

学习目标：掌握CSS控制超链接显示的方法

最终效果如图13-82所示

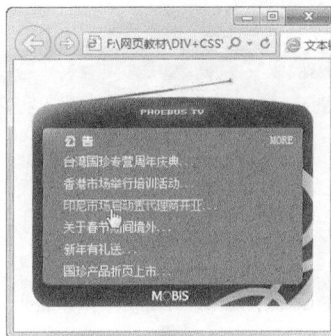

图13-82

步骤分解如图 13-83 所示。

```
body    {margin:0px;
         padding:0px;
         font-family:"宋体";
         font-size:12px;
         color:#FFFFFF;

}
#box    {width:292px;
         height:187px;
         background-image:url(images/92101.jpg);
         background-repeat:no-repeat;
         margin:20px auto;
         padding-top:52px;

}
```

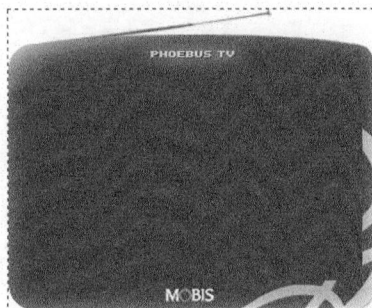

```
#background {width:259px;
            height:164px;
            background:url(images/92102.gif) no-repeat;
            margin-left:11px;
            padding-left:11px;

}
#top    {width:250px;
         height:12px;
         text-align:right;
         padding-top:7px;
         padding-right:9px;

}
#main   {width:247px;
         height:140px;
         line-height:23px;
         padding-top:5px;
         padding-left:11px;

}
```

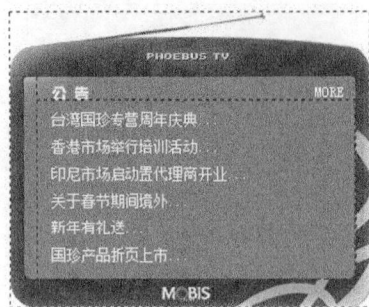

```
a:link {
    color:#FFF;
    text-decoration:none;
}
a:hover {
    color:#FF0;
    text-decoration:overline;
}
a:visted {
    color:#C30;
}
```

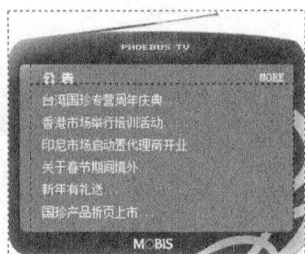

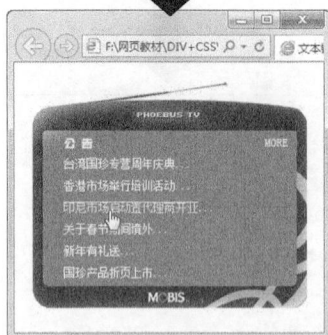

图13-83

学习目标：掌握CSS控制超链接显示的方法

最终效果如图13-84所示

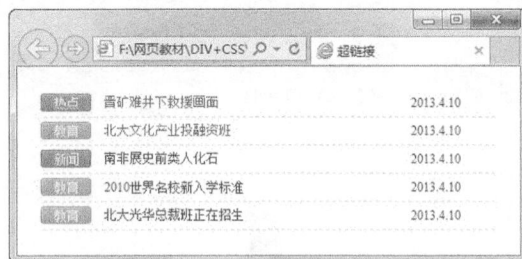

图13-84

步骤分解如图 13-85 所示。

```
* {
    padding:0px;
    margin:0px;
    border:0px;
}
#box{
    margin:10px;
    width:452px;
    height:143px;
    font-size:12px;
    background-image:url(images/9101.gif);
    background-repeat:no-repeat;
    padding:12px 0px 0px 12px;
}
```

```
#box dt {
    width:60px;
    height:26px;
    float:left;
    border-bottom:#CCC dashed 1px;
}
#box dt img {
    margin:4px 3px 0px 0px;
}
#box dd {
    line-height:26px;
    float:left;
    border-bottom:#CCC dashed 1px;
}
```

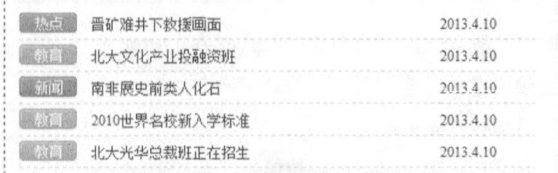

13.6.3 —— 课后习题3-制作列表链接

案例位置：光盘\源文件\第13章\13-6-3.html

视频位置：光盘\视频\第13章\13-6-3.swf

难易指数：：★★★☆☆

```
a:hover {
    color:#FF0;
}
a:active {
    color:#F00;
}
a:link{
    text-decoration: none;
}
a:visited{
    color:#999;
    text-decoration: line-through;
}
```

热点	晋矿滩井下救援画面	2013.4.10
教育	北大文化产业投融资班	2013.4.10
新闻	南非展史前类人化石	2013.4.10
教育	2010世界名校新入学标准	2013.4.10
教育	北大光华总裁班正在招生	2013.4.10

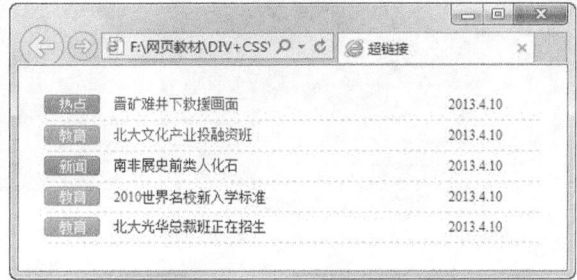

图13-85

249

第14章

CSS滤镜效果

随着网络技术的不断发展，网页的内容与形式也越来越丰富，如何在众多的网页页面中脱颖而出呢？只有丰富多彩、创意独特、实用性好的网页才更加吸引人的眼球。CSS 滤镜具有美化网页页面的强大功能，如模糊、光晕、阴影等的应用，可以为网页页面增色不少。本章将向读者介绍 CSS 滤镜的相关知识点。

14.1　了解CSS滤镜

在浏览一些优秀的网站时，人们常会被一些新颖、独特的页面所吸引。而那些仅仅使用原有的 HTML 标签设计的网页已经无法满足大众的审美及使用需要，浏览者更希望看到网页页面中适当的添加一些如，渐变、遮罩、滤镜等多媒体特性。如果想设计出更加美观、独具一格的优秀网页作品，了解 CSS 滤镜的相关知识便是十分必要的。

14.1.1　滤镜的作用

在设计网站页面时，合理地为页面应用滤镜，可以生成不同凡响的视觉特效。CSS 滤镜的标识符是 filter，在创建 CSS 滤镜时首先要对 filter 进行定义，其使用方法与其他 CSS 语句是相同的。基本滤镜与高级滤镜是 CSS 滤镜的两种基本类型。两者有一定的区别，基本滤镜又称"视觉滤镜"，只要将其应用于对象上，便可以立即产生视觉特效，但是，其效果远不及高级滤镜。高级滤镜能产生更多丰富、变幻无穷的视觉效果，如百叶窗、开关门效果等，因而又有"转换滤镜"之称，然而，实现这种特殊的效果则需要配合 JavaScript 等脚本语言。

14.1.2　滤镜格式和常用滤镜

CSS 滤镜的标识符 filter 具体书写格式为：

filter: filter name(滤镜名称);

filter 是滤镜属性选择符，在应用滤镜时，首先就要定义 filter，而 filter name 是具体的滤镜名称，如 Alpha、Gray、Wave 等，它是用于指定应用的类型 ;parameters 是所指定的滤镜属性参数值，通过对其参数的不同设置，可以形成不同的视觉效果。

表 14-1 列出了一些常用的 CSS 滤镜。

表14-1

滤镜名称	作用
Alpha	设置对象透明度
BlendTrans	可以实现图像之间的淡入和淡出的效果
Blur	设置对象的模糊效果
Chroma	设置对象中指定的颜色为透明色
DropShadow	设置对象的阴影效果
FlipH	可以将元素水平翻转
FlipV	可以将元素垂直翻转
Glow	设置对象的外发光效果
Gray	设置图像的灰度显示效果，即黑白显示效果
Invert	将图像反相，包括色彩、饱和度和亮度值，类似底片效果
Light	设置对象的光源效果
Mask	设置对象的透明遮罩
RevealTrans	设置对象的切换效果
Shadow	设置对象的阴影效果，该属性与DropShadow属性所设置的阴影效果不同
Wave	设置对象的波纹效果
Xray	显示图像的轮廓，类似于X光片的效果

14.2　CSS滤镜详解

经过前面一小节的学习，读者应对CSS滤镜已经有了概念性的了解。只有深入地了解，才能达到灵活的运用，CSS滤镜包括很多种类，不同的种类能够营造出不同的页面效果。接下来，本节将详细介绍各个滤镜的相关知识。

14.2.1　Alpha

在设计网站页面时，为了能够使页面达到一种融合统一的效果，可以通过使用CSS滤镜中的Alpha滤镜，对网页中的图像、文字设置透明效果。

Alpha滤镜的语法如图14-1所示。

Alpha滤镜属性如表14-2所示。

```
.alpha{
filter: alpha (Opacity=30,
FinishOpacity=80, Style=0, StartX=0,
StartY=0, FinishX=100, FinishY=100);
}
```

图14-1

表14-2

属性	说明
Opacity	设置透明度值，有效值范围在0～100之间。0代表完全透明、100代表完全不透明
FinishOpacity	可选参数，如果设置渐变的透明效果时，用来指定结束时的透明度，取值范围也是0～100
Style	设置透明区域的样式。0代表无渐变、1代表线性渐变、2代表放射状渐变、3代表菱形渐变。当style为2或者3的时候，startX、startY、FinishX和FinishY参数没有意义，都是以对象中心为起始，四周为结束
StartX	设置透明渐变效果开始的水平坐标（即x轴坐标）
StartY	设置透明渐变效果开始的垂直坐标（即y轴坐标）
FinishX	设置透明渐变效果结束的水平坐标（即x轴坐标）
FinishY	设置透明渐变效果结束的垂直坐标（即y轴坐标）

课堂案例

使用Alpha滤镜

案例位置：光盘\源文件\第14章\14-2-1.html

视频位置：光盘\视频\第14章\14-2-1.swf

难易指数：★★☆☆☆

学习目标：了解Alpha滤镜

最终效果如图14-2所示

图14-2

01 执行"文件 > 打开"命令，打开"光盘\素材\第14章\142101.html"，如图14-3所示。

02 按F12键测试该页面目前的效果，如图14-4所示。

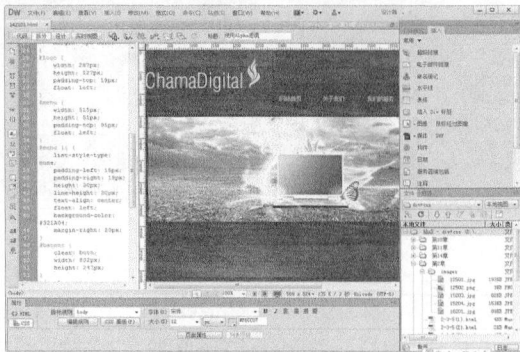

图14-3

图14-7

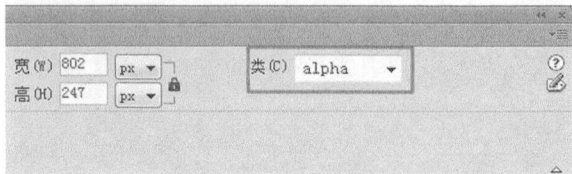

图14-4

图14-8

03 在 CSS 样式表中定义一个名为 .alpha 的类 CSS 样式，如图 14-5 所示。

```
.alpha{
    filter:alpha(opacity=50);
}
```

图14-5

04 切换到"设计"视图中，选中页面中的图像，打开"属性"面板，在"类"下拉列表中选择刚定义 CSS 样式，如图 14-6 所示。

图14-6

05 执行"文件 > 另存为"命令，将文档保存为"光盘\源文件\第 14 章\14-2-1.html"，如图 14-7 所示。

06 在 IE 浏览器中测试页面，观察页面中图像的效果，如图 14-8 所示。

07 返回编辑软件中，修改名为 .alpha 的类的 CSS 样式代码，如图 14-9 所示。在 IE 浏览器中测试页面，可以看到图片形成了一种由下向上逐渐透明的效果，如图 14-10 所示。

```
.alpha {
    filter: alpha(opacity=10,
                  finishopacity=100,
                  style=1,
                  startx=0,
                  starty=0,
                  finishx=0,
                  finishy=100);
}
```

图14-9

图14-10

08 返回编辑软件中，修改名为 .alpha 的类的 CSS 样式代码，如图 14-11 所示。在 IE 浏览器中测试页面，可以看到图片形成了一种由左向右逐渐透明的效果，如图 14-12 所示。

```
.alpha {
    filter: alpha(opacity=0,
                  finishopacity=80,
                  style=2);
}
```

图14-11

图14-12

14.2.2 BlendTrans

BlendTrans 滤镜是一种高级 CSS 滤镜，应用该 CSS 滤镜与 JavaScript 脚本相结合，可以实现 HTML 元素的渐隐渐现效果。

BlendTrans 滤镜的语法如图 14-13 所示。

```
.alpha{
filter: BlendTrans(Duration=5);
}
```

图14-13

Duration 属性用于设置整个转换过程所需要的时间，单位为秒。

课堂案例

使用BlendTrans滤镜

案例位置：光盘\源文件\第14章\14-2-2.html

视频位置：光盘\视频\第14章\14-2-2.swf

难易指数：★★☆☆☆

学习目标：了解Alpha滤镜

最终效果如图14-14所示

图14-14

01 执行"文件 > 打开"命令，打开"光盘\素材\第 14 章\142201.html"，如图 14-15 所示。

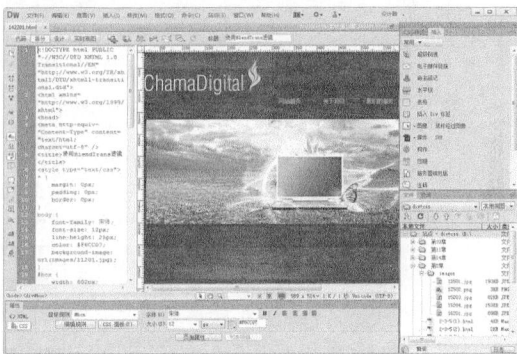

图14-15

02 按 F12 键测试该页面目前的效果，如图 14-16 所示。

图14-16

03 在"设计"视图中选中页面的图像，在"属性"面板上设置其 id 为 imgpic，如图 14-17 所示。

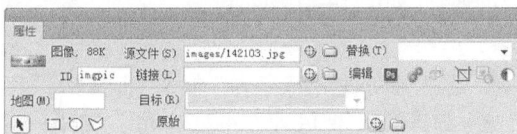

图14-17

253

04 转换到代码视图中，在相应的位置添加 JavaScript 脚本代码，如图 14-18 所示。

```
    <div id="banner"><img src="images/142103.jpg"
name="imgpic" width="802" height="247" class=
"blendtrans" id="imgpic" /></div>
    <script language="javascript">
<!--
ImgNum = new ImgArray(2);
ImgNum[0] = "images/142103.jpg";
ImgNum[0] = "images/142104.jpg";
function ImgArray(len)
{
    this.length = len;
}
var i = 1;
function playImg() {
    if(i=1) {
        i=0;
    }
    else {
        i++;
    }
    imgpic.filters[0].apply();
    imgpic.src = ImgNum[i];
    imgpic.filters[0].apply();
    timeout = setTimeout('playImg()',4000);
}
</script>
</div>
```

图14-18

05 在 CSS 样式表中定义一个名为 .blendtrans 的类的 CSS 样式，如图 14-19 所示。

```
.blendtrans{
    filter:blendtrans(duration=3);
}
```

图14-19

06 切换到"设计"视图中，选中页面中的图像，打开"属性"面板，在"类"下拉列表中选择刚定义 CSS 样式，如图 14-20 所示。

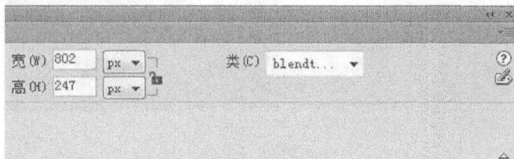

图14-20

07 转换到代码视图中，为 <body> 标签中添加相应的属性，如图 14-21 所示。

08 执行"文件 > 另存为"命令，将文档保存为"光盘 \ 源文件 \ 第 14 章 \14-2-2.html"，如图 14-22 所示。

```
<body onload="playImg()">
<div id="box">
    <div id="logo"><img src="images/142102.gif"
width="259" height="76" /></div>
    <div id="menu">
        <ul>
            <li>网站首页</li>
            <li>关于我们</li>
            <li>我们的服务</li>
            <li>我们的作品</li>
            <li>联系我们</li>
        </ul>
    </div>
</div>
```

图14-21

图14-22

09 在 IE 浏览器中测试页面，观察页面中图像的变换效果，如图 14-23 所示。

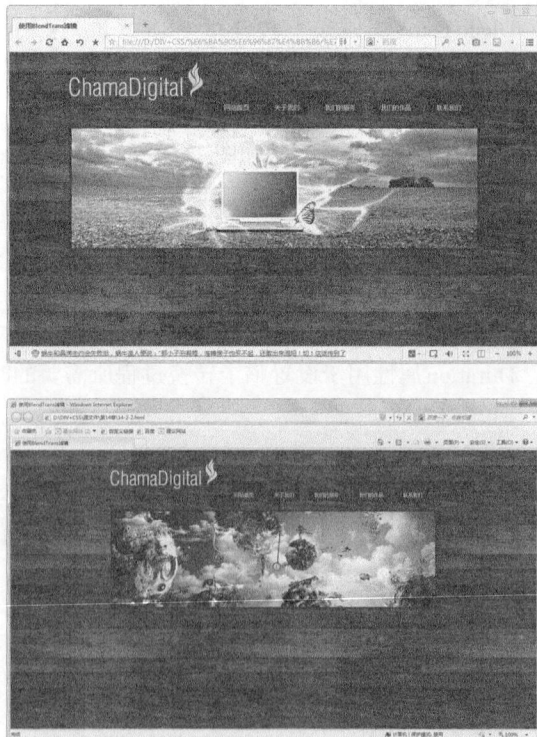

图14-23

14.2.3 Blur

Blur 滤镜可以为页面中的元素添加模糊的效果，可以根据网站页面设计的需要，对参数进行合理的设置。

Blur 滤镜的语法如图 14-24 所示。

```
.blur{
    filter: blur (Add=Ture,
Direction=180, Strength=10);
}
```

图14-24

Blur 滤镜属性如表 14-3 所示。

表14-3

属性	说明
Add	这是个布尔参数，用来指定图片是否设置为模糊效果。有效值为Ture或False，Ture为默认值，表示为图片应用模糊效果，Flase表示不应用
Direction	用来设置图片的模糊方向。取值范围为0°～360°，按顺时针的方向起作用，其中45°为一个间隔，因此，有8个方向值：0表示向上，45表示右上，90表示向右，135表示右下，180表示向下，225表示左下，270表示向左，315表示向上
Strength	指定模糊半径的大小，即模糊效果的延伸范围，其取值范围为任意自然数，默认值为5，单位是像素

课堂案例

使用Blur滤镜

案例位置：光盘\源文件\第14章\14-2-3.html

视频位置：光盘\视频\第14章\14-2-3.swf

难易指数：★ ★ ☆ ☆ ☆

学习目标：了解Alpha滤镜

最终效果如图14-25所示

图14-25

01 执行"文件 > 打开"命令，打开"光盘 \ 素材 \ 第 14 章 \142301.html"，如图 14-26 所示。

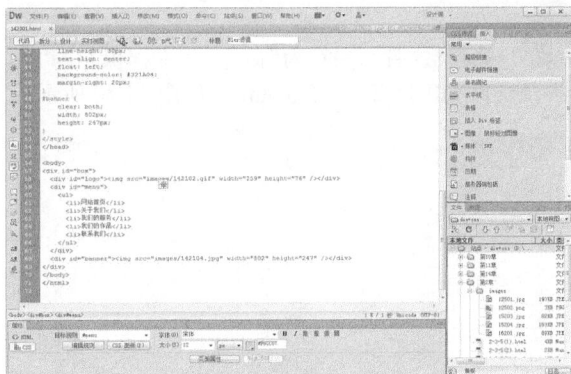

图14-26

02 按 F12 键测试该页面目前的效果，如图 14-27 所示。

图14-27

03 在 CSS 样式表中定义一个名为 .blur 的类的 CSS 样式，如图 14-28 所示。

```
.blur{
    filter: blur(add=true,
                direction=180,
                strength=20);
}
```

图14-28

04 换到"设计"视图中，选中页面中的图像，打开"属性"面板，在"类"下拉列表中选择刚刚定义的 CSS 样式，如图 14-29 所示。

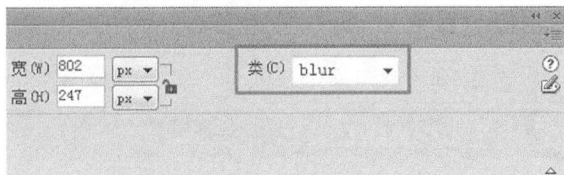

图14-29

05 执行"文件 > 另存为"命令，将文档保存为"光盘 \ 源文件 \ 第 14 章 \14-2-3.html"，如图 14-30 所示。

图14-30

06 在 IE 浏览器中测试页面，观察页面中图像的变换效果，如图 14-31 所示。

图14-31

14.2.4 Chroma

Chroma 滤镜可以设置 HTML 对象中指定的颜色为透明色。Chroma 滤镜的语法如图 14-32 所示。

```
.chroma{
    filter: chroma (color=#F00);
}
```

图14-32

Chroma 滤镜属性如表 14-4 所示。

表14-4

属性	说明
Color	用来设置要变为透明色的颜色

课堂案例

使用Chroma滤镜

案例位置：光盘\源文件\第14章\14-2-4.html

视频位置：光盘\视频\第14章\14-2-4.swf

难易指数：★★☆☆☆

学习目标：了解Alpha滤镜

最终效果如图14-33所示

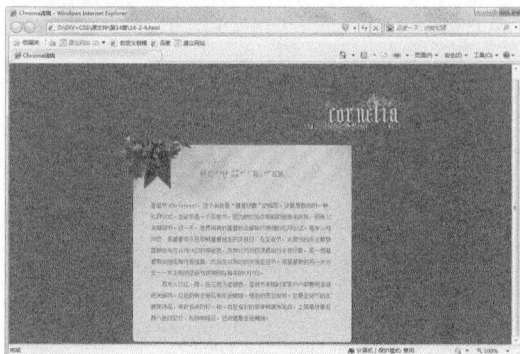

图14-33

01 执行"文件 > 打开"命令，打开"光盘 \ 素材 \ 第 14 章 \142401.html"，如图 14-34 所示。

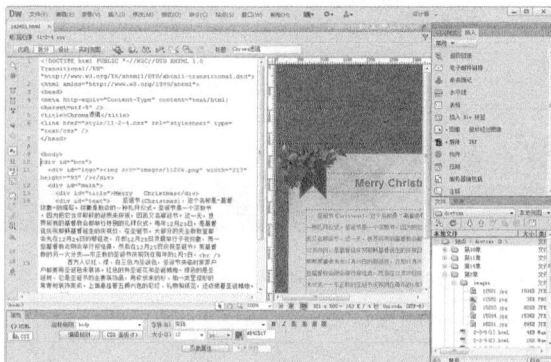

图14-34

02 按 F12 键测试该页面目前的效果，如图 14-35 所示。

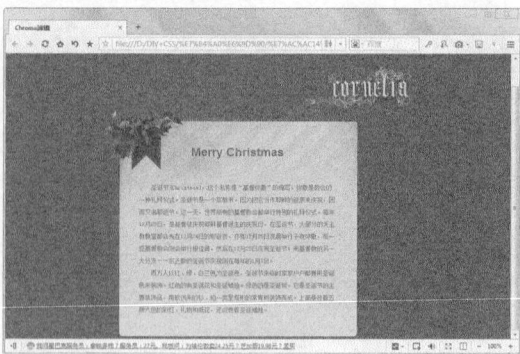

图14-35

03 在 CSS 样式表中定义一个名为 .chroma 的类

的 CSS 样式，如图 14-36 所示。

```
.chroma{
    filter: chroma(
        color=#B42D17);
}
```

图14-36

04 选中页面中的文字标题，打开"属性"面板，在"类"下拉列表中选择刚刚定义的 CSS 样式，如图 14-37 所示。

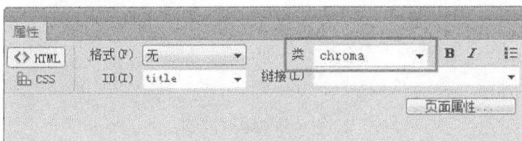

图14-37

05 执行"文件 > 另存为"命令，将文档保存为"光盘 \ 源文件 \ 第 14 章 \14-2-4.html"，如图 14-38 所示。

图14-38

06 在 IE 浏览器中测试页面，观察页面中文字标题发生的变化，如图 14-39 所示。

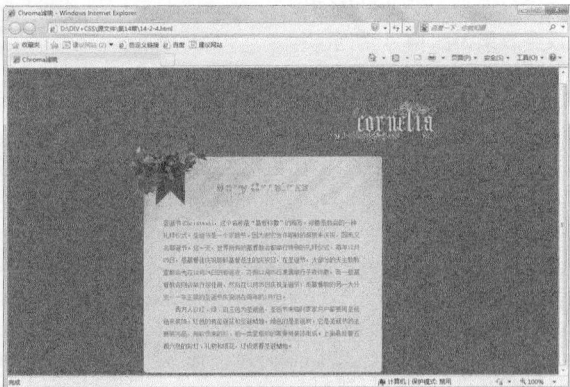

图14-39

14.2.5　Dropshadow滤镜

在设计网页页面时，合理的为页面中的视觉元素创建阴影，可以实现立体效果，DropShadow 滤镜可以为页面中的图片或文字添加阴影效果，有效地使元素内容在页面中产生投影，其工作原理也是较为简单的，即为元素创建偏移量，并定义阴影的颜色。

DropShadow 滤镜的语法如图 14-40 所示。

```
.dropshadow{
    filter: dropshadow (color=#000,
offx=10px, offy=15px, positive=1);
}
```

图14-40

DropShadow 滤镜属性如表 14-5 所示。

表14-5

属性	说明
Color	设置阴影产生的颜色
Offx	设置阴影水平方向偏移量，默认值为5，单位是像素
Offy	设置阴影垂直方向偏移量，默认值为5，单位是像素
Positive	该值为布尔值，是用来指定阴影的透明程度。True（1）表示为任何的非透明像素建立可见的阴影；Flash（0）表示为透明的像素部分建立透明效果

课堂案例

使用DropShadow滤镜

案例位置：光盘\源文件\第14章\14-2-5.html

视频位置：光盘\视频\第14章\14-2-5.swf

难易指数：★★☆☆☆

学习目标：了解Alpha滤镜

最终效果如图14-41所示

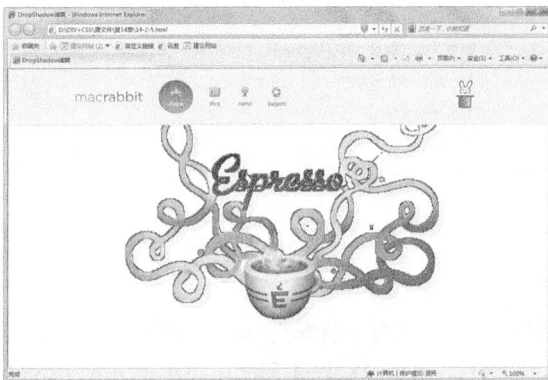

图14-41

01 执行"文件 > 打开"命令，打开"光盘 \ 素材 \

第 14 章 \142501.html",如图 14-42 所示。

图 14-42

02 按 F12 键测试该页面目前的效果,如图 14-43 所示。

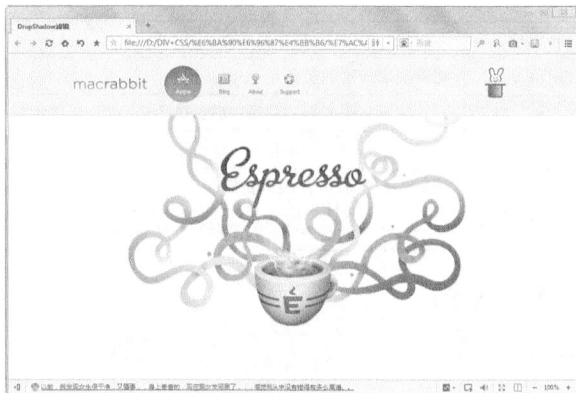

图 14-43

03 在 CSS 样式表中找到 #img 选择器,在该选择器中添加相应的滤镜样式,如图 14-44 所示。

```
#img {
    width: 900px;
    height: 500px;
    text-align: center;
    filter:
dropshadow(color=#F4F4F4,offx=10,
offy=10,positive=1);
}
```

图 14-44

04 执行"文件 > 另存为"命令,将文档保存为"光盘 \ 源文件 \ 第 14 章 \14-2-5.html",如图 14-45 所示。

05 在 IE 浏览器中测试页面,观察页面中图像添加的阴影效果,如图 14-46 所示。

图 14-45

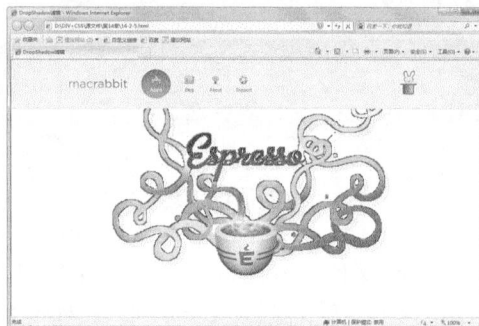

图 14-46

14.2.6　FlipH

在 CSS 滤镜中,FlipH 滤镜可以实现对象的水平翻转效果,即将元素对象按水平方向进行 180° 翻转。该滤镜没有相关的参数设置,只要在直接添加相应的 CSS 样式代码,即可为对象应用翻转变换滤镜。

课堂案例

使用FlipH滤镜

案例位置:光盘\源文件\第14章\14-2-6.html

视频位置:光盘\视频\第14章\14-2-6.swf

难易指数:★★☆☆☆

学习目标:了解Alpha滤镜

最终效果如图14-47所示

图 14-47

01 执行"文件 > 打开"命令，打开"光盘 \ 素材 \ 第 14 章 \142601.html"，如图 14-48 所示。

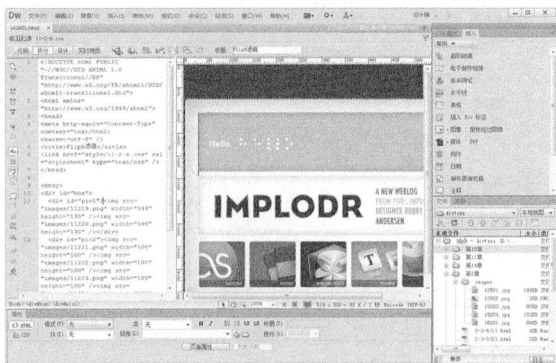

图14-48

02 按 F12 键测试该页面目前的效果，如图 14-49 所示。

图14-49

03 在 CSS 样式表中找到 #pic2 选择器，在该选择器中添加相应的滤镜样式，如图 14-50 所示。

```
#pic2 {
    text-align: center;
    filter:FlipH;
}
```

图14-50

04 执行"文件 > 另存为"命令，将文档保存为"光盘 \ 源文件 \ 第 14 章 \14-2-6.html"，如图 14-51 所示。

05 在 IE 浏览器中测试页面，观察页面中最后 5 张图片发生的水平翻转效果，如图 14-52 所示。

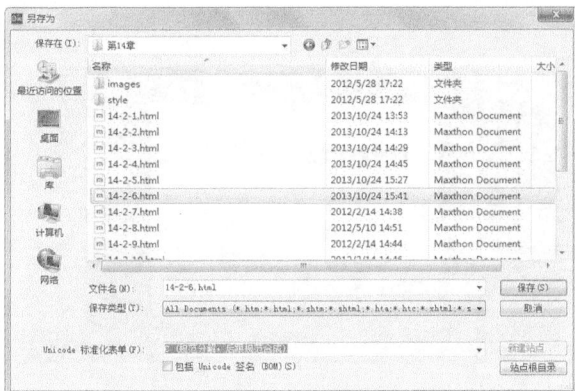

图14-51

图14-52

14.2.7 FlipV滤镜

FlipV 滤镜与 FlipH 滤镜有很大的相似之处，都是实现HTML对象翻转效果，没有相关的参数设置。只要在添加相应的 CSS 样式代码，即可为对象应用翻转变换滤镜。但是，FlipV 滤镜与 FlipH 滤镜的区别之处就是，FlipV 滤镜对网页中的文字及图像实现的是垂直翻转效果。

课堂案例

使用FlipV滤镜

案例位置：光盘\源文件\第14章\14-2-7.html

视频位置：光盘\视频\第14章\14-2-7.swf

难易指数：★★☆☆☆

学习目标：了解Alpha滤镜

最终效果如图14-53所示

01 执行"文件 > 打开"命令，打开"光盘 \ 素材 \ 第 14 章 \142701.html"，如图 14-54 所示。

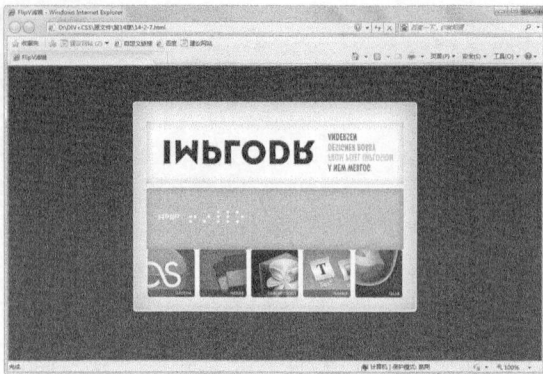

图14-53

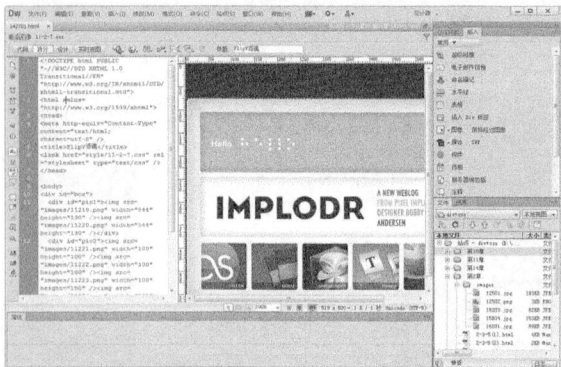

图14-54

02 按 F12 键测试该页面目前的效果,如图 14-55 所示。

图14-55

03 在 CSS 样式表中找到 #pic1 选择器,在该选择器中添加相应的滤镜样式,如图 14-56 所示。

```
#pic1 {
    height: 284px;
    text-align: center;
    filter:FlipV;
}
```

图14-56

04 执行"文件 > 另存为"命令,将文档保存为"光盘 \ 源文件 \ 第 14 章 \14-2-7.html",如图 14-57 所示。

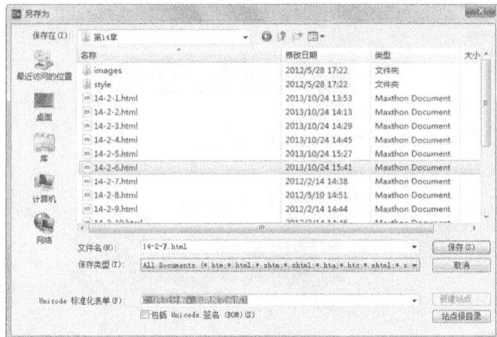

图14-57

05 在 IE 浏览器中测试页面,观察页面顶部两张图片发生的垂直翻转效果,如图 14-58 所示。

图14-58

14.2.8 Glow

为图像或文字添加发光效果,可以增加元素的醒目性,从而更好地吸引浏览者的注意力,CSS 滤镜中的 Glow 滤镜可以为对象的边缘添加一种柔和的边框或光晕。

Glow 滤镜的语法如图 14-59 所示。

```
.glow{
    filter: glow(color=#F0F, strength=120);
}
```

图14-59

Glow 滤镜属性如表 14-6 所示。

表14-6

属性	说明
Color	设置指定对象边缘光晕的颜色
Strength	设置晕圈范围,其值为整数型,取值范围是 1～255,数值越大,则效果越强

课堂案例

使用Glow滤镜

案例位置：光盘\源文件\第14章\14-2-8.html

视频位置：光盘\视频\第14章\14-2-8.swf

难易指数：★★☆☆☆

学习目标：了解Alpha滤镜

最终效果如图14-60所示。

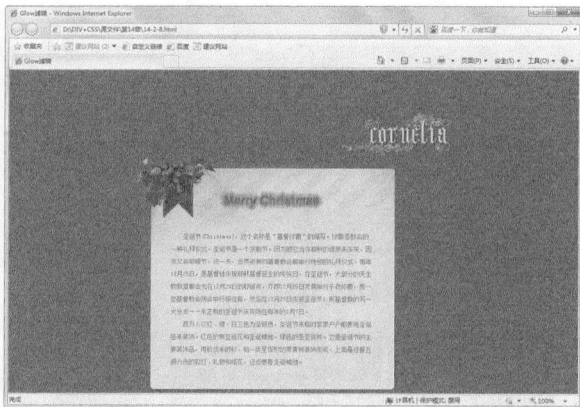

图14-60

01 执行"文件 > 打开"命令，打开"光盘 \ 素材 \ 第 14 章 \142801.html"，如图 14-61 所示。

图14-61

02 按 F12 键运行测试该页面目前的效果，如图 14-62 所示。

03 在 CSS 样式表中定义一个名为 .glow 的类的 CSS 样式，如图 14-63 所示。

04 选中页面中的文字标题，打开"属性"面板，

在"类"下拉列表中选择刚刚定义的 CSS 样式，如图 14-64 所示。

图14-62

```
.glow{
    filter: glow(color=#9966CC,
             strength=10);
}
```

图14-63

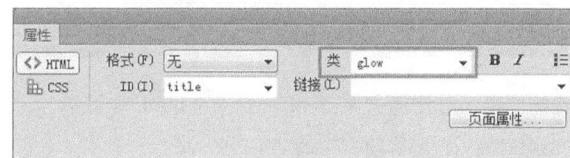

图14-64

05 执行"文件 > 另存为"命令，将文档保存为"光盘 \ 源文件 \ 第 14 章 \14-2-8.html"，如图 14-65 所示。

图14-65

06 在 IE 浏览器中测试页面，观察页面文字标题的光晕效果，如图 14-66 所示。

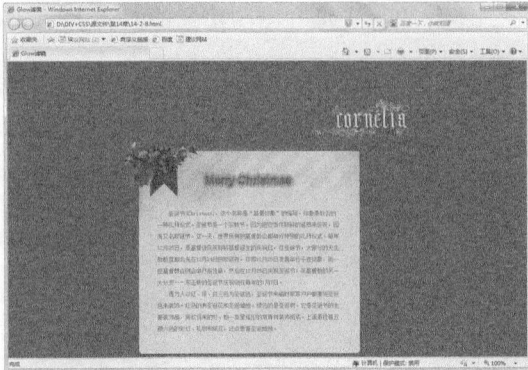

图14-66

14.2.9 Gray

有时为了构建怀旧风格的页面，常会采用黑白图片作为主要视觉元素，Gray 滤镜可以用于将彩色的图片进行去色，从而打造黑白图片的效果。该滤镜没有参数，应用该滤镜时，在需要的元素上添加相应的 CSS 样式代码即可。

课堂案例

使用Gray滤镜

案例位置：光盘\源文件\第14章\14-2-9.html
视频位置：光盘\视频\第14章\14-2-9.swf
难易指数：★★☆☆☆
学习目标：了解Alpha滤镜
最终效果如图14-67所示。

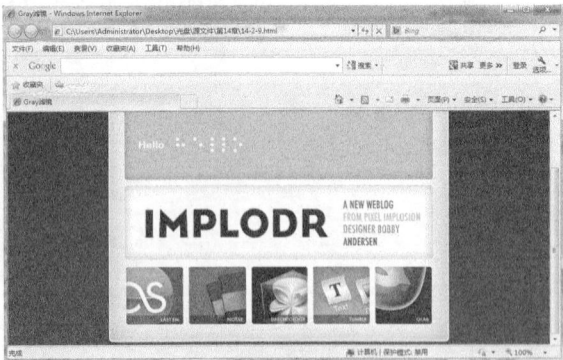

图14-67

01 执行"文件 > 打开"命令，打开"光盘\素材\第 14 章\142901.html"，如图 14-68 所示。

02 按 F12 键测试该页面目前的效果，如图 14-69 所示。

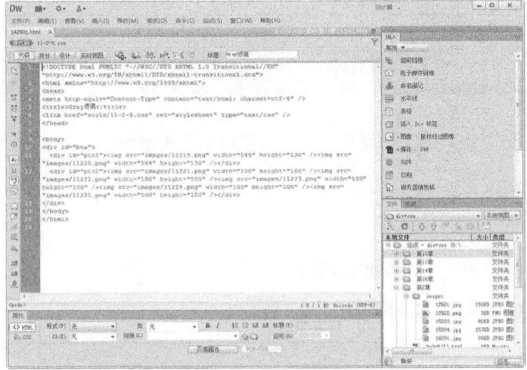

图14-68

图14-69

03 在 CSS 样式表中找到名为 #pic2 的 CSS 样式，在该样式中添加 Gray 滤镜属性，如图 14-70 所示。

```
#pic2 {
    text-align: center;
    filter:Gray;
}
```

图14-70

04 执行"文件 > 另存为"命令，将文档保存为"光盘\源文件\第 14 章\14-2-9.html"，如图 14-71 所示。

图14-71

05 在 IE 浏览器中测试页面，观察页面底部 4 张图片的效果，如图 14-72 所示。

图14-72

14.2.10 Invert

Invert 滤镜可以把 HTML 对象中的可视化属性全部翻转，包括图片的色彩、饱和度以及亮度值，从而产生一种十分形象的"底片"或"负片"效果。该滤镜也没有参数值，直接设置相应的 CSS 样式即可。

课堂案例

使用Invert滤镜

案例位置：光盘\源文件\第14章\14-2-10.html

视频位置：光盘\视频\第14章\14-2-10.swf

难易指数：★★☆☆☆

学习目标：了解Invert滤镜

最终效果如图14-73所示

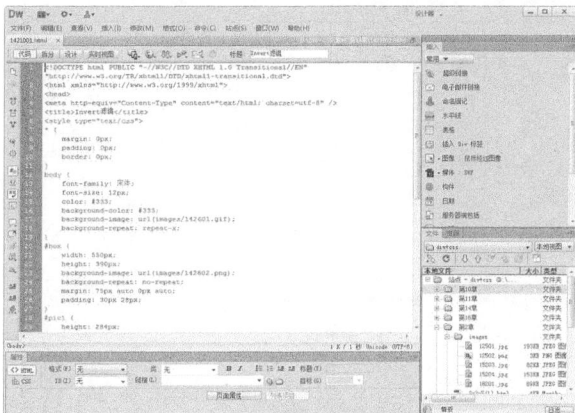

图14-73

01 执行"文件 > 打开"命令，打开"光盘\素材\第 14 章\1421001.html"，如图 14-74 所示。

图14-74

02 按 F12 键测试该页面目前的效果，如图 14-75 所示。

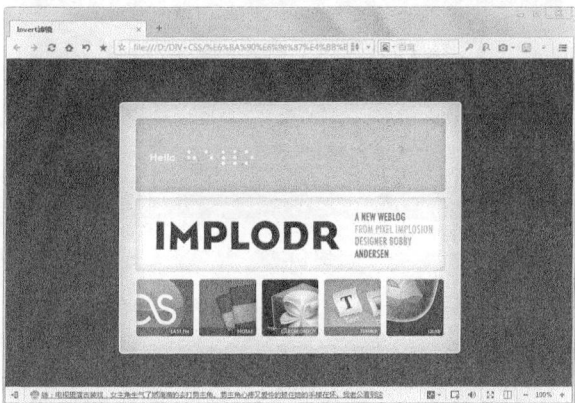

图14-75

03 在 CSS 样式表中找到名为 #box 的 CSS 样式，在该样式中添加 Invert 滤镜属性，如图 14-76 所示。

```
#box {
    width: 550px;
    height: 390px;
    background-image: url(../images/11218.png);
    background-repeat: no-repeat;
    margin: 75px auto 0px auto;
    padding: 30px 28px;
    filter:Invert;
}
```

图14-76

04 执行"文件 > 另存为"命令，将文档保存为"光盘\源文件\第 14 章\14-2-10.html"，如图 14-77 所示。

05 在 IE 浏览器中测试页面，观察页面底部 4 张图片的效果，如图 14-78 所示。

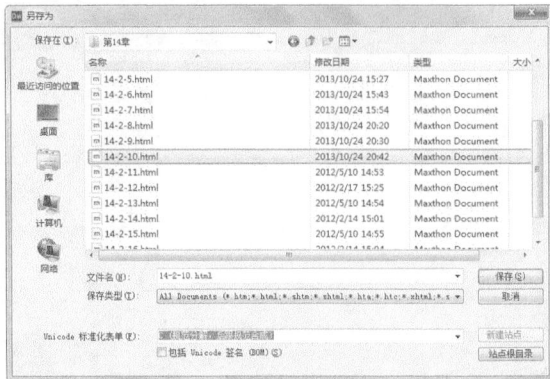

图14-77

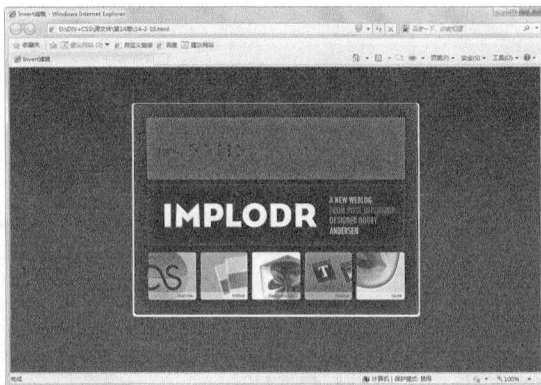

图14-78

14.2.11　Light

Light 滤镜是一个高级 CSS 滤镜，使用该滤镜与 JavaScript 相结合，可以产生类似于聚光灯的效果，并且可以调节亮度及颜色。

Light 滤镜的语法如图 14-79 所示。

```
.light{
    filter: light;
}
```

图14-79

对于已定义的 Light 滤镜属性，可以调用它的方法（Method）来设置或改变属性，这些方法如表 14-7 所示。

表14-7

方法	说明
AddAmbIE9.0nt	用于加入包围的光源
AddCone	用于加入锥形光源
AddPoint	用于加入点光源
Changcolor	用于改变光的颜色
Changstrength	用于改变光源的强度
Clear	用于清除所有光源
MoveLight	用于移动光源

课堂案例

使用Light滤镜

案例位置：光盘\源文件\第14章\14-2-11.html

视频位置：光盘\视频\第14章\14-2-11.swf

难易指数：★★☆☆☆

学习目标：了解Alpha滤镜

最终效果如图14-80所示

图14-80

01　执行"文件 > 打开"命令，打开"光盘 \ 素材 \ 第 14 章 \1421101.html"，如图 14-81 所示。

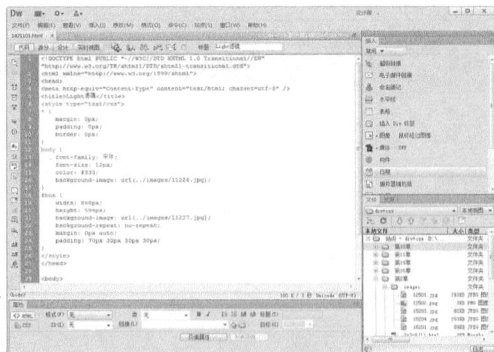

图14-81

02　按 F12 键测试该页面目前的效果，如图 14-82 所示。

图14-82

03 在 CSS 样式表中定义一个名为 .light 的类的 CSS 样式,在该样式中添加 light 滤镜属性,如图 14-83 所示。

```
.light {
    filter: Light();
}
```

图14-83

04 选中页面中的图像,在"属性"面板的类样式下拉列表中选择刚刚定义的 CSS 样式,如图 14-84 所示。

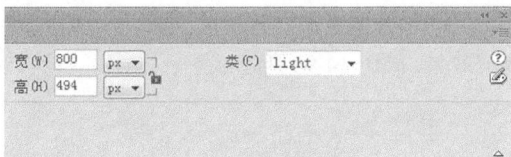

图14-84

05 执行"文件 > 另存为"命令,将文档保存为"光盘 \ 源文件 \ 第 14 章 \14-2-11.html",如图 14-85 所示。

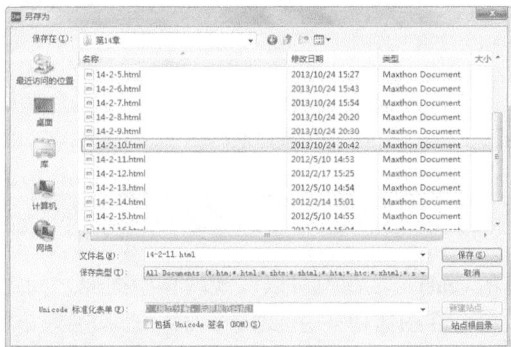

图14-85

06 在 IE 浏览器中测试页面,观察页面中的聚光灯效果,如图 14-86 所示。移动鼠标在页面中的位置,可以改变聚光灯的照射位置,如图 14-87 所示。

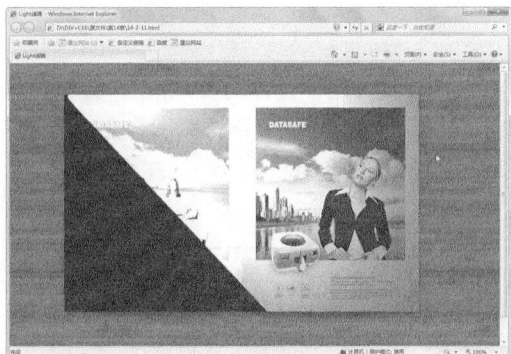

图14-86

图14-87

14.2.12　Mask

使用 Mask 滤镜,可以为网页中的元素添加一个矩形遮罩。遮罩就是使用一个颜色块将包含文字或图像等对象的区域遮盖,但是文字或图像部分却会以背景色显示出来。

Mask 滤镜语法格式如图 14-88 所示。

```
.mask {
    filter: mask(color=#F00);
}
```

图14-88

color 属性用来设置 Mask 滤镜作用的颜色。

课堂案例

使用Mask滤镜

案例位置:光盘\源文件\第14章\14-2-12.html

视频位置:光盘\视频\第14章\14-2-12.swf

难易指数:★★☆☆☆

学习目标:了解Alpha滤镜

最终效果如图14-89所示

图14-89

01 执行"文件 > 打开"命令,打开"光盘 \ 素材 \ 第 14 章 \1421201.html",如图 14-90 所示。

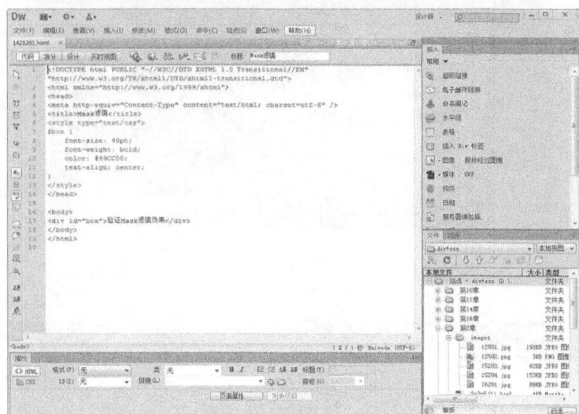

图 14-90

02 按 F12 键测试该页面目前的效果,如图 14-91 所示。

图 14-91

03 在 CSS 样式表中找到名为 #box 的 CSS 样式,在该样式中添加 mask 滤镜属性,如图 14-92 所示。

```
#box {
    font-size: 40pt;
    font-weight: bold;
    color: #99CC00;
    text-align: center;
    filter: mask(color: #FF0000);
}
```

图 14-92

04 执行"文件 > 另存为"命令,将文档保存为"光盘 \ 源文件 \ 第 14 章 \14-2-12.html",如图 14-93 所示。

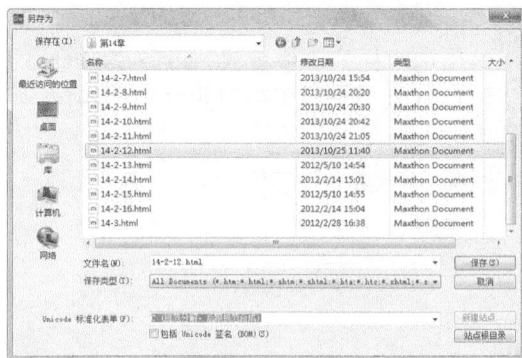

图 14-93

05 在 IE 浏览器中测试页面,文字被遮罩后形成的镂空效果,如图 14-94 所示。

图 14-94

14.2.13 RevealTrans

RevealTrans 滤镜可以实现网页中图像之间的切换效果。在图像切换时,共有 24 种动态切换效果,例如水平展幕、百叶窗、溶解等,而且还可以随机选取其中一种效果进行切换。

RevealTrans 滤镜的语法如图 14-95 所示。

```
.revealtrans{
    revealTrans(duration=10, transition=3);
}
```

图 14-95

Duration 属性用于设置切换停留时间,Transition 属性用于设置切换的方式,取值范围为 0 ~ 23,这些切换方法的说明如表 14-8 所示。

表14-8

参数值	说明
0	矩形从大至小
1	矩形从小至大
2	圆形从大到小

表14-8   续表

参数值	说明
3	圆形从小到大
4	向上推开
5	向下推开
6	向右推开
7	向左推开
8	垂直形百叶窗
9	水平形百叶窗
10	水平棋盘
11	垂直棋盘
12	随机溶解
13	从上下向中间展开
14	从中间向上下展开
15	从两边向中间展开
16	从中间向两边展开
17	从右上向左下展开
18	从右下向左上展开
19	从左上向右下展开
20	从左下向右上展开
21	随机水平细纹
22	随机垂直细纹
23	随机选取一种效果

RevealTrans 滤镜同样是一个高级 CSS 滤镜, 必须与 JavaScript 脚本相结合才能够产生图像切换的动态效果, 单纯地添加 RevealTrans 滤镜是不会有效果的。

课堂案例
使用RevealTrans滤镜

案例位置: 光盘\源文件\第14章\14-2-13.html
视频位置: 光盘\视频\第14章\14-2-13.swf
难易指数: ★★★☆☆
学习目标: 了解RevealTrans滤镜
最终效果如图14-96所示

图14-96

01 执行"文件 > 打开"命令, 打开"光盘\素材\第 14 章\1421301.html", 如图 14-97 所示。

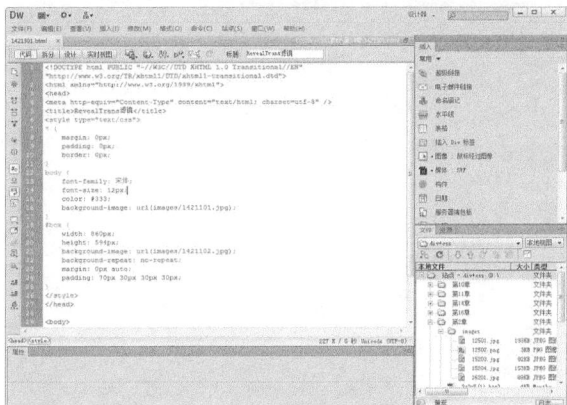

图14-97

02 按 F12 键测试该页面目前的效果, 如图 14-98 所示。

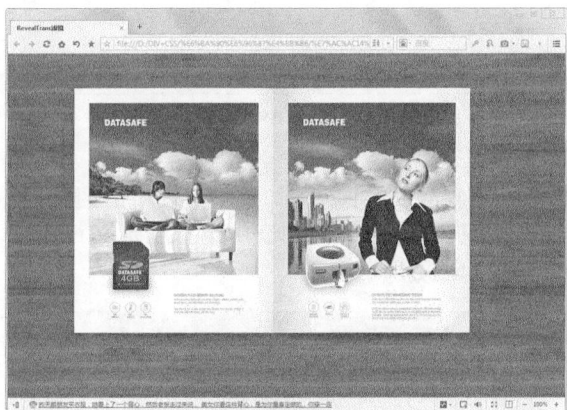

图14-98

03 切换到"设计"界面中, 选中页面主图片, 在属性面板中修改其 ID 名称为 imgpic, 如图 14-99 所示。

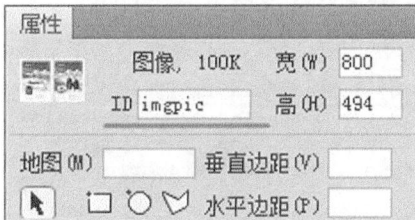

图14-99

04 切换回"代码"视图中, 添加图 14-100 所示的 JavaScript 脚本语言。

```
<body>
<div id="box"><img src="images/1421103.jpg" name="imgpic"
<script language="javascript">
<!--
    ImgNum = new ImgArray(2);
    ImgNum[0] = "images/1421103.jpg";
    ImgNum[1] = "images/1421104.jpg";
    function ImgArray(len) {
        this.length = len;
    }
    var i=1;
    function playImg() {
        if(i==1) {
            i=0;
        }
        else {
            i++;
        }
        imgpic.filters[0].apply();
        imgpic.src = ImgNum[i];
        imgpic.filters[0].play();
        timeout = setTimeout('playImg()',4000);
    }
-->
</script>
</body>
```

图14-100

05 在 CSS 样式表中定义一个名为 .reveltrans 的类的 CSS 样式，在该样式中添加 RevealTrans 滤镜属性，如图 14-101 所示。

```
.revealtrans {
    filter: RevealTrans(Duration=3, Transition=8);
}
```

图14-101

06 切换到"设计"页面，选中页面中的图像，在"属性"面板的"类"下拉列表中选择刚定义 CSS 样式，如图 14-102 所示。

图14-102

07 转换到代码视图中，在 <body> 标签中添加相应的代码，如图 14-103 所示。

```
<body onload="playImg()">
<div id="box"><img src="images/14211
class="revealtrans" id="imgpic" /></
<script language="javascript">
<!--
    ImgNum = new ImgArray(2);
    ImgNum[0] = "images/1421103.jpg";
    ImgNum[1] = "images/1421104.jpg";
    function ImgArray(len) {
        this.length = len;
```

图14-103

08 执行"文件 > 另存为"命令，将文档保存为"光盘 \ 源文件 \ 第 14 章 \14-2-13.html"，如图 14-104 所示。

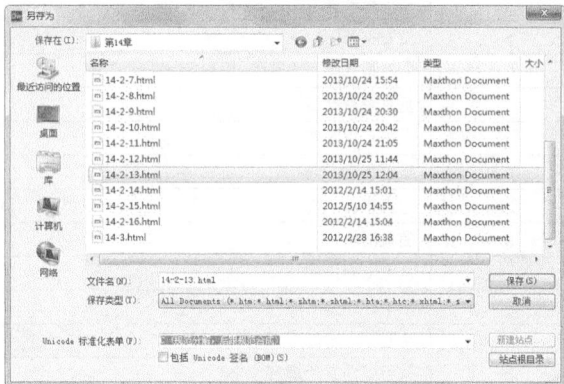

图14-104

09 在 IE 浏览器中测试页面，观察 RevealTrans 滤镜与 JavaScript 相结合所实现的百叶窗效果，如图 14-105 所示。

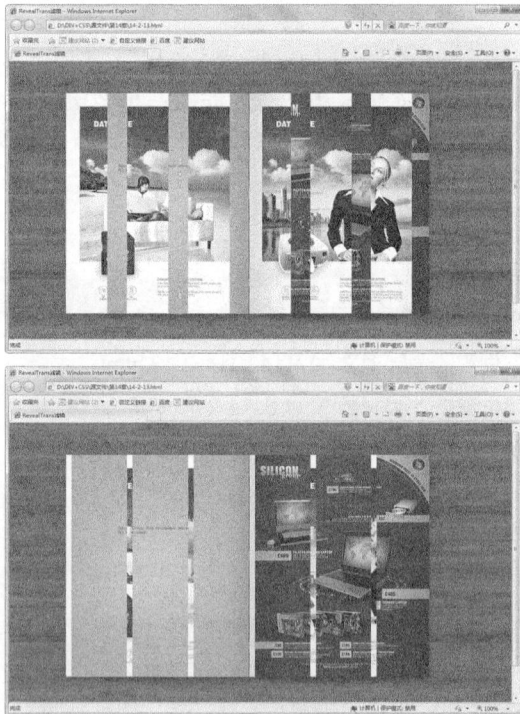

图14-105

14.2.14 Shadow

Shadow 滤镜可以为指定对象添加阴影效果，其工作原理是建立一个偏移量，并为其加上颜色。

Shadow 滤镜的语法如图 14-106 所示。

```
.shadow{
    filter: shdow (color=#F00,direction=180);
}
```

图 14-106

Shadow 滤镜属性如表 14-9 所示。

表14-9

属性	说明
Color	设置投影的颜色
Direction	设定投影的方向，取值范围为0°～360°，当取值为0代表向上，45为右上，90为右，135为右下，180为下方，225为左下方，270为左方，315为左上方

课堂案例

使用Shadow滤镜

案例位置：光盘\源文件\第14章\14-2-14.html

视频位置：光盘\视频\第14章\14-2-14.swf

难易指数：★★☆☆☆

学习目标：了解Alpha滤镜

最终效果如图14-107所示

图14-107

01 执行"文件 > 打开"命令，打开"光盘\素材\第 14 章\1421401.html"，如图 14-108 所示。

图14-108

02 按 F12 键测试该页面目前的效果，如图 14-109 所示。

图14-109

03 在 CSS 样式表中找到 #img 选择器，在该选择器中添加相应的滤镜样式，如图 14-110 所示。

```
#img {
    width: 900px;
    height: 500px;
    text-align: center;
    filter:shadow(color=#696969, direction=225);
}
```

图14-110

04 执行"文件 > 另存为"命令，将文档保存为"光盘\源文件\第 14 章\14-2-14.html"，如图 14-111 所示。

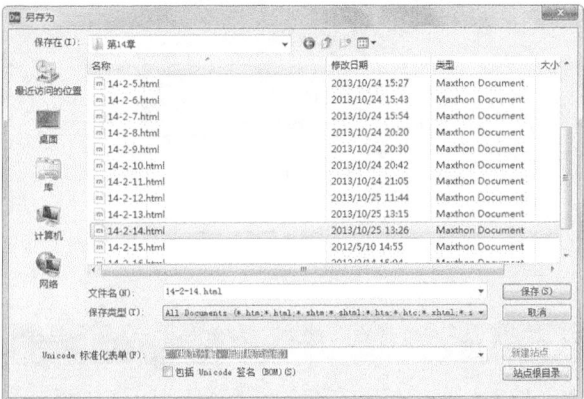

图14-111

05 在 IE 浏览器中测试页面，观察页面中图像添加的投影效果，如图 14-112 所示。

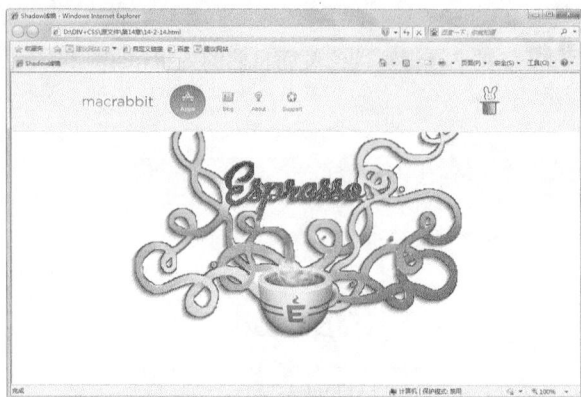

图14-112

06 返回软件中，修改滤镜代码，如图 14-113 所示。

```
#img {
    width: 900px;
    height: 500px;
    text-align: center;
    filter:shadow(color=#45494B, direction=180);
}
```

图14-113

07 再次在 IE 浏览器中测试页面，观察页面中投影角度发生的变化，如图 14-114 所示。

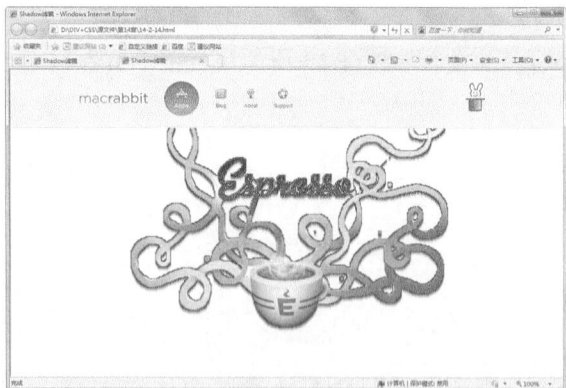

图14-114

14.2.15 Wave

Wave 滤镜可以为对象添加垂直向上的波浪效果，同时，也可以把对象按照垂直方向的波浪效果打乱，从而达到一种特殊的效果。

Wave 滤镜的语法如图 14-115 所示。

```
.wave{
    filter: wave (Add=Ture, Frep=8,
LightStrength=50, Phase=90, Strength=7);
}
```

图14-115

Wave 滤镜属性如表 14-10 所示。

表14-10

属性	说明
Add	该值为布尔值，表示是否在指定对象上显示效果。Ture表示显示，False表示不显示
Freq	设置生成波纹的频率，指定在对象上一共产生了多少个完整的波纹条数
LightStrength	设置所生成波纹效果的光照强度，其值为整数型，取值范围为0~100
Phase	用于设置正弦波开始的偏移量，取百分比值为0~100，默认值为0。若取值为25，就代表正弦波的偏移量为90；取值为50，就代表正弦波的偏移量为180
Strength	代表波纹振幅的大小

课堂案例

使用Wave滤镜

案例位置：光盘\源文件\第14章\14-2-15.html

视频位置：光盘\视频\第14章\14-2-15.swf

难易指数：★★☆☆☆

学习目标：了解Alpha滤镜

最终效果如图14-116所示

图14-116

01 执行"文件＞打开"命令，打开"光盘＼素材＼第 14 章＼1421501.html"，如图 14-117 所示。

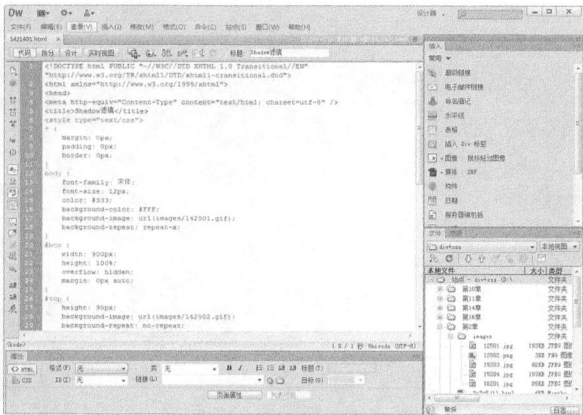

图14-117

02 按 F12 键测试该页面目前的效果，如图 14-118 所示。

图14-118

03 在 CSS 样式表中定义一个名为 .wave 的类的 CSS 样式，如图 14-119 所示。

```
.wave{
    filter:wave(add=true,
                freq=5,
                phase=25,
                strength=3);
}
```

图14-119

04 切换到"设计"页面，选中页面中的图像，在"属性"面板的"类"下拉列表中选择刚定义 CSS 样式，如图 14-120 所示。

图14-120

05 执行"文件 > 另存为"命令，将文档保存为"光盘 \ 源文件 \ 第 14 章 \14-2-15.html"，如图 14-121 所示。

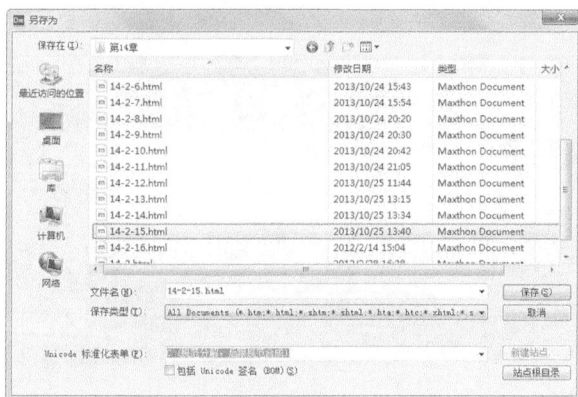

图14-121

06 在 IE 浏览器中测试页面，观察页面中图像出现的波纹效果，如图 14-122 所示。

图14-122

07 返回软件中，修改滤镜代码，如图 14-123 所示。

```
.wave{
    filter:wave(add=true,
                freq=5,
                lightstrength=45,
                phase=20,
                strength=3);
}
```

图14-123

08 再次在 IE 浏览器中测试页面,观察页面中波纹强度发生的变化,如图 14-124 所示。

图14-124

14.2.16　Xray

通过 Xray 滤镜可以使对象呈现出它的轮廓,并且把这些轮廓的颜色加亮,整体上给人一种 X 光照射的感觉。同样的,它也没有参数值,应用该滤镜时,可以在 CSS 样式中直接添加该滤镜代码即可。

课堂案例

使用Xray滤镜

案例位置:光盘\源文件\第14章\14-2-16.html

视频位置:光盘\视频\第14章\14-2-16.swf

难易指数:★★☆☆☆

学习目标:了解Alpha滤镜

最终效果如图14-125所示

01 执行"文件 > 打开"命令,打开"光盘 \ 素材 \ 第 14 章 \1421601.html",如图 14-126 所示。

图14-125

图14-126

02 按 F12 键测试该页面目前的效果,如图 14-127 所示。

03 在 CSS 样式表找到名为 #box 的 CSS 样式,为该 CSS 样式添加 Xray 滤镜属性,如图 14-128 所示。

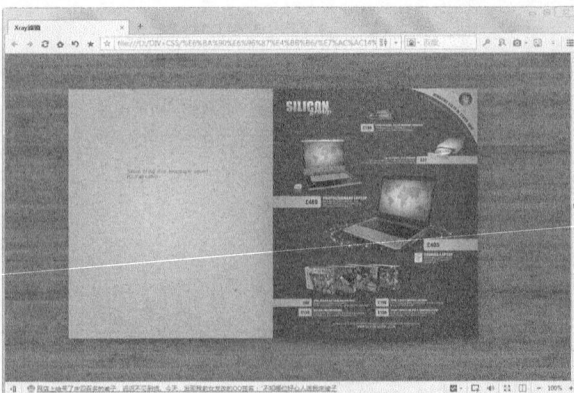

图14-127

```
#box {
    width: 860px;
    height: 594px;
    background-image: url(../images/11227.jpg);
    background-repeat: no-repeat;
    margin: 0px auto;
    padding: 70px 30px 30px 30px;
    filter:Xray;
}
```

图14-128

04 执行"文件 > 另存为"命令,将文档保存为"光盘\源文件\第 14 章\14-2-16.html",如图 14-129 所示。

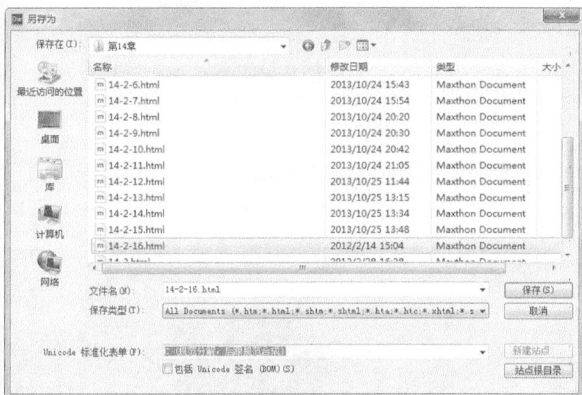

图14-129

05 在 IE 浏览器中测试页面,观察页面中图像形成的 X 光照效果,如图 14-130 所示。

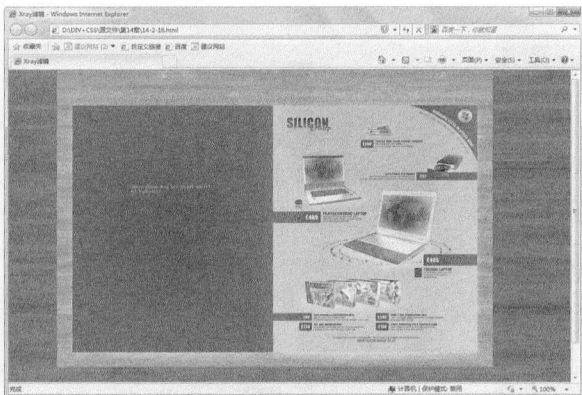

图14-130

14.3 本章小结

本章主要向读者介绍了有关 CSS 滤镜的相关知识,包括其设置及使用方法,通过使用 CSS 滤镜,可以在网站页面中实现许多特殊的效果。

完成本章的学习,读者需要掌握 CSS 滤镜的设置及使用,并且能够根据页面的实际需要应用合适的 CSS 滤镜。

14.4 课后习题

本章安排了两个课后习题,分别制作休闲食品网站页面和游戏网站页面。通过两个习题的制作,可以使读者对 CSS 有更清晰的认识,同时可以将 CSS 技术更全面的应用到网页制作中。

14.4.1 课后习题1-休闲食品页面

案例位置:光盘\源文件\第14章\14-4-1.html

视频位置:光盘\视频\第14章\14-4-1.swf

难易指数:★★☆☆☆

学习目标:制作休闲食品网站页面

最终效果如图14-131所示

图14-131

步骤分解如图 14-132 所示。

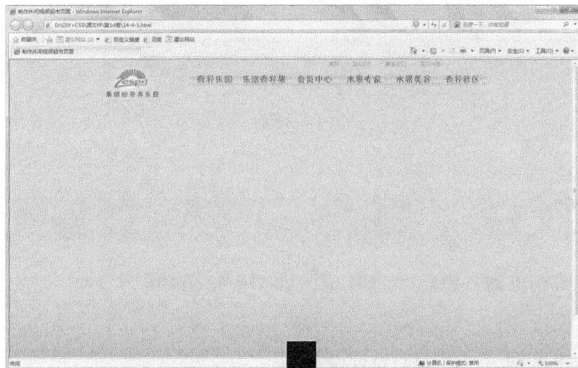

图14-132

最终效果如图14-133所示

图14-133

步骤分解如图 14-134 所示。

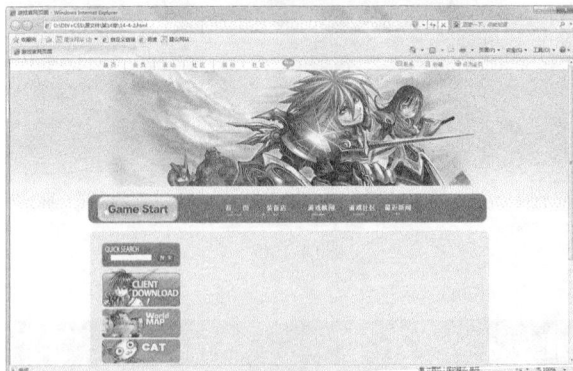

14.4.2　课后习题2-游戏网站页面

案例位置：光盘\源文件\第14章\14-4-2.html

视频位置：光盘\视频\第14章\14-4-2.swf

难易指数：：★★★★☆

学习目标：制作游戏网站页面

图14-134

第15章
CSS与 JavaScript

15.1 什么是JavaScript

JavaScript 是由网景（Netscape）公司最早开发的一种跨平台、面向对象的脚本语言。最初这种脚本语言只能在网景公司的浏览器——Netscape 中使用，目前几乎所有的主流浏览器都支持 JavaScript。

JavaScript 是对 ECMA 262 语言规范的一种实现，是一种基于对象和事件驱动并具有安全性能的脚本语言。它与 HTML 超文本标记语言、Java 脚本语言一起实现在一个 Web 页面中链接多个对象，与 Web 客户端进行交互的作用，从而可以开发客户端的应用程序等。它是通过嵌入到标准的 HTML 语言中实现的，弥补了 HTML 语言的缺陷。

15.1.1 了解JavaScript

互联网发展早期，在 Web 页面中进行的所有操作都必须传回服务器，然后由服务器进行集中处理，处理完毕后，再将处理的结果通过网络传回到客户端的浏览器中供用户查看使用。即使是最简单的验证用户输入数据是否有效——比如通过检查输入字符串中是否包含 "@" 符号来判断用户输入的 E-Mail 地址是否有效——的过程，也必须由服务器来完成。在这种模式下，一旦 Web 访问量增加，服务器的负担就会加重。这一时期的客户端 / 服务器结构并不是真正意义上的客户端 / 服务器结构。人们期待一种新的技术，即在客户端也可以进行交互处理，从而减轻服务器的负担，加快网络的传输速度。JavaScript 正是在这种背景下产生的。

JavaScript 是 Netscape 开发出来的，最初的名字叫 LiveScript，其初衷是为了扩展 HTML 的功能，用它来替代复杂的 CGI 程序以处理网页中的表单信息，为网页增加动态效果。当 Java 出现后，Netscape 和 Sun 公司一起开发了一种新的脚本语言，它的语法和 Java 类似，最后被命名为 JavaScript。

自诞生以来，JavaScript 便获得了广泛的支持，支持者包括 IBM、Oracle、Apple、Borland、Sybase、Informix 等。这不仅仅表现在浏览器中得到了越来越多的支持，也包括在其他的各种应用程序中得到了应用。在新的 Windows 操作系统中，也可以使用脚本来制订需要完成的任务。

一种编程语言通常是由另一种编辑语言演变而来的，例如，Java

课堂学习目标：

★ 了解什么是JavaScript

★ 认识JavaScript的基本构架

★ 掌握JavaScript基本语句

★ 掌握Spry构件

是由 C++ 演变的，而 C++ 从 C 演变来。Netscape 最初开发了 LiveScript 语言，在 Navigator 和 Web 服务器中加入了基本的脚本功能，当 Navigator 2.0 中加进了 Java 小程序支持后，Netscape 把 LiveScript 变成了 JavaScript。最初的 JavaScript 不过是 LiveScript 的更名，但随后每次新的 Navigator 版本都使 JavaScript 的功能有所改进和完善。

> **提示：**
> JavaScript 是一种描述语言，它可以被嵌入到 HTML 的文件中。JavaScript 语言可以做到响应事件，而不用任何网络来回传输资料。所以当使用者输入数据时，它不用经过传给服务器端处理，再传回来的过程，可以直接在客户端进行上理。

Microsoft 作为软件界的领跑者，意识到了 Web 脚本的重要性，自然不甘心在 Web 脚本的竞争中落后。但是由于得不到 Netscape 在技术上的许可，Microsoft 开发了一个自己的脚本语言——JScript，并在其自己的浏览器 Microsoft Internet Explorer 3.0 及更高版本中对其提供了强有力的支持。由于 Microsoft 在软件市场中的优势，JScript 很快得到了广泛的支持和应用。早期的 JScript 1.0 只是很粗糙地和 JavaScript1.1 兼容，Netscape 在其浏览器 Navigator3.0 及其以后的版本中也对 JScript 提供了支持。随着 JavaScript 版本的增多和浏览器平台的不同，让众多的网页编写者感到难以取舍，也增加了额外的工作量。

鉴于脚本语言开发商之间的况争给网页编写者带来的麻烦，Microsoft、Netscape 和其他脚本语言商决定成立一个国际组织，并将其命名为 ECMA，专门从事脚本语言标准的制订。ECMA 制订的脚本语言标准被称为 ECMAScript，所有开发商的脚本语言都支持这一标准。尽管有 ECMA 标准的存在，Netscape 和 Microsoft 都有其各自的脚本语言——JavaScript 和 JScript，这两种语言都对 ECMA 标准进行了扩展。

虽然有其他语言的竞争，JavaScript 还是成为了标准的 Web 脚本语言。大部分人认为 JavaScript 只是用来编写客户端的 Web 应用程序，其实 JavaScript 还可以用来编写服务器端的应用程序。

在服务器方面，JavaScript 用于更方便地开发处理表单数据、进行数据库搜索和实现专用 Web 应用程序的脚本。服务器脚本比 CGI 程序更紧密地联系在 Web 服务器上。开发人员必须用 Netscape 的 LiveWire 工具库开发服务器端脚本。

JavaScript 是被嵌入到 HTML 中的，最大的特点便是和 HTML 的结合。当 HTML 文档在浏览器中被打开时，JavaScript 代码才被执行。JavaScript 代码使用 HTML 标记 <script></script> 嵌入到 HTML 文档中。JavaScript 扩展了标准的 HTML，为 HTML 标记增加了事件，通过事件驱动来执行 JavaScript 代码。在服务器端，JavaScript 代码可以作为单独的文件存在，但也必须通过在 HTML 文档中调用才能起作用。

图 15-1 所示就是将 JavaScript 代码嵌入到 HTML 文档中的文档代码。运行效果如图 15-2 所示。

```
<head>
<meta http-equiv="Content-Type" content=
"text/html; charset=utf-8" />
<title>在HTML文档中嵌入JavaScript代码</title>
<script language="javascript">
<!--
    window.defaultStatus="使用HTML标记嵌入
JavaScript代码"
    function rest() {
        document.form1.text1.value= "嵌入
JavaScript代码"
    }
//-->
</script>
</head>
```

图15-1

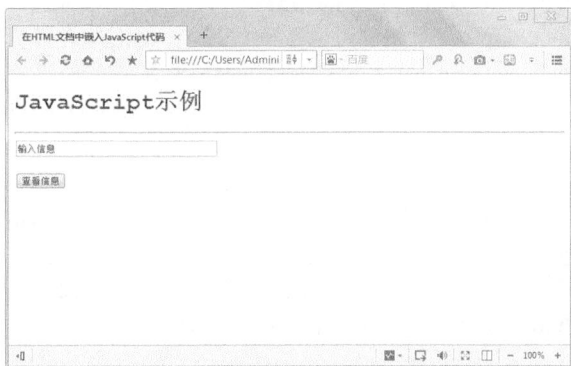

图15-2

在 JavaScript 程序中的 WHILE 语句应该为小写的 while，如果写为 WHILE 则是错误的。

15.1.2　JavaScript的特点

JavaScript 作为可以直接在客户端浏览器上运行的脚本程序，有着自身独特的功能和特点，具体归纳如下。

● 简单性

JavaScript 是一种脚本编写语言，它采用小程序段的方式实现编程，像其他脚本语言一样，JavaScript 同样是一种解释性语言，它提供了一个简易的开发过程。它的基本结构形式与 C、C++、VB 和 Delphi 十分类似。但它不像这些语言一样需要先编译，而是在程序运行过程中被逐行解释。它与 HTML 标识结合在一起，从而方便用户的使用和操作。

● 动态性

相对于 HTML 语言和 CSS 语言的静态而言，JavaScript 是动态的，它可以直接对用户或客户输入做出响应，无须经过 Web 服务程序。它对用户的响应，是采用以事件驱动的方式进行的。所谓事件驱动，就是指在主页中执行了某种操作所产生的动作，就称为“事件”。比如按下鼠标、移动窗口和选择菜单等都可以视为事件。当事件发生后，可能会引起相应的事件响应。

● 跨平台性

JavaScript 是依赖于浏览器本身，与操作环境无关的脚本语言。只要能运行浏览器，且浏览器支持 JavaScript，计算机就可以正确执行它，无论这台计算机上是 Windows、Linux、Macintosh 或者是其他操作系统。

● 安全性

JavaScript 被设计为通过浏览器来处理并显示信息，但它不能修改其他文件中的内容。换句话说，它不能将数据存储在 Web 服务器或者用户的计算机上，更不能对用户文件进行修改或者删除操作。

● 节省 CGI 的交互时间

随着互联网的迅速发展，有许多 Web 服务器提供的服务要与浏览者进行交流，从而确定浏览者的身份和所需要服务的内容等，这项工作通常由 CGI/PERL 编写相应的接口程序与用户进行交互来完成。很显然，通过网络与用户的交互增大了网络的通信量，另一方面影响了服务器的性能。

JavaScript 是一种基于客户端浏览器的语言，用户在浏览的过程中填表、验证的交互过程只是通过浏览器对调入 HTML 文档中的 JavaScript 源代码进行解释执行来完成的，即使是必须调用 CGI 的部分，浏览器只将用户输入验证后的信息提交给远程的服务器，大大减少了服务器的开销。

15.1.3　JavaScript的应用范围

JavaScript 比大多数人想象的情况要复杂和强大得多，所以它也比大多数人的想象要危险得多。在 Web 应用领域，JavaScript 的应用范围仍然是相当广泛的。

前面已经提到过，JavaScript 真正强大之处在于它支持基于浏览器和文档的对象，下面列出并解释了客户端的 JavaScript 和它支持对象的重要能力。

● 控制文档的外观和内容（动态页面）

JavaScript 可以利用动态生成框架这一技术完全地替换一个传统的服务器端脚本。使用 JavaScript 脚本可以对 Web 页面的所有元素对象进行访问，并使用对象的方法操作其属性，以实现动态页面效果，其典型应用如扑克牌游戏等。JavaScript 的 Document 对象的 write( )方法，可以在浏览器解析文档时把任何 HTML 文本写入文档中。Document 对象的属性允许指定文档的背景颜色、文本颜色及文档中的超文本链接颜色。这种技术在多框架文档中更加适用。

● 用 cookie 读写客户状态

cookie使得网页能够“记住”一些客户的信息，例如用户以前访问过该站点。cookie 是客户永久性存储或暂时存储的少量状态数据。服务器将 cookie 发送给客户，客户将它们存储在本地。当客户请求同一个网页或相关的网页时，它可以把相关的 cookie 传回服务器，服务器能够利用这些 cookie 的值来改变发送回客户的内容。

提示：
最早 cookie 是服务器端脚本专用的，虽然它们被存储在客户端，但是却只有服务器能够对它们进行读写操作。JavaScript 改变了这个规则，因为 JavaScript 程序能够读写 cookie 的值，还可以根据 cookie 的值动态地生成文档内容。

● 网页特效

使用 JavaScript 脚本语言，结合 DOM 和 CSS 能够为网页创建绚丽多彩的特效，如渐隐渐现的文字、带链接的跑马灯效果、自动滚屏效果、可折叠打开的导航菜单效果、鼠标感应渐显图片效果等。JavaScript 可以改变标记 <img> 显示的图像，从而产生图像翻转和动画的效果。使用 JavaScript 脚本可以创建具有动态效果的交互式菜单，完全可以与 Flash 制作的页面导航菜单相媲美。

● 对浏览器的控制

有些 JavaScript 对象允许对浏览器的行为进行控制。Windows 对象支持弹出对话框以向用户显示简单消息的方法，还支持从用户获取简单输入信息的方法。JavaScript 没有定义可以在浏览器窗口中直接创建并操作框架的方法，但是它能够动态生成 HTML 的能力却可以让你使用 HTML 标记创建任何想要的框架布局。JavaScript 还可以控制在浏览器中显示哪个网页。Location 对象可以在浏览器的任何一个框架或窗口中加载并显示出任意的 URL 所指的文档。History 对象则可以在用户的浏览历史中前后移动、模拟浏览的 forward 按钮和 back 按钮的动作。

● 与 HTML 表单交互

JavaScript 脚本语言能够与 HTML 表单进行交互。使用 JavaScript 能有效地验证客户端提交的表单数据的合法性，能够对文档中某个表单的输入元素的值进行读写操作。这种能力是由 Form 对象及它含的表单元素对象提供的。JavaScript 与基于服务器的脚本相比有一个明显的优势，那就是 JavaScript 代码是在客户端执行的，所以不必把表单的内容发送给服务器，再让服务器执行。如果提交的表单数据合法则执行下一步操作，否则返回错误提示信息。

提示：
客户端的 JavaScript 脚本代码还可以对输入的表单数据进行预处理，这就大大减少了要发送给服务器的数据量。在某些情况下，客户端的 JavaScript 甚至还可以消除对服务器上脚本的需要。

● 与用户交互

JavaScript 脚本语言能够定义事件处理器，即在特定的事件发生时要执行的代码段。这些事件通常都是用户触发的，例如把鼠标移动到一个超文本链接、或单击了表单中的 Submit 按钮。JavaScript 可以触发任意一种类型的动作来响应用户事件。

● 数值计算

JavaScript 脚本将数据类型作为对象，并提供丰富的操作方法使得 JavaScript 可以用于数值计算。JavaScript 可以执行任何度算，这具有浮点数据类型、操作这种类型的算术运算符及所有的标准浮点运算函数。JavaScript 可以编写执行任意计算的程序。

提示：
JavaScript 脚本的应用远非仅仅如此而已，Web 应用程序开发者能将其与 XML 有机结合，并嵌入 Java Applet 和 flash 等小插件，这样就能实现功能强大并集可视性、动态性和交互性于一体的 HTML 网页，吸引更多的人来浏览该网站。

知识点：JavaScript不能做什么
客户端 JavaScript 给人留下深刻的印象，但这些功能只限于与浏览器相关的任务或与文档相关的任务。由于客户端的 JavaScript 只能用于有限的环境中，因此它没有语言所必需的特性。这里所说的是客户端 JavaScript 受到浏览器的制约，并不意味着 JavaScript 本身不具备独立特性。由于客户端 JavaScript 受制于浏览器，而浏览器的安全环境和制约因素并不是绝对的，操作系统、用户权限、应用场合都会对其产生影响。具体有以下几点。
● 除了能够动态生成浏览器要显示的 HTML 文档（包括图像、表格、框架、表单和字体等）之外，JavaScript 不具有任何图形处理能力。

● 客户端 JavaScript 虽然不具备直接的图形图像处理能力，但是浏览器为图形图像处理提供了足够丰富的样式。另外，可以利用 JavaScript 动态生成 HTML 元素的特性，在浏览器上绘制点和曲线。利用浏览器支持的元素样式，JavaScript 可以方便地缩放、旋转图片及设定滤镜，通过程序控制在页面上生成由 HTML 元素构成的点和直线，从而实现 JavaScript 的绘图功能。要实现稍微复杂一些的 2D、3D 矢量绘图功能，可以借助其他一些浏览器支持的第三方插件，比如 IE 支持的 VML，以及标准的 CSV 插件等。JavaScript 对 VML 和 CSV 的控制与控制标准的 HTML DOM 元素一样方便。

● 出于安全性方面的原因，客户端的 JavaScript 不允许对文件进行读写操作。

● 显而易见，用户一定不想让一个来自某个站点的不可靠程序在自己的计算机上运行，并且随意篡改自己的信息。实际上，有一些手段依然能够突破 JavaScript 脚本语言对文件进行读写操作的限制。在本地运行的 JavaScript 可以通过 Windows 系统提供的一组被称为 FSO(File System Objects)的 API 来操作本地文件，另外某些安装插件也可以在一些安全级别设定比较低的客户端上进行有限的文件读写。

● 除了能够引发浏览器下载任意 URL 所指的文档及把 HTML 表单的内容发送给服务器端脚本或电子邮件地址之外，JavaScript 不支持任何形式的联网技术。

15.1.4 CSS 与 JavaScript

JavaScript 与 CSS 样式都是可以直接在客户端浏览器解析并执行的脚本语言，通常意义上认为 CSS 是静态样式的设定，而 JavaScript 则是动态的实现各种功能。

通过结合 JavaScript 与 CSS 样式，可以制作出放多实用而奇妙的效果，在本章后面的内容中将进行详细的介绍，读者也可以将 JavaScript 实现的各种精美效果应用到自己的页面中。

15.2 JavaScript 的语法基础

程序语言的语法结构是一套基本规则，在这套规则中详细说明了如何使用这些语言来编写程序。语法指定了变量名是什么样的、注释应该使用什么字符，以及语句之间是如何分隔的等规则。本节将向读者介绍 JavaScript 的基本语法，使读者对 JavaScript 的

编写有基本的概念，在需要的时候能够正确去查找。

15.2.1 JavaScript 的基本架构

JavaScript 脚本语言的基本构成包括控制语句、函数、对象、方法和属性等。

JavaScript 的脚本嵌套在 HTML 中，成为 HTML 文档的一部分，与 HTML 标签相结合，构成了一个功能强大的 Internet 网络编程语言。可以直接将 JavaScript 脚本语言加入到网页文档中，代码形式如图 15-3 所示。

```
<script language = "javascript">
   JavaScript脚本语言代码；
   ......
</script>
```

图 15-3

标签 <script></script> 中指定 JavaScript 脚本源代码。

属性 language = "javascript" 说明标签中使用的是何种语言，这里是 JavaScript 语言。常用的还有 VBScript、Java 的 Applet 等。

另外一种插入 JavaScript 的方法，是把 JavaScript 代码写到一个单独文件当中（此文件通常应该用 ".js" 作扩展名），然后使用如图 15-4 所示的格式，将其嵌入到 HTML 文档中。

```
<title>无标题文档</title>
<script language = "javascript" src =
"javascript.js"></script>
</head>
```

图 15-4

课堂案例

使用 JavaScript 制作弹出对话框

案例位置：光盘\源文件\第15章\15-2-1.html

视频位置：光盘\视频\第15章\15-2-1.swf

难易指数：★ ☆ ☆ ☆ ☆

学习目标：了解 JavaScript 的格式

最终效果如图 15-5 所示

01 执行 "文件 > 新建" 命令，新建一个空白的 HTML 文档，如图 15-6 所示。

图15-5

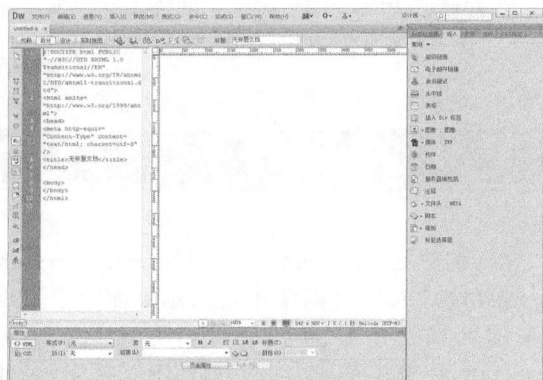

图15-6

02 在 \<body\> 标签中输入 \<script\> 标签对，并在其中输入 Javascript 代码，如图 15-7 所示。

```
<body>
<script language="javascript">
  alert ("JavaScript弹出对话框"); //弹出对话框
</script>
</body>
```

图15-7

03 执行"文件 > 另存为"命令，将文档保存为"光盘\源文件\第 15 章\15-2-1.html"，如图 15-8 所示。

图15-8

04 按 F12 键测试页面，观察页面中的弹出窗口效果，如图 15-9 所示。

图15-9

提示：
在编写 JavaScript 脚本的过程中，一定要耐心、细致，要注意字符是否输入正确，大小写是否正确，双引号、单引号和逗号都要注意英文和中文的区别，以及有没有空格等方面，这些都是容易出错的地方。

15.2.2　JavaScript的基本语法

JavaScript 语言同其他语言一样，有它自身的基本数据类型、表达式和算术运算符及程序的基本框架结构，下面向读者介绍一下关于 JavaScript 的基本语法。

知识点：JavaScript的标识符
标识符是指 JavaScript 中定义的符号，用来命名变量名、函数名、数组名等。JavaScript 的命名规则和 Java 及其他许多语言的命名规则相同，标识符可以由任意顺序的大小写字母、数字、下划线"_"和美元符号组成，但标识符不能以数字开头，不能是 JavaScipt 的保留关键字，如表 15-1 所示。

表15-1

合法的标识符	非法的标识符
studentname	
student_name	不能由数字开头，并且标识中不能含有点号（.）
_studentname	
$studentname	标识符中不能含有空格
_$	

知识点：JavaScript的保留关键字

JavaScript 有许多保留关键字，它们在程序中是不能被用做标识符的。这些关键字可以分为 3 种类型：JavaScript 保留关键字、将来的保留字和应该避免的单词。在 JavaScript 中，声明变量、函数名的时候不能使用下面的关键词与保留字，如表 15-2 所示。

表15-2

JavaScript关键字	
break	continue
for	function
null	return
var	void
delete	else
if	in
this	true
while	with
false	new
typeof	case

知识点：空格

多余的空格会被忽略，在脚本被浏览器解释执行时无任何作用。空白字符包括空格、制表符和换行符等，例如下面两个语句：

```
a=b+1;
a = b+1;
```

这两个 JavaScript 语句在执行的时候，效果是相同的。

知识点：表示本行未完的符号 "\"

浏览器读到一行末尾会自动判断本行已结束，不过我们可以通过在行末添加一个 "\" 来告诉浏览器本行没有结束，例如：

```
document.write( "Hello\
World!")
document.write( "Hello World!")
```

上面两个 Javascript 语句在执行的时候，效果是相同的。

知识点：程序代码格式

在编写脚本语句时，用分号（;）作为当前语句的结束符，输入分号时需要注意英文和中文的区别。例如变量的定义语句：

```
var a=5;
var a=b+c;
```

每条功能执行语句的最后使用分号（;）作为结束符，这主要是为了分隔语句。但是在 JavaScript 中，如果语句放置在不同的行中，就可以省略分号，例如：

```
var a=5
var b=6
```

但是如果代码的格式如下，那么第一个分号就是必须要写的：

```
var a=5;b=6;
```

提示：

在 JavaScript 程序中，一个单独的分号（;）也可以表示一条语句，这样的语句叫作空语句。

15.3 使用Spry构件

Spry 构件是 Dreamweaver 中内置的一个 JavaScript 库，网页设计人员可以使用它构建页面效果更加丰富的网站。有了 Spry，就可以将 HTML、CSS、JavaScript 和 XML 数据合并到 HTML 文档中，创建例如菜单栏、可折叠面板等构件，向各种网页中添加不同类型的效果。在 Dreamweaver 中使用 Spry 构件比较简单，但要求用户具有 HTML、CSS 和 JavaScript 的相关基础知识，本节就将向读者简单介绍 Dreamweaver 中的 Spry 构件。

15.3.1 关于Spry构件

Spry 构件就是网页中的一个页面元素，通过使用 Spry 构件可以轻松的实现更加丰富的网页交互效果，Spry 构件主要由以下几个部分组成。

● 构件结构：用来定义 Spry 构件结构组成的 HTML 代码块。

● 构件行为：用来控制 Spry 构件如何响应用户启动事件的 JavaScript 脚本。

● 构件样式：用来指定 Spry 构件外观的 CSS 样式。

在 Dreamweaver 的"插入"面板内的"布局"选项卡中提供了 4 种帮助页面布局的 Spry 构件，如图 15-10 所示。在 Dreamweaver 中除了提供了帮助页面布局的 Spry 构件外，还提供了多种对表单元素进行验证的 Spry 构件，在"插入"面板的 Spry 选项卡中提供了所有的 Spry 构件，如图 15-11 所示。

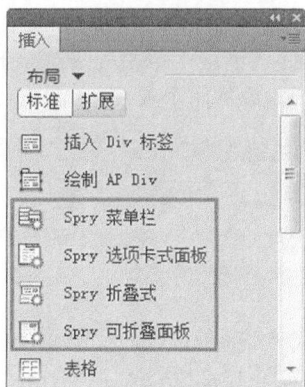

图15-10

图15-11

15.3.2 Spry菜单

Spry 菜单栏是一组可导航的菜单按钮，可以使页面在有限的空间内显示大量的导航信息，当鼠标指向某个按钮时，即可弹出子菜单的项目，如图 15-12 所示。

图15-12

使用 Spry 菜单栏可以在紧凑的空间中显示大量的导航信息，并且使浏览者能够清楚网站中的站点目录结构。当用户将鼠标移至某个菜单按钮时，将显示相应的子菜单。

将光标放置在页面中需要插入 Spry 菜单栏的位置，单击"插入"面板上的 Spry 选项卡中的"Spry 菜单栏"按钮，如图 15-13 所示。即可弹出"Spry 菜单栏"对话框，如图 15-14 所示。

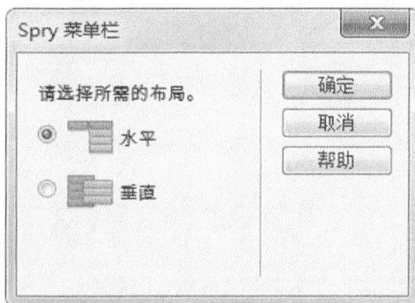

图15-13

图15-14

在对话框中单击"确定"按钮，即可在页面中插入 Spry 菜单栏，如图 15-15 所示。完成 Spry 菜单栏的插入后，可以在"属性"面板中进行"项目"的添加或删除等操作，如图 15-16 所示。

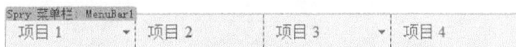

图15-15

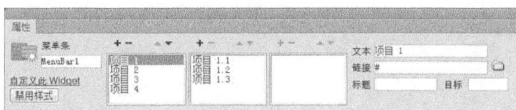

图15-16

课堂案例
制作页面下拉菜单

案例位置：光盘\源文件\第15章\15-3-2.html

视频位置：光盘\视频\第15章\15-3-2.swf

难易指数：★★★☆☆

学习目标：了解Spry菜单栏的制作方法

最终效果如图15-17所示

图15-17

01 执行"文件 > 新建"命令，新建一个空白的的
HTML 文件，如图 15-18 所示。

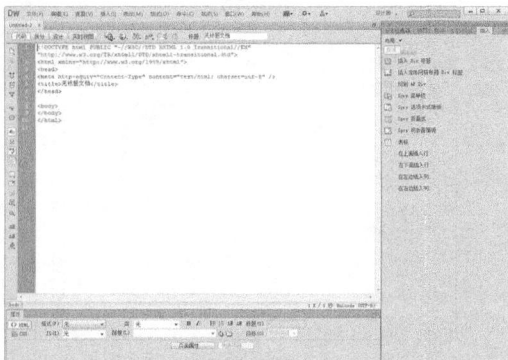

图15-18

02 执行"文件 > 另存为"命令，将文档保存为"光
盘 \ 源文件 \ 第 15 章 \15-3-2.html"，如图 15-19 所示。

图15-19

03 单击"插入"面板中的"Spry 菜单栏"按钮，
插入一个水平的 Spry 菜单栏，如图 15-20 所示。

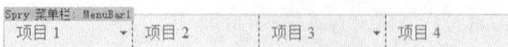

图15-20

04 在"属性"面板中单击一级菜单上的"添加菜
单项"按钮两次，添加两个项目，如图 15-21 所示。

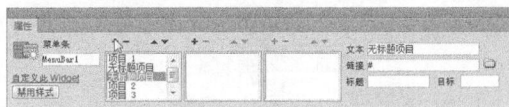

图15-21

05 在"属性"面板的"文本"文本框中修改 6 个
菜单的名称，如图 15-22 所示。

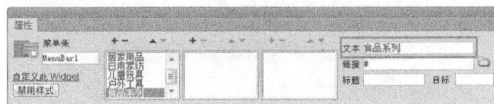

图15-22

06 选择一个主菜单，单击二级菜单上面的"添加
菜单项"按钮，并修改二级菜单名称，如图 15-23 所示。

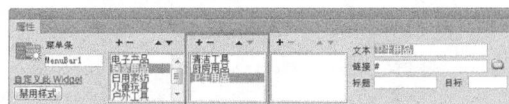

图15-23

07 使用相同的方法为其他的一级菜单添加二级
菜单，效果如图 15-24 所示。

图15-24

08 切换到软件自动创建的外部 CSS 样式表文
件中，在样式表中找到图 15-25 所示的两个 CSS 样
式，将其选中并删除。

```
ul.MenuBarHorizontal ul
{
    border: 1px solid #CCC;
}

ul.MenuBarHorizontal a.MenuBarItemSubmenu
{
    background-image: url(SpryMenuBarDown.gif);
    background-repeat: no-repeat;
    background-position: 95% 50%;
}
```

图15-25

09 继续在 CSS 样式表中找到图 15-26 所示的
CSS 样式，对其进行样式修改，效果如图 15-27 所示。

```
ul.MenuBarHorizontal a
{
    display: block;
    cursor: pointer;
    background-color: #EEE;
    padding: 0.5em 0.75em;
    color: #333;
    text-decoration: none;
}
```

图15-26

```
ul.MenuBarHorizontal a
{
    font-weight:bold;
    border:1px solid #FFF;
    display: block;
    cursor: pointer;
    background-color: #C96;
    padding: 0.5em 0.75em;
    color: #FFF;
    text-decoration: none;
}
```

图15-27

10 再次找到图 15-28 所示的 CSS 样式，并修改其背景颜色，如图 15-29 所示。

```
ul.MenuBarHorizontal a.MenuBarItemHover,
ul.MenuBarHorizontal a.MenuBarItemSubmenuHover,
ul.MenuBarHorizontal a.MenuBarSubmenuVisible
{
    background-color: #33C;
    color: #FFF;
}
```

图15-28

```
ul.MenuBarHorizontal a.MenuBarItemHover,
ul.MenuBarHorizontal a.MenuBarItemSubmenuHover,
ul.MenuBarHorizontal a.MenuBarSubmenuVisible
{
    background-color: #999;
    color: #FFF;
}
```

图15-29

11 执行"文件 > 保存"命令，按 F12 键测试页面效果，如图 15-30 所示。

图15-30

15.3.3　Spry选项卡式面板

Spry 选项卡式面板构件是一组面板，用于将一些内容放置在一个紧凑的容器中，当浏览者单击某个设定的选项卡时，即可显示设置的 Spry 选项卡式面板。当访问者单击其他设定的选项卡时，Spry 选项卡式面板也会进行切换。

将光标放置在页面中需要插入 Spry 选项卡式面板的位置，单击"插入"面板上的 Spry 选项卡中的"Spry 选项卡式面板"按钮，即可在页面中插入 Spry 选项卡式面板，如图 15-31 所示。

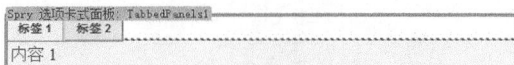

图15-31

课堂案例

制作化妆品网站销售栏

案例位置：光盘\源文件\第15章\15-3-3.html

视频位置：光盘\视频\第15章\15-3-3.swf

难易指数：★★★★☆

学习目标：掌握Spry选项卡式面板的使用

最终效果如图15-32所示

图15-32

01 执行"文件 > 打开"命令，打开"光盘 \ 素材 \ 第 15 章 \153301.html"文件，如图 15-33 所示。

02 将光标插入页面中，在光标的位置上插入 Spry 选项卡式面板，如图 15-34 所示。

03 在"属性"面板中单击"添加面板"按钮添加"标签 3"，如图 15-35 所示。插入"标签 3"后，会在

Spry 选项卡式面板上添加了一个选项卡，如图 15-36 所示。

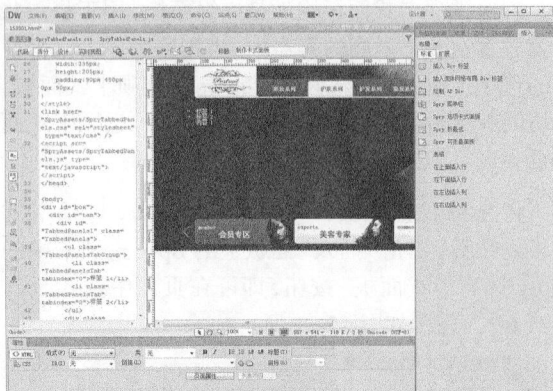

图15-33

图15-34

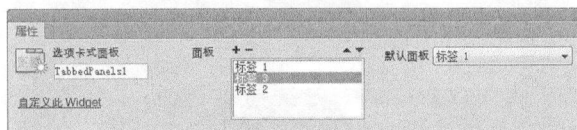

图15-35

图15-36

04 切换到 SpryTabbedPanels.css 样式文件中，在样式表中找到图 15-37 所示的 CSS 样式。对该样式进行修改，如图 15-38 所示。

```
.TabbedPanelsTab {
    position: relative;
    top: 1px;
    float: left;
    padding: 4px 10px;
    margin: 0px 1px 0px 0px;
    font: bold 0.7em sans-serif;
    background-color: #DDD;
    list-style: none;
    border-left: solid 1px #CCC;
    border-bottom: solid 1px #999;
    border-top: solid 1px #999;
    border-right: solid 1px #999;
    -moz-user-select: none;
    -khtml-user-select: none;
    cursor: pointer;
}
```

图15-37

```
.TabbedPanelsTab {
    position: relative;
    top: 1px;
    float: left;
    width: 80px;
    height: 30px;
    background-image: url(../images/153302.png);
    list-style: none;
    font-weight: bold;
    line-height: 30px;
    text-align: center;
    -moz-user-select: none;
    -khtml-user-select: none;
    cursor: pointer;
    margin-right: 3px;
    margin-bottom: 3px;
}
```

图15-38

05 切换到"设计"视图，修改 Spry 选项卡面板中的文字效果，如图 15-39 所示。

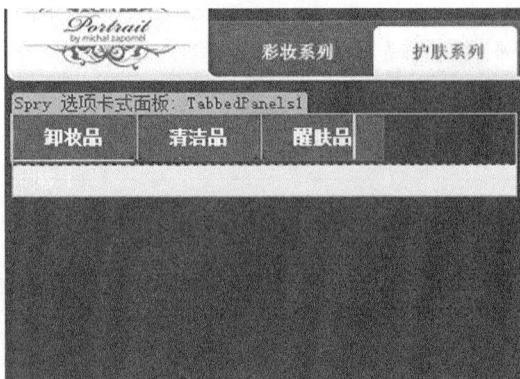

图15-39

06 再次切换到 CSS 样式表中，找到图 15-40 所示的 CSS 样式。将该样式分割为两个 CSS 样式并对其进行修改，如图 15-41 所示。

```
.VTabbedPanels .TabbedPanelsTabSelected {
    background-color: #EEE;
    border-bottom: solid 1px #999;
}
```

图15-40

```
.VTabbedPanels{
    width:80px;
    height:30px;
    background-image:url(../images/153303.png);
}


.TabbedPanelsTabSelected {
    color: #7F1669;
    background-image:url(../images/153303.png);
}
```

图15-41

07 找到图 15-42 所示的 CSS 样式。修改样式中的颜色值，如图 15-43 所示。

```
.TabbedPanelsTabSelected {
    background-color: #EEE;
    border-bottom: 1px solid #EEE;
}
```

图15-42

```
.TabbedPanelsTabSelected {
    background-color: #EEE;
    border-bottom: 1px solid #11151E;
}
```

图15-43

08 找到图 15-44 所示的 CSS 样式。修改样式中的各项属性，如图 15-45 所示。

```
.TabbedPanelsContentGroup {
    clear: both;
    border-left: solid 1px #CCC;
    border-bottom: solid 1px #CCC;
    border-top: solid 1px #999;
    border-right: solid 1px #999;
    background-color: #EEE;
}
```

图15-44

```
.TabbedPanelsContentGroup {
    clear: both;
    width:334px;
    color:#FFF;
    border: solid 1px #670653;
    background-color: #670653;
}
```

图15-45

09 返回"设计"视图中，观察页面中 Spry 卡式面板效果，如图 15-46 所示。

图15-46

10 在 Spry 选项卡式面板的第一个标签内输入相应的文字，如图 15-47 所示。

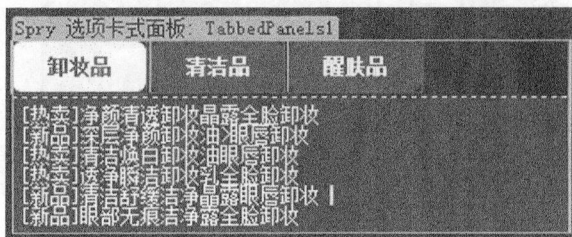

图15-47

11 切换到"源代码"视图中，为刚刚输入的文字添加项目列表标签，如图 15-48 所示。

```
<div class="TabbedPanelsContentGroup">
  <div class="TabbedPanelsContent">
    <dl>
      <dt>[热卖]<span></span>净颜清透卸妆晶露</dt><dd>全脸卸妆</dd>
      <dt>[新品]<span></span>深层净颜卸妆油</dt><dd>眼唇卸妆</dd>
      <dt>[热卖]<span></span>清洁焕白卸妆乳</dt><dd>眼唇卸妆</dd>
      <dt>[热卖]<span></span>透净瞬洁卸妆乳</dt><dd>全脸卸妆</dd>
      <dt>[新品]<span></span>清洁舒缓洁净晶露</dt><dd>眼唇卸妆</dd>
      <dt>[新品]<span></span>眼部无痕洁净露</dt><dd>全脸卸妆</dd>
    </dl>
  </div>
  <div class="TabbedPanelsContent">内容 3</div>
  <div class="TabbedPanelsContent">内容 2</div>
</div>
```

图15-48

12 在"源代码"视图中的 <style> 标签中创键列表的 CSS 规则，如图 15-49 所示。

```
#tan dt{
    float:left;
    width:260px;
    height:25px;
    line-height:25px;
    margin-left:8px;
    border-bottom:1px solid #C833A9;
}
#tan dd{
    float:left;
    width:50px;
    height:25px;
    line-height:25px;
    border-bottom:1px solid #C833A9;
}
#tan span{
    margin-right:10px;
}
```

图15-49

13 在"源代码"视图中的 <style> 标签中创键列表的 CSS 规则，如图 15-50 所示。

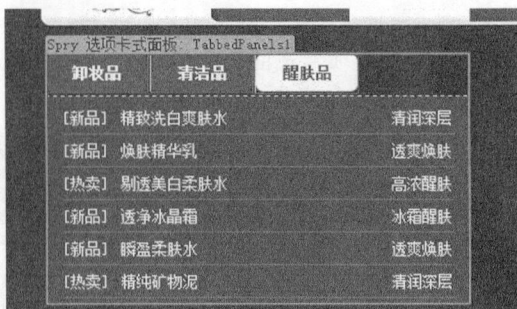

图15-50

14 执行"文件 > 保存"命令，按F12键测试页面，如图 15-51 所示。在页面中单击卡式面板的选项卡，可以切换选项卡的内容，如图 15-52 所示。

图15-51

图15-52

15.3.4 Spry折叠式面板

Spry 折叠式面板可以将大量页面内容放置在一个可折叠的面板空间中，从而达到为网页节省空间的作用。浏览者只需要单击该构件的选项卡，就可以显示或隐藏该面板中的内容。当浏览者单击不同的选项卡时，折叠式构件的面板会进行相应的展开或收缩。

将光标放置在页面中需要插入 Spry 折叠式面板的位置，单击"插入"面板上的 Spry 选项卡中的"Spry 折叠式"按钮，即可在页面中插入 Spry 折叠式面板，

如图 15-53 所示。

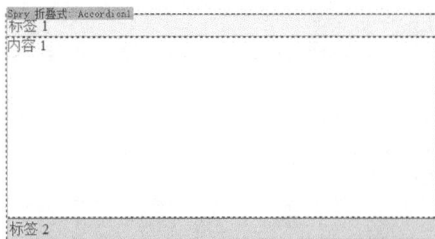

图15-53

> **提示：**
> 虽然使用"属性"面板可以非常快捷地对 Spry 构件进行编辑，但是并不支持自定义的样式设置。因此，如果需要修改 Spry 构件的外观样式，就需要通过 CSS 样式来实现。

15.3.5 Spry可折叠面板

Spry 可折叠面板与 Spry 折叠式相似，都是将页面内容放在一个小的空间里，并且该空间可以随着浏览者的单击进行折叠，以达到节省页面空间的作用，只是 Spry 可折叠面板与 Spry 折叠式面板在外观上有所区别。

将光标放置在页面中需要插入 Spry 可折叠面板的位置，单击"插入"面板上的 Spry 选项卡中的"Spry 可折叠面板"按钮，即可在页面中插入 Spry 可折叠面板，如图 15-54 所示。

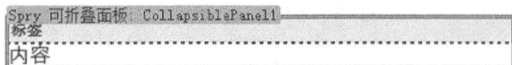

图15-54

15.3.6 Spry工具提示

Spry 工具提示在网页中是给浏览者提供额外的信息，当浏览者将鼠标指针移至网页中某个特定的元素上时，Spry 工具提示会显示该特定元素的其他信息内容；反之，当用户移开鼠标指针时，显示的额外信息便会消失，使得网页的交互能力更强。

课堂案例

制作摄影展示页面

案例位置：光盘\源文件\第15章\15-3-6.html

视频位置：光盘\视频\第15章\15-3-6.swf

难易指数：★★★☆☆

学习目标：了解Spry工具提示

最终效果如图15-55所示

图15-55

01 执行"文件 > 打开"命令,打开"光盘 \ 素材 \ 第 15 章 \153601.html",如图 15-56 所示。

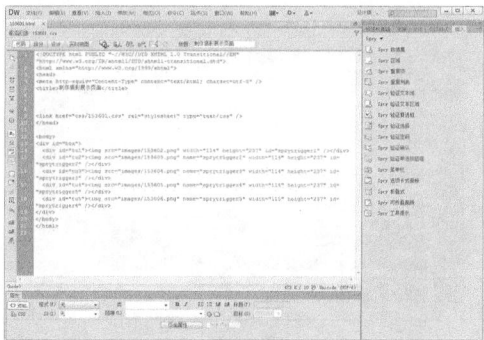

图15-56

02 选中页面中的第 1 张图像,打开"插入"面板,选择 Spry 类型中的"Spry 工具提示"选项,如图 15-57 所示。

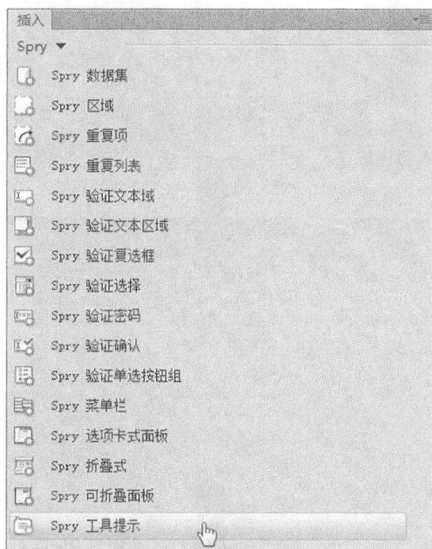

图15-57

03 选中刚刚插入的工具提示,在"属性"面板中对其进行设置,如图 15-58 所示。

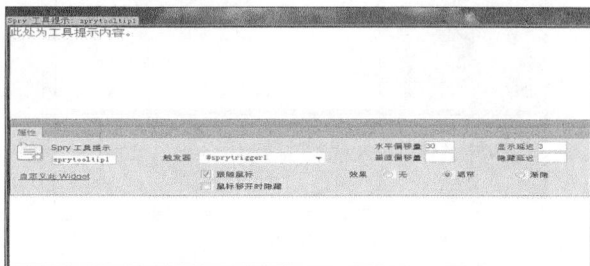

图15-58

04 切换到名称为 SpryTooltip 的 CSS 样式中,找到图 15-59 所示的 CSS 样式,并对该样式进行修改,如图 15-60 所示。

```
.tooltipContent
{
    background-color: #FFFFCC;
}
```

图15-59

```
.tooltipContent
{
    border:5px solid #000;
    height:420px;
}
```

图15-60

05 返回"设计"视图中,将 Spry 工具提示中多余的文字删除,插入"光盘 \ 素材 \images\153607.jpg"图形,如图 15-61 所示。

图15-61

06 使用相同的方法为其他图像添加 Spry 工具提示,如图 15-62 所示。

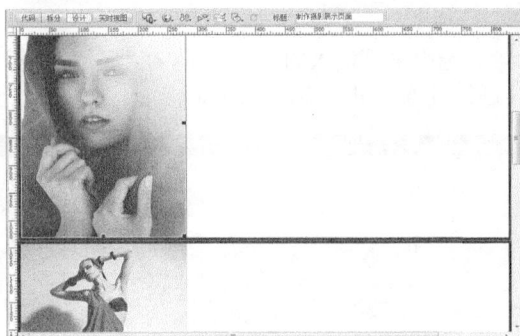

图15-62

07 执行"文件＞保存"命令，按F12键测试页面，如图 15-63 所示。将鼠标移动到图像上，可以弹出图像的大图效果，如图 15-64 所示。

图15-63

图15-64

15.4 本章小结

在本章中，主要向大家介绍了 CSS 与 JavaScript 的综合运用，其中主要讲解了 Spry 构件在网页中的应用。通过对本章的学习，可以帮助用户轻松地实现许多特殊的网页效果。

15.5 课后习题

本章安排了两个课后习题，分别制作用户注册页面和用户登录页面。通过两个习题的制作，可以使读者对 CSS 控制表单有更清晰的认识，同时可以将 CSS 技术更全面的应用到网页制作中。

15.5.1 课后习题1-制作网站产品介绍栏

案例位置：光盘\源文件\第15章\15-5-1.html

视频位置：光盘\视频\第15章\15-5-1.swf

难易指数：★ ★ ★ ☆ ☆

学习目标：使用Spry可折叠面板

最终效果如图15-65所示

图15-65

步骤分解如图 15-66 所示。

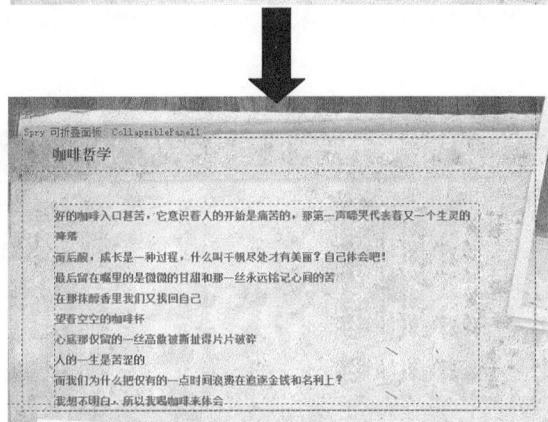

图 15-66

15.5.2　课后习题2-制作游戏活动大厅

案例位置：光盘\源文件\第15章\15-5-2.html

视频位置：光盘\视频\第15章\15-5-2.swf

难易指数：：★★★☆☆

学习目标：使用Spry折叠式面板

最终效果如图15-67所示

图 15-67

步骤分解如图 15-68 所示。

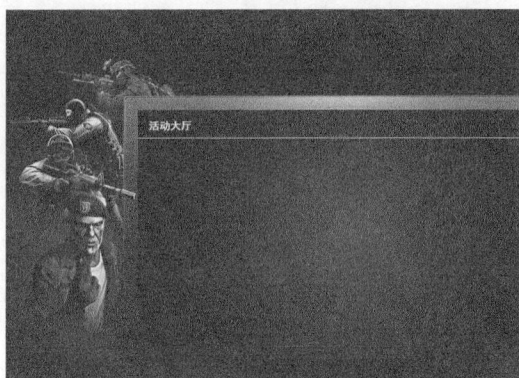

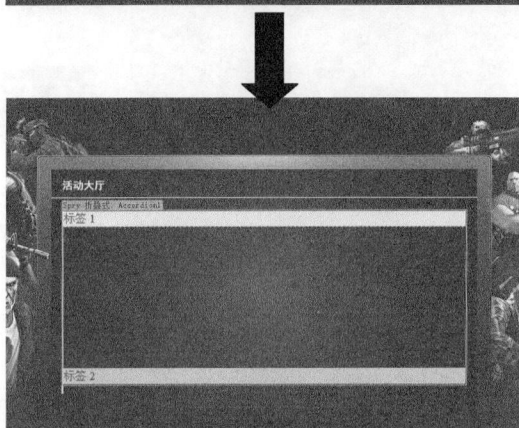

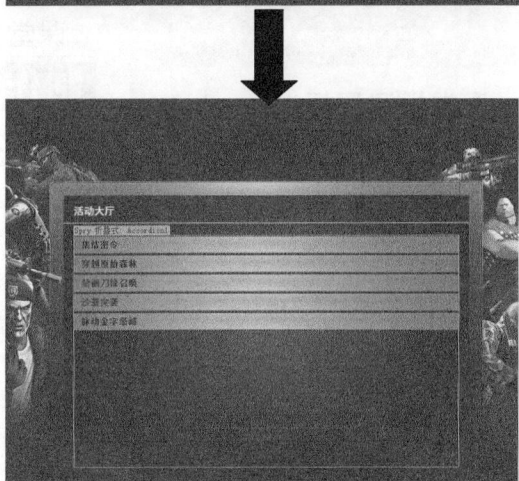

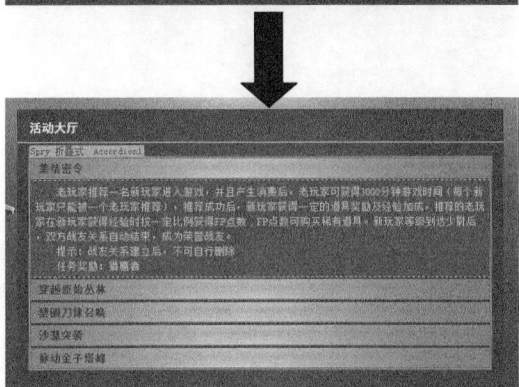

图 15-68

第16章
制作餐饮类网站

制作餐饮类网站页面需要注意，整个页面要符合大众的口味——干净整洁，在此基础上还要通过色彩的搭配突出食物的鲜嫩可口，给人一种色香味浓的感觉。本章将会为大家详细地介绍餐饮类网站的制作方法。

16.1 网站页面效果分析

本案例设计制作餐饮类网站，整个页面居中显示，在颜色的运用上主要以淡色为主，淡绿色搭配上牛肉鲜嫩的红色，可以突显出食物的美味，给人以色香味浓的感觉。

本网站使用的是上中下结构，中间部分为左右结构，上面是导航，中间左边是登录界面和联系方式，右边是产品展示和美食资讯，下面是网站的一些基本信息。

课堂案例

制作餐饮类网站

案例位置：光盘\源文件\第16章\16-1.html

视频位置：光盘\视频\第16章\16-1.swf

难易指数：★★★★★

学习目标：通过CSS样式控制页面布局

最终效果如图16-1所示

图16-1

课堂学习目标：

★ 熟练使用表单域、文本域和密码域

★ 掌握网页插入Flash动画的方法

★ 掌握列表元素的制作方法

★ 掌握使用Div+CSS对网页进行布局制作的方法

16.2 制作步骤

本案例制作的是餐饮类的网站页面，首先通过通配符对整个页面的边距、边框和填充进行设置，再通过 body 标签对整个页面的样式进行控制；先从网页的 top（头部）部分做起，然后是网页的 main（中部）部分，最后是网页的 bottom（尾部）部分的制作。整个页面的制作思路明确、条理清晰，给浏览者一目了然的感觉。

16.2.1 制作 top 部分

01 执行"文件 > 新建"命令，新建一个 XHTML 文档，如图 16-2 所示。

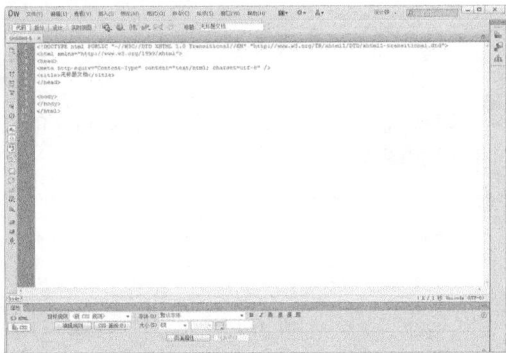

图16-2

02 执行"文件 > 保存"命令，将文件保存为"光盘 \ 源文件 \ 第 16 章 \16-1.html"，如图 16-3 所示。使用相同方法，新建两个 CSS 文件，并分别保存为"光盘 \ 源文件 \ 第 16 章 \css\ css.css"和"光盘 \ 源文件 \ 第 16 章 \css\ div.css"。

03 执行"窗口 >CSS 样式"命令，打开"CSS 样式"面板，如图 16-4 所示。单击"CSS 样式"面板上的"附加样式表"按钮 ，弹出"链接外部样式表"对话框，将刚刚新建的外部样式表文件"div.css"和"css.css"文件链接到页面中。

图16-3

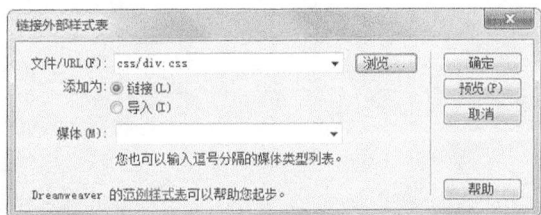

图16-4

04 切换到 css.css 文件，创建一个名为 * 的 CSS 样式，代码如图 16-5 所示。

```
*{
    margin:0px;
    border:0px;
    padding:0px;
}
```

图16-5

05 再创建一个名为 body 的 CSS 样式，代码如图 16-6 所示。

```
body{
    font-family:"宋体";
    font-size:12px;
    color:#666;
    background-image:url(../images/162111.gif);
    background-repeat:repeat-x;
}
```

图16-6

06 返回页面的"设计"视图，页面效果如图 16-7 所示。

图16-7

07 将光标放置在页面中,插入 id 名为 box 的 div,效果如图 16-8 所示。

图16-8

08 切换到"div.css"文件,创建一个名为 #box 的 CSS 样式,代码如图 16-9 所示。

```
#box {
    width:850px;
    height:880px;
    margin:auto;
}
```

图16-9

09 返回到"设计"视图,将多余的文字删除,插入一个 id 名为 top 的 div,页面效果如图 16-10 所示。

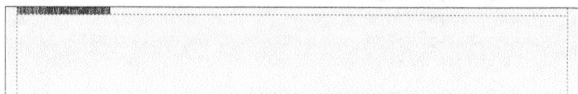

图16-10

10 切换到"div.css"文件,创建名为 #top 的 CSS 样式,代码如图 16-11 所示。

```
#top {
    width:850px;
    height:93px;
    background-image:url(../images/162101.gif);
    background-repeat:no-repeat;
    background-position: center bottom;
}
```

图16-11

11 返回到"设计"视图,将光标移至 id 名为 top 的 div 中,将多余的文字删除,插入"光盘\源文件\第16章\images\ 162102.gif"图像,效果如图 16-12 所示。

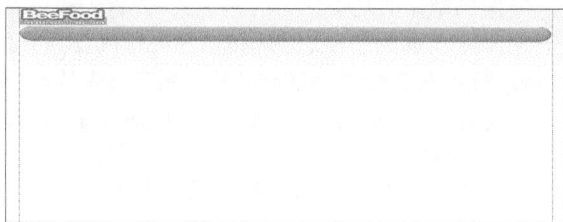

图16-12

12 "源代码"页面的代码如图 16-13 所示。

```
<div id="box">
  <div id="top"><img src="images/162102.gif"
width="139" height="47" />
  </div>
</div>
```

图16-13

13 切换到"css.css"文件,定义名为 .img 的 CSS 样式,代码如图 16-14 所示。

```
.img {
    float:left;
    margin:26px 63px 0px 33px;
}
```

图16-14

14 返回页面的"设计"视图,选中图片,执行"窗口 > 属性"命令,打开"属性"面板,如图 16-15 所示。

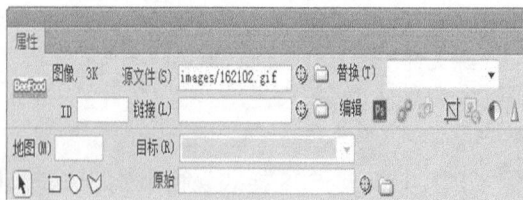

图16-15

15 在"属性"面板的"类"下拉列表中选择类样式为 img,如图 16-16 所示。

图16-16

16 "设计"视图的页面效果如图 16-17 所示。

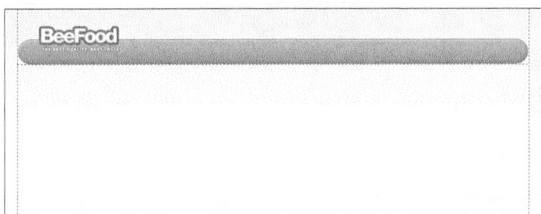

图16-17

17 在 id 名为 top 的 div 中插入 id 名为 top01 的 div，页面效果如图 16-18 所示。

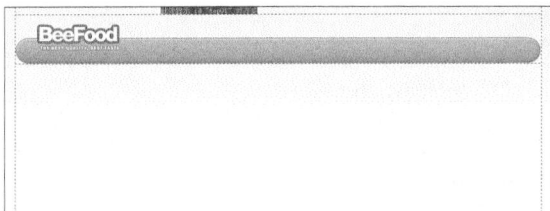

图16-18

18 切换到"div.css"文件，创建名为 #top01 的 CSS 样式，代码如图 16-19 所示。

```
#top01 {
    width:552px;
    height:31px;
    float:right;
    padding:20px 63px 0px 0px;
    text-align:right;
}
```

图16-19

19 返回到"设计"视图，在 id 名为 top01 的 div 中插入"光盘\源文件\第 16 章\images\ 162102.gif"图像，并输入相应的文字，页面效果如图 16-20 所示。

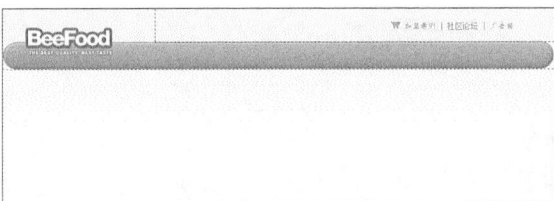

图16-20

20 切换到"源代码"页面，可以看到名为 top01 的 div 代码，如图 16-21 所示。

```
<body>
<div id="box">
  <div id="top"><img src="images/162102.gif" width="139"
height="47" class="img" />
    <div id="top01"><img src="images/162103.gif" width="15"
height="11" /> 加盟案例 | 社区论坛 | 广告招</div>
  </div>
</div>
</body>
```

图16-21

21 在 id 名为 top 的 div 中插入名为 #top02 的 div，并在该 div 中添加无序列表，代码如图 16-22 所示。

22 "设计"视图的页面效果如图 16-23 所示。

```
<div id="box">
  <div id="top"><img src="images/162102.gif" width="139" height="47"
class="img" />
    <div id="top01"><img src="images/162103.gif" width="15" height="11"
/> 加盟案例 | 社区论坛 | 广告招</div>
    <div id="top02">
      <ul>
        <li style="border-left: 0px"><img src="images/menu01.gif" width=
"55" height="15" /></li>
        <li><img src="images/menu02.gif" width="55" height="16" /></li>
        <li><img src="images/menu03.gif" width="54" height="15" /></li>
        <li><img src="images/menu04.gif" width="55" height="15" /></li>
        <li><img src="images/menu05.gif" width="54" height="15" /></li>
        <li><img src="images/menu06.gif" width="55" height="15" /></li>
        <li style="border-right: 0px"><img src="images/menu07.gif"
width="55" height="15" /></li>
      </ul>
    </div>
  </div>
</div>
```

图16-22

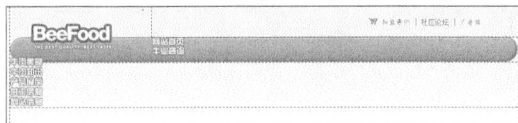

图16-23

23 切换到"div.css"文件，创建名为 #top02 和 #top02 li 的 CSS 样式，如图 16-24 所示。

```
#top02 {
    width:615px;
    height:42px;
    float:right;
}
#top02 li {
    width:85px;
    height:15px;
    float:left;
    list-style-type:none;
    margin-top:13px;
    border-left:#aac858 solid 1px;
    border-right:#5b7a0a solid 1px;
    text-align:center;
}
```

图16-24

24 网站的 top 部分制作完成，执行"文件>保存"命令，将文件保存。返回到页面的"设计"视图，页面效果如图 16-25 所示。

图16-25

提示：
在插入 div、图片时，还可以在 "源代码" 页面直接输入代码。

16.2.2 制作main部分

01 执行"文件 > 打开"命令，打开"光盘 \ 源文件 \ 第 16 章 \16-1.html" 文件，页面效果如图 16-26 所示。

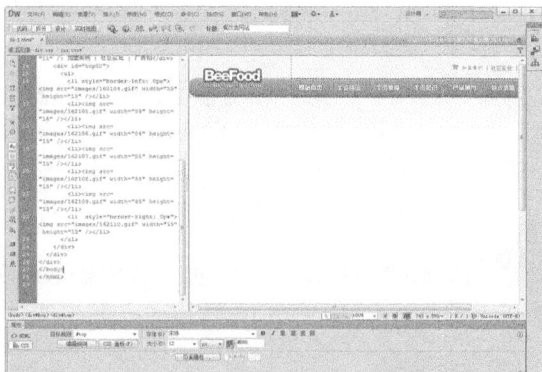

图16-26

02 在 id 名为 box 的 div 中插入 id 名为 main 的 div，代码如图 16-27 所示。

图16-27

03 切换到"div.css"文件，创建名为 #main 的 CSS 样式，代码如图 16-28 所示。

```
#main {
    width:850px;
    height:690px;
    background-image:url(../images/162201.gif);
    background-repeat:no-repeat;
    margin-top:14px;
}
```

图16-28

04 返回到页面的"设计"视图，页面效果如图 16-29 所示。

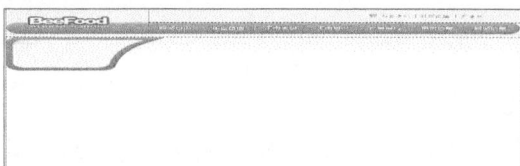

图16-29

05 在 id 名为 main 的 div 中插入 id 名为 left 的 div，代码如图 16-30 所示。

```
<div id="main">
  <div id="left">
  </div>
</div>
```

图16-30

06 切换到"div.css"文件，创建名为 #left 的 CSS 样式，代码如图 16-31 所示。

```
#left {
    width:180px;
    height:690px;
    float:left;
}
```

图16-31

07 在 id 名为 left 的 div 中插入 id 名为 login 的 div，切换到"div.css"文件，创建名为 # login 的 CSS 样式，代码如图 16-32 所示。

```
#login {
    width:157px;
    height:101px;
    padding:24px 0px 0px 23px;
}
```

图16-32

08 切换到"设计"视图，将光标移至 id 名为 login 的 div 中，执行"窗口 > 插入"命令，打开"插入"

面板,如图 16-33 所示。

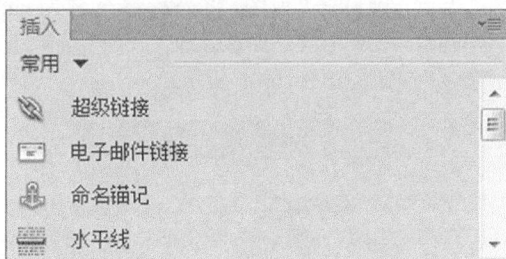

图16-33

09 单击"插入"面板上的"常用"选项卡右侧的下三角,选择"表单"选项卡中的"表单"按钮,如图 16-34 所示。

图16-34

10 返回"设计"视图,可以看到在鼠标所在位置插入带有红色虚线的表单域,如图 16-35 所示。

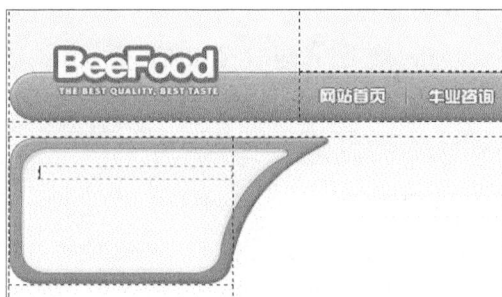

图16-35

11 切换到"代码"视图,可以红色虚线的表单域代码,如图 16-36 所示。

```
<div id="left">
  <div id="login">
    <form id="form1" name="form1" method="post" action="">
    </form>
  </div>
</div>
```

图16-36

12 返回到"设计"视图,将光标移至表单域中,单击"插入"面板上的"表单"选项卡中的"文本字段"按钮,如图 16-37 所示。

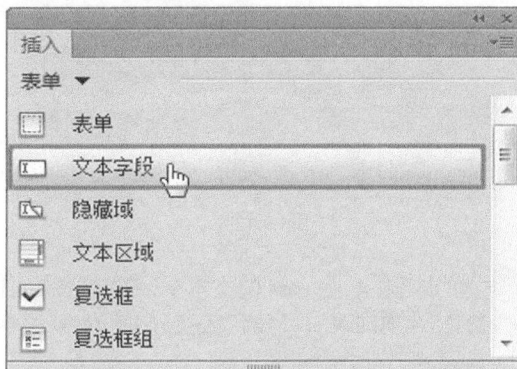

图16-37

13 在弹出的"插入标签辅助功能属性"对话框进行设置,如图 16-38 所示。

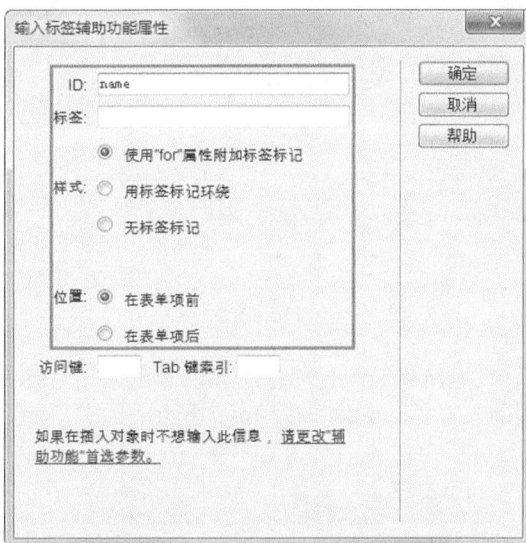

图16-38

14 设置完成后,单击"确定"按钮,在光标所在的位置插入文本域,如图 16-39 所示。

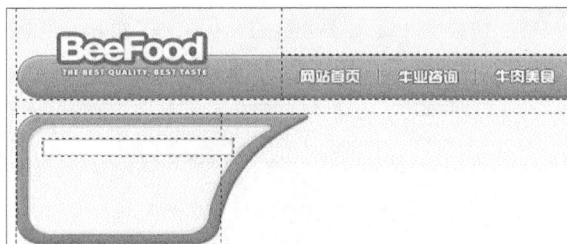

图16-39

15 将光标移动到刚插入的文本框后，按【Shift+Enter】组合键插入一个换行符，使用相同的方法插入一个 ID 为 pass 的文本字段，如图 16-40 所示。

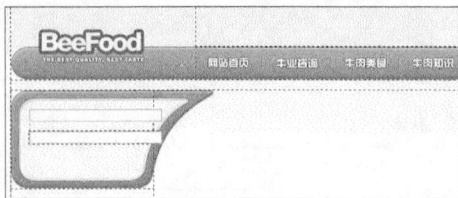

图16-40

16 单击选中名为 pass 的文本框，在"属性"面板中将"类型"选项修改为"密码"选项，如图 16-41 所示。

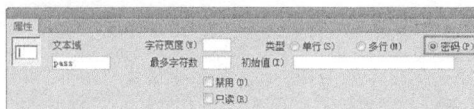

图16-41

17 切换到"div.css"文件，创建名为 #name 和 #pass 的 CSS 样式，代码如图 16-42 所示。

```
#name,#pass {
    width:90px;
    height:18px;
    margin-top:5px;
    background-image:url(../images/162202.gif);
    background-repeat:no-repeat;
    border:none;
    padding-left:9px;
}
```

图16-42

18 返回到"设计"视图，可以看到应用 CSS 样式后的文本字段效果，如图 16-43 所示。

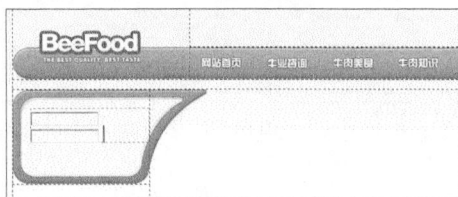

图16-43

19 切换到"代码"视图的"源代码"页面，可以看到刚刚插入的文本字段代码，如图 16-44 所示。

```
<div id="login">
  <form id="form1" name="form1" method="post" action="">
    <label for="name"></label>
    <input type="text" name="name" id="name" />
    <br />
    <label for="pass"></label>
    <input type="password" name="pass" id="pass" />
  </form>
</div>
```

图16-44

20 返回到"设计"视图，将光标移至名为 name 的文本框前，单击"插入"面板上的"表单"选项卡中的"图像域"按钮，如图 16-45 所示。

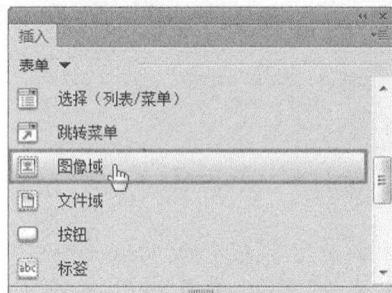

图16-45

21 在弹出的"选择图像源文件"对话框中选择相应的图像，如图 16-46 所示。

图16-46

22 单击"确定"按钮，在弹出的"插入标签辅助功能属性"对话框进行设置，如图 16-47 所示。

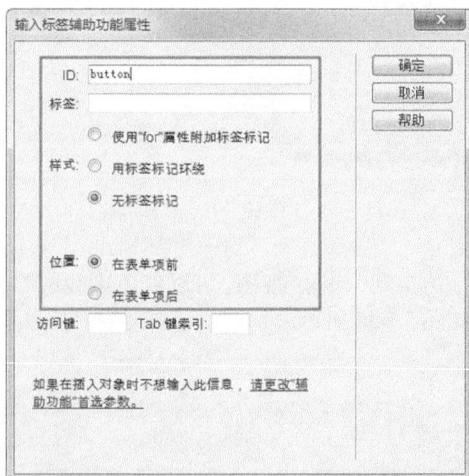

图16-47

23 设置完成后，单击"确定"按钮，在光标所在位置插入图像域，"设计"视图的页面效果如图16-48所示。

图16-48

24 切换到"div.css"文件，创建名为 #button 的 CSS 样式，代码如图16-49所示。

```
#button {
    margin:2px 12px 0px 3px;
    float:right;
}
```

图16-49

25 返回到"设计"视图，可以看到应用 CSS 样式后的文本字段效果，如图16-50所示。

图16-50

26 切换到"代码"视图的"源代码"页面，可以看到刚刚插入的图像域代码，如图16-51所示。

```
<div id="login">
  <form id="form1" name="form1" method="post" action="">
    <label for="name"></label>
    <input type="image" name="button" id="button" src="images/162203.gif" />
    <input type="text" name="name" id="name" />
    <br />
    <label for="pass"></label>
    <input type="password" name="pass" id="pass" />
  </form>
```

图16-51

27 返回到"设计"视图，将光标移至 id 名为 login 的 div 中，插入"光盘 \ 源文件 \ 第 16 章 \images\162204.

gif"和"光盘 \ 源文件 \ 第 16 章 \imags\162205.gif"图像，页面效果如图 16-52 所示。

28 切换到"div.css"文件，创建名为 #login img 的 CSS 样式，代码如图 16-53 所示。

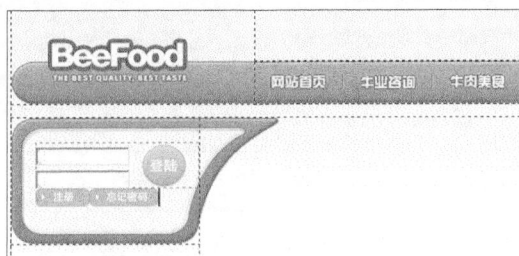

图16-52

```
#login img{
    margin:12px 15px 0px 0px;
}
```

图16-53

29 返回到"设计"视图，可以看到应用 CSS 样式后的文本字段效果，如图 16-54 所示。

图16-54

30 切换到"代码"视图的"源代码"页面，插入的图像代码如图 16-55 所示。

```
<div id="login">
  <form id="form1" name="form1" method="post" action="">
    <label for="name"></label>
    <input type="image" name="button" id="button" src="images/162203.gif" />
    <input type="text" name="name" id="name" />
    <br />
    <label for="pass"></label>
    <input type="password" name="pass" id="pass" />
  </form>
  <img src="images/162204.gif" width="52" height="18" />
  <img src="images/162205.gif" width="66" height="18" />
</div>
```

图16-55

31 返回到"设计"视图，在 id 名为 login 的 div 之后插入"光盘 \ 源文件 \ 第 16 章 \images\ 162206. gif"图像，页面效果如图 16-56 所示。

32 切换到"代码"视图的"源代码"页面，插入的图像代码如图 16-57 所示。

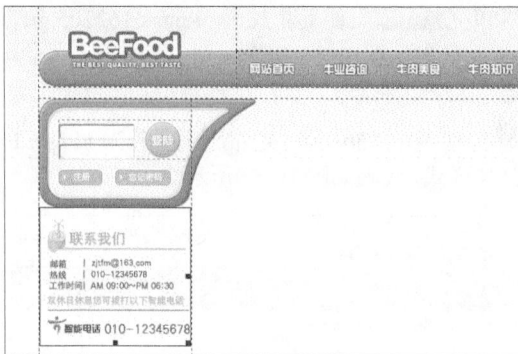

图16-56

```
<div id="left">
  <div id="login">
    <form id="form1" name="form1" method="post" action="">
      <label for="name"></label>
      <input type="image" name="button" id="button" src="images/162203.gif" />
      <input type="text" name="name" id="name" />
      <br />
      <label for="pass"></label>
      <input type="password" name="pass" id="pass" />
    </form>
    <img src="images/162204.gif" width="52" height="18" />
    <img src="images/162205.gif" width="66" height="18" />
  </div>
  <img src="images/165506.gif" width="180" height="161" />
</div>
```

图16-57

33 使用相同方法, 在 "162204.gif" 图像之后插入 id 名为 sc 的 div 以及表单等内容, 源代码如图 16-58 所示, 页面效果如图 16-59 所示。

```
  </div>
  <img src="images/162206.gif" width="180" height="161" />
  <div id="sc">
    <form id="form2" name="form2" method="post" action="">
      <label for="text"></label>
      <input type="text" name="text" id="text" />
      <input type="image" name="button01" id="button01" src="images/162208.gif" />
    </form>
  </div>
  <div id="left01">
    <img src="images/162209.gif" width="166" height="47" />
    <img src="images/162210.gif" width="166" height="47" />
    <img src="images/162211.gif" width="167" height="108" />
    <img src="images/162212.gif" width="167" height="109" />
  </div>
</div>
```

图16-58

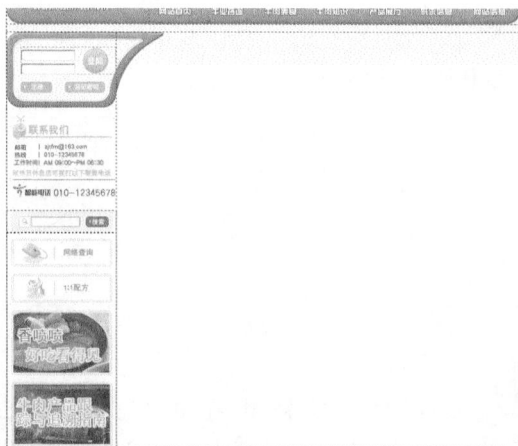

图16-59

34 切换到 "div.css" 文件, 创建的 CSS 样式如图 16-60 所示。

```
#sc {
    width:140px;
    height:27px;
    margin-top:10px;
    background-image:url(../images/162207.gif);
    background-repeat:no-repeat;
    padding:9px 0px 0px 40px;
}
#text {
    width:80px;
    height:16px;
    float:left;
    margin-top:1px;
}
#button01 {
    float:left;
    margin-left:10px;
}
#left01 {
    width:180px;
    height:353px;
    text-align:center;
    padding-top:5px;
}
#left01 img {
    margin:5px 0px 5px 0px;
}
```

图16-60

35 在 id 名为 main 的 div 中插入 id 名为 right 的 div, 如图 16-61 所示。

图16-61

36 切换到 "div.css" 文件, 创建名为 #right 的 CSS 样式, 代码如图 16-62 所示。

```
#right {
    width:670px;
    height:690px;
    float:left;
}
```

图16-62

37 返回到 "设计" 视图, 将多余的文字删除, 单击 "插入" 面板上的 "媒体" 按钮右侧的下三角形, 在弹出的菜单中选择 SWF 命令, 如图 16-63 所示。

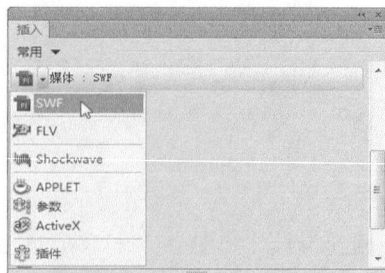

图16-63

38 在弹出的"选择 SWF"对话框中选择"光盘\
源文件\第 16 章\images\main.swf"文件，如图 16-64
所示。

图16-64

39 单击"确定"按钮，弹出"对象标签辅助功能
属性"对话框，如图 16-65 所示。

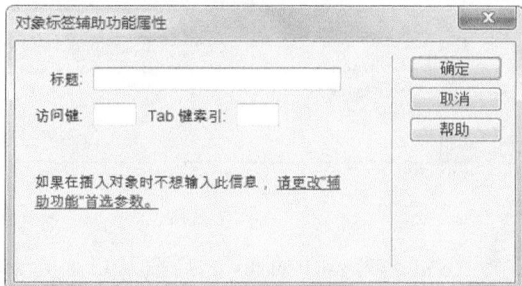

图16-65

40 单击"取消"按钮，将 Flash 动画插入到页面
中，如图 16-66 所示。

图16-66

41 设置"属性"面板上的 Wmode 属性为"透
明"，如图 16-67 所示。

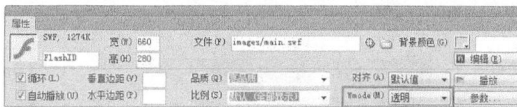

图16-67

提示：
　　设置 Wmode 属性为"透明"是为了使页面的背景
在 Flash 动画下衬托出来。

42 单击"属性"面板中的"播放"按钮，播放动
画，页面效果如图 16-68 所示。

图16-68

43 在 Flash 动画之后插入 id 名为 right01 的
div，如图 16-69 所示。

图16-69

44 切换到"div.css"文件，创建名为 #right01 的
CSS 样式，如图 16-70 所示。

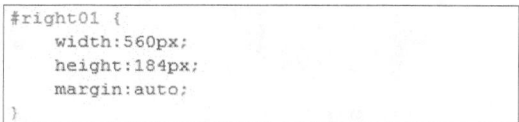

```
#right01 {
    width:560px;
    height:184px;
    margin:auto;
}
```

图16-70

45 返回到"设计"视图，将多余的文字删除，插
入"光盘\源文件\第 16 章\imags\162206.gif"图像，

301

如图 16-71 所示。

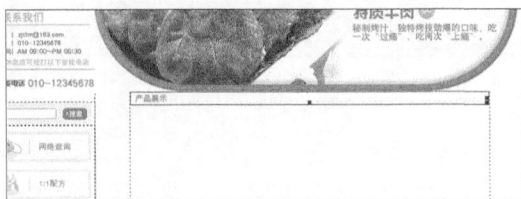

图 16-71

46 切换到"css.css"文件，定义名为 .img01 的 CSS 样式，代码如图 16-72 所示。

```
.img01 {
     margin:10px 0px 10px 0px;
}
```

图 16-72

47 返回到"设计"视图，选中图片，设置"属性"面板上的"类"样式为 img01，如图 16-73 所示，页面效果如图 16-74 所示。

图 16-73

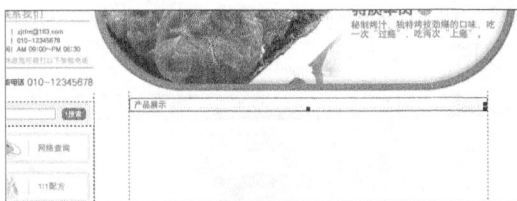

图 16-74

48 将光标移至图片之后，插入 id 名为 zs01 的 div，如图 16-75 所示。

图 16-75

49 切换到"div.css"文件，创建名为 #zs01 的 CSS 样式，代码如图 16-76 所示。

```
#zs01 {
     width:142px;
     height:128px;
     float:left;
     margin-right:10px;
     background-image:url(../images/162226.gif);
     background-repeat:repeat-x;
     text-align:center;
     border:#dadada solid 1px;
}
```

图 16-76

50 返回到"设计"视图，将多余的文字删除，插入"光盘\源文件\第 16 章\images\162206.gif"图像，按 Enter 键另起一行，输入文字，页面效果如图 16-77 所示。

图 16-77

51 在 id 名为 zs01 的 div 之后插入 id 名为 zs02 的 div，如图 16-78 所示。

图 16-78

52 切换到"div.css"文件，创建名为 #zs02 的 CSS 样式，代码如图 16-79 所示。

53 返回到"设计"视图，将多余的文字删除，分别插入 id 名为 ys01、ys02 和 ys03 的 div，效果如图 16-80 所示。

```
#zs02 {
    width:404px;
    height:128px;
    float:left;
    background-image:url(../images/162227.gif);
    background-repeat:repeat-x;
    border:#dadada solid 1px;
}
```

图16-79

图16-80

54 切换到"div.css"文件创建名为 #ys01,#ys02, #ys03 的 CSS 样式，代码如图 16-81 所示，页面效果如图 16-82 所示。

```
#ys01,#ys02,#ys03 {
    width:134px;
    height:128px;
    float:left;
    text-align:center;
}
```

图16-81

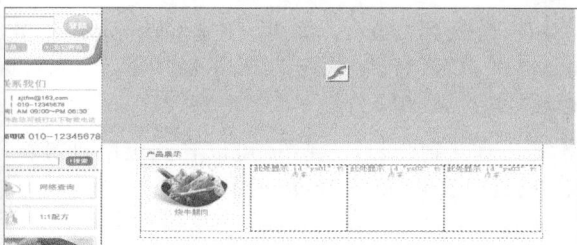

图16-82

55 分别在 3 个 div 插入图片，并输入相应的文字，页面效果如图 16-83 所示。

图16-83

56 分别在 3 个 div 插入图片，并输入相应的文字，页面效果如图 16-84 所示。

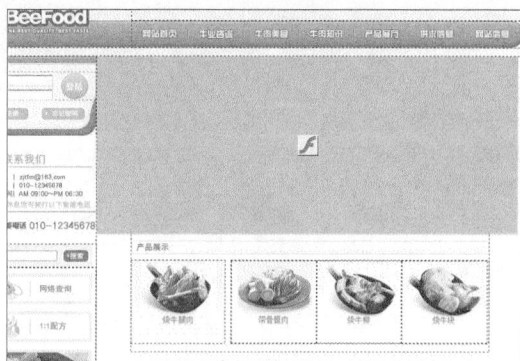

图16-84

57 切换到"div.css"文件，创建名为 #zs01 img, #zs02 img 的 CSS 样式，代码如图 16-85 所示。

```
#zs01 img,#zs02 img {
    margin:10px 0px 5px 0px;
}
```

图16-85

58 返回到"设计"视图，可以看到应用 CSS 样式后的页面效果，如图 16-86 所示。

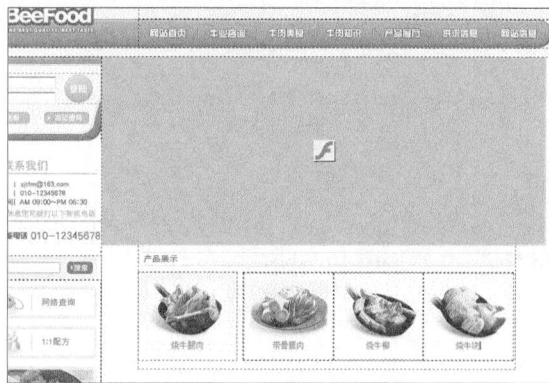

图16-86

59 返回到"设计"视图，可以看到应用 CSS 样式后的页面效果，如图 16-87 所示。

60 使用相同方法制作 id 名为 right02 的 div，效果如图 16-88 所示。

61 在 id 名为 right02 的 div 之后插入 id 名为 right03 的 div，如图 16-89 所示。

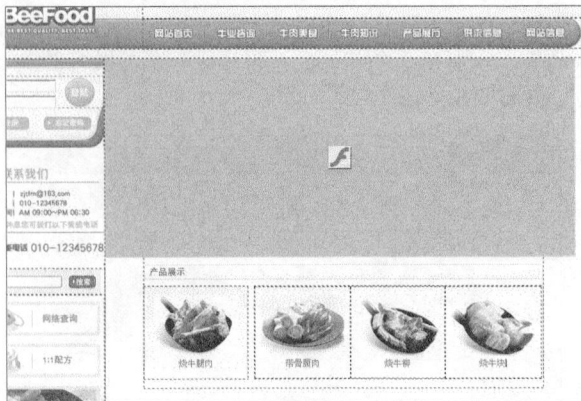

图16-87

图16-88

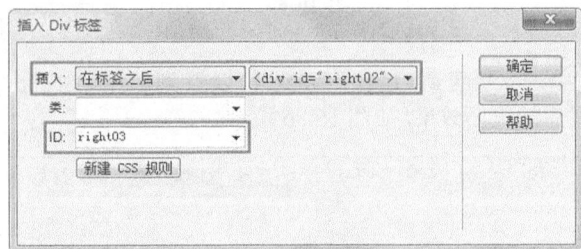

图16-89

62 切换到"div.css"文件，创建名为 #right03 的 CSS 样式，代码如图 16-90 所示。

```
#right03 {
    width:560px;
    height:125px;
    margin:auto;
}
```

图16-90

63 返回到"设计"视图，将多余文字删除，插入 id 名为 new 的 div，并在该 div 中插入"光盘 \ 源文件 \ 第 16 章 \images\162223.gif"图像，如图 16-91 所示。

图16-91

64 切换到"div.css"文件，创建名为 #new 和 #new img 的 CSS 样式，代码如图 16-92 所示。

```
#new {
    width:252px;
    height:125px;
    margin-right:50px;
    float:left;
}
#new img {
    margin:10px 0px 10px 0px;
}
```

图16-92

65 切换到"代码"视图的"源文件"页面，在 "162223.gif"图像之后添加
 标签，并添加定义 列表，输入相应的文字，代码如图 16-93 所示。

```
<div id="right03">
  <div id="new"><img src="images/162223.gif" width="58" height="12" /><br />
    <dl>
      <dt>解春图来份鼎香肥牛饭</dt>
      <dd>点击查看</dd>
      <dt>增智力、首推牛肉</dt>
      <dd>点击查看</dd>
      <dt>蕉式咖喱牛肉</dt>
      <dd>点击查看</dd>
      <dt>烧烤节12吨牛肉的盛宴</dt>
      <dd>点击查看</dd>
    </dl>
  </div>
</div>
```

图16-93

66 切换到"div.css"文件，创建名为 #new dt 和 #new dd 的 CSS 样式，代码如图 16-94 所示。

67 返回到"设计"视图，可以看到应用 CSS 样式后的页面效果，如图 16-95 所示。

```
#new dt {
    width:170px;
    line-height:23px;
    float:left;
    background-image:url(../images/162228.gif);
    background-repeat:no-repeat;
    background-position:left 6px;
    padding-left:30px;
}
#new dd {
    width:50px;
    line-height:23px;
    float:left;
}
```

图16-94

图16-95

68 使用相同方法，制作 main 的剩余部分，最终效果如图 16-96 所示。执行"文件 > 保存"命令，将文件保存。

图16-96

16.2.3 制作bottom部分

01 执行"文件 > 打开"命令，打开"光盘 \ 源文件 \ 第 16 章 \16-1.html"文件，页面效果如图 16-97 所示。

图16-97

02 在 id 名为 box 的 div 中插入 id 名为 bottom 的 div，页面效果如图 16-98 所示。

图16-98

03 切换到"div.css"文件，创建名为 #bottom 的 CSS 样式，代码如图 16-99 所示。

```
#bottom {
    width:785px;
    height:54px;
    line-height:20px;
    background-image:url(../images/162301.gif);
    background-repeat:no-repeat;
    padding:15px 0px 0px 65px;
    margin-top:10px;
}
```

图16-99

04 返回到"设计"视图，在 id 名为 bottom 的 div 中输入文字，如图 16-100 所示。

图16-100

05 返回到"代码"视图的"源代码"页面，可以看到 id 名为 bottom 的 div 代码如图 16-101 所示。

```
  </div>
  <div id="bottom">地址: 北京市朝阳区金台路108号中国牛肉安检质量放心公司<br />
电话: 010-12345678    邮编: 100025
  </div>
```

图16-101

06 餐饮类网址制作完成，执行"文件 > 保存"命令将文件保存，按 F12 键测试页面效果，如图 16-102 所示。

图16-102

305

16.3 本章小结

　　本案例主要采用了表单域、文本域和密码域，以及为网页插入 Flash 动画等的运用。完成本案例的制作，读者需要掌握使用 Div+CSS 对网页进行布局制作的方法，在制作过程中还涉及列表等常见元素的运用，这些网页元素的制作方法也需要熟练掌握。

16.4 课后习题-制作美容类网站

　　本章安排了一个课后习题，是制作美容类网站，完成这个课后习题的制作可以熟练掌握列表和插入 Flash 动画的使用，并运用到实际的网页设计中。

案例位置：光盘\源文件\第16章16-4.html

视频位置：光盘\视频\第16章\16-4.swf

难易指数：★★★★☆

学习目标：通过CSS样式控制页面布局

最终效果如图16-103所示

图16-103

　　步骤分解如图 16-104 所示。

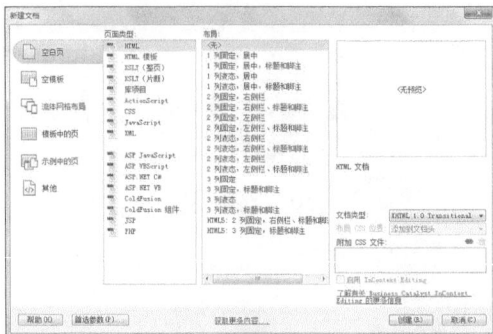

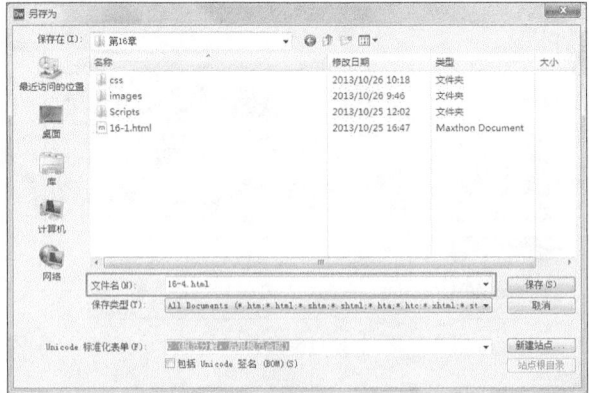

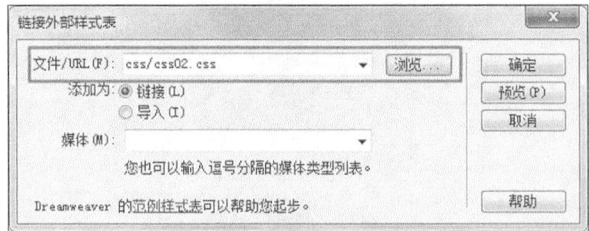

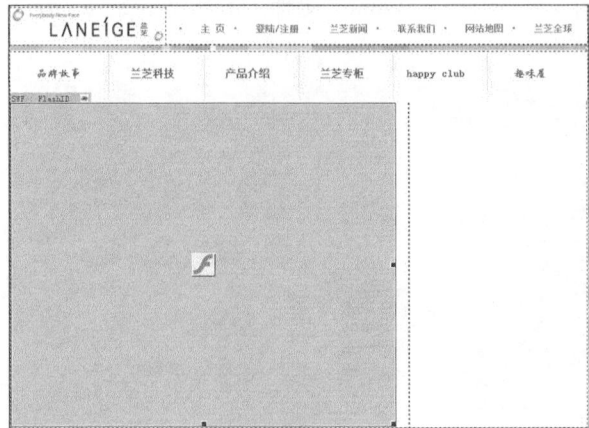

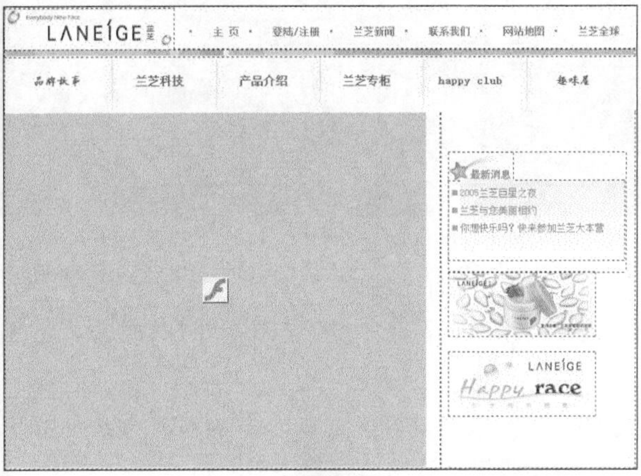

图16-104

第17章
制作娱乐资讯页面

娱乐资讯网站由于包含了时尚新闻和娱乐资讯，所以颇受一些时尚人群的喜爱，这类网站通过发布一些"星闻"和时尚消息来进行人气的聚集。

为了更好地聚集人气，这类网站的首页要具备美观的界面和吸引人眼球的资讯，才能让偶尔路过的访客关注本网站。

17.1 网站页面效果分析

本案例主要以深灰色作为页面的背景色，而页面的主体部分则使用简单的白色做为背景，这样可以显目的凸出图片效果。页面中的文字多为普通的黑色，在一些强调性的文字上则使用醒目的红色作为文字颜色。

整个页面给人以简单大方的视觉感受，同时又不失时尚感。

课堂案例
制作娱乐资讯页面

案例位置：光盘\源文件\第17章\17-1.html

视频位置：光盘\视频\第17章\17-1.swf

难易指数：★★★★★

学习目标：了解表格的标签

最终效果如图17-1所示

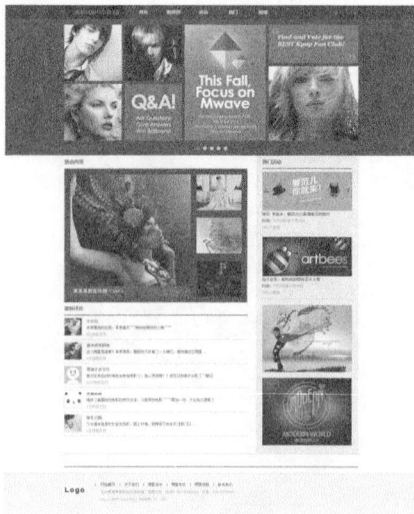

图17-1

课堂学习目标：

★ 掌握Div布局页面的方法

★ 掌握CSS控制图片的方法

★ ID样式的类样式的应用

★ 了解样式的缩写

17.2 制作步骤

娱乐资讯网站的首页布局必须是美观的，本页面采用"四行"样式，第一行里放置了 Logo 图片、菜单导航、登录按钮和注册按钮；第二行里放置了网页的横幅，其中包括了广告和明星图片等内容；第三行中放置了网站的主体部分，包括娱乐资讯要闻、新闻图片和活动广告等内容；最后一行是页脚部分，其中包括了导航菜单、Logo 图标和版权声明三大要素。

17.2.1 制作页面头部内容

01 执行"文件 > 新建"命令，新建一个空白的 HTML 页面，如图 17-2 所示。

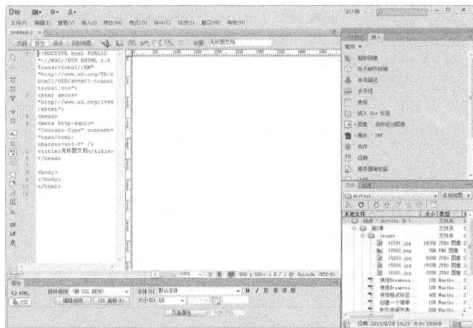

图17-2

02 执行"文件 > 保存"命令，将文档保存为"光盘 \ 源文件 \ 第 17 章 \17-1.html"，如图 17-3 所示。

图17-3

03 在"代码"视图中的 <title> 标签内输入文档的标题，并在 <body> 标签中创建一个 id 为 top-bg 的 div 标签，如图 17-4 所示。

```
<title>娱乐资讯页面</title>
</head>

<body>
<div id="top-bg">
</div>
</body>
</html>
```

图17-4

04 执行"窗口 >css 样式"命令，打开"CSS 样式"面板，单击该面板中的"新建 CSS 规则"按钮，如图 17-5 所示。

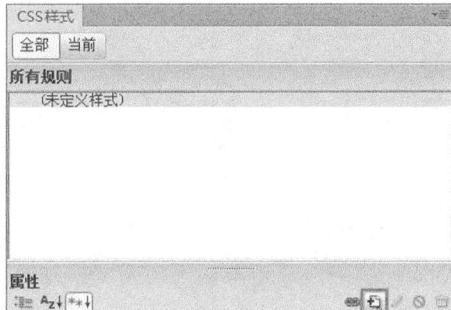

图17-5

05 在弹出的"新建 CSS 规则"对话框中设置各项参数，如图 17-6 所示。单击"确定"按钮。

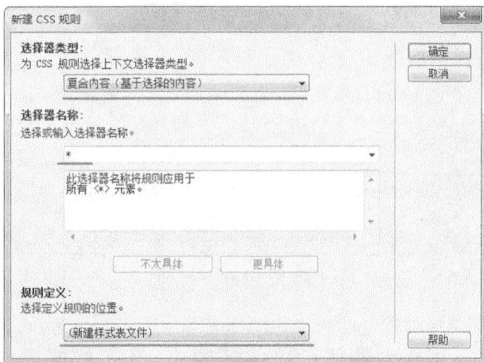

图17-6

06 将 CSS 文件保存为"光盘＼源文件＼第 17 章＼css\17101.css",如图 17-7 所示。

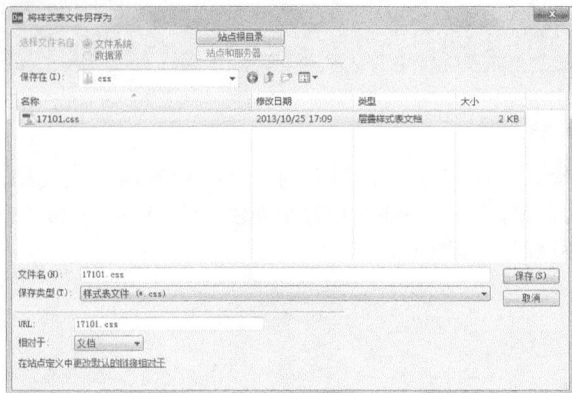

图17-7

07 弹出"*的 CSS 规则定义"对话框,无须任何设置,直接单击"确定"按钮,如图 17-8 所示。

图17-8

08 单击选项栏中的"17101.css*"按钮,如图 17-9 所示。

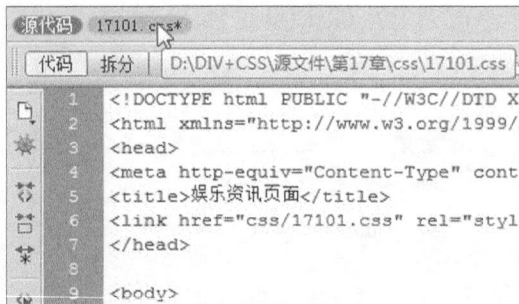

图17-9

09 切换到外部 CSS 样式表中,在该样式表中定义通配符,如图 17-10 所示。

```
@charset "utf-8";
/* CSS Document */
* {
    margin: 0px;
    padding: 0px;
    border: 0px;
}
```

图17-10

10 继续指定 body 的 CSS 样式,定义整个页面的字体效果和背景颜色,如图 17-11 所示。

```
body {
    font-family: 宋体;
    font-size: 12px;
    color: #333;
    line-height: 22px;
    background-color: #FFF;
}
```

图17-11

11 为刚刚创建的 div 定义 CSS 样式,如图 17-12 所示。

```
#top-bg {
    width: 100%;
    height: 45px;
    background-image: url(../images/16101.jpg);
    background-repeat: no-repeat;
    background-position: center top;
}
```

图17-12

12 为刚刚创建的 div 定义 CSS 样式,如图 17-13 所示。效果如图 17-14 所示。

```
#top-bg {
    width: 100%;
    height: 45px;
    background-image: url(../images/16101.jpg);
    background-repeat: no-repeat;
    background-position: center top;
}
```

图17-13

图17-14

13 返回"源代码"视图中,在 top-bg 中再次新建一个 id 名称为 top 的 div,如图 17-15 所示。

```
<body>
<div id="top-bg">
  <div id="top">
  </div>
</div>
</body>
</html>
```

图17-15

14 切换到 CSS 样式表中,定义 top 的大小和位置,如图 17-16 所示。

```
#top {
    width: 980px;
    height: 45px;
    margin: auto;
}
```

图17-16

15 返回"源代码"中,在 top 中再次新建 3 个 div,id 名称分别为 logo、menu 和 top-link1,如图 17-17 所示。

```
<div id="top-bg">
  <div id="top">
    <div id="logo"><img src="images/16102.jpg"
width="212" height="45" /></div>
    <div id="menu">
      <ul>
        <li>首页</li>
        <li>粉丝团</li>
        <li>活动</li>
        <li>热门</li>
        <li>游戏</li>
      </ul>
    </div>
    <div id="top-link1">[登录]  [注册]</div>
  </div>
</div>
```

图17-17

16 在 CSS 样式表中定义 logo 和 menu 的 CSS 样式,如图 17-18 所示。效果如图 17-19 所示。

```
#logo {
    width: 212px;
    height: 45px;
    text-align: center;
    float: left;
}
#menu {
    width: 600px;
    height: 45px;
    float: left;
}
```

图17-18

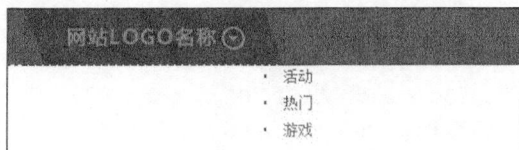

图17-19

17 在 CSS 样式表中定义 menu 中的 <li> 标签效果,如图 17-20 所示。效果如图 17-21 所示。

```
#menu li {
    width: 100px;
    height: 45px;
    font-family: "微软雅黑";
    font-weight: bold;
    font-size: 15px;
    color: #E9EAEC;
    line-height: 45px;
    text-align: center;
    list-style-type: none;
    float: left;
}
```

图17-20

图17-21

18 继续设置 top-link1 的 CSS 样式,如图 17-22 所示。效果如图 17-23 所示。

```
#top-link1 {
    width: 168px;
    height: 45px;
    text-align: right;
    float: right;
    color:  #E91162;
    line-height: 45px;
}
```

图17-22

图17-23

19 在源代码和 CSS 样式表中添加注释,如图 17-24

所示。

```
       float: right;
       color:    #E91162;
       line-height: 45px;
}
/*----以上为页面头部css代码----*/
```

```
      <div id="top-link1">[登录]  [注册]</div>
    </div>
</div>
<!--以上为页面头部内容-->
```

图17-24

17.2.2 制作页面横幅部分

01 在"源代码"视图中，创建一个 id 名称为 banner 的 div 标签，并在该 div 标签中嵌套两个 div 标签，如图 17-25 所示。

```
<!--以上为页面头部内容-->
<div id="banner-bg">
  <div id="banner"></div>
  <div id="banner-dian"></div>
</div>
```

图17-25

02 在 CSS 样式表中定义 banner-bg 的 CSS 样式，如图 17-26 所示。效果如图 17-27 所示。

```
#banner-bg {
    width: 100%;
    height: 440px;
    background-image: url(../images/16103.jpg);
    background-repeat: no-repeat;
    background-position: center top;
    padding-top: 20px;
}
```

图17-26

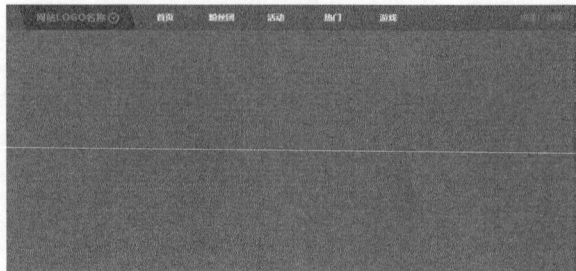

图17-27

03 在 CSS 样式表中定义 banner-bg 的 CSS 样式，如图 17-28 所示。效果如图 17-29 所示。

```
#banner-bg {
    width: 100%;
    height: 440px;
    background-image: url(../images/16103.jpg);
    background-repeat: no-repeat;
    background-position: center top;
    padding-top: 20px;
}
```

图17-28

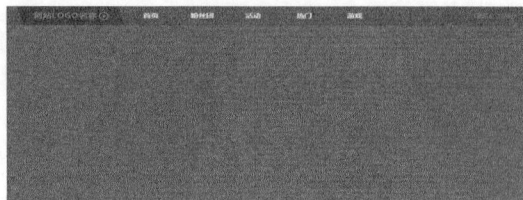

图17-29

04 继续定义 banner 的 CSS 样式，如图 17-30 所示。

```
#banner {
    width: 980px;
    height: 390px;
    margin: auto;
}
```

图17-30

05 切换到"设计"视图中，将光标插入到 banner 的 div 中，单击"插入"面板中的"图像"按钮，在弹出的"选择图像源文件"对话框中选择"光盘 \ 源文件 \ 第 17 章 \17104.jpg"图像，如图 17-31 所示。

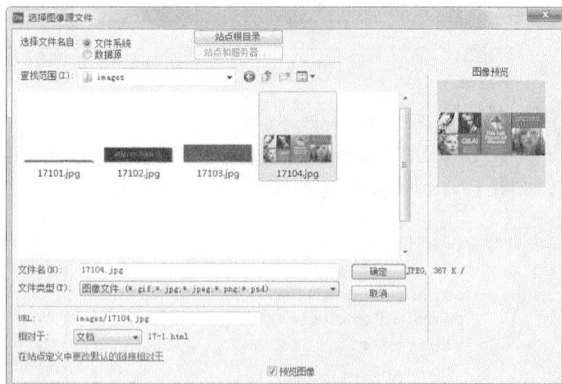

图17-31

06 单击"确定"按钮，将图像插入到 div 中，如图 17-32 所示。

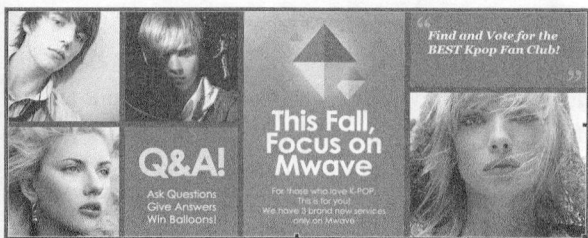

图17-32

07 切换到 CSS 样式表中,定义 banner-dian 的 CSS 样式,如图 17-33 所示。

```
#banner-dian {
    width: 400px;
    height: 15px;
    margin: 20px auto 0px auto;
    text-align: center;
}
```

图17-33

08 在 banner-dian 中插入 17105.jpg 和 17106.jpg 两张图片,如图 17-34 所示。

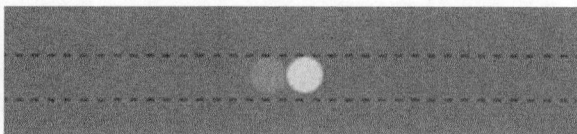

图17-34

09 选中 17106.jpg 图像,按 Ctrl+C 快捷键进行复制,再按 Ctrl+V 快捷键粘贴 3 次,效果如图 17-35 所示。

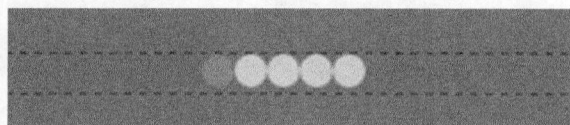

图17-35

10 选中 17106.jpg 图像,按 Ctrl+C 快捷键进行复制,再按 Ctrl+V 快捷键粘贴 3 次,效果如图 17-36 所示。

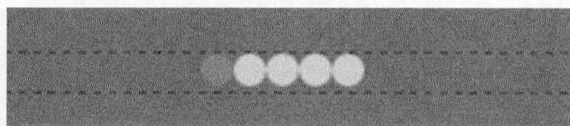

图17-36

11 切换到 CSS 样式表中,定义 banner-dian 中的图片样式,如图 17-37 所示。效果如图 17-38 所示。

```
#banner-dian img {
    margin-left: 5px;
    margin-right: 5px;
}
```

图17-37

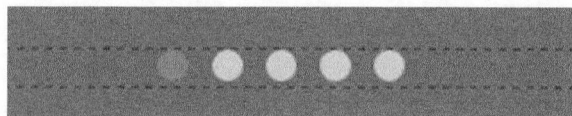

图17-38

12 在源代码和 CSS 样式表中添加注释,如图 17-39 所示。

```
="13" /><img src="images/1710
"13" height="13" /></div>
</div>
<!--以上为页面横幅内容-->
```

```
        margin-right: 5px;
}
/*-----以上为页面横幅css代码-----*/
```

图17-39

17.2.3 制作页面主体部分

01 在"源代码"界面中新建一个 id 名称为 box 的 div,并在该 div 中嵌套两个 div,如图 17-40 所示。

```
<!--以上为页面横幅内容-->
<div id="box">
  <div id="left">
  </div>
  <div id="right">
  </div>
</div>
```

图17-40

02 切换到 CSS 样式表中,定义刚刚创建的 3 个 div 的 CSS 样式,定义他们的大小、边距、填充、背景颜色和浮动等,如图 17-41 所示。

```
#box {
    width: 980px;
    height: auto;
    overflow: hidden;
    margin: auto;
    border-bottom: solid 1px #C6C9CE;
}
#left {
    width: 610px;
    height: auto;
    overflow: hidden;
    float: left;
}
#right {
    width: 300px;
    height: auto;
    overflow: hidden;
    margin-left: 30px;
    background-color: #EFF0F2;
    padding-left: 20px;
    padding-right: 20px;
    float: left;
}
```

图17-41

03 切换到"源代码"视图中,在 left 中新建一个 id 名称为 rdnr-titlee 的 div 标签,并在其中输入文本内容,如图 17-42 所示。

```
<div id="box">
  <div id="left">
    <div id="rdnr-title">热点内容</div>
  </div>
  <div id="right">
  </div>
</div>
```

图17-42

04 在 CSS 样式表中为刚刚新建的 div 定义 CSS 样式,定义文本的样式,如图 17-43 所示。效果如图 17-44 所示。

```
#rdnr-title {
    height: 45px;
    font-family: "微软雅黑";
    font-size: 16px;
    font-weight: bold;
    line-height: 45px;
}
```

图17-43

热点内容

图17-44

05 在"热点内容"的下方新建一个 id 名称为 rdnr 的 div,在该 div 中嵌套一个 id 名称为 rdnr-left 的 div,并在该 div 中插入图片,如图 17-45 所示。

```
<div id="box">
  <div id="left">
    <div id="rdnr-title">热点内容</div>
    <div id="rdnr">
      <div id="rdnr-left"><img src="images/17107.jpg"
width="400" height="410" /></div>
    </div>
  </div>
  <div id="right">
  </div>
</div>
```

图17-45

06 切换到 CSS 样式表中,为刚刚新建的两个 div 定义 CSS 样式,定义其大小、填充、背景颜色和浮动,如图 17-46 所示。效果如图 17-47 所示。

```
#rdnr {
    width: 570px;
    height: 410px;
    padding: 20px;
    background-color: #3C4252;
}
#rdnr-left {
    width: 400px;
    height: 410px;
    float: left;
}
```

图17-46

图17-47

07 使用相同的方法完成图片预览区域的其他制作,效果如图 17-48 所示。

热点内容

图17-48

08 在图片内容的下方，新建一个 id 名称为 zxpl-title 的 div，并在其中输入文本内容，如图 17-49 所示。

```
"rdnr-img01" /><img src="images/17110.jpg" width="150"
height="120" /></div>
    </div>
    <div id="zxpl-title">最新评论</div>
</div>
```

图17-49

09 切换到 CSS 样式表中，定义"最新评论"的文本样式，如图 17-50 所示。效果如图 17-51 所示。

```
#zxpl-title {
    height: 43px;
    border-bottom: solid 2px #3C4252;
    font-family: "微软雅黑";
    font-size: 16px;
    font-weight: bold;
    line-height: 43px;
}
```

图17-50

图17-51

10 在"最新评论"的下方创建一个无 id 名称的 div 标签，如图 17-52 所示。

```
height="120" /></div>
    </div>
    <div id="zxpl-title">最新评论</div>
    <div></div>
</div>
```

图17-52

11 切换到"设计"视图中，将光标插入到"最新评论"下方的 div 中，如图 17-53 所示。

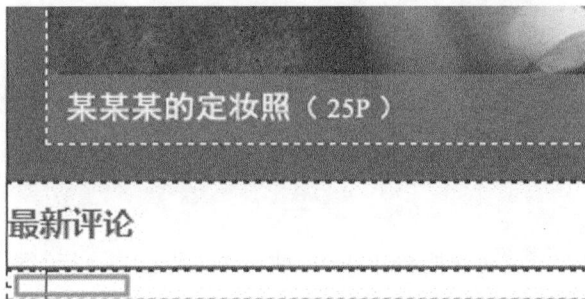

图17-53

12 单击"插入"面板中的"图像"按钮，选择"光盘 \ 源文件 \ 第 17 章 \images\17111.jpg"打开，如图 17-54 所示。插入效果如图 17-55 所示。

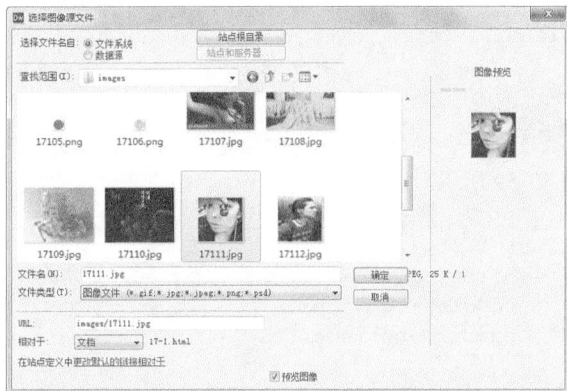

图17-54

图17-55

13 在图像的后方输入文本，如图 17-56 所示。按 Shift+Enter 快捷键进行强制换行，并输入文本，如图 17-57 所示。

图17-56

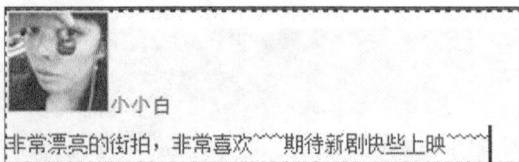

图17-57

14 再次按 Shift+Enter 快捷键进行强制换行，继续输入文本，如图 17-58 所示。

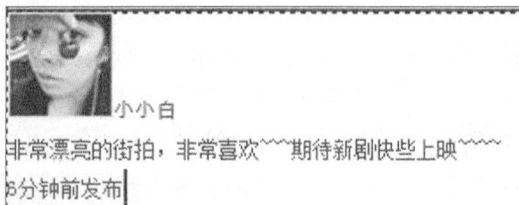

图17-58

15 切换到 CSS 样式表中，定义 3 个类样式，如图 17-59 所示。

```
.zxpl-list {
    border-bottom: dashed 1px #CCCCCC;
    padding-top: 8px;
    padding-bottom: 6px;
}
.zxpl-list img {
    float: left;
    margin-right: 15px;
}
.red-font {
    color: #E91162;
    font-weight: bold;
}
.black-font {
    color: #999999;
}
```

图17-59

16 选中刚刚创建的无 id 名称的 div 以及其中的内容，如图 17-60 所示。

```
<div id="zxpl-title">最新评论</div>
<div><img src="images/17111.jpg" width="60" height="60" />小小白<br />
    非常漂亮的街拍，非常喜欢---期待新剧快些上映----<br />
    <span class="black-font2">6分钟前发布</span><br />
</div>
```

图17-60

17 在"属性"面板的"类"下拉列表中选择 zxpl-list 选项，如图 17-61 所示。

```
<div id="zxpl-title">最新评论</div>
<div><img src="images/17111.jpg" width="60" height="60" />小小白<br />
    非常漂亮的街拍，非常喜欢---期待新剧快些上映----<br />
    <span class="black-font2">6分钟前发布</span><br />
</div>
```

图17-61

18 选中"小小白"文本，在"属性"面板中的"类"下拉列表中选择 red-font，如图 17-62 所示。

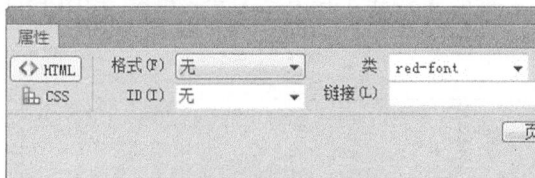

图17-62

19 选中"6 分钟前发布"文本，在"属性"面板中的"类"下拉列表中选择 black-font，如图 17-63 所示。

图17-63

20 切换到"设计"视图中，评论效果如图 17-64 所示。

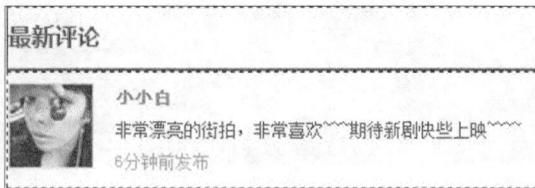

图17-64

21 使用相同的方法完成其他评论的制作，如图 17-65 所示。

图17-65

22 在"设计"视图中，将光标插入"热点内容"右侧的 div 中，如图 17-66 所示。

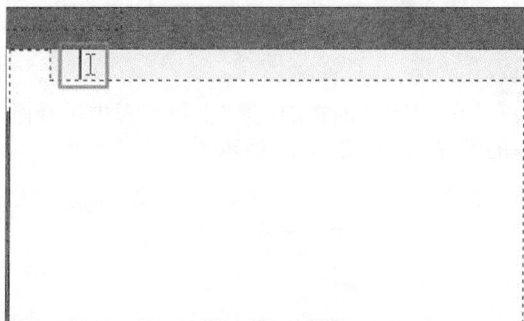

图17-66

23 单击"插入"面板中的"插入 div 标签"按钮，在弹出的对话框中设置 div 的 id 名称，如图 17-67 所示。单击"确定"按钮，完成 div 的插入，如图 17-68 所示。

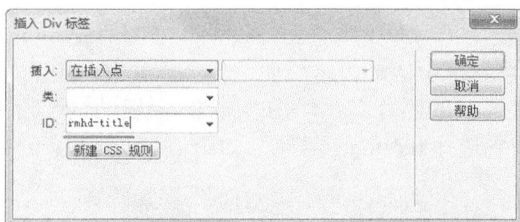

图17-67

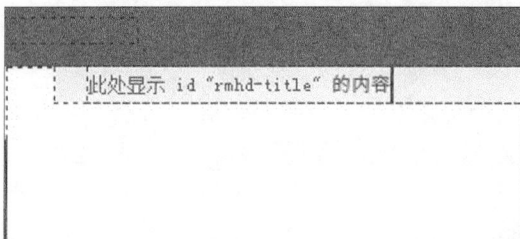

图17-68

24 修改刚刚创建的 div 中的文本，如图 17-69

所示。

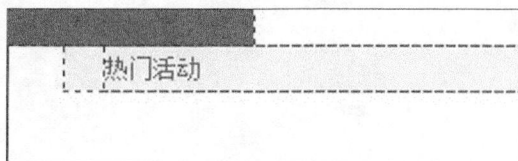

图17-69

25 切换到 CSS 样式表中，为刚刚创建的 div 定义 CSS 样式，如图 17-70 所示。效果如图 17-71 所示。

```
#rmhd-title {
    height: 43px;
    border-bottom: solid 2px #3C4252;
    font-family: 微软雅黑;
    font-size: 16px;
    font-weight: bold;
    line-height: 43px;
}
```

图17-70

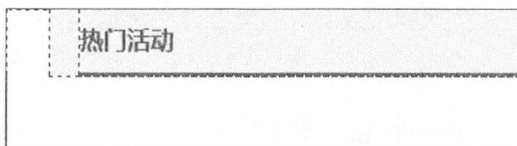

图17-71

26 再次单击"插入"面板中的"插入 div 标签"按钮，在弹出的对话框中进行设置，如图 17-72 所示。单击"确定"按钮，完成 div 的插入，如图 17-73 所示。

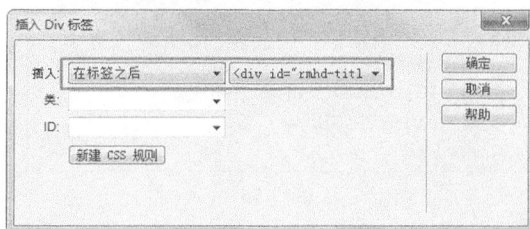

图17-72

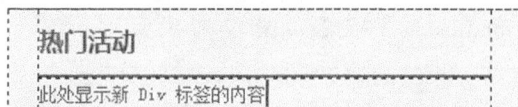

图17-73

27 将 div 中自带的文本删除，单击"插入"面板中的"图像"按钮，将"光盘 \ 源文件 \ 第 17 章 \images\ 171116.jpg"图像插入，如图 17-74 所示。插入效果如图 17-75 所示。

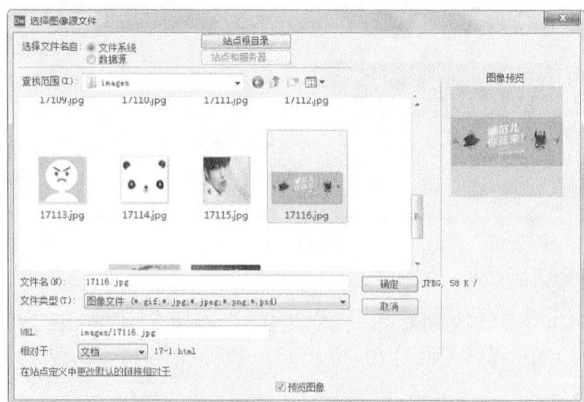

图17-74

图17-75

28 按 Shift+Enter 快捷键 3 次,在 3 个新行中输入文本,如图 17-76 所示。

图17-76

29 切换到 CSS 样式表中,定义一个名称为 .rmhd-list 的类样式,如图 17-77 所示。

```
.rmhd-list {
    height: auto;
    overflow: hidden;
    border-bottom: solid 1px #CCC;
    padding-top: 10px;
    padding-bottom: 10px;
}
```

图17-77

30 切换到"设计"视图中,选中活动内容的 div,如图 17-78 所示。

图17-78

31 在"属性"面板的"类"下拉列表中选择刚刚创建的类样式,如图 17-79 所示。

图17-79

32 选中活动内容中的"够范 你就来,晒出自己最潮最范的照片"文本,在"属性"面板的"类"下拉列表中选择 red-font 类样式,如图 17-80 所示。

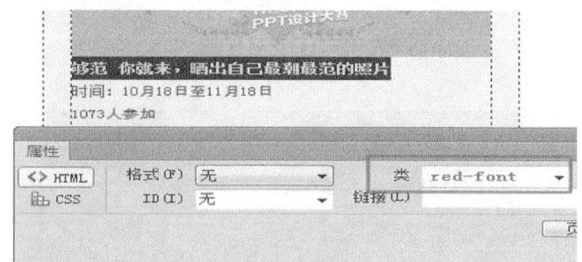

图17-80

33 选中活动内容中的"10 月 18 日至 11 月 18 日"和"1073 人参加"文本,在"属性"面板中选择 black-font 类样式,如图 17-81 所示。完成后,活动内容效果如图 17-82 所示。

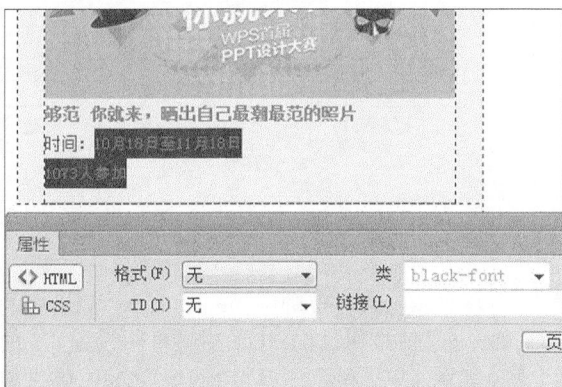

图17-81

图17-82

34 使用相同的方法完成其他活动内容的制作，效果如图 17-83 所示。

图17-83

35 切换到"源代码"视图中，在活动内容的下方新建一个 id 名称为 right-pic 的 div 标签，如图 17-84 所示。

```
<br />
        <span class="red-font">高手征集，最时尚
时间：<span class="black-font">9月24日至
1852人参加 </span></div>
        <div id="right-pic"></div>
    </div>
</div>
```

图17-84

36 在刚刚创建的 div 中插入"光盘 \ 源文件 \ 第 17 章 \images\17118.jpg、17119.jpg"两张图像，如图 17-85 所示。

```
时间：<span class="black-font">9月24日至10月24日<br />
1852人参加 </span></div>
<div id="right-pic"><img src="images/17118.jpg" width=
"300" height="226" /><img src="images/17119.jpg" width=
"300" height="226" /></div>
```

图17-85

37 切换到 CSS 样式表中，为刚刚创建的 div 以及 div 中的图像定义 CSS 样式，如图 17-86 所示。效果如图 17-87 所示。

```
#right-pic {
    height: auto;
    overflow: hidden;
    text-align: center;
    margin-top: 10px;
    margin-bottom: 20px;
}
#right-pic img {
    margin-top: 10px;
    margin-bottom: 10px;
}
```

图17-86

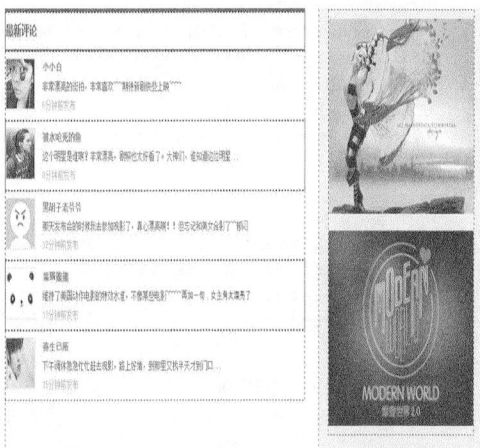

图17-87

38 在源代码和CSS样式表中添加注释,如图17-88所示。

```
#right-pic img {
    margin-top: 10px;
    margin-bottom: 10px;
}
/*----以上为页面主体css代码----*/
```

```
1852人参加 </span></div>
    <div id="right-pic"><img src=
"images/17118.jpg" width="300" height="226"
/><img src="images/17119.jpg" width="300"
height="226" /></div>
    </div>
</div>
<!--以上为页面主体内容-->
```

图17-88

17.2.4 制作页面脚注部分

01 在"源代码"界面中新建一个id名称为box的div,并在该div中嵌套两个div,如图17-89所示。

```
<!--以上为页面主体内容-->
<div id="bottom-link"></div>
<div id="bottom-bg"></div>
```

图17-89

02 切换到CSS样式表中,定义刚刚创建的div的CSS样式,如图17-90所示。

```
/*----以上为页面主体css代码----*/
#bottom-link {
    width: 980px;
    height: 43px;
    border-bottom: solid 2px #3C4252;
    font-family: "微软雅黑";
    font-size: 14px;
    line-height: 43px;
    margin: 0px auto 20px auto;
}
#bottom-bg {
    width: 100%;
    height: 120px;
    border-top: solid 1px #CFCFCF;
    background-color: #F7F7F7;
    padding-top: 25px;
}
```

图17-90

03 切换到"设计"视图中,页脚效果如图17-91所示。

图17-91

04 将光标插入到页脚中,单击"插入"面板中的"插入Div标签"按钮,在弹出的对话框中设置div的id名称,如图17-92所示。单击"确定"按钮,效果如图17-93所示。

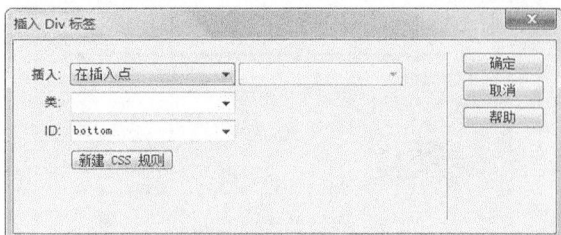

图17-92

图17-93

05 切换到CSS样式表中定义该div的CSS样式,如图17-94所示。

```
#bottom {
    width: 980px;
    height: auto;
    overflow: hidden;
    margin: 0px auto;
    line-height: 25px;
}
```

图17-94

06 切换到"源代码"中，修改 div 中的内容，如图 17-95 所示。

```
<div id="bottom-link"></div>
<div id="bottom-bg">
  <div id="bottom">
    <ol>
      <li><img src="images/17120.jpg" width="73" height="36"
/>网站首页  |  关于我们  |  明星活动  |  明星专区  |  明星
街拍  |  联系我们<br />
        <span class="black-font2">北京某某某媒体经纪活动推广
有限公司  电话: 010-00000000  传真: 010-00000000<br />
        Copyright© 2003-2013 NNONONO CO.,LTD. </span></li>
    </ol>
  </div>
</div>
```

图 17-95

07 再次切换到 CSS 样式表中，定义 bottom 中的图片样式，如图 17-96 所示。

```
#bottom img {
    float: left;
    margin-right: 50px;
    margin-top: 15px;
    margin-bottom: 50px;
}
```

图 17-96

08 在源代码和 CSS 样式表中添加注释，如图 17-97 所示。

```
        Copyright© 2003-2013 NNONONO CO
    </span></li>
    </ol>
  </div>
</div>
<!--以上为页面脚注内容-->
```

```
#bottom img {
    float: left;
    margin-right: 50px;
    margin-top: 15px;
    margin-bottom: 50px;
}
/*----以上为页面脚注css代码----*/
```

图 17-97

09 执行"文件 > 保存"命令，按 F12 键测试页面的最终效果，如图 17-98 所示。

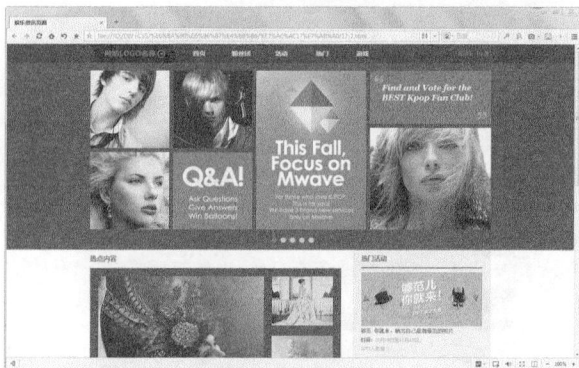

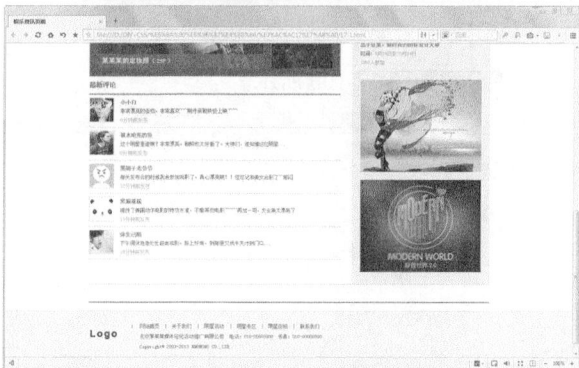

图17-98

17.3 本章小结

本案例主要采用了表单域、文本域和密码域以及为网页插入 Flash 动画等的运用。完成本案例的制作，读者需要掌握使用 Div+CSS 对网页进行布局制作的方法，在制作过程中还涉及了列表等常见元素的运用，这些网页元素的制作方法也需要熟练掌握。

17.4 课后习题-制作个人主页

本章安排了一个课后习题——制作美容类网站，完成这个课后习题的制作可以熟练掌握列表和插入 Flash 动画的使用，并运用到实际的网页设计中。

案例位置：光盘\源文件\第17章\17-4-2.html

视频位置：光盘\视频\第17章\17-4-2.swf

难易指数：★★★★★

学习目标：掌握表格通行和通列的设置方法

最终效果如图17-99所示

图17-99

步骤分解如图 17-100 所示。

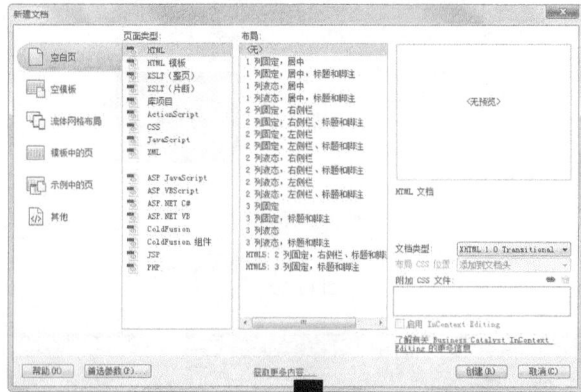

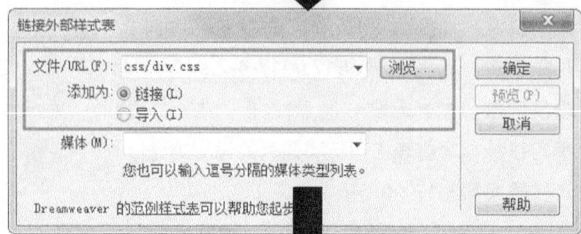

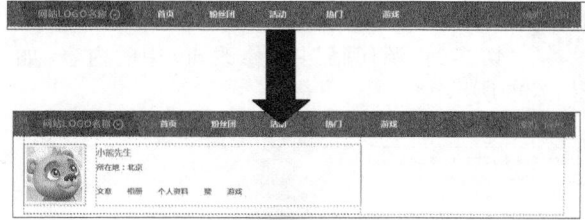

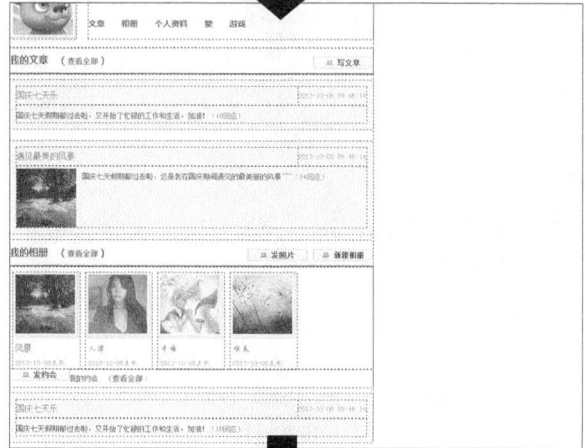

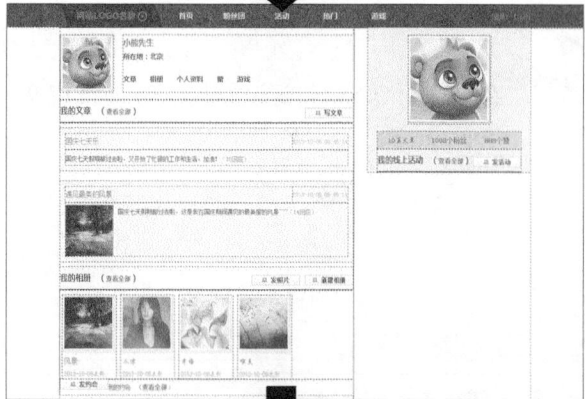

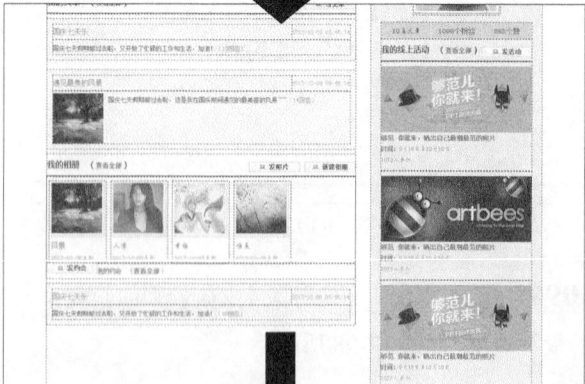

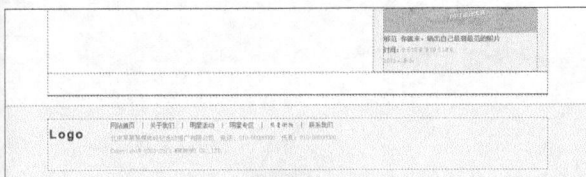

图17-100

第18章

制作游戏门户类网站

　　游戏类、休闲类网站最重要的一点就是让人觉得轻松自在，所以在颜色上一定要搭配好，否则会起到反效果。在本章中主要应用列表布局页面元素，通过 CSS 样式表美化列表，制作出美观别致的效果。另外，本章还使用到了表格，将网页中的元素按版式划分放入表格的各单元格中，从而实现复杂的排版组合。

18.1　网站页面效果分析

　　本案例设计制作游戏门户类网站，整个页面居中显示，在颜色的运用上主要采用绿色到黄色的渐变色作为背景色。绿色给人以轻松、安宁、舒适之感，让浏览者在长时间的浏览下也不会觉得视觉疲劳。

　　在页面中主要使用 Div 来构建网站，并在一些位置配合表格进行布局，表格布局使用简单，只要将内容按照行和列拆分，然后用表格组装起来即可实现设计版面的布局效果。

课堂案例

制作游戏门户类网站

案例位置：光盘\源文件\第18章\18-1.html

视频位置：光盘\视频\第18章\18-1.swf

难易指数：★ ★ ★ ★ ★

学习目标：了解掌握表格和列表的布局方式

最终效果如图18-1所示

图18-1

课堂学习目标：

★ 了解表格布局方式的应用

★ 熟练使用CSS样式表美化列表

★ 熟练图片代替列表符的方法

★ 掌握列表元素的制作

18.2 制作步骤

本网站使用的是上中下结构，上面是网站导航条和游戏导航，中间又分为左右两部分，左边是游戏资讯及帮助，右边是最新游戏介绍及游戏公告，下面则是网站版权信息等。

首先使用列表制作 top 和 main 的左边部分，然后插入 Flash 动画，在使用表格制作 main 的右边部分，最后制作 bottom 部分完成整个网页的制作。

18.2.1 制作top部分

01 执行"文件 > 新建"命令，新建一个 XHTML 文档，如图 18-2 所示。

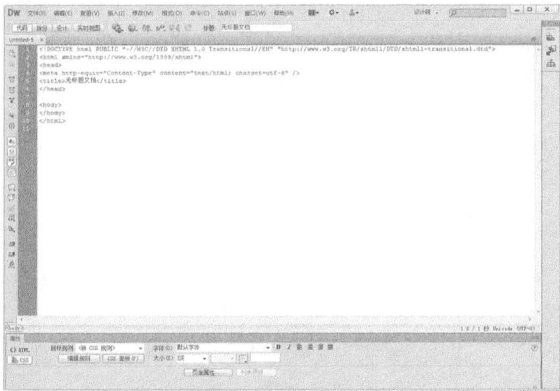

图18-2

02 执行"文件 > 保存"命令，将文件保存为"光盘 \ 源文件 \ 第 18 章 \18-1.html"，如图 18-3 所示。使用相同方法，新建 CSS 文件，并保存为"光盘 \ 源文件 \ 第 18 章 \css\ style.css"。

03 执行"窗口 >CSS 样式"命令，打开"CSS 样式"面板，如图 18-4 所示。单击"CSS 样式"面板上的"附加样式表"按钮 ，弹出"链接外部样式表"对话框，将刚刚新建的外部样式表文件"style.css"文件链接到页面中。

图18-3

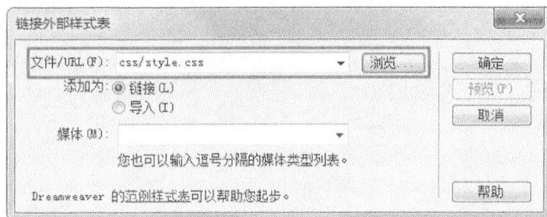

图18-4

04 切换到"style.css"文件，创建一个名为 * 的 CSS 样式，代码如图 18-5 所示。

```
*{
    margin:0px;
    border:0px;
    padding:0px;
}
```

图18-5

05 再创建一个名为 body 的 CSS 样式，代码如图 18-6 所示。

```
body {
    font-family: "宋体";
    font-size: 12px;
    color: #5C5C5C;
    background-color: #D7E536;
    background-image:url(../images/182101.gif);
    background-repeat: repeat-x;
}
```

图18-6

06 返回页面的"设计"视图，页面效果如图 18-7 所示。

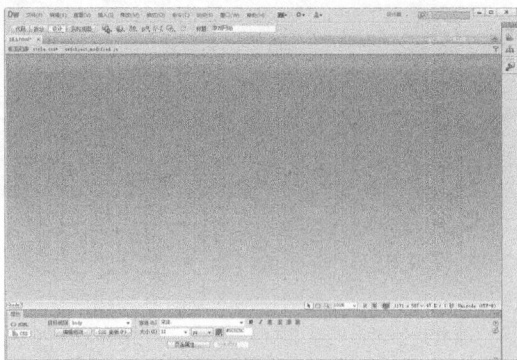

图18-7

07 将光标放置在页面中，插入 id 名为 box 的 div，效果如图 18-8 所示。

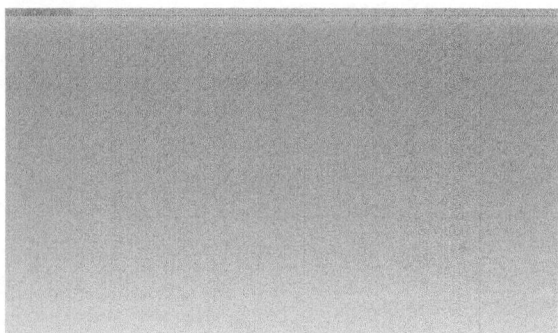

图18-8

08 切换到"style.css"文件，创建一个名为 #box 的 CSS 样式，代码如图 18-9 所示。

```
#box {
    width: 912px;
    height:1150px;
    margin-left: 3px;
    margin:auto;
    overflow:hidden;
}
```

图18-9

09 返回到"设计"视图，将多余的文字删除，插入一个 id 名为 top 的 div，如图 18-10 所示。

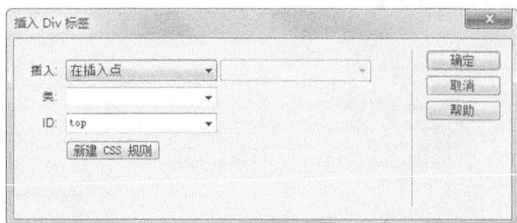

图18-10

10 切换到"style.css"文件，创建名为 #top 的 css

样式，代码如图 18-11 所示。

```
#top {
    background-image:url(../images/182102.gif);
    background-repeat: no-repeat;
    text-align: right;
    height: 56px;
    width: 912px;
}
```

图18-11

11 返回到"设计"视图，将光标移至 id 名为 top 的 div 中，将多余的文字删除，效果如图 18-12 所示。

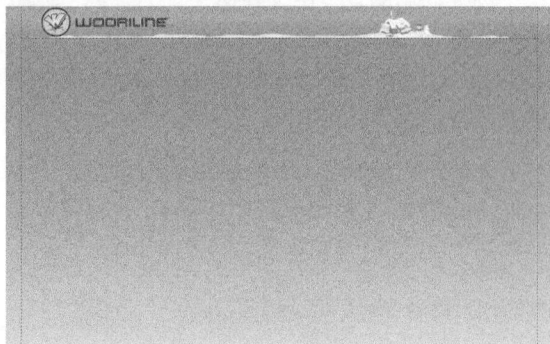

图18-12

12 切换到"源代码"页面，在 id 名为 top 的 div 中输入相应的文字，并将相应文字创建为无序列表，代码如图 18-13 所示。

```
<body>
<div id="box">
  <div id="top">
    <ul>
      <li>网站地图</li>
      <li>个性主页</li>
      <li>登录</li>
      <li>首页</li>
    </ul>
  </div>
</div>
</body>
```

图18-13

13 切换到"style.css"文件，定义名为 #top li 的 CSS 样式，代码如图 18-14 所示。

```
#top li {
    line-height: 30px;
    color: #FFFFFF;
    background-image:url(../images/182103.gif);
    background-repeat: no-repeat;
    float: right;
    list-style-type: none;
    padding-right: 5px;
    padding-left: 5px;
    background-position: 1px;
}
```

图18-14

14 返回页面的"设计"视图，可以看到应用 CSS

样式后的页面效果,如图 18-15 所示。

图18-15

15 在名为 top 的 div 之后插入 id 名为 menu 的 div,如图 18-16 所示。

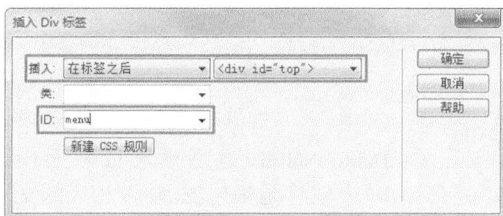

图18-16

16 切换到"style.css"文件,创建名为 #menu 的 CSS 样式,代码如图 18-17 所示。

```
#menu {
    background-image:url(../images/182104.jpg);
    background-repeat: no-repeat;
    height: 67px;
    width: 892px;
    padding-left: 20px;
}
```

图18-17

17 返回到"设计"视图,将多余文字删除,单击"插入"面板上的"图像"按钮,插入"光盘\源文件\第18章\images\182105.jpg"图像,效果如图 18-18 所示。

图18-18

18 相同方法插入其他图像,页面效果如图 18-19 所示。

图18-19

19 切换到"style.css"文件,创建名为 #menu img 的 CSS 样式,代码如图 18-20 所示。

```
#menu img {
    padding-top: 21px;
    padding-right: 30px;
    padding-bottom: 10px;
    padding-left: 30px;
}
```

图18-20

20 网站的 top 部分制作完成,执行"文件>保存"命令,将文件保存。返回到"设计"视图,页面效果如图 18-21 所示。

图18-21

18.2.2 制作 main 部分

01 执行"文件 > 打开"命令,打开"光盘\源文件\第 18 章\18-1.html"文件,页面效果如图 18-22 所示。

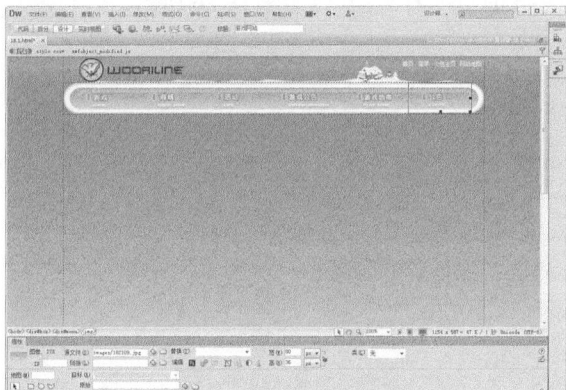

图18-22

02 在名为 menu 的 div 之后插入 id 名为 main 的 div,页面效果如图 18-23 所示。

图18-23

03 切换到"style.css"文件，创建名为 #main 的 CSS 样式，代码如图 18-24 所示。

```
#main {
    height: 837px;
    width: 907px;
    margin-top: 31px;
    margin-left: 5px;
}
```

图18-24

04 返回到"设计"视图，将多余文字删除，插入 id 名为 left 的 div，并在该 div 中再插入一个 id 名为 zixun 的 div，代码如图 18-25 所示。

```
<div id="main">
  <div id="left">
    <div id="zixun">此处显示  id "zixun" 的内容</div>
  </div>
</div>
```

图18-25

05 切换到"style.css"文件，创建名为 #left 和 #zixun 的 CSS 样式，代码如图 18-26 所示。

```
#left {
    height: 837px;
    width: 200px;
    float:left;
}
#zixun {
    background-image:url(../images/182111.gif);
    background-repeat: no-repeat;
    height: 98px;
    width: 176px;
    padding-top: 45px;
    padding-right: 12px;
    padding-bottom: 12px;
    padding-left: 12px;
    line-height: 15px;
    text-indent:24px;
}
```

图18-26

06 返回到"设计"视图，将多余文字删除，输入相应的文字内容，页面效果如图 18-27 所示。

图18-27

07 在名为 zixun 的 div 之后插入 id 名为 notice 的 div，并在该 div 中创建无序列表，输入相应的文字，页面效果如图 18-28 所示。

图18-28

08 切换到"源代码"页面，可以看到名为 notice 的 div 代码，如图 18-29 所示。

```
<div id="notice">
  <ul>
    <li>疯狂快餐厅全新上线</li>
    <li>十二月二十五日，网站全新</li>
    <li>十月一剑，雪山飞狐</li>
    <li>网站会员活动通知</li>
    <li>关于整顿游戏市场的公告</li>
  </ul>
</div>
```

图18-29

09 切换到"style.css"文件，创建名为 #notice 和 #notice li 的 CSS 样式，代码如图 18-30 所示。

10 返回到"设计"视图，可以应用 CSS 样式后的页面效果，如图 18-31 所示。

```
#notice {
    background-image:url(../images/182112.gif);
    background-repeat: no-repeat;
    height: 100px;
    width: 185px;
    margin-top: 10px;
    padding-top: 40px;
    padding-right: 7px;
    padding-bottom: 10px;
    padding-left: 8px;
}
#notice li {
    background-image:url(../images/182113.gif);
    background-repeat: no-repeat;
    background-position: 5px;
    text-indent: 17px;
    border-bottom-width: 1px;
    border-bottom-style: dashed;
    border-bottom-color: #4C4C4C;
    list-style-type: none;
    line-height: 18px;
}
```

图18-30

图18-31

11 使用相同方法制作 id 名为 help 的 div,页面效果如图 18-32 所示。

图18-32

12 在名为 help 的 div 之后插入 id 名为 member 的 div,如图 18-33 所示。

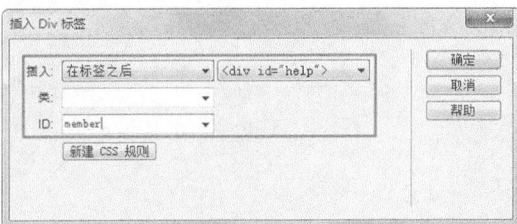

图18-33

13 删除多于文字,在该 div 中插入"光盘\源文件\第 18 章\images\182118.gif"图像,页面效果如图 18-34 所示。

图18-34

14 切换到"style.css"文件,创建名为 #member 的 CSS 样式,代码如图 18-35 所示。

```
#member {
    height: 172px;
    width: 200px;
    margin-top: 10px;
}
```

图18-35

15 返回到"设计"视图,可以看到应用 CSS 样式后的 div 效果,如图 18-36 所示。

图18-36

16 使用相同方法制作 id 名为 xp 的 div,效果如图 18-37 所示。

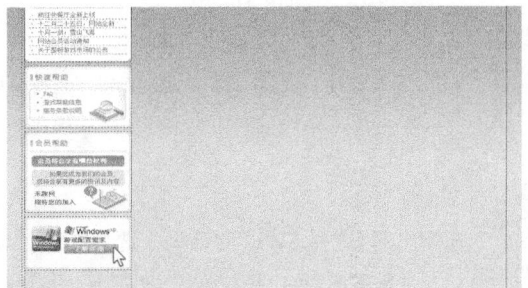

图18-37

17 在 id 名为 left 的 div 之后插入 id 名为 right

的 div，如图 18-38 所示。

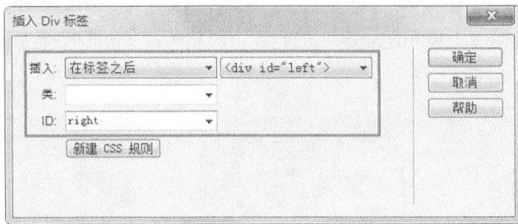

图18-38

18 切换到"style.css"文件，创建名为 #right 的 CSS 样式，代码如图 18-39 所示。

```
#right {
    float: right;
    height: 837px;
    width: 698px;
    margin-left: 9px;
}
```

图18-39

19 返回到"设计"视图，将多余的文字删除，在该 div 中插入 id 名为 banner 的 div，页面效果如图 18-40 所示。

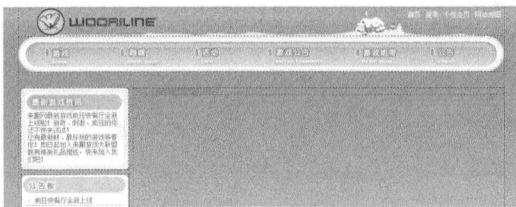

图18-40

20 切换到"style.css"文件，创建名为 #banner 的 CSS 样式，代码如图 18-41 所示。

```
#banner {
    height: 218px;
    width: 698px;
}
```

图18-41

21 返回到"设计"视图，将多余的文字删除，单击"插入"面板上的"媒体"按钮右侧的下三角形，在弹出的菜单中选择 SWF 命令，如图 18-42 所示。

22 在弹出的"选择 SWF"对话框中选择"光盘\源文件\第 18 章\images\main01.swf"文件，如图 18-43 所示。

23 单击"确定"按钮，弹出"对象标签辅助功能属性"对话框，如图 18-44 所示。

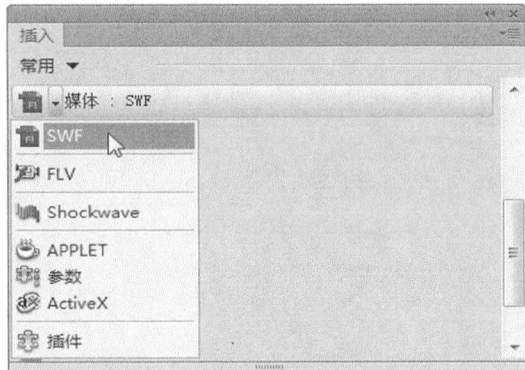

图18-42

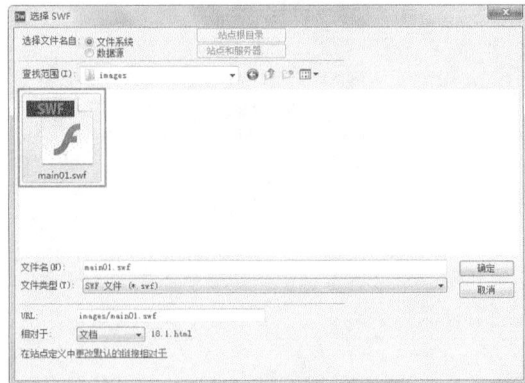

图18-43

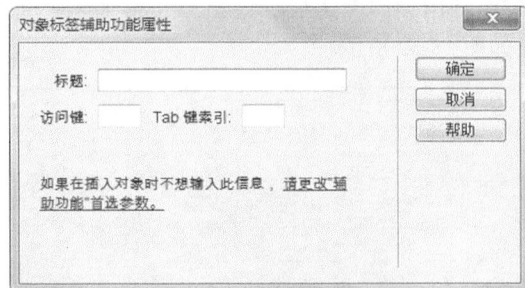

图18-44

24 单击"取消"按钮，将 Flash 动画插入到页面中，如图 18-45 所示。

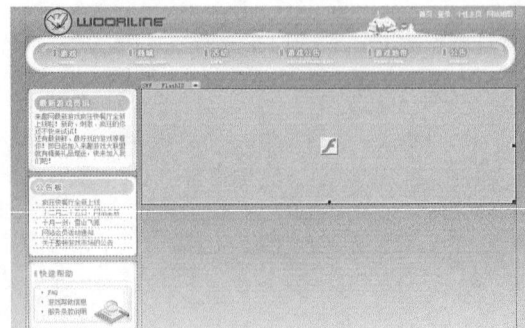

图18-45

25 选中 Flash 动画，执行"窗口 > 属性"命令，打开"属性"面板，如图 18-46 所示。

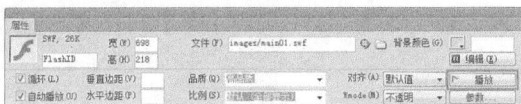

图18-46

26 单击"属性"面板中的"播放"按钮，播放动画，页面效果如图 18-47 所示。

图18-47

27 在名为 banner 的 div 之后插入名为 list 的 div，切换到"style.css"文件，创建名为 #list 的 CSS 样式，代码如图 18-48 所示。

```
#list {
    background-image:url(../images/182118.gif);
    background-repeat: no-repeat;
    height: 208px;
    width: 659px;
    margin-top: 10px;
    padding-top: 19px;
    padding-left: 39px;
}
```

图18-48

28 返回到"设计"视图，可以看到应用 CSS 样式后的 div 页面效果，如图 18-49 所示。

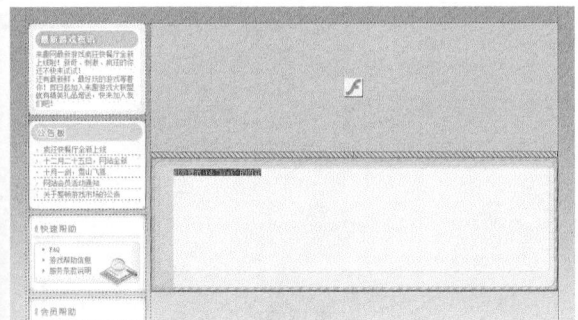

图18-49

29 将多余的文字删除，单击"插入"面板上的"表格"按钮，如图 18-50 所示。

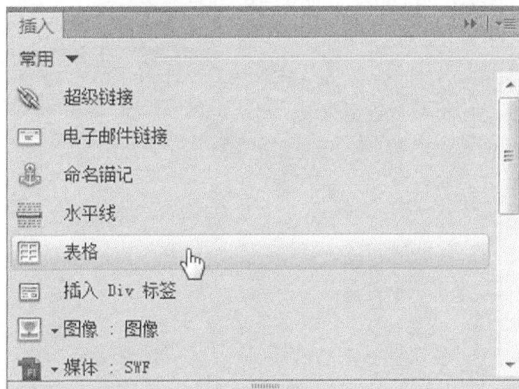

图18-50

30 在弹出的"表格"对话框中进行设置，如图 18-51 所示。

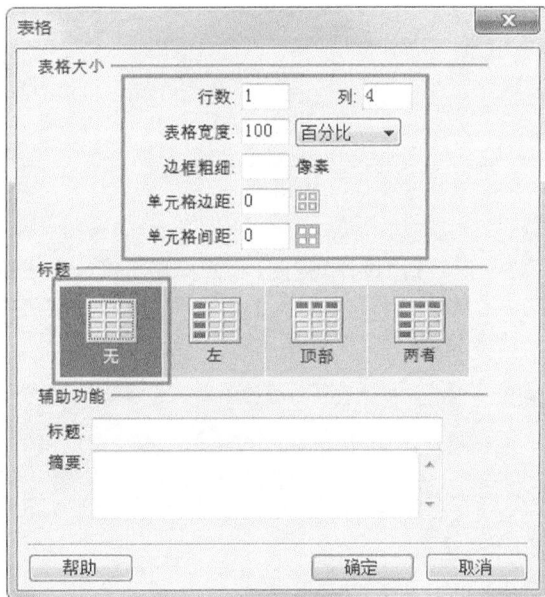

图18-51

31 单击"确定"按钮，在光标所在位置插入表格，页面效果如图 18-52 所示。

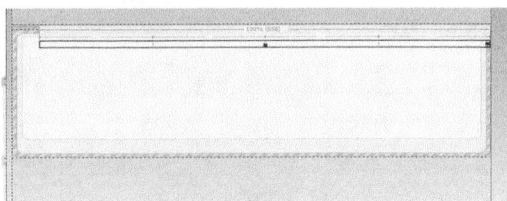

图18-52

32 将光标移至第一个表格，插入 id 名为 list1 的 div，在该 div 中插入图像"光盘\源文件\第18章\images\182119.gif"，页面效果如图 18-53 所示。

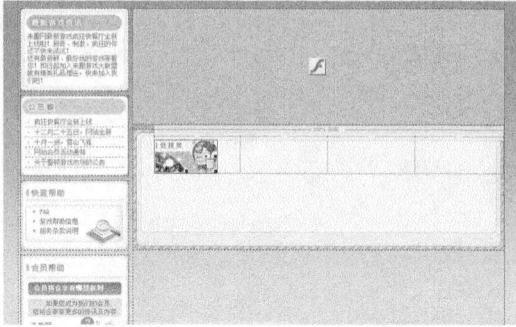

图 18-53

33 切换到"style.css"文件，创建名为 .table01 和 #list1 的 CSS 样式，代码如图 18-54 所示。

```
.table01 {
    height: 169px;
    width: 163px;
}
#list1 {
    height: 166px;
    width: 130px;
}
```

图 18-54

34 返回到"设计"视图，将光标移至第一个表格上方，当鼠标出现向下箭头的形状时，单击左键选中第一个表格，如图 18-55 所示。

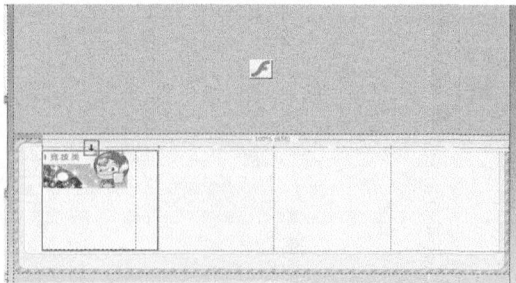

图 18-55

35 执行"窗口 > 属性"命令，打开"属性"面板，如图 18-56 所示。

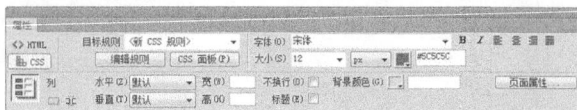

图 18-56

36 在"属性"面板的"目标规则"下拉列表中选择类样式为 table01，如图 18-57 所示。

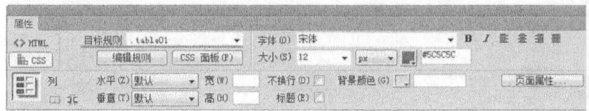

图 18-57

37 将光标移至图像"182119.gif"之后，按 Shift+Enter 组合键插入一个换行符，并输入相应的文字，如图 18-58 所示。

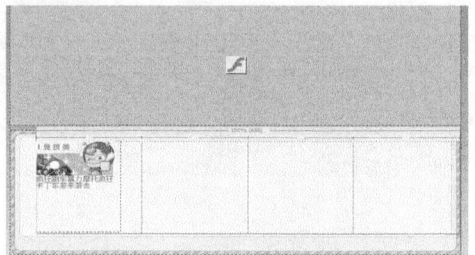

图 18-58

38 切换到"源代码"页面，为 list1 中的文字添加无序列表，如图 18-59 所示。

图 18-59

39 切换到"style.css"文件，创建名为 #list1 li、#list1 li.li1、#list1 li.li2、#list1 li.li3 和 #list1 li.li4 的 CSS 样式，代码如图 18-60 所示。

```
#list1 li.li1 {
    background-image:url(../images/182120.gif);
    background-repeat: no-repeat;
    background-position: 5px;
}
#list1 li.li2 {
    background-image:url(../images/182121.gif);
    background-repeat: no-repeat;
    background-position: 5px;
}
#list1 li.li3 {
    background-image:url(../images/182122.gif);
    background-repeat: no-repeat;
    background-position: 5px;
}
#list1 li.li4 {
    background-image:url(../images/182123.gif);
    background-repeat: no-repeat;
    background-position: 5px;
}
```

图 18-60

40 “设计”视图页面效果如图 18-61 所示。

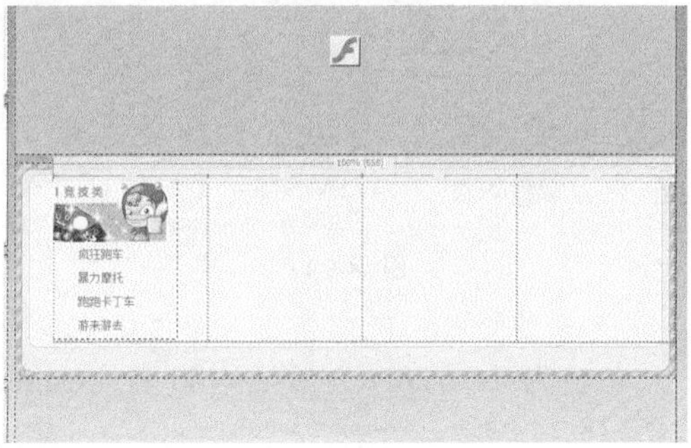

图18-61

41 在“设计”视图中选中一段文字，如图 18-62 所示。

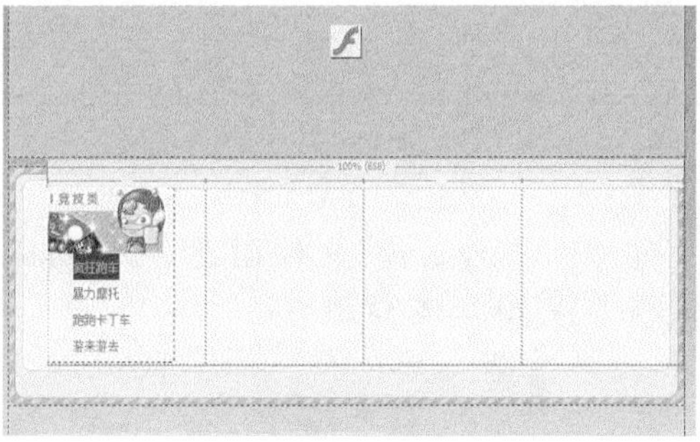

图18-62

42 在“属性”面板的“目标规则”下拉列表中选择类样式为 li1，如图 18-63 所示。

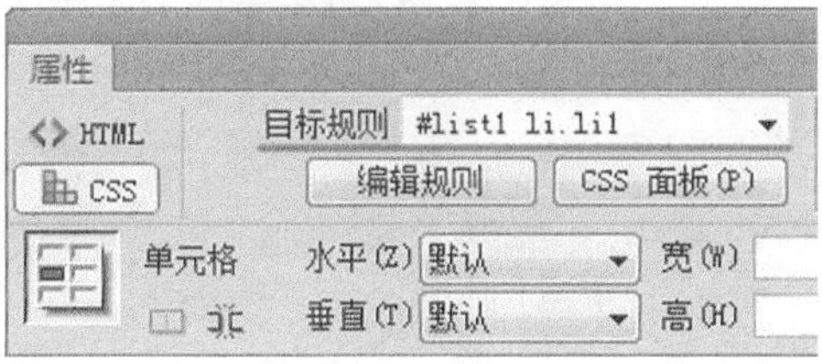

图18-63

43 页面效果如图 18-64 所示。

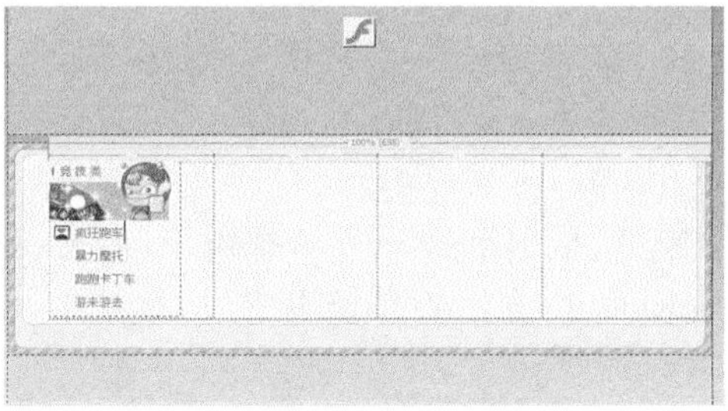

图18-64

44 使用相同方法为其余的文字添加类样式，页面效果如图 18-65 所示。

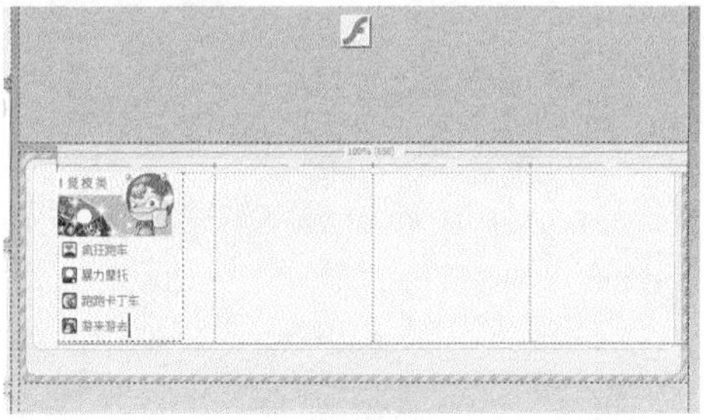

图18-65

45 使用与制作第一个表格相同的方法制作其余的表格，页面效果如图 18-66 所示。

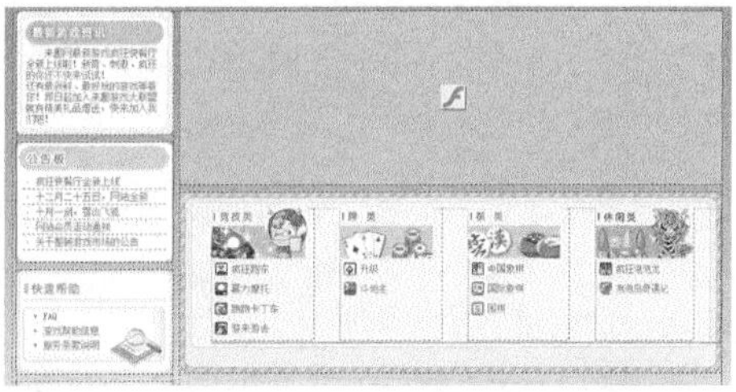

图18-66

46 “源代码”页面的代码如图 18-67 所示。

```
<div id="list">
  <table width="100%" cellspacing="0" cellpadding="0">
    <tr>
      <td class="table01"><div id="list1"><img src="images/182119.gif" width="121" height="63" /><br />
        <ul>
          <li class="li1">疯狂跑车</li>
          <li class="li2">暴力摩托</li>
          <li class="li3">跑跑卡丁车</li>
          <li class="li4">游来游去</li>
        </ul>
      </div></td>
      <td class="table01"><div id="list2"><img src="images/182124.gif" width="119" height="63" /><br />
            <ul>
              <li class="li1">升级</li>
              <li class="li2">斗地主</li>
            </ul>
      </div></td>
      <td class="table01"><div id="list3"><img src="images/182127.gif" width="119" height="63" /><br />
            <ul>
              <li class="li1">中国象棋</li>
              <li class="li2">国际象棋</li>
              <li class="li3">围棋</li>
            </ul>
      </div></td>
      <td class="table01"><div id="list4"><img src="images/182131.gif" width="130" height="63" /><br />
            <ul>
              <li class="li1">疯狂泡泡龙</li>
              <li class="li2">泡泡岛奇遇记</li>
            </ul>
      </div></td>
    </tr>
  </table>
</div>
```

图18-67

47 返回到“设计”视图，选中整个表格，按键盘上的右键，将光标移至表格之后，插入 id 名为 listnew 的 div，如图 18-68 所示。

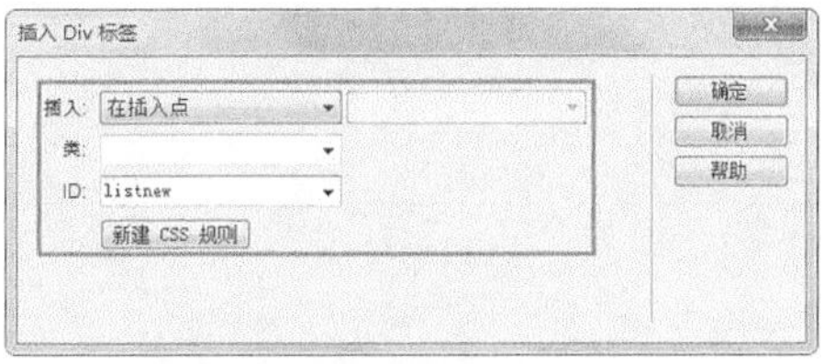

图18-68

48 页面效果如图 18-69 所示。

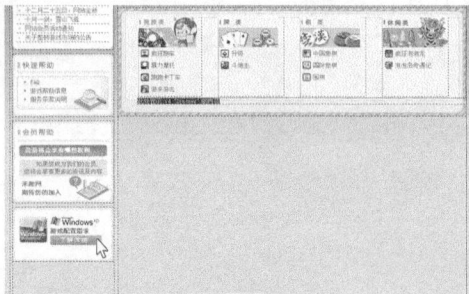

图18-69

49 切换到"style.css"文件,创建名为 #listnew 的 CSS 样式,代码如图 18-70 所示。

```
#listnew {
    text-align: right;
    height: 39px;
    width: 644px;
    padding-right: 15px;
}
```

图18-70

50 返回到"设计"视图,将多余的文字删除,插入 "光盘\源文件\第 18 章\images\182134.gif"~"光盘\源 文件\第 18 章\images\182138.gif"的 5 张图像,页面 效果如图 18-71 所示。

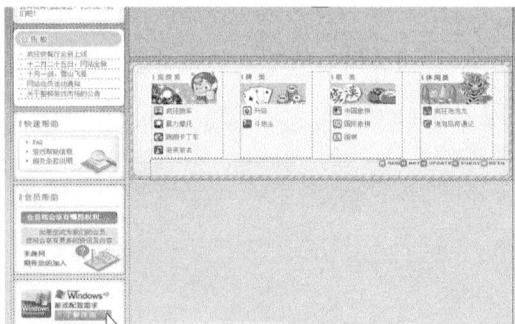

图18-71

51 切换到"style.css"文件,创建名为 #listnew img 的 CSS 样式,代码如图 18-72 所示。

```
#listnew img {
    padding-top: 15px;
    padding-right: 10px;
    padding-bottom: 10px;
    padding-left: 10px;
}
```

图18-72

52 返回到"设计"视图,可以看到应用 CSS 样

式后的图像效果,如图 18-73 所示。

图18-73

53 在名为 list 的 div 之后插入 id 名为 game 的 div,如图 18-74 所示。

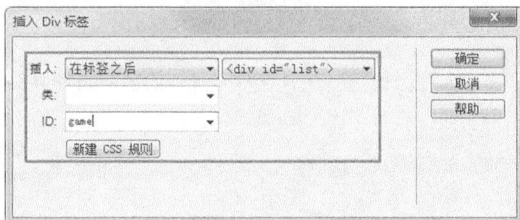

图18-74

54 切换到"style.css"文件创建名为 #game 的 CSS 样式,代码如图 18-75 所示。

```
#ys01,#ys02,#ys03 {
    width:134px;
    height:128px;
    float:left;
    text-align:center;
}
```

图18-75

55 返回到"设计"视图,将多余的文字删除,插 入 id 名为 gameleft 的 div,页面效果如图 18-76 所示。

图18-76

56 将该 div 中的多余文字删除,再插入一个 id 名为 gamelefttitle 的 div,如图 18-77 所示。

57 切换到"style.css"文件,创建名为 #gameleft

和 #gamelefttitle 的 CSS 样式，如图 18-78 所示。

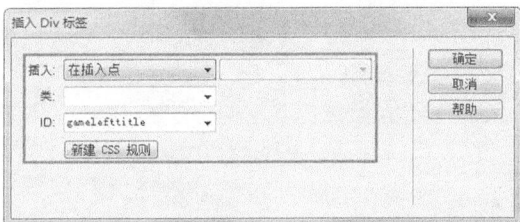

图18-77

```
#gameleft {
    float: left;
    height: 184px;
    width: 340px;
}
#gamelefttitle {
    height: 39px;
    width: 340px;
}
```

图18-78

58 返回到"设计"视图，将多余的文字删除，插入光盘\源文件\第18章\images\182139.gif"图像，页面效果如图 18-79 所示。

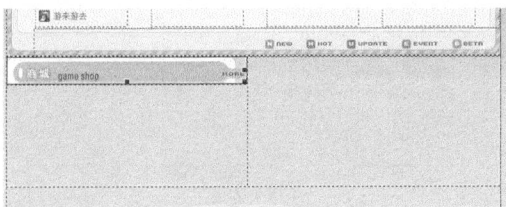

图18-79

59 再插入一个 id 名为 gameleftcont 的 div，如图 18-80 所示。

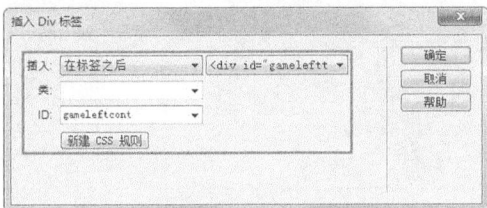

图18-80

60 切换到"style.css"文件，创建名为 #gamele-ftcont 的 CSS 样式，代码如图 18-81 所示。

```
#gameleftcont {
    background-image:url(../images/182140.gif);
    background-repeat: no-repeat;
    height: 123px;
    width: 324px;
    padding-top: 22px;
    text-align: center;
}
```

图18-81

61 将多余的文字删除，单击"插入"面板上的"表格"按钮，如图 18-82 所示。

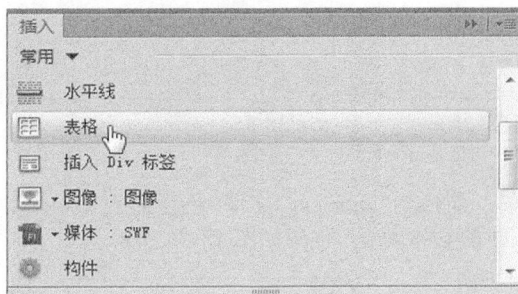

图18-82

62 在弹出的"表格"对话框中进行设置，如图 18-83 所示。

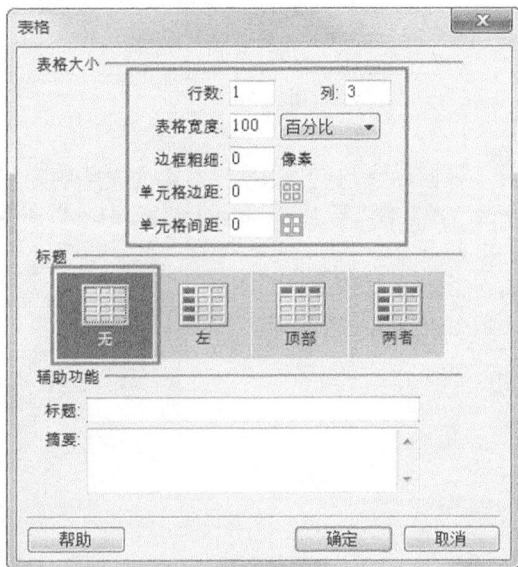

图18-83

63 单击"确定"按钮，在光标所在位置插入表格，页面效果如图 18-84 所示。

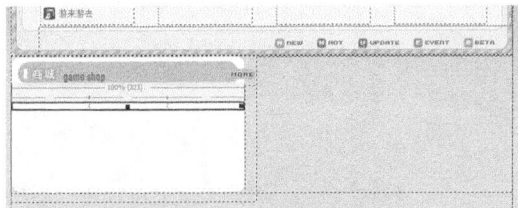

图18-84

64 将光标移至第一列的表格中，插入 id 名为 cont1 的 div，如图 18-85 所示。

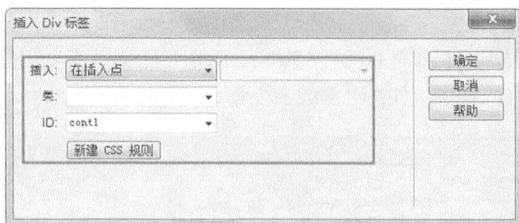

图18-85

65 切换到"style.css"文件，创建名为 .table02 和 #cont1 的 CSS 样式，代码如图 18-86 所示。

```
.table02 {
    height: 123px;
    width: 108px;
    text-align: center;
}
#cont1 {
    height: 123px;
    width: 108px;
    line-height: 20px;
    font-weight: bold;
}
```

图18-86

66 返回到"设计"视图，将多余的文字删除，插入"光盘 \ 源文件 \ 第 18 章 \images\182141.gif"图像，如图 18-87 所示。

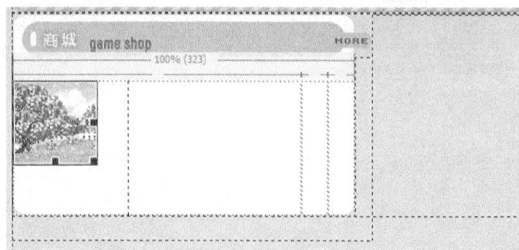

图18-87

67 按 Shift+Enter 快捷键插入一个换行符，并输入相应的文字，如图 18-88 所示。

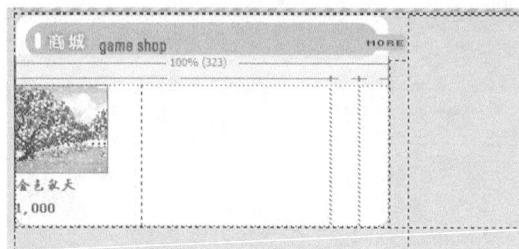

图18-88

68 选中第一列表格，在"属性"面板的"目标规则"下拉列表中选择类样式为 table02，如图 18-89 所示。

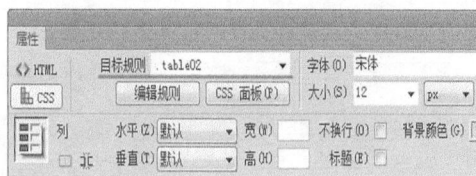

图18-89

69 页面效果如图 18-90 所示。

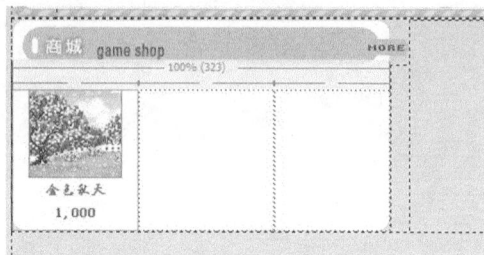

图18-90

70 切换到"style.css"文件，创建名为 .font01 的 CSS 样式，代码如图 18-91 所示。

```
.font01 {
    font-family: "宋体";
    font-size: 12px;
    line-height: 20px;
    font-weight: normal;
    color: #F5090B;
}
```

图18-91

71 返回到"设计"视图，选中文字，如图 18-92 所示。

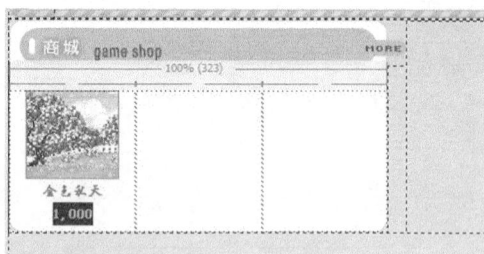

图18-92

72 在"属性"面板的"目标规则"下拉列表中选择类样式为 font01，如图 18-93 所示。

图18-93

73 页面效果如图18-94所示。

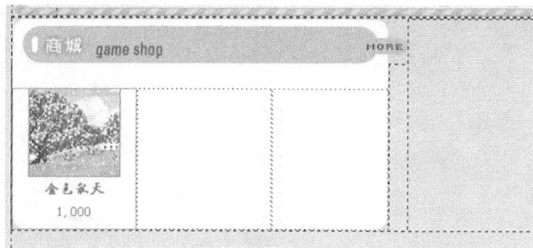

图18-94

74 使用相同方法制作其余的表格，效果如图18-95所示。

图18-95

75 在名为 gameleft 的 div 之后插入 id 名为 gameright 的 div，如图18-96所示。

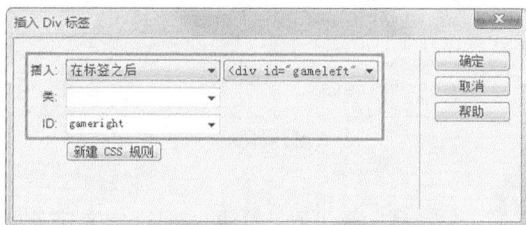

图18-96

76 切换到"style.css"文件，创建名为 #gameright 的 CSS 样式，代码如图18-97所示。

```
#gameright {
    float: right;
    height: 184px;
    width: 340px;
    padding-left: 18px;
}
```

图18-97

77 返回到"设计"视图，将多余的文字删除，插入 id 名为 gamerighttitle 的 div，页面效果如图18-98所示。

图18-98

78 切换到"style.css"文件，创建名为 #gamerighttitle 的 CSS 样式，代码如图18-99所示。

```
#gamerighttitle {
    height: 39px;
    width: 340px;
}
```

图18-99

79 返回到"设计"视图，将多余的文字删除，插入"光盘\源文件\第18章\images\182144.gif"图像，如图18-100所示。

图18-100

80 使用相同方法，在名为 gamerighttitle 的 div 之后插入名为 gamerightpic 的 div，并插入相应的图片，效果如图18-101所示。

图18-101

81 切换到"style.css"文件，创建名为 #gamerightpic 的 CSS 样式，代码如图18-102所示。

82 页面效果如图18-103所示。

```
#gamerightpic {
    background-image:url(../images/182140.gif);
    background-repeat: no-repeat;
    height: 137px;
    width: 293px;
    padding-top: 8px;
    text-align: center;
    padding-right: 16px;
    padding-left: 15px;
}
```

图 18-102

图 18-103

83 在名为 game 的 div 之后，分别创建名为 play、playleft 和 playlefttitle 的 div，使这 3 个 div 成嵌套关系，代码如图 18-104 所示。

```
<div id="play">
  <div id="playleft">
    <div id="playlefttitle">此处显示  id "playlefttitle" 的内容</div>
  </div>
</div>
```

图 18-104

84 切换到"style.css"文件，分别创建名为 #play、#playleft 和 #playlefttitle 的 CSS 样式，代码如图 18-105 所示。

```
#play {
    height: 180px;
    width: 698px;
    margin-top: 10px;
}
#playleft {
    float: left;
    height: 180px;
    width: 340px;
}
#playlefttitle {
    height: 39px;
    width: 340px;
}
```

图 18-105

85 返回到"设计"视图，可以看到应用 CSS 样式后的 div 效果，如图 18-106 所示。

86 将名为 playlefttitle 的 div 中的多余文字删除，插入"光盘 \ 源文件 \ 第 18 章 \images\ 182149.gif"图像，如图 18-107 所示。

图 18-106

图 18-107

87 在名为 playlefttitle 的 div 之后插入 id 名为 playleftcont 的 div，切换到"style.css"文件，创建名为 #playleftcont 的 CSS 样式，代码如图 18-108 所示。

```
#playleftcont {
    background-image:url(../images/182151.gif);
    background-repeat: no-repeat;
    height: 129px;
    width: 308px;
    padding-top: 4px;
    padding-right: 8px;
    padding-bottom: 8px;
    padding-left: 8px;
}
```

图 18-108

88 返回到"源代码"页面，将多余文字删除，输入需要的文字，创建无序列表，代码如图 18-109 所示。

```
<div id="playleftcont">
  <ul>
    <li>[讨论]大家都来说说自己印象最深的游戏..</li>
    <li>[攻略]好东西和大家分享</li>
    <li>[活动]本月底来趣家族大聚会</li>
    <li>[活动]二月三日，滑雪之旅和大家一起分享</li>
    <li>[讨论]有什么好的游戏可以推荐</li>
  </ul>
</div>
```

图 18-109

89 页面效果如图 18-110 所示。

90 切换到"style.css"文件，创建名为 #playleftcont li 的 CSS 样式，代码如图 18-111 所示。

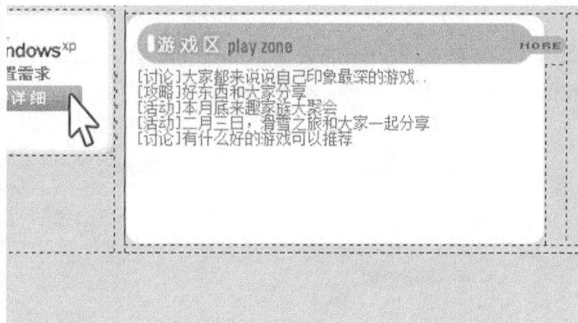

图18-110

```
#playleftcont li {
    line-height: 25px;
    background-image:url(../images/182152.gif);
    background-repeat: no-repeat;
    background-position: 5px;
    text-indent: 24px;
    border-bottom-width: 1px;
    border-bottom-style: dashed;
    border-bottom-color: #4C4C4C;
    list-style-type: none;
}
```

图18-111

91 返回到"设计"视图，可以看到应用 CSS 样式后的文字效果，如图 18-112 所示。

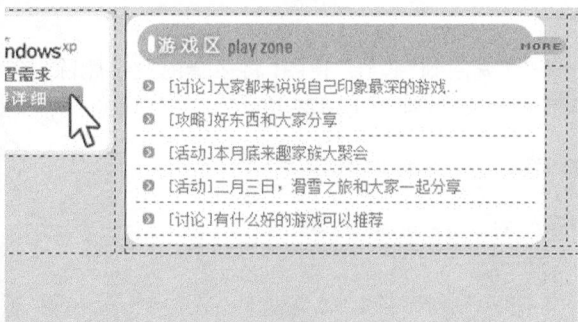

图18-112

92 使用相同方法，制作 id 名为 playright 的 div 部分，代码如图 18-113 所示。

```
<div id="playright">
    <div id="playrighttitle"><img src="images/182150.gif"
width="340" height="39" /></div>
    <div id="playrightcont">
        <ul>
            <li>[讨论]大家都来说说自己印象最深的游戏..</li>
            <li>[攻略]好东西和大家分享</li>
            <li>[活动]本月底来趣家族大聚会</li>
            <li>[活动]二月三日，滑雪之旅和大家一起分享</li>
            <li>[讨论]有什么好的游戏可以推荐</li>
        </ul>
    </div>
</div>
```

图18-113

93 页面效果如图 18-114 所示。网页的 main 部分制作完成，执行"文件 > 保存"命令，将文件保存。

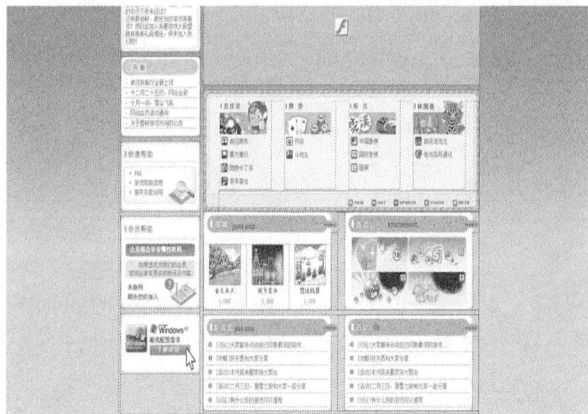

图18-114

18.2.3 制作bottom部分

01 执行"文件 > 打开"命令，打开"光盘 \ 源文件 \ 第 18 章 \18-1.html"文件，页面效果如图 18-115 所示。

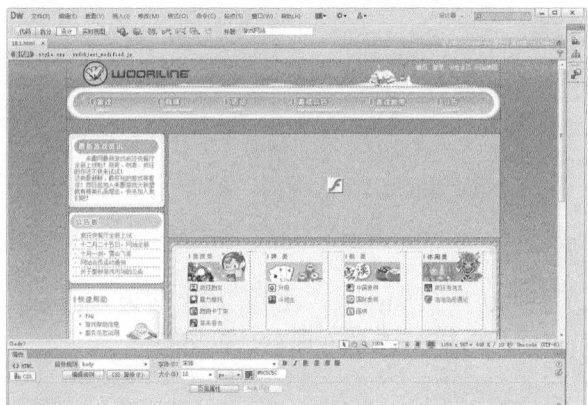

图18-115

02 在 id 名为 main 的 div 之后插入 id 名为 bottom 的 div，如图 18-116 所示。

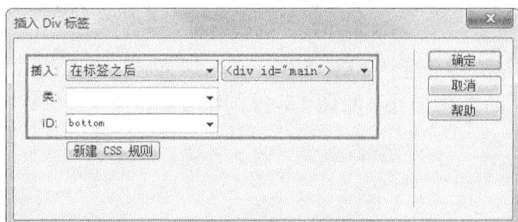

图18-116

03 切换到"style.css"文件，创建名为 #bottom 的 CSS 样式，代码如图 18-117 所示。

```
#bottom {
    line-height: 18px;
    background-image:url(../images/182153.gif);
    background-repeat: no-repeat;
    height: 125px;
    width: 910px;
    margin-top: 10px;
    margin-left: 2px;
}
```

图18-117

04 返回到"设计"视图，在名为 bottom 的 div 中插入 id 名为 bottomlogo 的 div，如图 18-118 所示。

图18-118

05 将多余的文字删除，插入"光盘 \ 源文件 \ 第18 章 \images\182154.gif"图像，如图 18-119 所示。

图18-119

06 切换到"style.css"文件，创建名为 #bottomlogo 的 CSS 样式，代码如图 18-120 所示。

```
#bottomlogo {
    float: left;
    height: 32px;
    width: 154px;
    margin-top: 46px;
    margin-bottom: 47px;
    margin-left: 15px;
}
```

图18-120

07 返回到"设计"视图，可以看到应用 CSS 样式后的图像效果，如图 18-121 所示。

图18-121

08 在名为 bottomlogo 的 div 之后插入 id 名为 bottomcont 的 div，如图 18-122 所示。

图18-122

09 切换到"style.css"文件，创建名为 #bottomcont 的 CSS 样式，代码如图 18-123 所示。

```
#bottomcont {
    line-height: 18px;
    float: right;
    height: 83px;
    width: 636px;
    margin-top: 20px;
    margin-bottom: 20Px;
}
```

图18-123

10 返回到"设计"视图，将多余的文字删除，输入需要的文字，如图 18-124 所示。

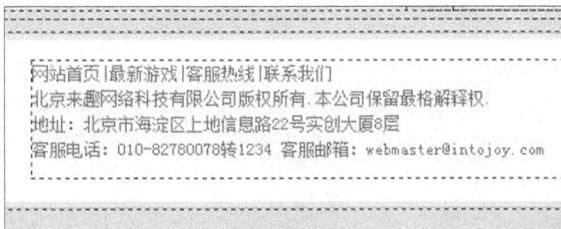

图18-124

11 切换到"style.css"文件，创建名为 .font02 的 CSS 样式，代码如图 18-125 所示。

```
.font02 {
    line-height: 25px;
    margin-right: 10px;
    margin-left: 10px;
}
```

图18-125

12 返回到"设计"视图，选中一段文字，如图 18-126所示。

图 18-126

13 在"属性"面板的"目标规则"下拉列表中选择类样式为 font02，如图 18-127 所示。

图 18-127

14 "设计"视图中应用 CSS 样式后的文字效果如图 18-128 所示。

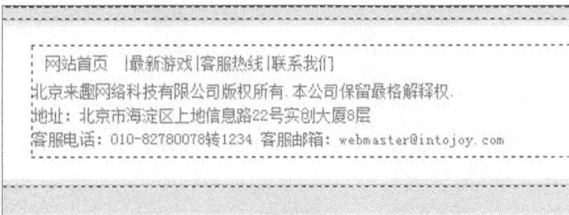

图 18-128

15 使用相同方法为其他的文字添加类样式，效果如图 18-129 所示。

图 18-129

16 游戏类网址制作完成，执行"文件 > 保存"命令将文件保存，按 F12 键测试页面效果，如图 18-130 所示。

图 18-130

18.3　本章小结

本案例主要采用了表格和列表搭配的方式来构建网站。目前在网页中表格应用比较少，但表格可以将横多的小图片组装成一张完整的图片，从而提升图片的下载速度。完成本案例的制作，读者需要了解表格布局的方法，并能够熟练使用列表对网站的元素进行排列。

18.4　课后习题-制作休闲类网站

本章安排了一个课后习题，是制作休闲类网站，完成这个课后习题的制作可以熟练掌握列表布局页面的方法，并运用到实际的网页设计中。

案例位置：光盘\源文件\第18章18-4.html

视频位置：光盘\视频\第18章\18-4.swf

难易指数：★★★★★

学习目标：通过列表控制页面布局

最终效果如图18-131所示

图18-131

步骤分解如图 18-132 所示。

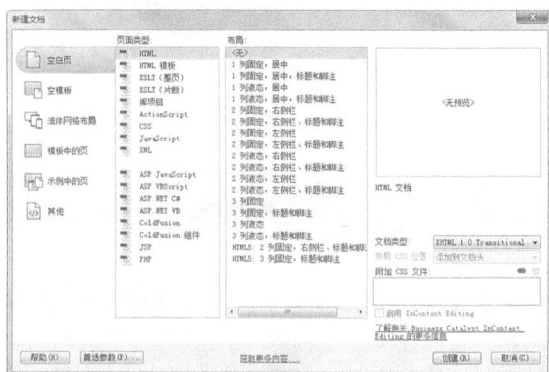

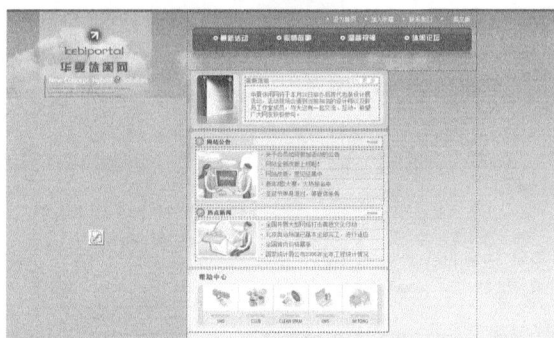

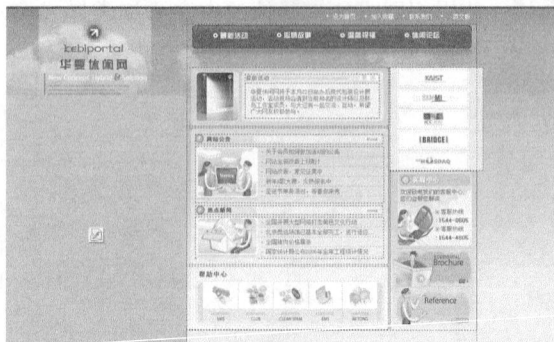

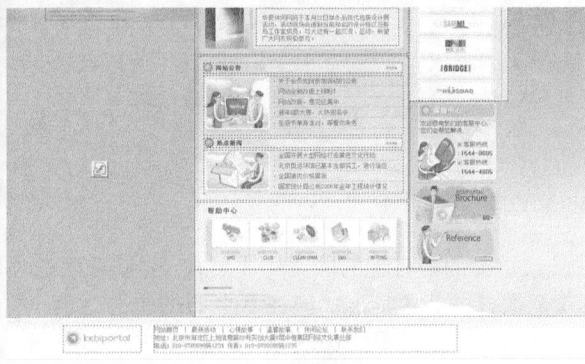

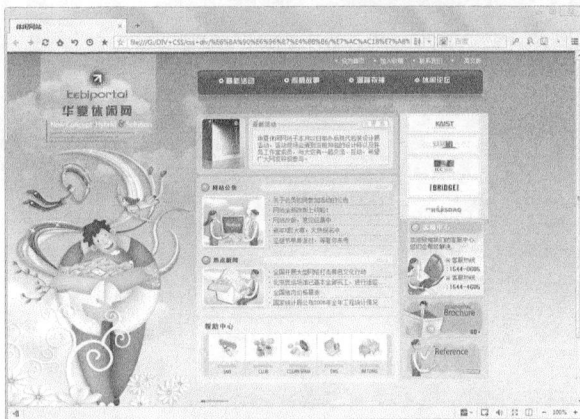

图18-132

第19章
制作儿童教育网页

通常这类网站最重要的是有趣的网页构成形式，引起儿童对网站的关心，提供儿童教育的相关信息。应注意页面的主次凸出，将最重要的内容要放在页面的最显眼位置，引起浏览者的关心和注意。

19.1 网站页面效果分析

在页面的设计上，本案例采用居中的布局方式，为页面充分的留出余白，页面正文部分运用了上中下3栏的结构方式，并且在中间的主体内容部分加入卡通的 Flash 动画，给浏览者留下深刻的印象。

综合案例：制作娱乐资讯页面。

案例位置：光盘\源文件\第19章\19-1.html

视频位置：光盘\视频\第19章\19-1.swf

难易指数：★★★★★

学习目标：了解表格的标签

最终效果如图19-1所示

图19-1

19.2 制作步骤

本案例在制作过程中首先添加整体的背景色和背景图像，然后采用从上到下的制作方式。每个部分需要添加链接的部分都直接添加空链接，空连接是指未被指派的链接，在"属性"面板的"链接"文本框中输入 # 字符即可。

19.2.1 制作页面头部内容

01 执行"文件 > 新建"命令，新建一个空白的 HTML 页面，如图 19-2 所示。

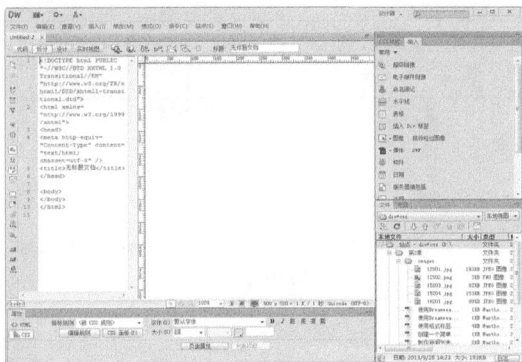

图19-2

02 执行"文件 > 保存"命令，将文档保存为"光盘 \ 源文件 \ 第 19 章 \19-1.html"，如图 19-3 所示。

图19-3

03 在"代码"视图中的 <title> 标签内输入文档的标题，如图 19-4 所示。

```
<!DOCTYPE html PUBLIC "-//W3C/
<html xmlns="http://www.w3.org
<head>
<meta http-equiv="Content-Type
<title>制作儿童教育网站</title>
</head>
```

图19-4

04 单击"CSS 样式"面板中的"新建 CSS 规则"按钮，打开"新建 CSS 规则"对话框，在该对话框中进行属性设置，如图 19-5 所示。

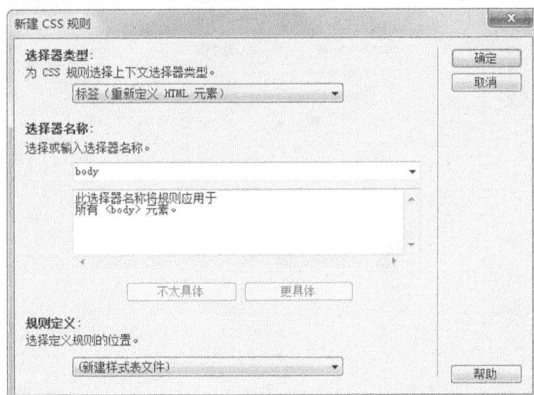

图19-5

05 单击"确定"按钮，在弹出的对话框中将 CSS 文件保存为"光盘 \ 源文件 \ 第 19 章 \css\19101.css"，如图 19-6 所示。

图19-6

06 单击"保存"按钮，在打开的对话框中对"类型"和"背景"选项卡进行参数设置，如图 19-7 所示。

07 切换到刚刚创建的外部 CSS 样式表中，定义通配符样式，如图 19-8 所示。

图19-7

```
@charset "utf-8";
*{
    margin:0px;
    padding:0px;
    border:0px;
}
body {
    font-family: "宋体";
    font-size: 12px;
    background-color: #FFFFF6;
    background-image: url(../images/19101.jpg);
    background-repeat: repeat-x;
    background-position: top;
}
```

图19-8

08 切换到"设计"视图中，将光标插入到页面中，单击"插入"面板中的"插入 Div 标签"按钮，新建一个 id 名称为 box 的 div 标签，如图 19-9 所示。

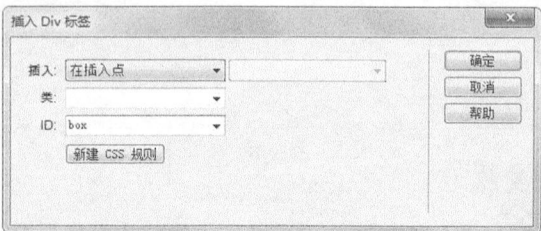

图19-9

09 单击"确定"按钮，完成 box 的创建，切换到 CSS 样式表中，对该 div 进行样式定义，如图 19-10 所示。

```
#box{
    width:1020px;
    height:870px;
    margin:auto;
}
```

图19-10

10 切换到"设计"视图中，将光标插入 box 中，删除多余的文字，新建一个名称为 top 的 div，如图 19-11 所示。并在 CSS 样式表中对其进行定义，如图 19-12 所示。

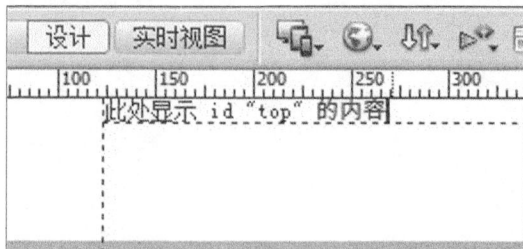

图19-11

```
#top{
    width:100%;
    height:143px;
}
```

图19-12

11 在 top 中新建一个 id 名称为 top1 的 div 标签，如图 19-13 所示。

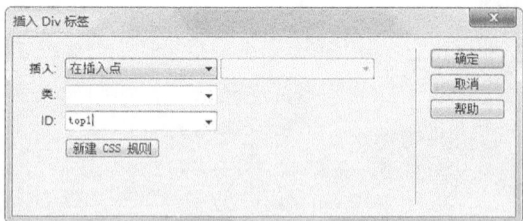

图19-13

12 在 CSS 样式表中定义 top1 的 CSS 样式，如图 19-14 所示。

```
#top1{
    width:940px;
    height:47px;
    margin:17px auto 0;
}
```

图19-14

13 在top1中创建top1-1和top1-2两个div标签，如图19-15所示。

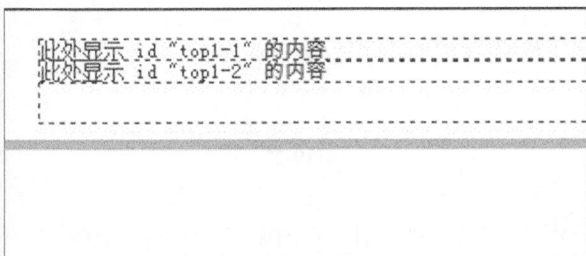

此处显示 id "top1-1" 的内容
此处显示 id "top1-2" 的内容

图19-15

14 切换到"设计"视图中，将top1-1中多余的文字删除，如图19-16所示。

```
#top1-1{
    width:191px;
    height:100%;
    margin-left:378px;
    float:left;
}
#top1-2{
    width:210px;
    height:15px;
    margin-left:160px;
    float:left;
}
```

图19-16

15 将top1-1中的文字删除，并插入"素材\images\231302.gif"图像文件，如图19-17所示。

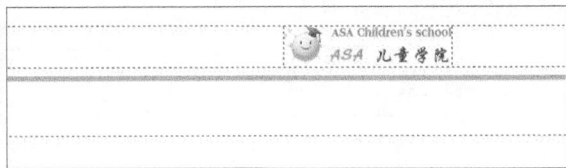

ASA Children's school
ASA 儿童学院

图19-17

16 将光标插入到top1-2中，删除多余的文字，并输入需要的文本，如图19-18所示。

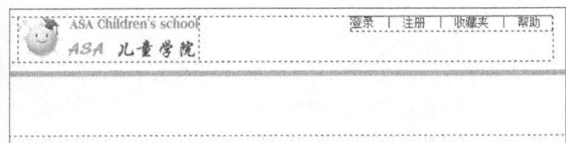

ASA Children's school
ASA 儿童学院
登录 | 注册 | 收藏夹 | 帮助

图19-18

17 选中文本中的"登录"文字，在"属性"面板

的"链接"文本框中输入 #。如图19-19所示。

图19-19

18 使用相同的方法为其他的文本添加空连接。效果如图19-20所示。

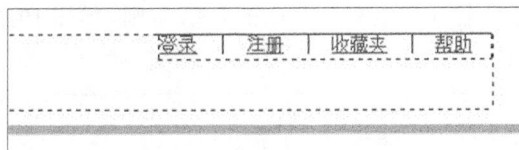

登录 | 注册 | 收藏夹 | 帮助

图19-20

19 切换到CSS样式表中，定义一组名称为.link1的类CSS样式，效果如图19-21所示。

```
.link1:link{
    color:#666666;
    text-decoration:none;
}
.link1:visited{
    color:#666666;
    text-decoration:none;
}
.link1:hover{
    color:#ec6500;
    text-decoration:none;
}
.link1:active{
    color:#666666;
    text-decoration:none;
}
```

图19-21

20 选中添加了链接的文本，在"属性"面板的"类"下拉列表中选择link1选项，效果如图19-22所示。

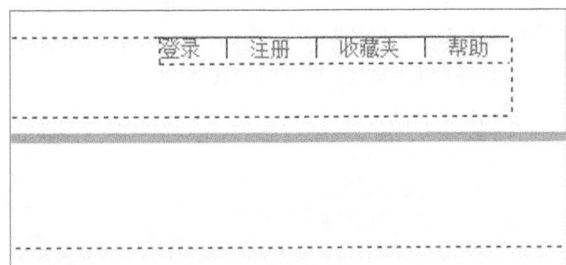

登录 | 注册 | 收藏夹 | 帮助

图19-22

21 插入一个名称为top2的div标签，注意插入位置的设置，如图19-23所示。

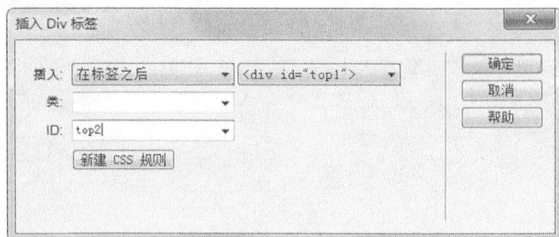

图19-23

22 单击"确定"按钮，将 div 插入到页面。切换到 CSS 样式表中定义 top2 的 CSS 规则，如图 19-24 所示。

```
#top2{
    width: 592px;
    height: 18px;
    margin: 10px auto 0px;
    background-image: url(../images/19103.png);
    background-repeat: no-repeat;
    font-family: "宋体";
    font-weight: bold;
    font-size: 15px;
    color: #FFF;
    padding: 13px 46px 13px 74px;
}
```

图19-24

23 返回"设计"视图中，将 top2 中的文本删除，输入需要的文本，如图 19-25 所示。

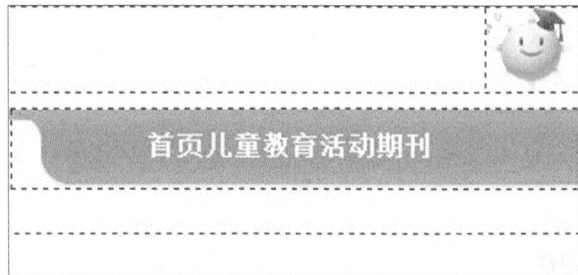

图19-25

24 切换到"源代码"视图中，为 top2 中的文字添加 <ul> 和 <li> 标签，如图 19-26 所示。

```
<div id="top2">
<ul>
<li>首页</li>
<li>儿童</li>
<li>教育</li>
<li>活动</li>
<li>期刊</li>
</ul>
</div>
```

图19-26

25 切换到 CSS 样式表中，定义一个 li 的 CSS 样式，如图 19-27 所示。

```
#top2 li{
    list-style-type:none;
    float:left;
    margin:0 40px 0 40px;
}
```

图19-27

26 切换到"设计"视图中，观察 top2 中的文字效果，如图 19-28 所示。

图19-28

27 选中 top2 中的文本，在"属性"面板中为文本添加空连接，如图 19-29 所示。

图19-29

28 切换到 CSS 样式表中，添加一组名称为 .link2 的类样式，如图 19-30 所示。

```
.link2:link{
    color:#FFF;
    text-decoration:none;
}
.link2:visited{
    color:#FFF;
    text-decoration:none;
}
.link2:hover{
    color:#FF0;
    text-decoration:none;
}
.link2:active{
    color:#FFF;
    text-decoration:none;
}
```

图19-30

29 选中 top2 中的链接文本，在"属性"面板中的"类"下拉列表中选择 link2 选项，效果如图 19-31

所示。

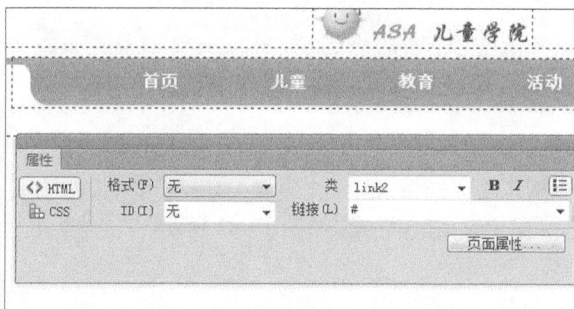

图19-31

19.2.2 制作页面主体部分

01 插入一个名称为 cen 的 div 标签，注意插入位置的设置，如图 19-32 所示。

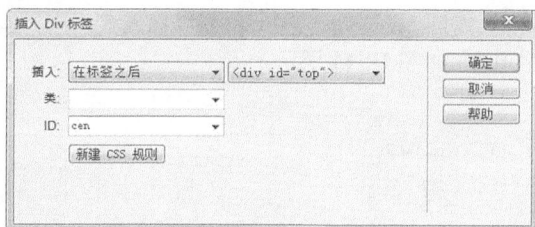

图19-32

02 切换到 CSS 样式表中，为 can 标签定义 CSS 样式。效果如图 19-33 所示。

```
#cen{
    width:939px;
    height:206px;
    margin:37px auto 0px;
}
```

图19-33

03 将光标插入到 cen 标签中，删除多余的文本，插入一个名称为 mid 的 div 标签，在 CSS 样式表中定义其 CSS 样式，如图 19-34 所示。

```
#mid{
    width:212px;
    height:206px;
    float:left;
}
```

图19-34

04 将光标插入到 mid 标签中，插入一个名称为

mid1 的 div 标签，在 CSS 样式表中定义其 CSS 样式。如图 19-35 所示。

```
#mid1{
    width:174px;
    height:70px;
    padding:54px 16px 22px 21px;
    background-image:url(../images/19104.png);
    background-repeat:no-repeat;
}
```

图19-35

05 返回"设计"视图，观察定义了 CSS 样式后的 div 效果。如图 19-36 所示。

图19-36

06 将 mid1 中的文字删除，插入一个名称为 mid1-1 的 div 标签，定义其 CSS 样式，如图 19-37 所示。

```
#mid1-1{
    width:174px;
    height:43px;
    font-family: "黑体";
    font-size: 11px;
}
```

图19-37

07 将光标插入到 mid1-1 标签中，删除多余的文字，单击"插入"面板中"表单"选项下的"表单"按钮，效果如图 19-38 所示。

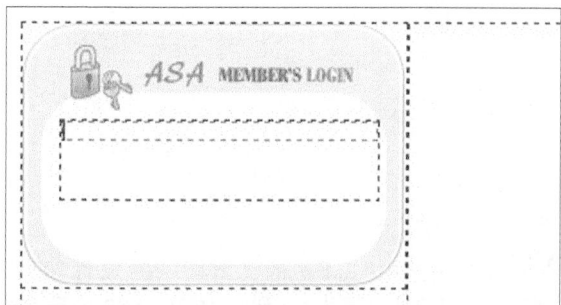

图19-38

08 将光标插入到表单中，单击"插入"面板中，"表单"选项下的"文本字段"按钮，在打开的对话框中进行各项参数设置，如图 19-39 所示。

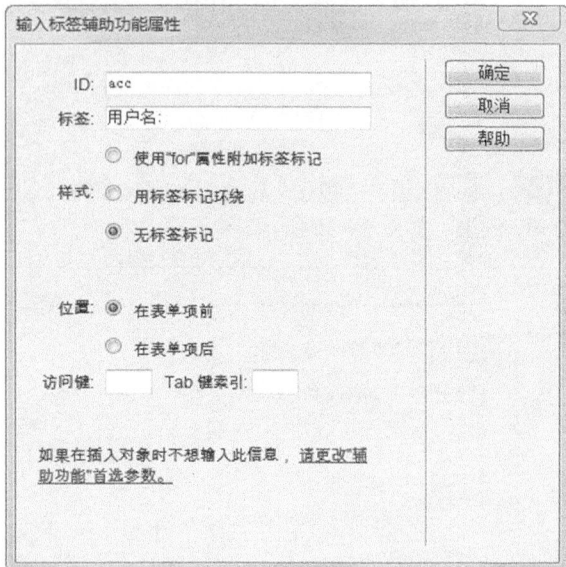

图19-39

09 将光标插入到刚插入的文本框后方，如图 19-40 所示。按 Shift+Enter 快捷键进行强制换行，使用相同的方法插入一个 ID 为 pas 的"密码"文本字段，效果如图 19-41 所示。

图19-40

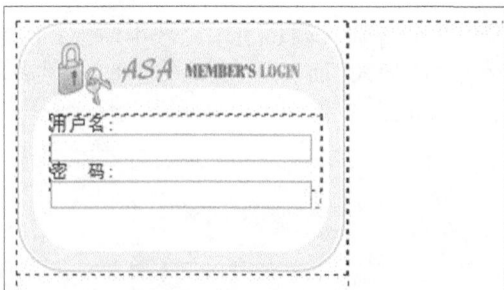

图19-41

10 单击选中"密码"的文本框，在"属性"面板中将"类型"选项修改为"密码"，如图 19-42 所示。

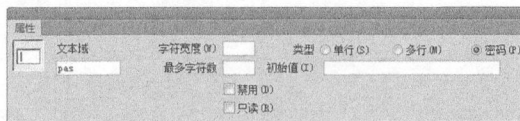

图19-42

11 切换到 CSS 样式表中，为 acc 和 pas 两个文本字段定义 CSS 样式，如图 19-43 所示。

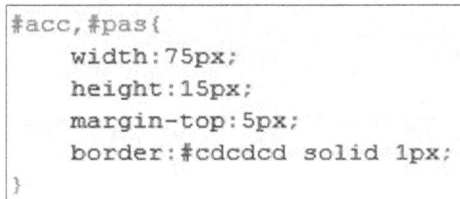

```
#acc,#pas{
    width:75px;
    height:15px;
    margin-top:5px;
    border:#cdcdcd solid 1px;
}
```

图19-43

12 返回"设计"视图中，将光标插入到"用户名"文字前方，如图 19-44 所示。

图19-44

13 单击"插入"面板中的"图像域"按钮，在打开的对话框中选择"光盘 \ 源文件 \ 第 19 章 \images\ 19105.png"图像，如图 19-45 所示。

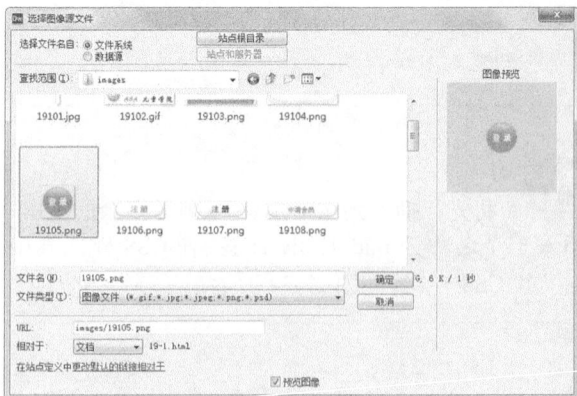

图19-45

14 单击"确定"按钮，弹出"输入标签辅助功能属性"对话框，在该对话框中进行设置，如图 19-46 所示。

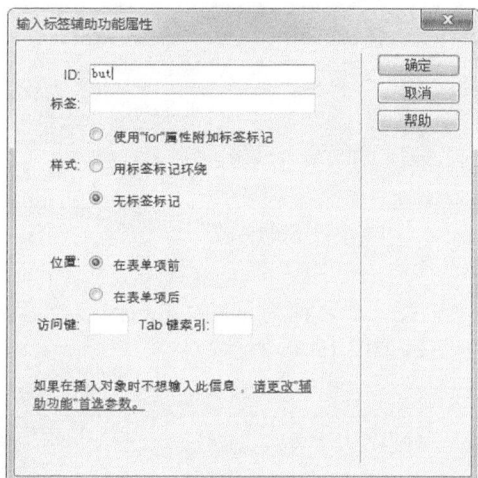

图19-46

15 单击"确定"按钮，切换到CSS样式表中，为该"图像域"定义CSS样式，如图19-47所示。

```
#but{
    float:right;
}
```

图19-47

16 返回"设计"视图中，观察"图像域"的右浮动效果，如图19-48所示。

图19-48

17 插入一个名称为mid1-2的div标签，注意插入位置的设置，如图19-49所示。

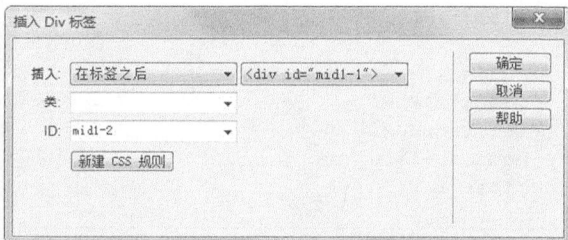

图19-49

18 切换到css样式表中，为该div标签定义CSS样式，如图19-50所示。

```
#mid1-2{
    width:100%;
    height:22px;
    padding-top:7px;
}
```

图19-50

19 将光标插入到mid1-2标签中，删除多余的文本，单击"插入"面板中的"鼠标经过图像"按钮，在弹出的对话框中进行各项参数设置，如图19-51所示。

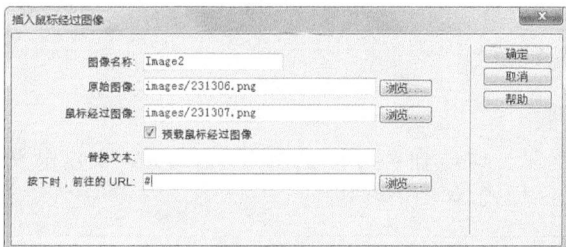

图19-51

20 单击"确定"按钮，效果如图19-52所示。

图19-52

21 在"注册"按钮后面按空格键，添加一个空格。使用相同的方法插入"申请会员"按钮，效果如图19-53所示。

22 插入一个名称为mid2的div标签，注意插入位置的设置，如图19-54所示。

图 19-53

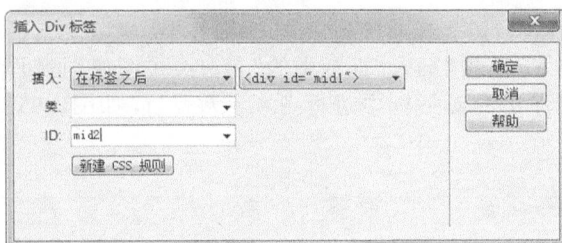

图 19-54

23 切换到 CSS 样式表中，为该 div 标签定义 CSS 样式，如图 19-53 所示。

```
#mid2{
    width:30px;
    height:15px;
    margin-top:10px;
    background-image:url(../images/19110.png);
    background-repeat:no-repeat;
    padding:30px 18px 5px 162px;
}
```

图 19-55

24 返回"设计"视图中，观察定义 CSS 样式后的 div 标签效果，如图 19-56 所示。

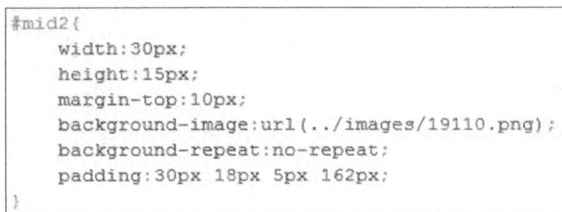

图 19-56

25 将光标插入到 mid2 标签中，单击"插入"面板中的"鼠标经过图像"按钮，插入鼠标经过图像，效果如图 19-57 所示。

图 19-57

26 插入一个名称为 ave 的 div 标签，注意插入位置的设置，如图 19-58 所示。

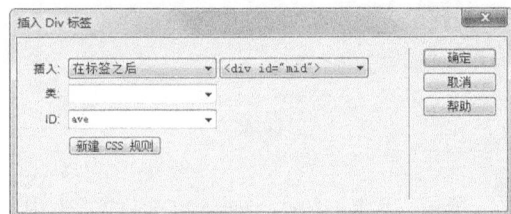

图 19-58

27 切换到 CSS 样式表中，为该 div 标签定义 CSS 样式，如图 19-59 所示。

```
#ave{
    width:378px;
    height:206px;
    margin-left:29px;
    float:left;
}
```

图 19-59

28 使用相同的方法插入 ave1、ave1-1 和 ave1-2 三个 div 标签，并进行样式定义，如图 19-60 所示。

```
#ave1{
    width: 378px;
    height: 96px;
    font-family: "宋体";
    font-size: 12px;
    color: #666666;
}
#ave1-1{
    width:63px;
    height:85px;
    padding:6px 11px 5px 18px;
    float:left;
}
#ave1-2{
    width:279px;
    height:96px;
    padding-left:7px;
    float:left;
}
```

图 19-60

29 返回"设计"视图中，观察定义 CSS 样式后的 div 标签效果，如图 19-61 所示。

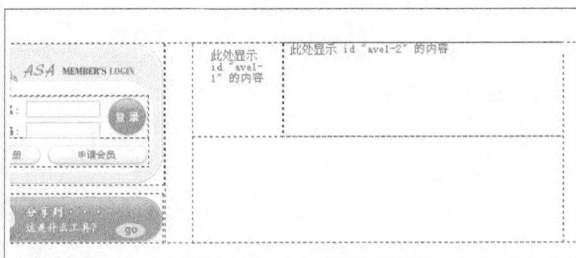

图19-61

30 在 ave1-1 标签中插入图像，在 ave1-2 标签中输入文字，如图 19-62 所示。

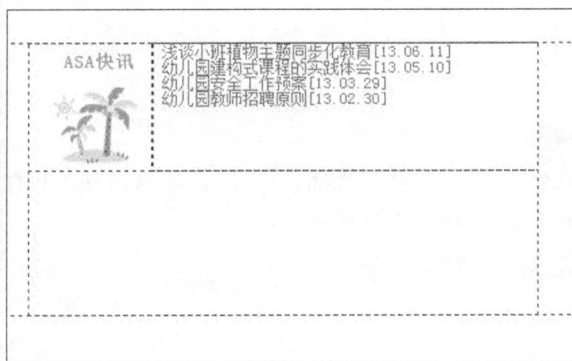

图19-62

31 在"源代码"视图中为 ave1-2 中的文字添加 <dl>、<dt> 和 <dd> 标签，如图 19-63 所示。

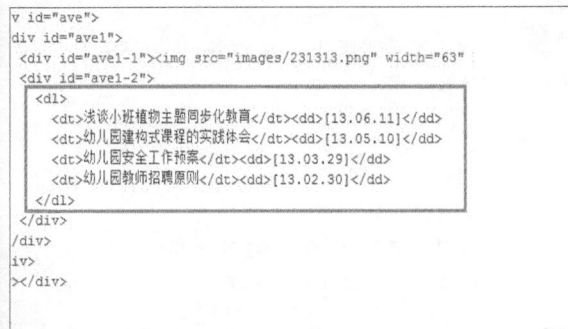

图19-63

32 切换到 CSS 样式表中，为 dt 和 dd 两个标签定义 CSS 样式。如图 19-64 所示。

```
#ave1-2 dt{
    list-style-type:none;
    background-image:url(../images/19114.png);
    background-repeat:no-repeat;
    background-position:left center;
    padding-left:15px;
    line-height:22px;
    border-bottom:dashed 1px #bababa;
    width:203px;
    float:left;
}
#ave1-2 dd{
    width:60px;
    line-height:22px;
    border-bottom:dashed 1px #bababa;
    float:left;
}
```

图19-64

33 返回"设计"视图中，观察定义 CSS 样式后的文字效果，如图 19-65 所示。

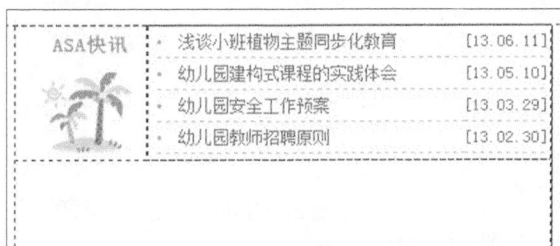

图19-65

34 选择 ave1-2 标签中的文本，为相应的文字加入空链接，如图 19-66 所示。

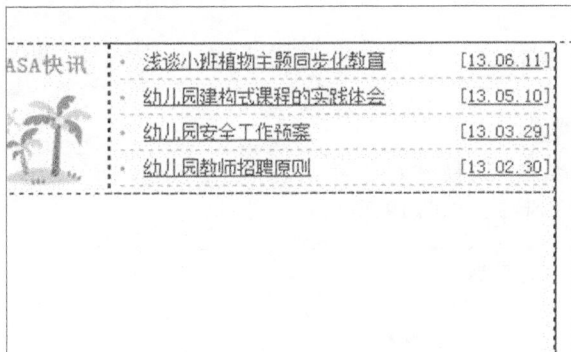

图19-66

35 选择所有添加了空连接的文本，在属性面板中修改其"类"为 link1，如图 19-67 所示。

36 使用相同的方法完成 ave2、ave2-1 和 ave2-2 3 个 div 标签的制作，效果如图 19-68 所示。

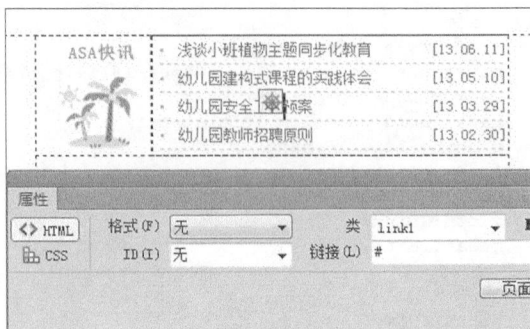

图19-67

图19-68

37 插入一个名称为 rig 的 div 标签,注意插入位置的设置,如图 19-69 所示。

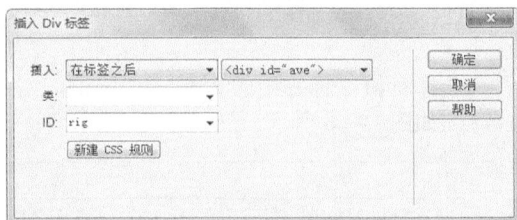

图19-69

38 切换到 CSS 样式表中,为该 div 标签定义 CSS 样式,如图 19-70 所示。

```
#rig{
    width: 162px;
    height: 206px;
    margin-left: 24px;
    font-family: "宋体";
    font-size: 13px;
    line-height: 17px;
    color:#3d3d3d;
    float: left;
}
```

图19-70

39 切换到"设计"视图中,在光标插入到 rig 中,删除多余的文字,插入一个 id 名称为 rig1 的 div 标签,如图 19-71 所示。

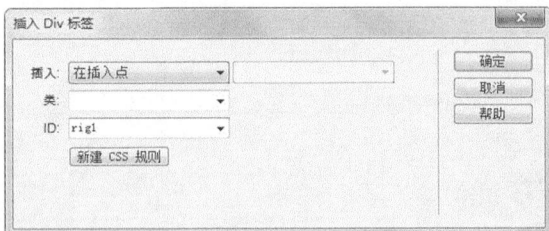

图19-71

40 切换到 CSS 样式表中,定义该 div 的 CSS 样式,如图 19-72 所示。

```
#rig1{
    height:61px;
    border-bottom:solid 1px #d6d6d6;
}
```

图19-72

41 在 rig1 中再次插入一个 id 名称为 rig1-1 的 div 标签,如图 19-73 所示。

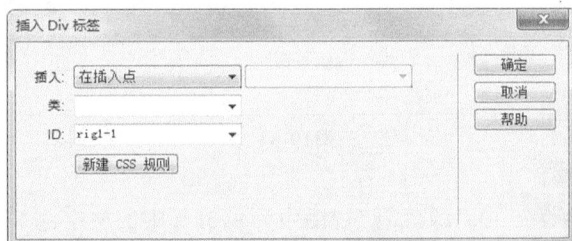

图19-73

42 在 CSS 样式表中定义该 div 的 CSS 样式,如图 19-74 所示。

```
#rig1-1{
    width:63px;
    height:50px;
    padding:11px 0px 0px 12px;
    margin-right:5px;
    float:left;
}
```

图19-74

43 将光标插入 rig1-1 中,单击"插入"面板中的图像按钮,将"光盘 \ 源文件 \ 第 19 章 \images\19116.

png"图像插入，效果如图 19-75 所示。

图 19-75

44 在 rig1-1 的旁边输入文本，如图 19-76 所示。

图 19-76

45 在文字的后方按 Enter 键进行换行，如图 19-77 所示。

图 19-77

46 单击"插入"面板中的"鼠标经过图像"按钮，在弹出的菜单中设置各项参数，如图 19-78 所示。

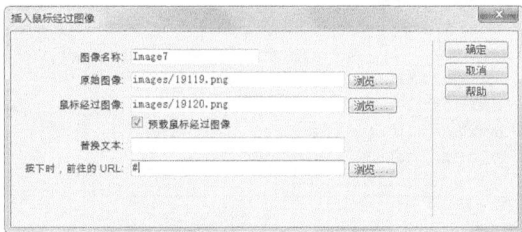

图 19-78

47 单击"确定"按钮，观察页面中的图像效果，

如图 19-79 所示。

图 19-79

48 使用相同的方法完成其他相似部分的制作，效果如图 19-80 所示。

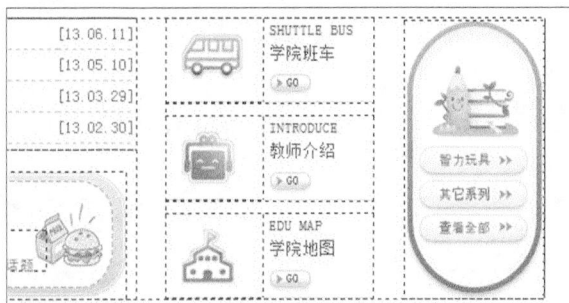

图 19-80

49 插入一个名称为 und 的 div 标签，注意插入位置的设置，如图 19-81 所示。

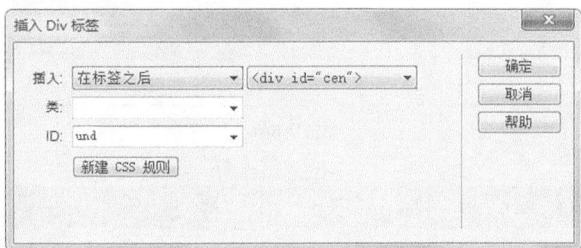

图 19-81

50 在 CSS 样式表中定义该 div 的 CSS 样式，如图 19-82 所示。

```
#und{
    width:1020px;
    height:400px;
    margin-top:10px;
}
```

图 19-82

51 将光标插入 und 中,删除多余的文字,单击"插入"面板中的"媒体 SWF"按钮,在打开的对话框中选择"光盘\源文件\第 19 章\19128.swf",如图 19-83 所示。

图19-83

52 单击"确定"按钮,将 Flash 动画插入到页面中,如图 19-84 所示。

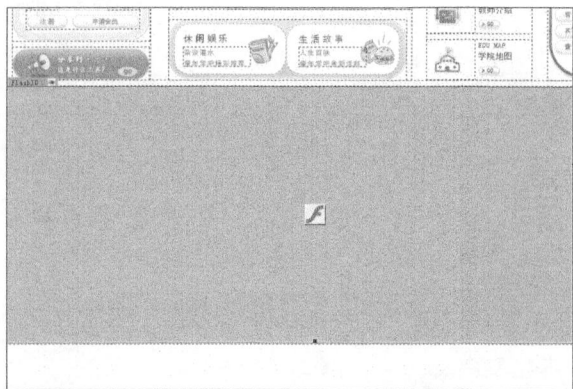

图19-84

19.2.3 制作页面页脚部分

01 插入一个名称为 und 的 div 标签,注意插入位置的设置,如图 19-85 所示。

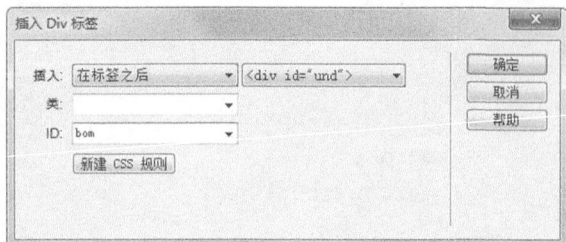

图19-85

02 切换 CSS 样式表中,定义该 div 的 CSS 样式,如图 19-86 所示。

```
#bom{
    width:100%;
    height:82px;
    background-color:#FFF;
}
```

图19-86

03 删除 div 中多余的文本,在该标签中插入 bom1、bom2 和 bom3 标签,如图 19-87 所示。

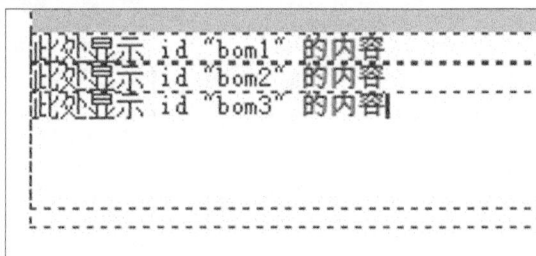

图19-87

04 切换到 CSS 样式表中,定义刚刚创建的 3 个 div 的 CSS 样式,如图 19-88 所示。

```
#bom1{
    width:172px;
    height:43px;
    margin:20px 0 0 56px;
    background-image:url(../images/19130.jpg);
    float:left;
}
#bom2{
    width: 440px;
    height: 55px;
    margin-top: 13px;
    margin-left: 58px;
    float: left;
    font-family: "宋体";
    font-size: 12px;
    line-height: 20px;
    color: #666666;
    float:left;
}
#bom3{
    width:152px;
    height:20px;
    margin:20px 40px 45px 102px;
    float:left;
}
```

图19-88

05 返回"设计"界面中,将 bom1 中的文本删除,在其中插入"光盘\源文件\第 19 章\images\19129.

jpg"图像,如图 19-89 所示。

图19-89

06 使用前面介绍的方法制作 bom2 中的内容,如图 19-90 所示。

图19-90

07 使用前面介绍的方法制作 bom2 中的内容,如图 19-91 所示。

图19-91

08 切换到"源代码"视图中,删除 bom 中多余的文本,在其中创建一个表单,如图 19-92 所示。

```
<div id="bom3">
  <form name="form" id="form">
    <select name="jumpMenu" id="jumpMenu" onchange="MM_jumpMenu('parent',this,0)">
      <option>---家庭网站----</option>
      <option value="#">快乐小屋</option>
      <option value="#">健康门户</option>
      <option value="#">温馨世界</option>
      <option value="#">心心相连</option>
      <option value="#">美满家庭</option>
    </select>
  </form>
</div>
```

图19-92

09 切换到 CSS 样式表中,定义表单的 CSS 样式,如图 19-93 所示。

```
#jumpMenu{
    width:151px;
    height:19px;
    border:#666 solid 1px;
}
```

图19-93

10 执行"文件>保存"命令,按F12键测试页面,最终效果如图 19-94 所示。

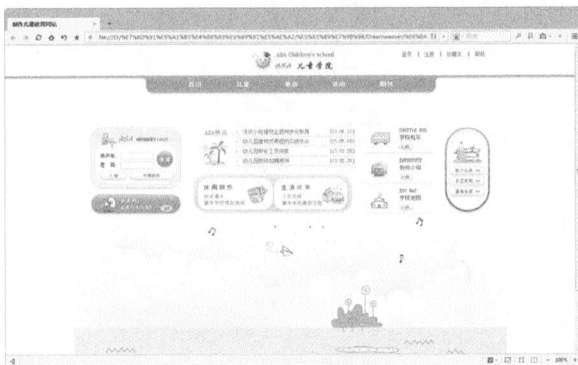

图19-94

19.3 本章小结

本章使用 Dreamweaver 制作了一个儿童网站,通过本案例的制作,向用户综合性地介绍了制作网站页面的方法和技巧,希望通过本案例的制作,能够帮助用户更加熟练的掌握网站的制作方法,并通过不断地努力和练习早日成为网页制作高手。

19.4 课后习题-制作游戏网站页面

本章安排了一个课后习题,制作游戏网站页面,通过本案例的制作,可以巩固之前所学到的知识,熟练运用 CSS 样式表控制列表,制作出别具一格的网站页面。

案例位置:光盘\源文件\第19章\19-4.html

视频位置:光盘\源文件\第19章\19-4.swf

难易指数:★★★★☆

学习目标:掌握插入动画和列表布局页面的方法

最终效果如图19-95所示

图19-95

步骤分解如图 19-96 所示。

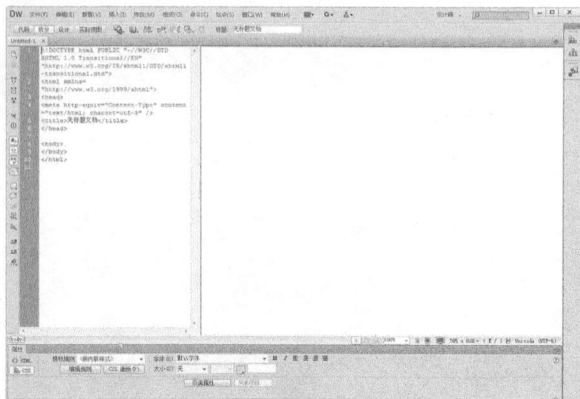

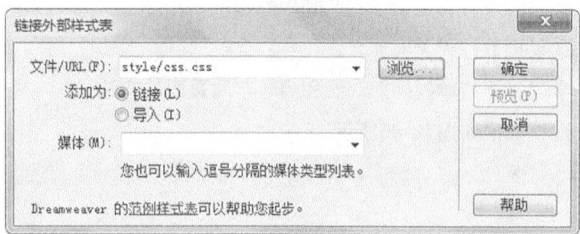

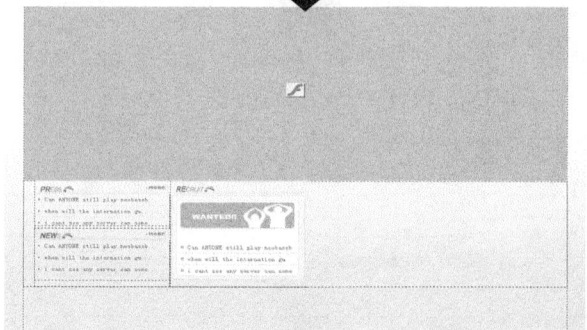

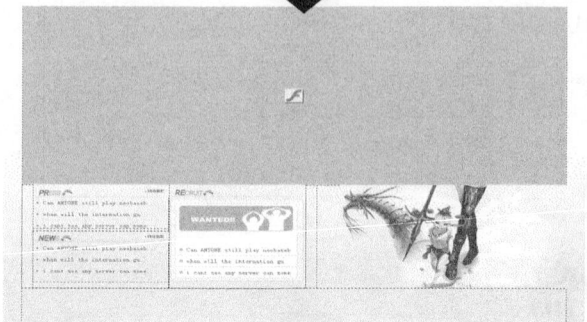

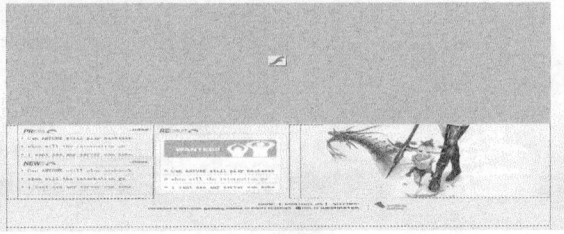

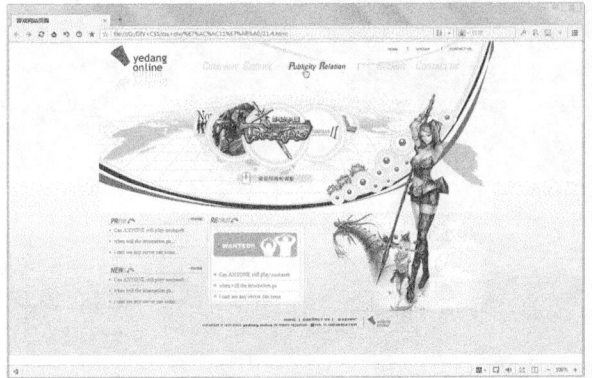

图19-96

第20章
制作游戏官方主页

本章是制作游戏官方主页,在制作过程中,综合应用了 Div、CSS,以及表单、列表、插入 Flash 动画等技术,制作完成后,可以了解到综合应用各种知识制作出所需页面的方法和技巧。另外,在本章的最后还制作了一个音乐网站,可以巩固之前所学到的知识。

20.1 网站页面效果分析

本案例设计制作一个游戏的官方网站,以游戏人物为背景,整个页面以红色为主,在浏览页面时会给人一种热血澎湃的感觉。

本网站使用的是上中下结构,上面是网站导航条和游戏导航,中间部分是登录界面、最新信息、搜索引擎、游戏道具和排行榜等,尾部是网站的基本信息。

课堂案例
制作游戏官方主页

案例位置:光盘\源文件\第20章\20-1.html

视频位置:光盘\视频\第20章\20-1.swf

难易指数:★ ★ ★ ★ ★

学习目标:综合应用Div、CSS等制作页面的方法

最终效果如图20-1所示

图20-1

课堂学习目标:

★ 熟练使用表单制作页面的方法

★ 熟练掌握CSS样式表美化列表

★ 掌握插入Flash动画、设置动画属性的方法

★ 熟练掌握Div、CSS等制作页面的方法和技巧

到页面中，如图 20-4 所示。

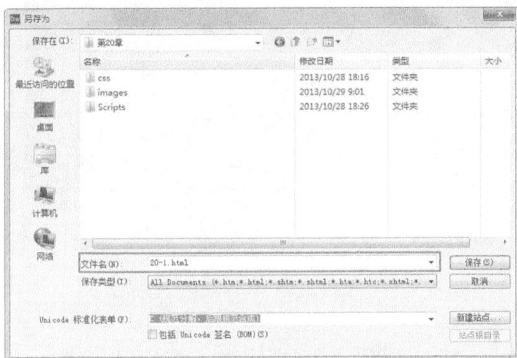

图20-3

20.2　制作步骤

　　本案例以游戏人物为背景，以红色为主色调，在红色中添加黑色以增加整个网站的神秘感。信息列表简约时尚，整个网站结构清晰、层次分明，具有强烈的感染力。

　　首先制作网站的整体导航，接着制作背景、插入Flash 导航动画，然后制作网站的主体部分，最后制作bottom 部分的版底信息，完成整个网页的制作。

20.2.1　制作top部分

01　　执行"文件 > 新建"命令，新建一个 XHTML文档，如图 20-2 所示。

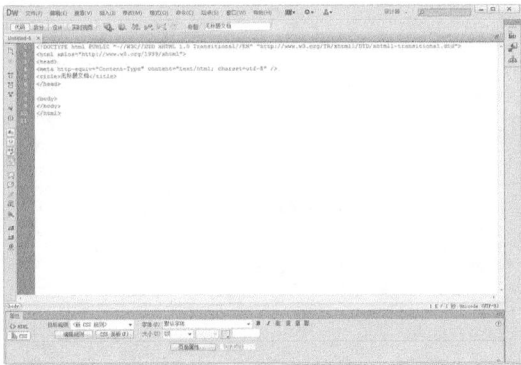

图20-2

02　　执行"文件 > 保存"命令，将文件保存为"光盘 \ 源文件 \ 第 20 章 \20-1.html"，如图 20-3 所示。使用相同方法，新建两个 CSS 文件，并保存为"光盘 \源文件 \ 第 20 章 \css\div.css"和"光盘 \ 源文件 \ 第 20章 \css\css.css"。

03　　执行"窗口 >CSS 样式"命令，打开"CSS 样式"面板，单击"CSS 样式"面板上的"附加样式表"按钮 ⬛，弹出"链接外部样式表"对话框，将刚刚新建的外部样式表文件"div.css"和"css.css"文件链接

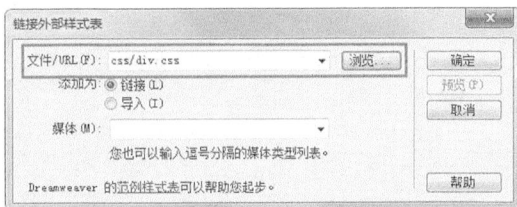

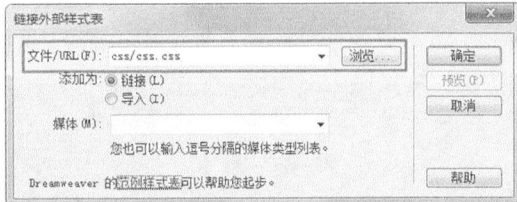

图20-4

04　　切换到"css.css"文件，先创建一个名为 * 的CSS 样式，代码如图 20-5 所示。

```
*{
    margin:0px;
    border:0px;
    padding:0px;
}
```

图20-5

05　　再创建一个名为 body 的 CSS 样式，代码如图 20-6 所示。

06　　返回页面的"设计"视图，可以看到页面效果，如图 20-7 所示。

```
body{
    font-size:12px;
    font-family:"宋体";
    color:#FFFFFF;
    background-image:url(../images/20110.jpg);
    background-repeat:repeat-x;
}
```

图20-6

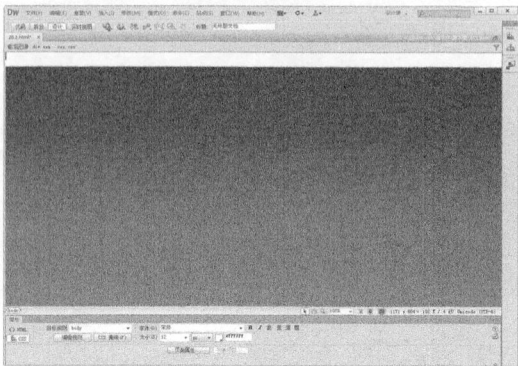

图20-7

07 将光标放置在页面中,插入 id 名为 box 的 div,切换到"div.css"文件,创建一个名为 #box 的 CSS 样式,如图 20-8 所示。

```
#box{
    height:100%;
    width:100%;
}
```

图20-8

08 返回到"设计"视图,页面效果如图20-9所示。

图20-9

09 在名为 box 的 div 中插入 id 名为 top 的 div,如图 20-10 所示。

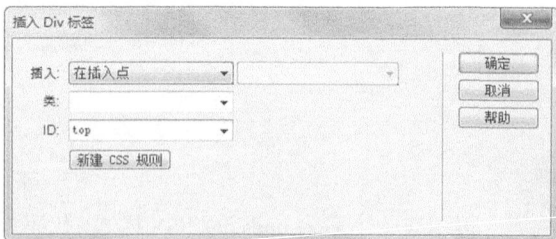

图20-10

10 切换到"div.css"文件,创建名为 #top 的 CSS 样式,代码如图 20-11 所示。

```
#top{
    height:34px;
    width:100%;
    background-image:url(../images/2011.jpg);
    background-repeat:repeat-x;
}
```

图20-11

11 返回到"设计"视图,将光标移至 id 名为 top 的 div 中,将多余的文字删除,单击"插入"面板上的"图像"按钮,如图 20-12 所示。

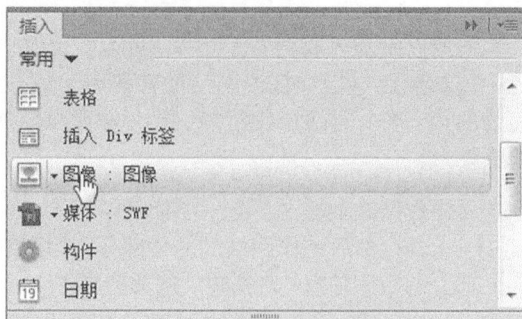

图20-12

12 弹出"选择图像源文件"窗口,选择"光盘\源文件\第 20 章\images\logo.gif"图像,如图 20-13 所示。

图20-13

13 单击"确定"按钮,在弹出的"图像标签辅助功能属性"对话框中单击"取消"按钮,插入图像,页面效果如图 20-14 所示。

图20-14

14 切换到"div.css"文件,创建名为 #top img 的
CSS 样式,代码如图 20-15 所示。

```
#top img {
    float:left;
    margin-left: 40px;
}
```

图20-15

15 返回到"设计"视图,可以看到应用 CSS 样式后的图片效果,如图 20-16 所示。

图20-16

16 将光标移至名为 top 的 div 中,插入 id 名 top-menu 的 div,如图 20-17 所示。

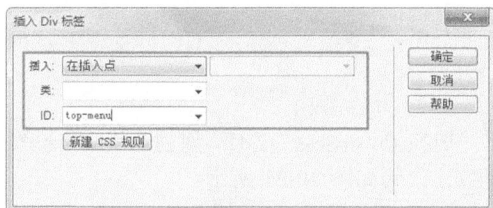

图20-17

17 切换到"div.css"文件,创建名为 #top-menu 的 CSS 样式,代码如图 20-18 所示。

```
#top-menu{
    line-height:18px;
    margin:10px 0px 0px 30px;
    width:280px;
    float:left;
    color:#000000;
    text-align: center;
}
```

图20-18

18 返回到"设计"视图,将多余的文字删除,并输入相应的文字,效果如图 20-19 所示。

图20-19

19 切换到"源代码"页面,在名为 top-menu 的 div 中输入相应代码,如图 20-20 所示。

```
<body>
<div id="box">
  <div id="top"><img src="images/logo.gif" width="60" height=
"33" />
    <div id="top-menu">首页<span>|</span>社区<span>|</span>家族
<span>|</span>会员<span>|</span>活动</div>
  </div>
</div>
</body>
```

图20-20

20 切换到"div.css"文件,创建名为 #top-menu span 的 CSS 样式,代码如图 20-21 所示。

```
#top-menu span{
    margin-left:5px;
    margin-right:5px;
}
```

图20-21

21 返回到"设计"视图,可以看到应用 CSS 样式后的文字效果,如图 20-22 所示。

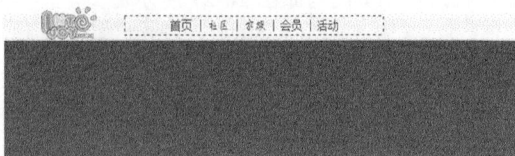

图20-22

22 在名为 top-menu 的 div 之后插入 id 名为 top-link 的 div,如图 20-23 所示。

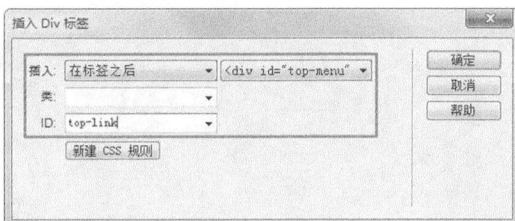

图20-23

23 切换到"div.css"文件,创建名为 #top-link 的 CSS 样式,代码如图 20-24 所示。

```
#top-link{
    line-height:18px;
    width:200px;
    float:right;
    color:#000000;
    margin:10px 0px 0px 0px;
    padding-right: 20px;
    text-align: center;
}
```

图20-24

24 返回到"设计"视图,将多余的文字删除,并输入相应的文字,效果如图20-25所示。

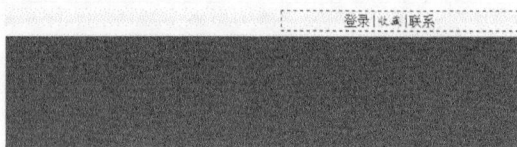

图20-25

25 切换到"源代码"页面,在名为top-link的div中输入相应代码,如图20-26所示。

```
<body>
<div id="box">
  <div id="top"><img src="images/logo.gif" width="60" height="33" />
    <div id="top-menu">首页<span>|</span>社区<span>|</span>客服<span>|</
    <div id="top-link">登录<span>|</span>收藏<span>|</span>联系</div>
  </div>
</div>
</body>
```

图20-26

26 切换到"div.css"文件,创建名为#top-link span的CSS样式,代码如图20-27所示。

```
#top-link span{
    margin-left:5px;
    margin-right:5px;
}
```

图20-27

27 网站的top部分制作完成,执行"文件>保存"命令,将文件保存。返回到"设计"视图,页面效果如图20-28所示。

图20-28

20.2.2 制作main部分

01 执行"文件 > 打开"命令,将"光盘 \ 源文件 \ 第20章 \20-1.html"文件打开,页面效果如图20-29所示。

图20-29

02 在名为top的div之后插入id名为mainbg的div,如图20-30所示。

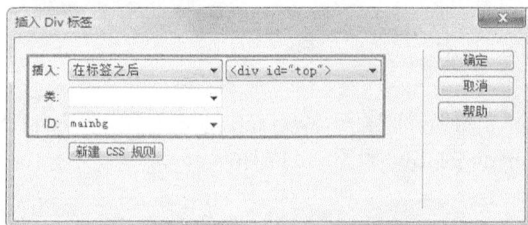

图20-30

03 切换到"div.css"文件,创建名为#mainbg的CSS样式,代码如图20-31所示。

```
#mainbg{
    height:966px;
    width:100%;
    background-image:url(../images/201100.jpg);
    background-repeat:no-repeat;
    background-position: center top;
}
```

图20-31

04 返回到"设计"视图,可以看到应用CSS样式后的div效果,如图20-32所示。

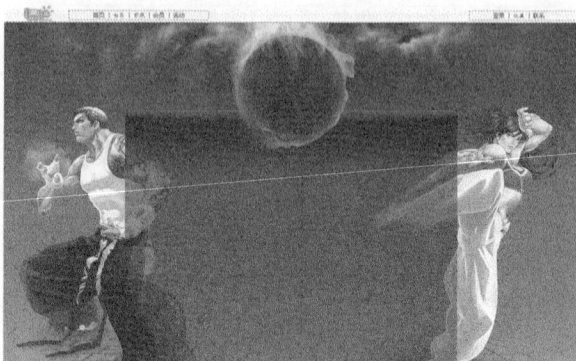

图20-32

05 将光标移至名为 mainbg 的 div 中，插入 id 名为 main-center 的 div，如图 20-33 所示。

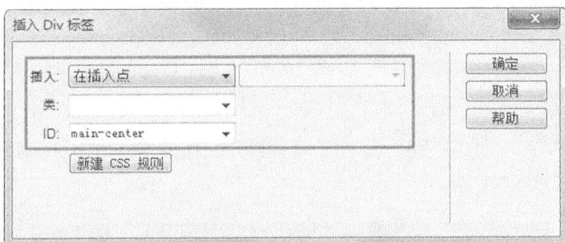

图20-33

06 切换到"div.css"文件，创建名为 #main-center 的 CSS 样式，代码如图 20-34 所示。

```
#main-center {
    height: 966px;
    width: 970px;
    margin-right: auto;
    margin-left: auto;
}
```

图20-34

07 返回到"设计"视图，页面效果如图 20-35 所示。

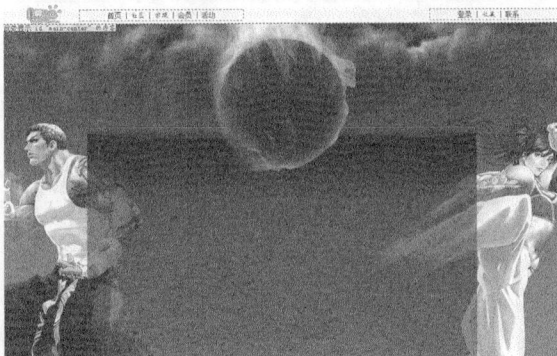

图20-35

08 在名为 main-center 的 div 中插入 id 名为 top-flash 的 div，切换到"div.css"文件，创建名为 #top-flash 的 CSS 样式，如图 20-36 所示。

```
#top-flash{
    height:145px;
    width:970px;
    margin:auto;
}
```

图20-36

09 返回到"设计"视图，将多余的文字删除，单击"插入"面板上的"媒体"按钮，如图 20-37 所示。

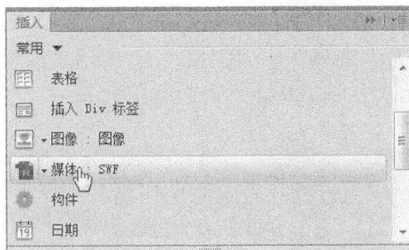

图20-37

10 弹出"选择 SWF"对话框，选择"光盘\源文件\第 20 章\images\flash-1.swf"动画，如图 20-38 所示。

图20-38

11 弹出"对象标签辅助功能属性"对话框，如图 20-39 所示。

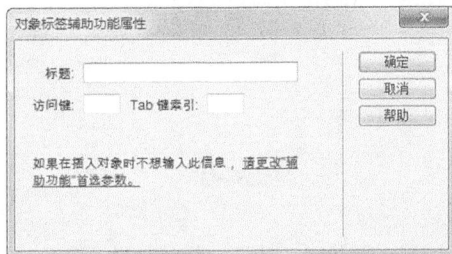

图20-39

12 单击"取消"按钮，将 Flash 动画添加到页面中，效果如图 20-40 所示。

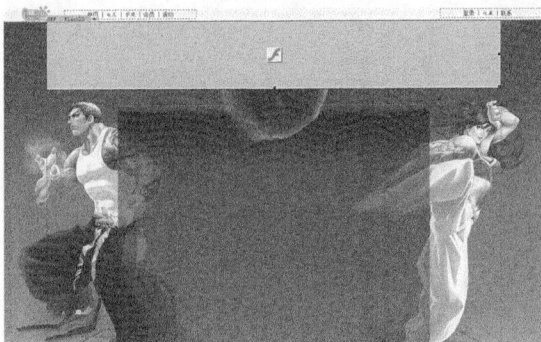

图20-40

13 选中刚插入的 Flash 动画，单击"属性"面板上的"播放"按钮，效果如图 20-41 所示。

图20-41

14 在 名 为 top-flash 的 div 之 后 插 入 id 名 为 main 的 div，如图 20-42 所示。

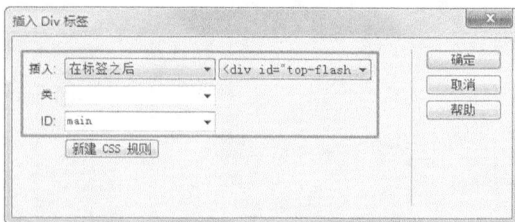

图20-42

15 切 换 到 "div.css" 文 件，创 建 名 为 #main 的 CSS 样式，代码如图 20-43 所示。

```
#main{
    height:705px;
    width:668px;
    margin:auto;
}
```

图20-43

16 返回到"设计"视图，页面效果如图20-44所示。

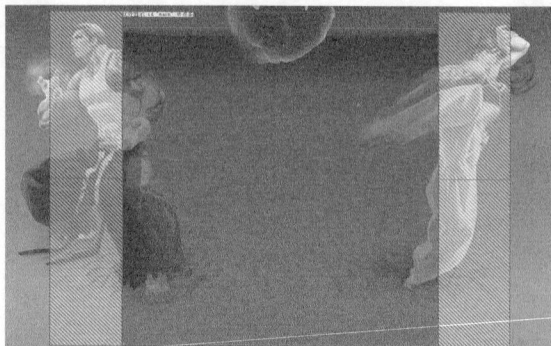

图20-44

17 在 名 为 main 的 div 中 插 入 id 名 为 main-left 的 div，切换到"div.css"文件，创建名为 #main-left 的

CSS 样式，代码如图 20-45 所示。

```
#main-left{
    height:158px;
    width:431px;
    float:left;
}
```

图20-45

18 返回到"设计"视图，页面效果如图 20-46 所示。

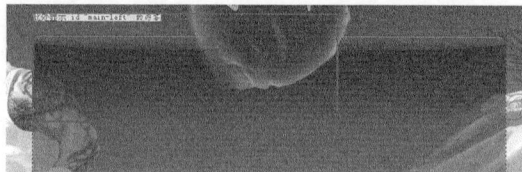

图20-46

19 将多余文字删除，插入 id 名为 main-left1 的 div，如图 20-47 所示。

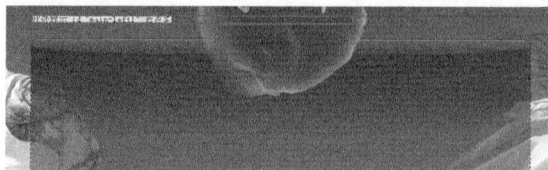

图20-47

20 切换到"div.css"文件，创建名为 #main-left1 的 CSS 样式，代码如图 20-48 所示。

```
#main-left1{
    height:38px;
    width:220px;
    float:left;
    padding:0px 0px 40px 20px;
}
```

图20-48

21 返回到"设计"视图，将多余的文字删除，插入"光盘 \ 源文件 \ 第 20 章 \images\201108.gif"图像，效果如图 20-49 所示。

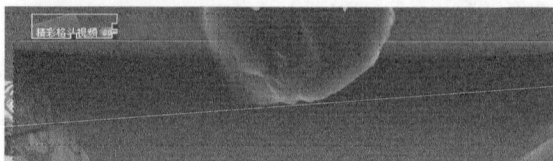

图20-49

22 在 名 为 main-left1 的 div 之 后 插 入 id 名 为 main-left2 的 div，如图 20-50 所示。

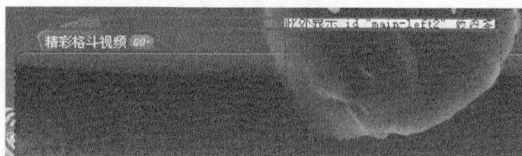

图20-50

23 切换到"div.css"文件,创建名为 #main-left2 的 CSS 样式,代码如图 20-51 所示。

```
#main-left2{
    height:78px;
    width:185px;
    float:left;
    margin-left:5px;
}
```

图20-51

24 返回到"设计"视图,将多余的文字删除,插入 Flash 动画"光盘 \ 源文件 \ 第 20 章 \images\ flash-2.swf",如图 20-52 所示。

图20-52

25 选中刚插入的 Flash 动画,设置"属性"面板上的 Wmde 属性为"透明","属性"面板如图 20-53 所示。

图20-53

26 单击"播放"按钮播放 Flash 动画,效果如图 20-54 所示。

图20-54

27 在名为 main-left2 的 div 之后插入名为 main-left3 的 div,如图 20-55 所示。

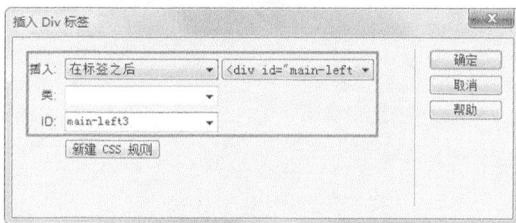

图20-55

28 切换到"div.css"文件,创建名为 #main-left3 的 CSS 样式,代码如图 20-56 所示。

```
#main-left3{
    height:75px;
    width:400px;
    float:left;
    padding-top:5px;
}
```

图20-56

29 返回到"设计"视图,可以看到应用 CSS 样式后的 div 效果,如图 20-57 所示。

图20-57

30 将光标移至名为 main-left3 的 div 中,删除多余文字。执行"窗口 > 插入"命令,打开"插入"面板,如图 20-58 所示。

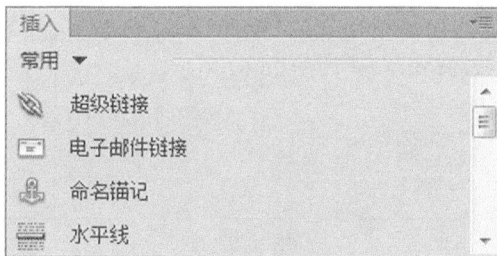

图20-58

31 单击"插入"面板上的"常用"选项卡右侧的

下三角，选择"表单"选项卡中的"表单"选项，如图 20-59 所示。

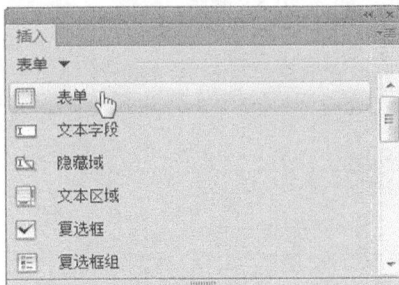

图20-59

32 返回"设计"视图，可以看到在鼠标所在位置插入带有红色虚线的表单域，如图 20-60 所示。

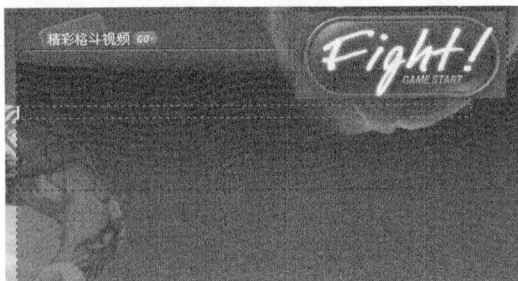

图20-60

33 将光标移至表单域中，插入 id 名为 main-left4 的 div，如图 20-61 所示。

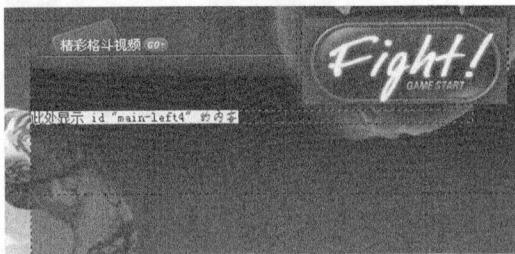

图20-61

34 切换到"div.css"文件，创建名为 #main-left4 的 CSS 样式，代码如图 20-62 所示。

```
#main-left4{
    height:26px;
    width:260px;
    margin-left:10px;
}
```

图20-62

35 返回到"设计"视图，页面效果如图 20-63 所示。

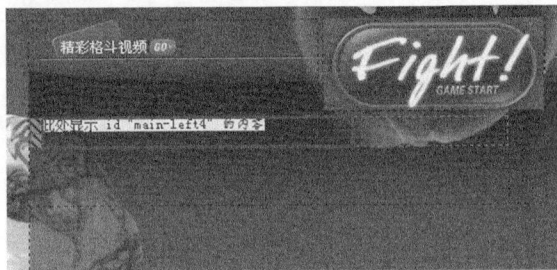

图20-63

36 将光标移至名为 main-left4 的 div 中，删除多余的文字，打开"插入"面板，选项"表单"选项卡中的"图像域"选项，如图 20-64 所示。

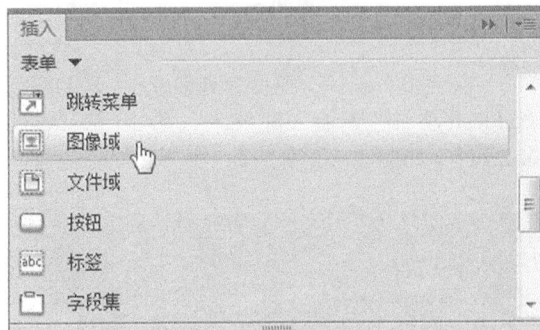

图20-64

37 弹出"选择图像源文件"对话框，选择"光盘 \ 源文件 \ 第 20 章 \images\201105.gif"图像，如图 20-65 所示。

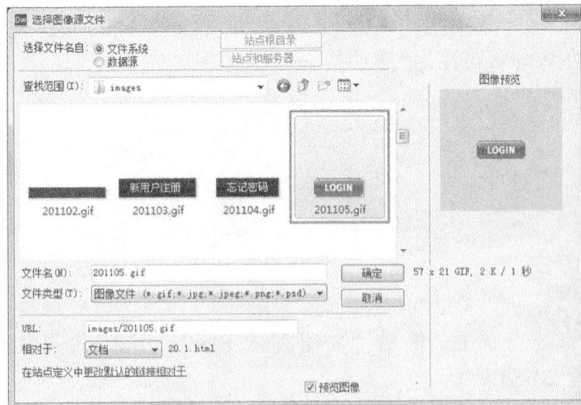

图20-65

38 单击"确定"按钮，在弹出的"输入标签辅助功能属性"对话框中进行设置，具体设置如图 20-66 所示。

39 单击"确定"按钮，页面效果如图 20-67 所示。

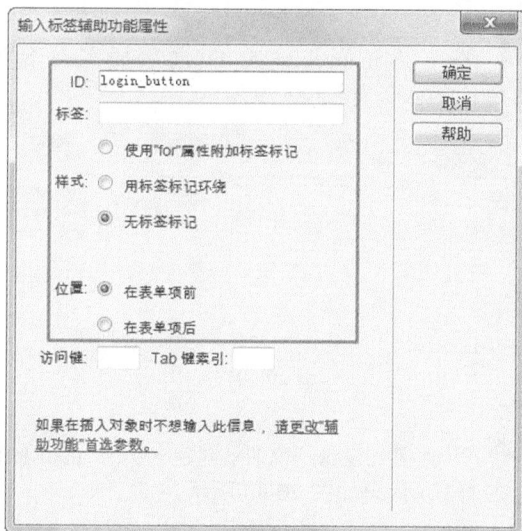

图20-66

图20-67

40 切换到"div.css"文件,创建名为#login_button 的CSS样式,代码如图20-68所示。

```
#login_button{
    float: right;
    margin-right:20px;
}
```

图20-68

41 返回到"设计"视图,可以看到应用CSS样式后的图像效果,如图20-69所示。

图20-69

42 将光标移至名为main-left4的div中,插入"光盘\源文件\第20章\images\201134.gif"图像,页面效果如图20-70所示。

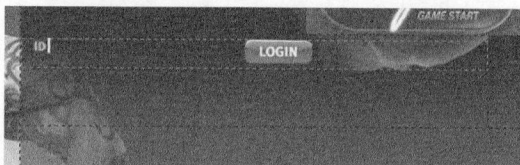

图20-70

> **提示:**
> 该处插入的图像与图像域不同,插入该处图像是单击"插入"面板上"常用"选项卡中的"图像"按钮完成的。

43 将光标移至刚插入的图像之后,选择"表单"选项卡下的"文本字段"选项,如图20-71所示。

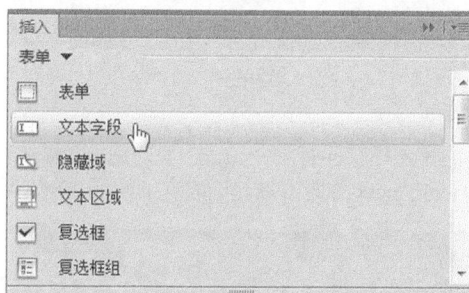

图20-71

44 在弹出的"输入标签辅助功能属性"对话框中进行设置,具体设置如图20-72所示。

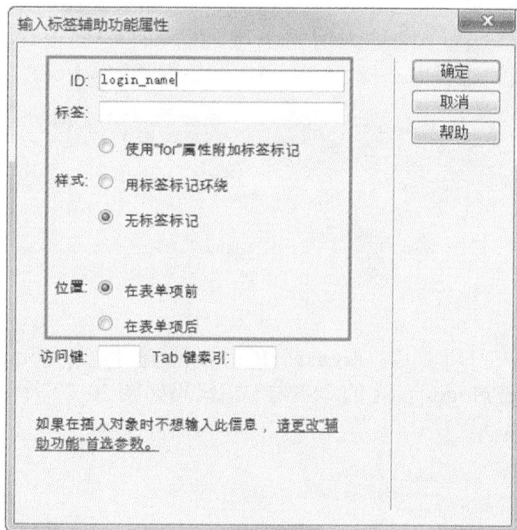

图20-72

45 单击"确定"按钮,在页面中插入文本域,页面效果如图20-73所示。

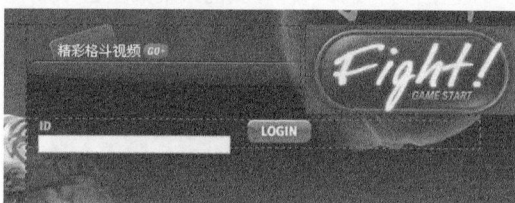

图20-73

46 将光标移至文本域之后,插入"光盘\源文件\第 20 章\images\201135.gif"图像,页面效果如图 20-74 所示。

图20-74

47 将光标移至刚插入的图像之后,再插入一个 id 名为 login_pass 的文本域,页面效果如图 20-75 所示。

图20-75

48 选中刚插入的文本域,在"属性"面板中的"类型"选区中选择"密码"选项,如图 20-76 所示。

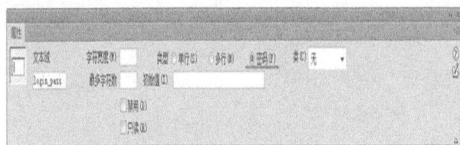

图20-76

49 切换到"div.css"文件,创建名为 #login_name, #login_pass 的 CSS 样式,代码如图 20-77 所示。

```
#login_name, #login_pass{
    font-size: 12px;
    color: #FFFFFF;
    background-color: #A80400;
    height: 15px;
    width: 60px;
    border: 1px solid #CF6E6D;
    margin-top: 1px;
}
```

图20-77

50 返回到"设计"视图,页面效果如图 20-78 所示。

图20-78

51 在名为 main-left4 的 div 之后插入 id 名为 main-left5 的 div,如图 20-79 所示。

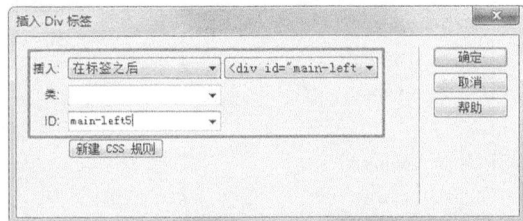

图20-79

52 切换到"div.css"文件,创建名为 # main-left5 的 CSS 样式,代码如图 20-80 所示。

```
#main-left5{
    height:30px;
    width:260px;
    margin-left:10px;
    padding-bottom:5px;
}
```

图20-80

53 返回到"设计"视图,页面效果如图 20-81 所示。

图20-81

54 将光标移至刚插入的 div 中,删除多余的文字,选择"表单"选项卡中的"复选框"选项,如图 20-82 所示。

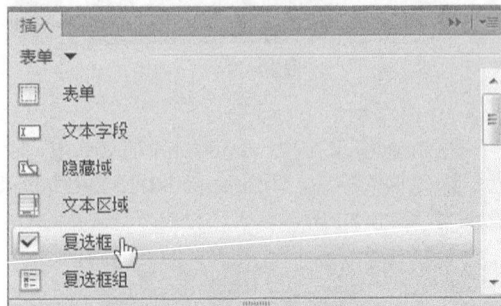

图20-82

55 弹出"输入标签辅助功能属性"对话框,单击"确定"按钮,页面效果如图 20-83 所示。

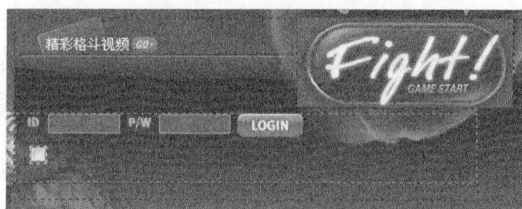

图20-83

56 将光标移至刚插入的复选框之后，输入相应的文字，并插入"光盘\源文件\第20章\images\201103.gif"和"光盘\源文件\第20章\images\201104.gif"图像，如图20-84所示。

图20-84

57 切换到"div.css"文件，创建名为 #main-left5 img 的 CSS 样式，代码如图20-85所示。

```
#main-left5 img{
    margin-left:5px;
    margin-top:2px;
}
```

图20-85

58 返回到"设计"视图，可以看到应用 CSS 样式后的图像效果，如图20-86所示。

图20-86

59 切换到"源代码"页面，可以看到名为 main-left3 的 div，代码如图20-87所示。

```
<div id="main-left3">
<form id="form1" name="form1" method="post" action="">
  <div id="main-left4">
    <input type="image" name="login_button" id="login_button" src="images/201105.gif">
    <img src="images/201134.gif" width="13" height="13" />
    <input type="text" name="login_name" id="login_name" />
    <img src="images/201135.gif" width="22" height="12" />
    <input type="password" name="login_pass" id="login_pass" />
  </div>
  <div id="main-left5">
    <input type="checkbox" name="checkbox" id="checkbox" />
    记住密码<img src="images/201103.gif" width="91" height="22" />
    <img src="images/201104.gif" width="73" height="22" /></div>
</form>
</div>
```

图20-87

60 在名为 main-left 的 div 之后插入 id 名为 main-right 的 div，页面效果如图20-88所示。

图20-88

61 切换到"div.css"文件，创建名为 #main-right 的 CSS 样式，代码如图20-89所示。

```
#main-right{
    height:96px;
    width:215px;
    float:left;
    margin-top:42px;
    margin-left:3px;
    line-height:18px;
    padding:5px 0px 0px 5px;
    background-image:url(../images/201101.gif);
    background-repeat:no-repeat;
}
```

图20-89

62 返回到"设计"视图，页面效果如图20-90所示。

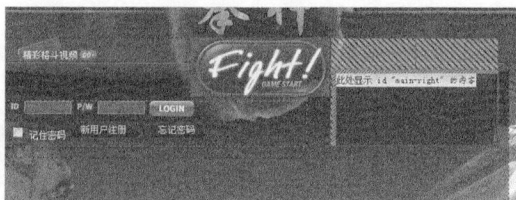

图20-90

63 将光标移至干插入的 div 中，删除多余的文字，插入"光盘\源文件\第20章\images\201109.gif"图像，并输入相应的文字，如图20-91所示。

图20-91

64 切换到"div.css"文件，创建名为 #main-right img 的 CSS 样式，代码如图20-92所示。

```
#main-right img {
    float:left;
    margin:0px 5px 0px 13px;
}
```

图20-92

65 切换到"css.css"文件,创建名为 .font-01 的 CSS 样式,代码如图 20-93 所示。

```
.font-01{
    color:#ed4324;
    font-size:12px;
    font-weight:bold;
}
```

图20-93

66 返回到"设计"视图,选中第一行文字,在 "属性"面板的"目标规则"下拉列表中选择 .font-01, 如图 20-94 所示。

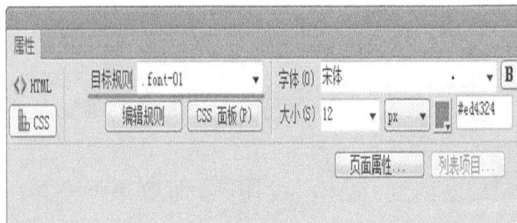

图20-94

67 页面效果如图 20-95 所示。

图20-95

68 将鼠标移至名为 main-right 的 div 中,插入 id 名为 main-right1 的 div,如图 20-96 所示。

图20-96

69 切换到"div.css"文件,创建名为 #main-right1 的 CSS 样式,代码如图 20-97 所示。

```
#main-right1{
    height:25px;
    width:178px;
    margin-left:5px;
}
```

图20-97

70 返回到"设计"视图,删除多余的文字,插入 id 名为 login_nc 的文本字段,页面效果如图 20-98 所示。

图20-98

> **提示:**
> 在"输入标签辅助功能属性"对话框中设置完成后,单击"确定"按钮,会弹出 Dream-weaver 对话框(此步骤中单击的"否"按钮)。

71 选中刚插入的文本字段,设置"属性"面板中的"初始值"为"请输入昵称",如图 20-99 所示。

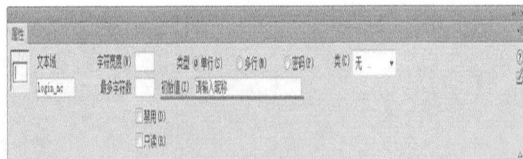

图20-99

72 切换到"div.css"文件,创建名为 #login_nc 的 CSS 样式,代码如图 20-100 所示。

```
#login_nc{
    height:25px;
    width:168px;
    color:#ffffff;
    background-image:url(../images/201102.gif);
    background-repeat:no-repeat;
    line-height: 24px;
    padding-right: 10px;
    padding-left: 10px;
}
```

图20-100

73 返回到"设计"视图，页面效果如图20-101所示。

图20-101

74 在名为main-right1的div之后插入id名为main-right2的div，页面效果如图20-102所示。

图20-102

75 切换到"div.css"文件，创建名为 #main-right2 的CSS样式，代码如图20-103所示。

```
#main-right2{
    height:21px;
    width:163px;
    margin:5px 0px 0px 10px;
    float:left;
}
```

图20-103

76 返回到"设计"视图，将多余的文字删除，单击"表单"选项卡中的"图像域"按钮，插入"光盘 \ 源文件 \ 第20章 \images\201106.gif"图像，页面效果如图20-104所示。

图20-104

77 在名为main-right的div之后插入id名为main-main的div，切换到"div.css"文件，创建名为 #main-main的CSS样式，代码如图20-105所示。

```
#main-main{
    float:left;
    height:366px;
    width:307px;
    text-align:left;
    background-image:url(../images/201110.gif);
    background-repeat:no-repeat;
    margin-left:10px;
}
```

图20-105

78 返回到"设计"视图，页面效果如图20-106所示。

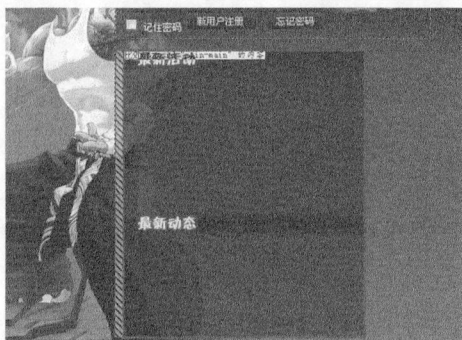

图20-106

79 在名为main-main的div中插入id名为main-mainmore的div，切换到"div.css"文件，创建名为 #main-mainmore的CSS样式，代码如图20-107所示。

```
#main-mainmore{
    height:20px;
    width:50px;
    float:right;
    padding:5px 0px 0px 5px;
}
```

图20-107

80 返回到"设计"视图，将多余的文字删除，插入"光盘 \ 源文件 \ 第20章 \images\201112.gif"图像，页面效果如图20-108所示。

图20-108

81 在名为 main-mainmore 的 div 之后插入 id 名为 main-mainhd 的 div，切换到"div.css"文件，创建名为 #main-mainhd 的 CSS 样式，代码如图 20-109 所示。

```
#main-mainhd{
    height:174px;
    width:307px;
    float:left;
    margin-top:10px;
}
```

图20-109

82 返回到"设计"视图，页面效果如图 20-110 所示。

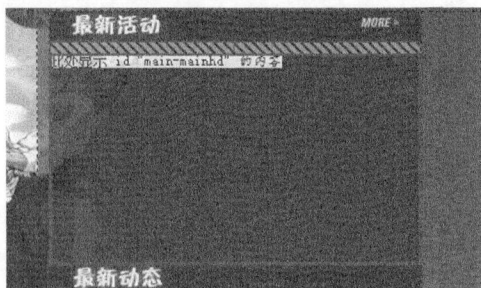

图20-110

83 将光标移至名为 main-mainhd 的 div 中，删除多余的文字，输入相应的文字，切换到"源代码"页面，为文字创建定义列表，代码如图 20-111 所示。

```
<div id="main-mainhd">
    <dl>
        <dt>拳神世界测试截图放出</dt>
        <dd>2008.08.08</dd>
        <dt>拳神世界测试截图放出</dt>
        <dd>2008.08.08</dd>
        <dt>拳神世界测试截图放出</dt>
        <dd>2008.08.08</dd>
        <dt>拳神世界测试截图放出</dt>
        <dd>2008.08.08</dd>
    </dl>
</div>
```

图20-111

84 返回到"设计"视图，页面效果如图 20-112 所示。

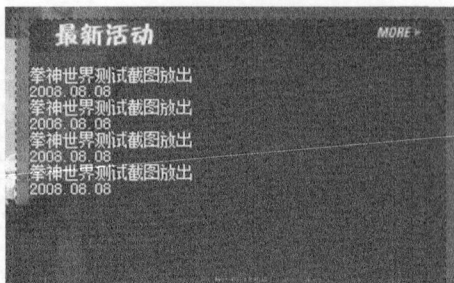

图20-112

85 切换到"div.css"文件，创建名为 #main-mainhd dt 和 #main-mainhd dd 的 CSS 样式，代码如图 20-113 所示。

```
#main-mainhd dt{
    width:160px;
    float:left;
    line-height:18px;
    background-image:url(../images/201107.gif);
    background-repeat:no-repeat;
    background-position: 15px center;
    padding-left:75px;
}
#main-mainhd dd{
    width:60px;
    float:left;
    line-height:18px;
}
```

图20-113

86 返回到"设计"视图，页面效果如图 20-114 所示。

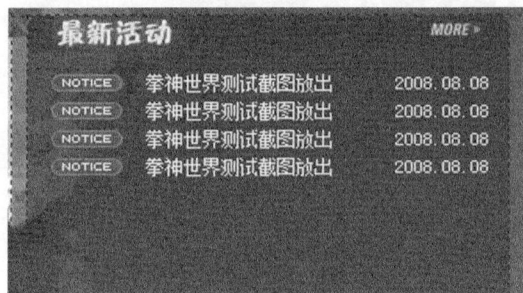

图20-114

87 在名为 main-mainhd 的 div 中插入 id 名为 main-maintu 的 div，切换到"div.css"文件，创建名为 #main-maintu 的 CSS 样式，代码如图 20-115 所示。

```
#main-maintu{
    height:61px;
    width:290px;
    float:left;
    margin-left:5px;
    margin-top:15px;
}
```

图20-115

88 返回到"设计"视图，将多余的文字删除，插入"光盘\源文件\第 20 章\images\201111.gif"图像，页面效果如图 20-116 所示。

89 使用相同方法制作 id 名为 main-maindt 的 div 内容，效果如图 20-117 所示。

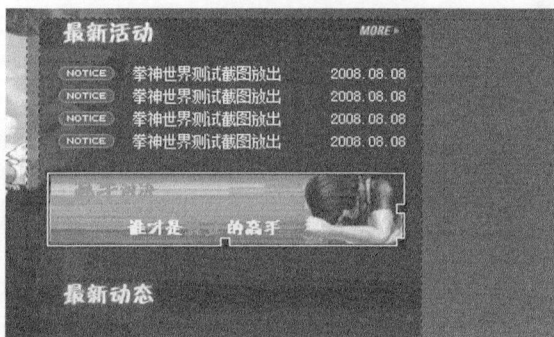

图20-116

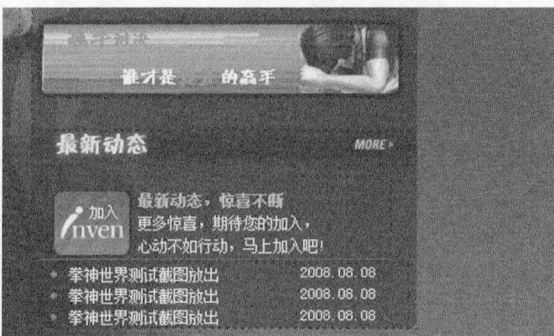

图20-117

90 在 id 名为 main-main 的 div 之后插入 id 名为 main-dj 的 div，切换到"div.css"文件，创建名为 #main-dj 的 CSS 样式，代码如图 20-118 所示。

```
#main-dj{
    height:199px;
    width:307px;
    float:left;
    margin-left:15px;
    text-align:left;
    background-image:url(../images/201116.gif);
    background-repeat:no-repeat;
}
```

图20-118

91 返回到"设计"视图，将多余的文字删除，插入 id 名为 main-dj1 的 div，并在该 div 中插入相应的图像，页面效果如图 20-119 所示。

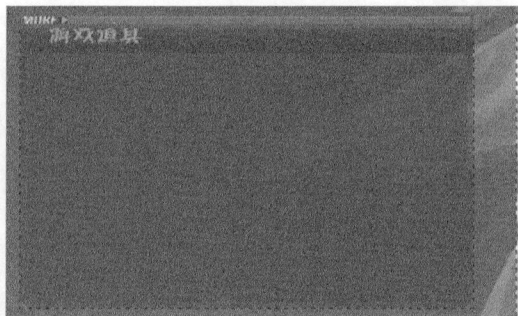

图20-119

92 切换到"div.css"文件，创建名为 #main-dj1 的 CSS 样式，代码如图 20-120 所示。

```
#main-dj1{
    height:20px;
    width:50px;
    float:right;
    margin-top:2px;
    padding:5px 0px 0px 5px;
}
```

图20-120

93 在名为 main-dj1 的 div 之后插入 id 名为 main-dj2 的 div，切换到"div.css"文件，创建名为 # main-dj2 的 CSS 样式，代码如图 20-121 所示。

```
#main-dj2{
    height:70px;
    width:285px;
    float:left;
    margin-left:6px;
    line-height:35px;
    padding:10px 0px 0px 0px;
}
```

图20-121

94 返回到"设计"视图，将多余的文字删除，插入相应的图像，输入相应的文字，效果如图 20-122 所示。

图20-122

95 切换到"div.css"文件，创建名为 #main-dj2 img 的 CSS 样式，代码如图 20-123 所示。

```
#main-dj2 img{
    float:left;
    margin:0px 5px 0px 10px;
}
```

图20-123

96 返回到"设计"视图，页面效果如图 20-124 所示。

图20-124

97 切换到"css.css"文件，创建名为 .font-03 的
CSS 样式，代码如图 20-125 所示。

```
.font-03{
    color:#ffd70e;
    font-size:12px;
    font-weight:bold;
}
```
图20-125

98 返回到"设计"视图，选中第一行文字，如
图 20-126 所示。

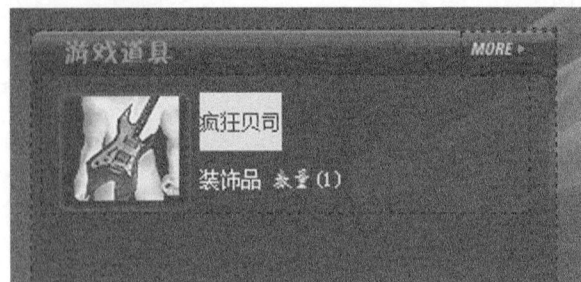
图20-126

99 在"属性"面板的"目标规则"下拉列表中选
择 .font-03，如图 20-127 所示。

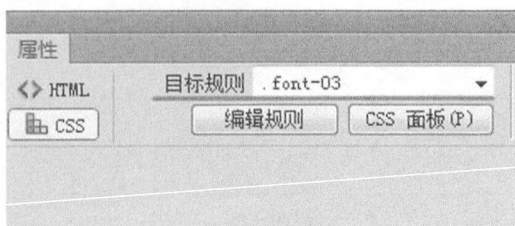
图20-127

100 页面效果如图 20-128 所示。

101 使用相同的方法，制作 id 名为 main-dj3 的
div 内容，效果如图 20-129 所示。

图20-128

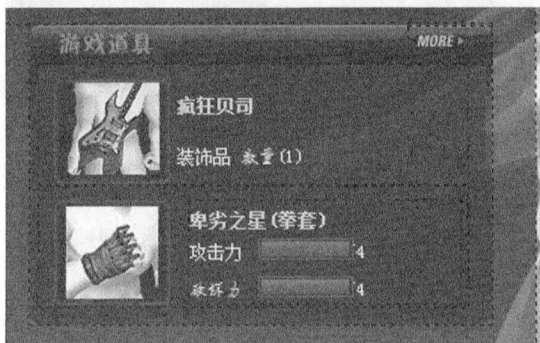
图20-129

102 在名为 main-dj 的 div 之后插入 id 名为 main-
ph 的 div，切换到"div.css"文件，创建名为 #main-ph
的 CSS 样式，代码如图 20-130 所示。

```
#main-ph{
    height:157px;
    width:307px;
    float:left;
    background-image:url(../images/201115.gif);
    background-repeat:no-repeat;
    margin:10px 0px 0px 15px;
}
```
图20-130

103 返回到"设计"视图，页面效果如图 20-131
所示。

图20-131

376

104 将光标移至名为 main-ph 的 div 中, 插入 id 名为 main-phmore 的 div, 切换到 "div.css" 文件, 创建名为 #main-phmore 的 CSS 样式, 代码如图 20-132 所示。

```
#main-phmore{
    height:20px;
    width:50px;
    float:right;
    padding-top: 5px;
    padding-right: 0px;
    padding-bottom: 0px;
    padding-left: 5px;
    margin-top: 2px;
}
```

图20-132

105 返回到 "设计" 视图, 将多余的文字删除, 插入 "光盘 \ 源文件 \ 第 20 章 \images\201112.gif" 图像, 效果如图 20-133 所示。

图20-133

106 使用相同方法, 制作 id 名为 main-ph1 的 div 内容, 效果如图 20-134 所示。

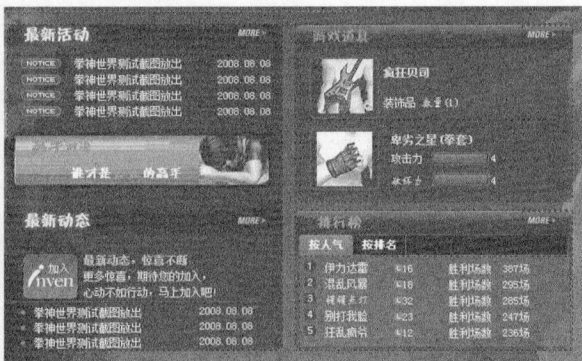

图20-134

107 在名为 main-ph 的 div 中插入 id 名为 main-bottom 的 div, 切换到 "设计" 视图, 创建名为 #main-bottom 的 CSS 样式, 代码如图 20-135 所示。

```
#main-bottom{
    height:147px;
    width:307px;
    float:left;
    margin:10px 0px 0px 10px;
}
```

图20-135

108 返回到 "设计" 视图, 将多余的文字删除, 插入 id 名为 main-xz 的 div, 效果如图 20-136 所示。

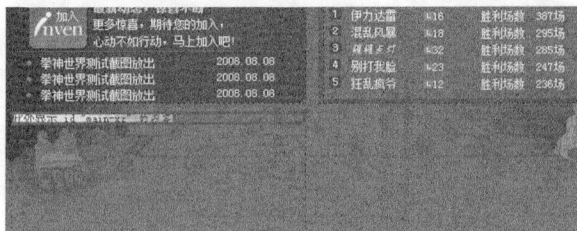

图20-136

109 切换到 "div.css" 文件, 创建名为 #main-xz 的 CSS 样式, 代码如图 20-137 所示。

```
#main-xz{
    height:51px;
    width:307px;
    float:left;
}
```

图20-137

110 返回到 "设计" 视图, 将多余的文字删除, 插入 "光盘 \ 源文件 \ 第 20 章 \images\flash-3.swf" 动画, 效果如图 20-138 所示。

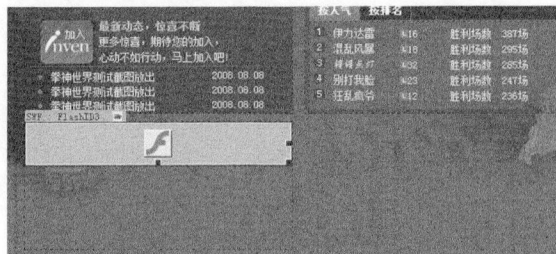

图20-138

111 在名为 main-xz 之后插入名为 main-bz 的 div, 切换到 "div.css" 文件, 创建名为 #main-bz 的 CSS 样式, 代码如图 20-139 所示。

```
#main-bz{
    height:80px;
    width:307px;
    float:left;
    margin-top:10px;
}
```

图20-139

112 返回到"设计"视图,页面效果如图 20-140 所示。

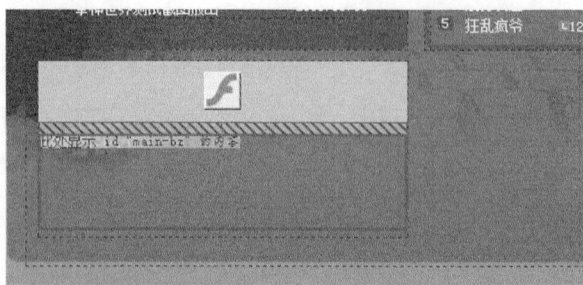

图20-140

113 将光标移至刚插入的 div 中,删除多余的文字,输入相应的文字,效果如图 20-141 所示。

图20-141

114 在名为 main-bz 的 div 中插入 id 名为 main-bz1 的 div,切换到"div.css"文件,创建名为 #main-bz1 的 CSS 样式,代码如图 20-142 所示。

```
#main-bz1{
    height:59px;
    width:299px;
    float:left;
    border:4px #897462 solid;
}
```

图20-142

115 返回到"设计"视图,将多余的文字删除,再插入 id 名为 main-bz2 的 div,切换到"div.css"文件,创建名为 #main-bz2 的 CSS 样式,代码如图 20-143 所示。

```
#main-bz2{
    height:45px;
    width:88px;
    float:left;
    margin:10px 0px 0px 8px;
}
```

图20-143

116 返回到"设计"视图,页面效果如图 20-144 所示。

图20-144

117 删除多余的文字,插入"光盘 \ 源文件 \ 第 20 章 \images\201129.gif"图像,输入相应的文字,效果如图 20-145 所示。

图20-145

118 切换到"div.css"文件,创建名为 #main-bz2 img 和 #main-bz2 span 的 CSS 样式,代码如图 20-146 所示。

```
#main-bz2 img{
    float:left;
    margin-top:5px;
}
#main-bz2 span{
    margin-left:5px;
}
```

图20-146

119 切换到"css.css"文件,创建名为 .font-04 的 CSS 样式,代码如图 20-147 所示。

```
.font-03{
    color:#ffd70e;
    font-size:12px;
    font-weight:bold;
}
.font-04{
    color:#CCFF00;
    font-size:12px;
    font-weight:bold;
}
```

图20-147

120 返回到"设计"视图,选中第一段文字,在"属性"面板的"目标规则"下拉列表中选择 .font-04,如图 20-148 所示。

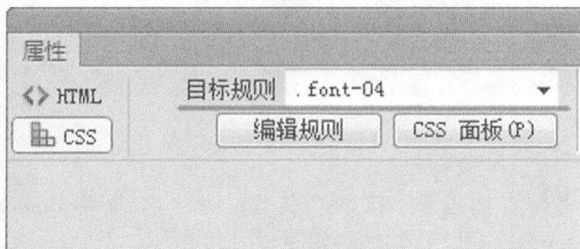

图20-148

121 页面效果如图 20-149 所示。

图20-149

122 使用相同方法,制作名为 main-bz 的 div 内容,效果如图 20-150 所示。

图20-150

123 在名为 main-bottom 的 div 之后插入 id 名为 main-bottom1 的 div,并在该 div 中插入 id 名为 main-sp 的 div。切换到"div.css"文件,创建名为 # main-bottom1、#main-sp 和 main-sp img 的 CSS 样式,代码如图 20-151 所示。

```
#main-bottom1{
    height:147px;
    width:308px;
    float:left;
    margin:10px 0px 0px 15px;
}
#main-sp{
    height:26px;
    width:308px;
    float:left;
    background-image:url(../images/201119.gif);
    background-repeat:no-repeat;
}
#main-sp img{
    float:right;
    margin:10px 15px 0px 0px;
}
```

图20-151

124 返回到"设计"视图,将光标移至名为 main-sp 的 div 中,删除多余的文字,插入"光盘 \ 源文件 \ 第 20 章 \images\201112.gif"图像,效果如图 20-152 所示。

图20-152

125 使用相同方法,制作名为 main-sp1 的 div 中的其他内容,如图 20-153 所示。

图20-153

126 网站的 main 部分制作完成,执行"文件 > 保存"命令,将文件保存,页面效果如图 20-154 所示。

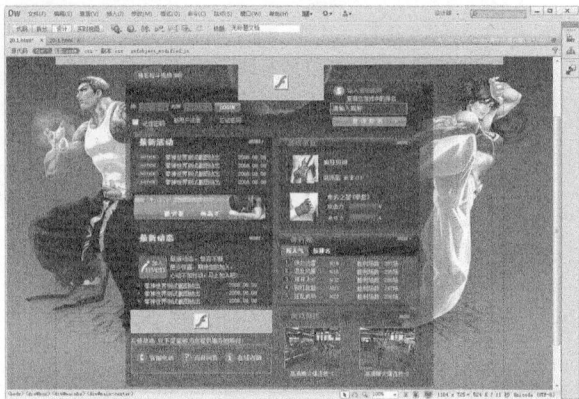

图20-154

20.2.3 制作bottom部分

01 执行"文件 > 打开"命令,将"光盘 \ 源文件 \ 第 20 章 \20-1.html"文件打开,页面效果如图 20-155 所示。

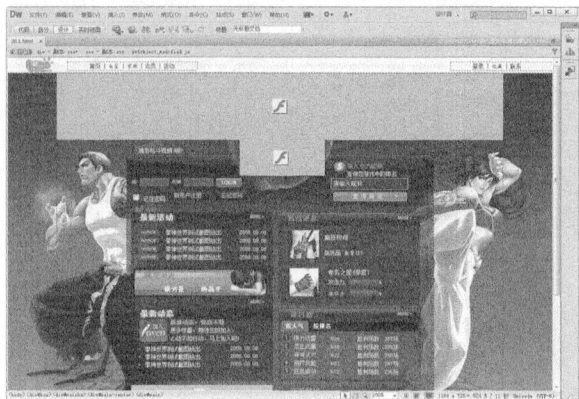

图20-155

02 在名为 main 的 div 之后插入 id 名为 bottom 的 div,切换到"div.css"文件,创建名为 #bottom 的 CSS 样式,代码如图 20-156 所示。

```
#bottom{
    height:116px;
    width:668px;
    margin:auto;
}
```

图20-156

03 返回到"设计"视图,将多余的文字删除,插入 id 名为 bottom-logo 的 div,页面效果如图 20-157 所示。

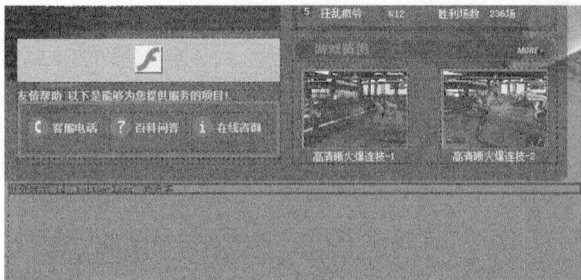

图20-157

04 切换到"div.css"文件,创建名为 #bottom-logo 的 CSS 样式,代码如图 20-158 所示。

```
#bottom-logo{
    height:62px;
    width:110px;
    float:left;
    margin-top:28px;
}
```

图20-158

05 返回到"设计"视图,页面效果如图 20-159 所示。

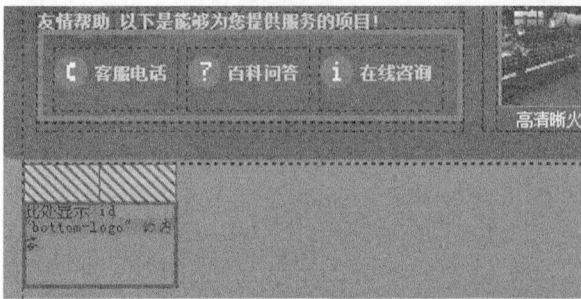

图20-159

06 将多余的文字删除,插入"光盘 \ 源文件 \ 第 20 章 \images\logo-1.jpg"图像,页面效果如图 20-160 所示。

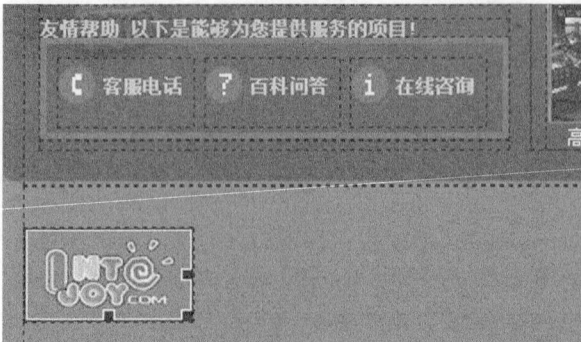

图20-160

07 在名为 bottom-logo 的 div 之后插入 id 名为 bottom-jw 的 div，切换到"div.css"文件，创建名为 #bottom-jw 的 CSS 样式，代码如图 20-161 所示。

```
#bottom-jw{
    height:62px;
    width:340px;
    float:left;
    text-align:left;
    margin:28px 0px 0px 100px;
}
```

图20-161

08 返回到"设计"视图，页面效果如图 20-162 所示。

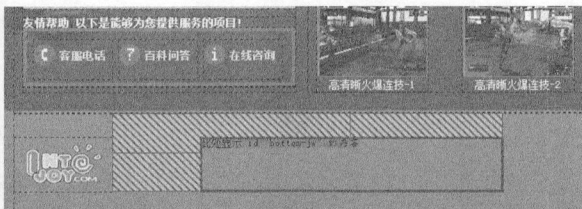

图20-162

09 将多余的文字删除，并输入相应的文字，如图 20-163 所示。

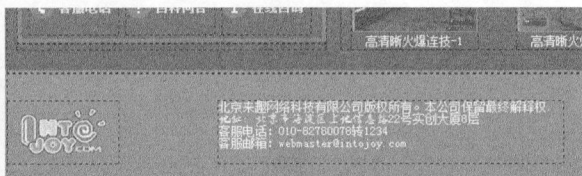

图20-163

10 游戏类网址制作完成，执行"文件>保存"命令将文件保存，按F12键测试页面效果，如图 20-164 所示。

图20-164

20.3 本章小结

本案例主要学习综合应用div、CSS以及表单、列表、插入Flash动画等技术制作页面的方法和技巧，完成本案例的制作，能够综合运用所学到的知识制作出精美且实用的网站页面。

20.4 课后习题-制作音乐网站

本章安排了一个课后习题——制作音乐网站。完成这个课后习题的制作可以熟练掌握插入 Flash 动画以及表单和列表布局页面的方法，并运用到实际的网页设计中。

案例位置：光盘\源文件\第20章20-4.html

视频位置：光盘\视频\第20章\20-4.swf

难易指数：★★★★★

学习目标：掌握表单和列表布局页面的方法

最终效果如图20-165所示

图20-165

步骤分解如图 20-166 所示。

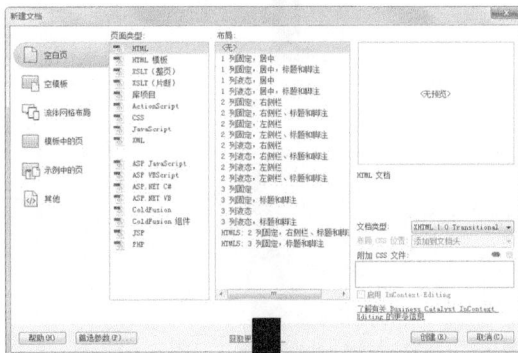

另存为
保存在(I): 第20章
名称
修改日期
类型
大小
css
2013/10/30 11:06
文件夹
images
2013/10/29 9:44
文件夹
Scripts
2013/10/28 18:26
文件夹
20-1.html
2013/10/30 10:33
Maxthon Document
最近访问的位置
桌面
库
计算机
网络
文件名(N): 20-4.html
保存(S)
保存类型(T):
取消
Unicode 标准化表单(F):
新建站点...
包括 Unicode 签名 (BOM)(S)
站点根目录

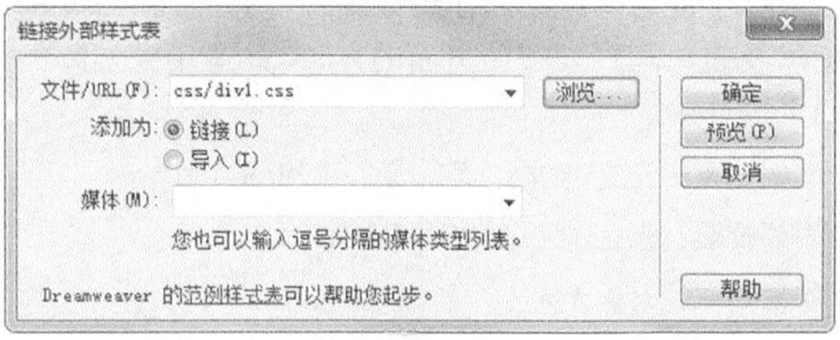
链接外部样式表
文件/URL(F): css/div1.css
浏览...
确定
添加为: 链接(L)
导入(I)
预览(P)
取消
媒体(M):
您也可以输入逗号分隔的媒体类型列表。
Dreamweaver 的范例样式表可以帮助您起步。
帮助

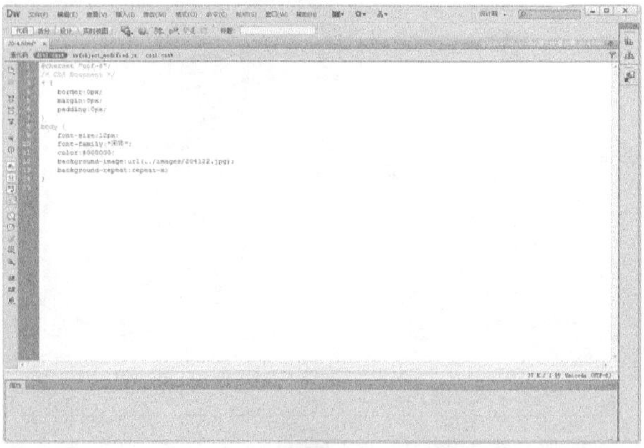

Songsari

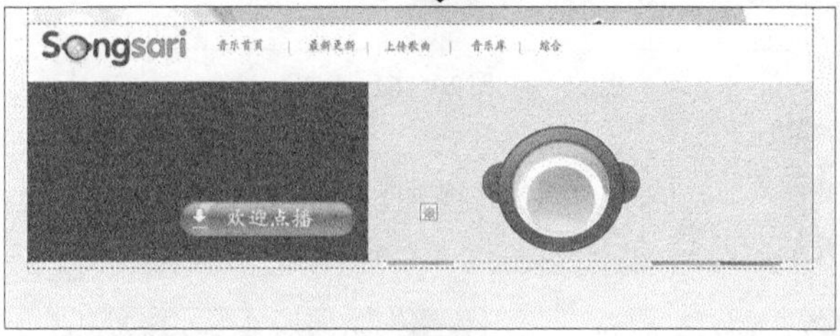
Songsari
欢迎点播

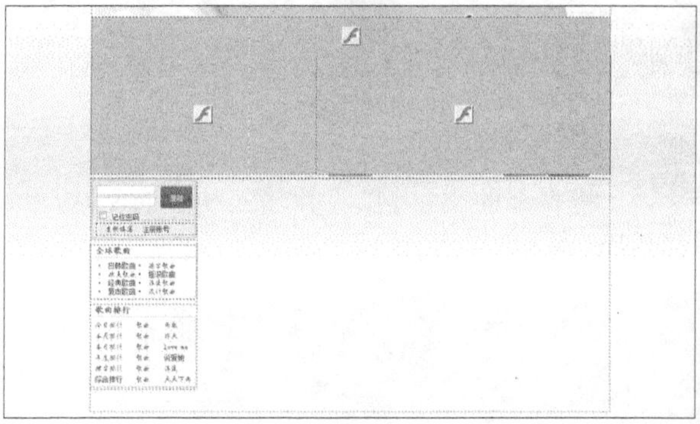

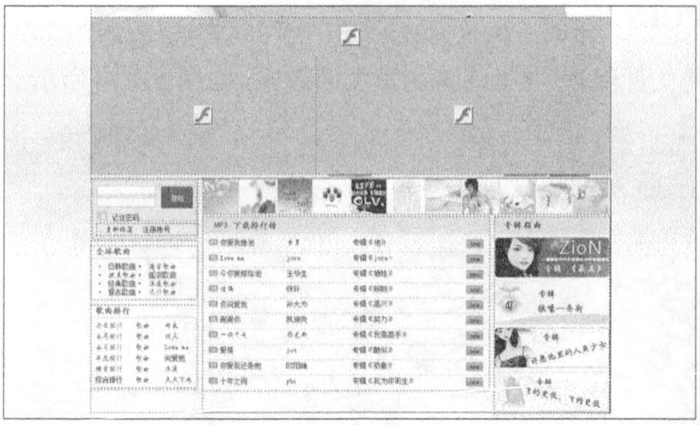

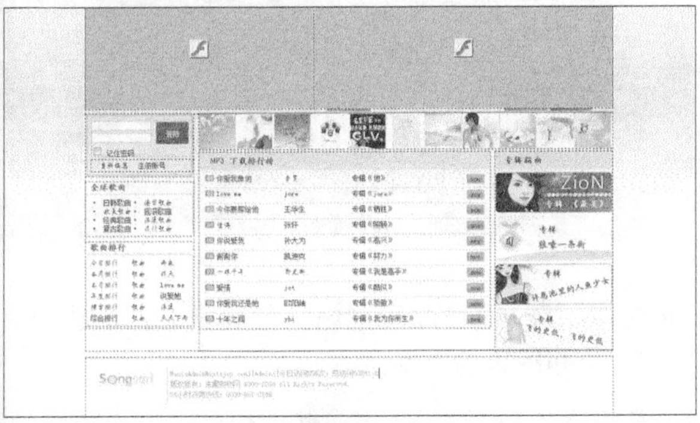

图20-166

第21章
制作游戏下载页面

本章制作的是游戏下载页面,此类网站页面通常运用活泼、鲜艳的颜色,给人一种快乐和舒服的感觉。

在休闲游戏下载页面中,通常会运用一些虚拟的卡通形象来营造出一种可爱、活泼和快乐的气氛。

21.1　网站页面效果分析

本案例设计制作了一个游戏的下载页面,页面中以游戏虚拟人物等要素来增强网页的视觉效果。

页面的背景使用了浅色调为主,并搭配一些红色和绿色进行辅助,使页面更加清新和温暖。

课堂案例
制作游戏下载页面

案例位置：光盘\源文件\第21章\21-1.html

视频位置：光盘\视频\第21章\21-1.swf

难易指数：★★★★★

学习目标：综合应用Div、CSS等制作页面的方法

最终效果如图21-1所示

图21-1

课堂学习目标:

★ 熟练使用Div布局页面

★ 熟练掌握CSS样式表美化页面

★ 掌握列表和自定义列表的使用方法

21.2 制作步骤

在页面设计上，本案例采用了常规的格局，页面的顶部为 LOGO 和导航菜单；接着制作页面的推荐游戏部分，其中该部分分为两个小部分；然后制作页面的热点讨论、热点文档和热点话题 3 个文本部分；最后制作 bottom 版底信息。

21.2.1 制作top部分

01 执行"文件 > 新建"命令，新建一个 XHTML 文档，如图 21-2 所示。

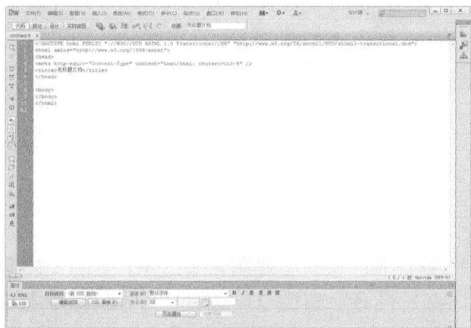

图21-2

02 执行"文件 > 保存"命令，将文档保存为"光盘 \ 源文件 \ 第 21 章 \21-1.html"，如图 21-3 所示。使用相同方法，新建一个 CSS 文件，并保存为"光盘 \ 源文件 \ 第 21 章 \css\21101.css"。

图21-3

03 返回新建的 XHTML 文档中，在文档中输入网页标题、链接 CSS 文档，并创建一个 id 名称为 box 的 div 标签，如图 21-4 所示。

```
<head>
<meta http-equiv="Content-Type" content="text/html;
charset=utf-8" />
<title>游戏类网站页面</title>
<link href="css/21101.css" rel="stylesheet" type="text/css" />
</head>

<body>
<div id="box">
</div>
</body>
</html>
```

图21-4

04 切换到"21101.css"文件，先创建一个名为 * 的 CSS 样式，代码如图 21-5 所示。

```
@charset "utf-8";
/* CSS Document */
*{
    margin:0px;
    padding:0px;
    border:0px;
}
```

图21-5

05 再创建一个名为 body 的 CSS 样式，代码如图 21-6 所示。

```
body{
    font-size:12px;
    font-family:"宋体";
    color:#333333;
    background:url(../images/21101.jpg) no-repeat;
    background-position:center top;
}
```

图21-6

06 继续创建一个名为 box 的 CSS 样式，如图 21-7 所示。

```
#box {
    width:960px;
    height:1076px;
    margin:auto;
    padding-top:20px;
}
```

图21-7

07 返回到"设计"视图,页面效果如图 21-8 所示。

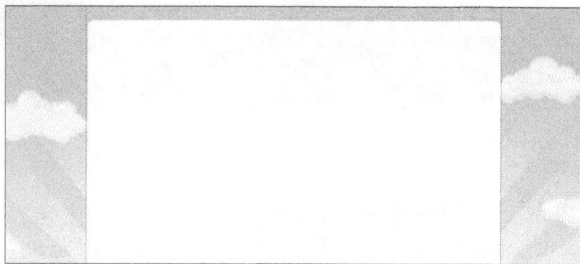

图21-8

08 将光标插入名为 #box 的 div 中,单击"插入"面板中的"插入 Div 标签"按钮,效果如图 21-9 所示。

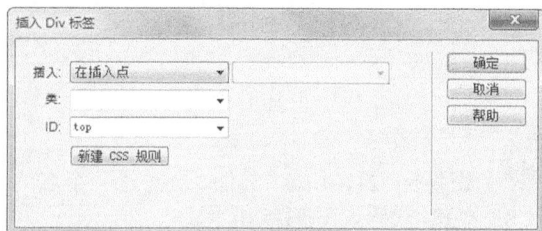

图21-9

09 切换到 21101.css 文件中,创建名为 #top 的 CSS 样式,代码如图 21-10 所示。

```
#top {
    width:960px;
    height:436px;
    background:url(../images/21102.jpg) no-repeat;
}
```

图21-10

10 返回到"设计"视图,将光标插入 top 中,将多余的文字删除,再次插入一个 id 名称为 top-menu 的 div 标签,如图 21-11 所示。

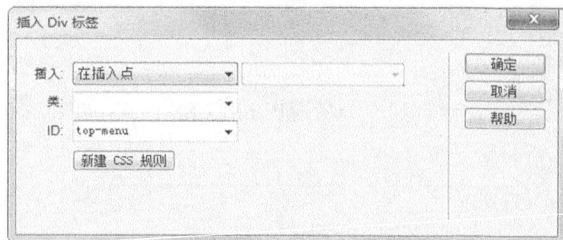

图21-11

11 切换到 21101.css 样式表中,为 top-menu 定义 CSS 样式,如图 21-12 所示。

```
#top-menu {
    width:960px;
    height:210px;
}
```

图21-12

12 返回"设计"视图中,将 top-menu 中的文字删除,并在其中插入一个 id 名称为 top01 的 div 标签,如图 21-13 所示。

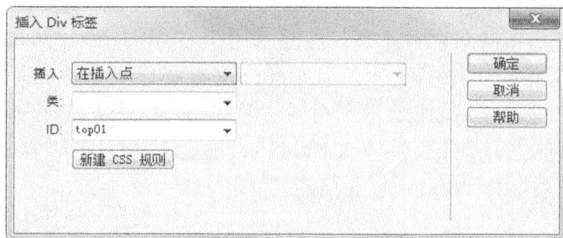

图21-13

13 切换到 21101.css 文件中,为刚刚创建的 top01 标签定义 CSS 样式,如图 21-14 所示。

```
#top01 {
    width:152px;
    height:192px;
    float:left;
    padding:18px 0px 0px 13px;
}
```

图21-14

14 返回到"设计"视图,将 top01 中的文本删除,在其中插入图像,如图 21-15 所示。效果如图 21-16 所示。

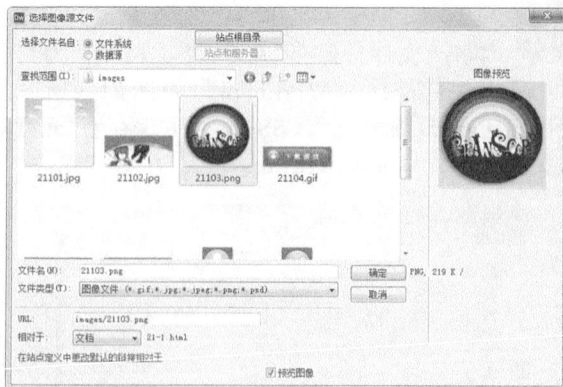

图21-15

15 切换到"源代码"视图中,将刚刚插入的图像的宽和高修改为 150,如图 21-17 所示。

图21-16

```
<body>
<div id="box">
  <div id="top">
    <div id="top-menu">
      <div id="top01"><img src="images/21103.png"
width="150" height="150" /></div>
    </div>
  </div>
</div>
</body>
</html>
```

图21-17

16 切换到"设计"视图中,图像效果如图 21-18 所示。

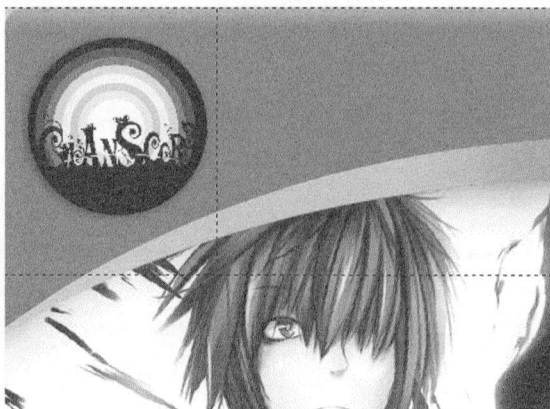

图21-18

17 单击"插入 Div 标签"按钮,新建一个 div 标签,注意插入的位置,如图 21-19 所示。

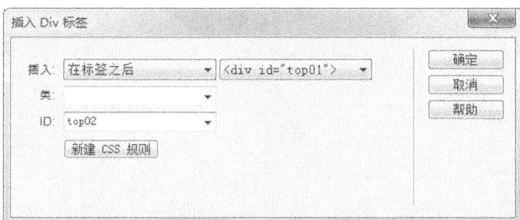

图21-19

18 在 CSS 样式表中定义 top02 的 CSS 样式,如图 21-20 所示。

```
#top02 {
    width:585px;
    height:192px;
    float:left;
    padding-top:18px;
}
```

图21-20

19 将 top02 中多余的文字删除,并插入图像,如图 21-21 所示。效果如图 21-22 所示。

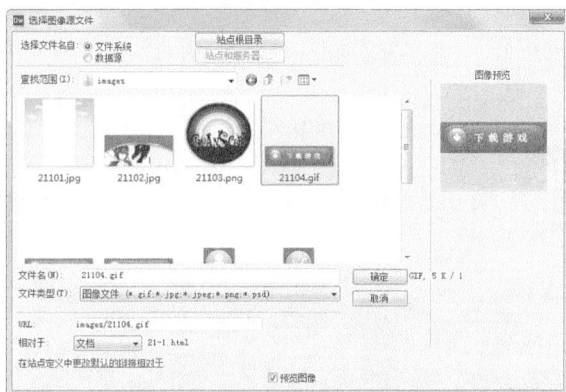

图21-21

图21-22

20 使用相同的方法插入其他图像,如图 21-23 所示。

图21-23

21 再次插入一个 id 名称为 top03 的 div 标签,注意插入的位置,如图 21-24 所示。

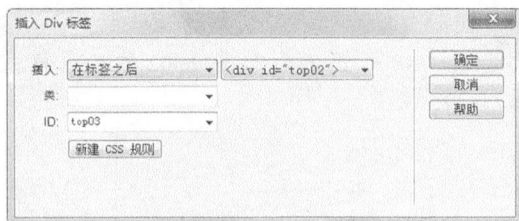

图21-24

22 切换到 21101.css 文件中, 为 top03 定义 CSS 样式, 如图 21-25 所示。

```
#top03 {
    width:40px;
    height:40px;
    float:left;
    margin:85px 0px 0px 60px;
}
```

图21-25

23 将 top03 中的文本删除, 并插入图像, 效果如图 21-26 所示。

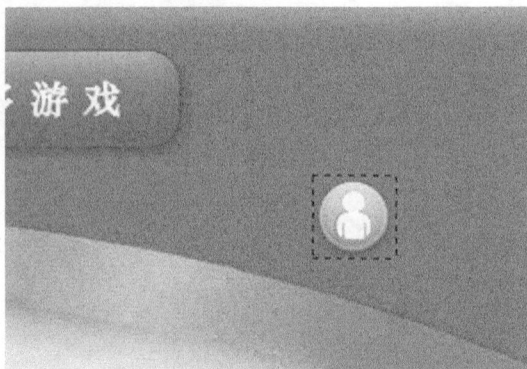

图21-26

24 使用相同的方法插入其他的图像, 如图 21-27 所示。

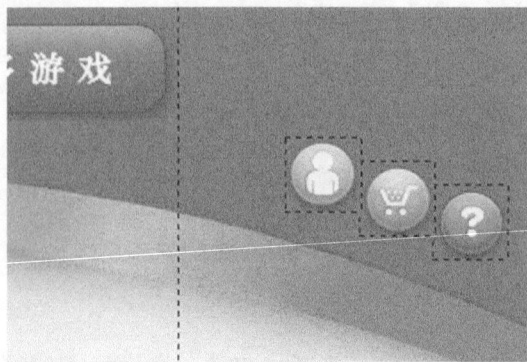

图21-27

25 单击"插入 Div 标签"按钮, 在 top_menu 后面插入一个 id 名称为 top06 的 div 标签, 如图 21-28 所示。

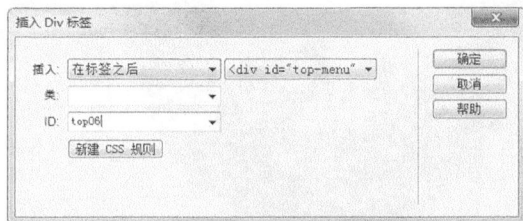

图21-28

26 在 21101.css 样式表中为 top06 定义 CSS 样式, 如图 21-29 所示。

```
#top06 {
    width:275px;
    height:226px;
    margin-left:650px;
    line-height:15px;
}
```

图21-29

27 切换到"设计"视图中, 将 top06 中的文字删除, 并在其中插入一个 id 名称为 top07 的 div 标签, 如图 21-30 所示。

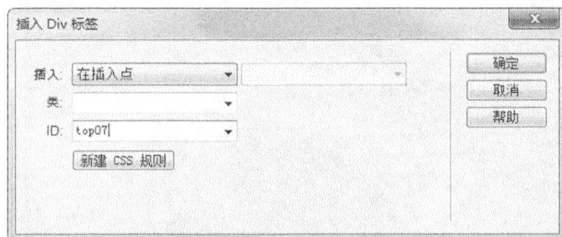

图21-30

28 在 21101.css 样式表中定义 top07 的 CSS 样式, 如图 21-31 所示。

```
#top07 {
    width:275px;
    height:76px;
    line-height:15px;
}
```

图21-31

29 切换到"设计"视图中, 删除 top07 中的文字, 在其中插入图像, 如图 21-32 所示。效果如图 21-33

所示。

图21-32

图21-33

30 再次切换到 21101.css 样式表中，定义 top07 中图像的 CSS 样式，如图 21-34 所示。

```
#top07 img {
    float:left;
    margin-right:10px;
}
```

图21-34

31 将光标插入图像后方，按 Shift+Enter 快捷键进行强制换行，输入文字，效果如图 21-35 所示。

图21-35

32 使用相同的方法继续制作另外两个图文 div 标签，如图 21-36 所示。

图21-36

33 页面顶部的效果如图 21-37 所示。

图21-37

21.2.2 制作main部分

01 再次新建一个 id 名称为 main 的 div 标签，如图 21-38 所示。

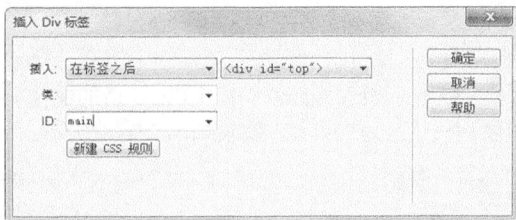

图21-38

02 在 21101.css 样式表中定义 main 的 CSS 样式，如图 21-39 所示。

```
#main {
    width:960px;
    height:312px;
}
```

图21-39

03 将 main 中的文字删除并再次插入一个 div 标签,如图 21-40 所示。

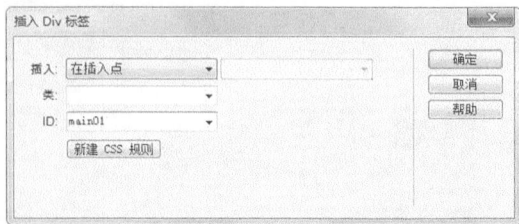

图21-40

04 切换到 21101.css 样式表中,为 main01 定义 CSS 样式,如图 21-41 所示。效果如图 21-42 所示。

```
#main01 {
    width:480px;
    height:222px;
    padding-top:90px;
    background:url(../images/21113.jpg) no-repeat;
    float:left;
    text-align:center;
}
```

图21-41

图21-42

05 将光标插入 main01 中,删除多余的文字,插入图像,如图 21-43 所示。效果如图 21-44 所示。

图21-43

图21-44

06 将光标插入到图像的前方,如图 21-45 所示。单击"插入 Div 标签"按钮,插入一个 id 名称为 main01-1 的 div 标签,如图 21-46 所示。

图21-45

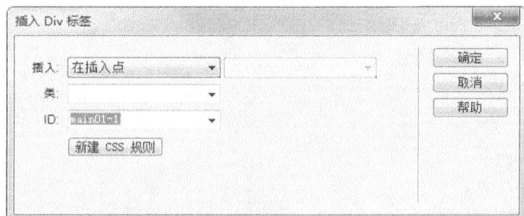

图21-46

07 切换到 21101.css 样式表中,定义 main01-1 的 CSS 样式,如图 21-47 所示。

```
#main01-1 {
    width:462px;
    height:170px;
    padding-left:18px;
}
```

图21-47

08 将 main01-1 中的文本删除并插入图像,如图 21-48 所示。效果如图 21-49 所示。

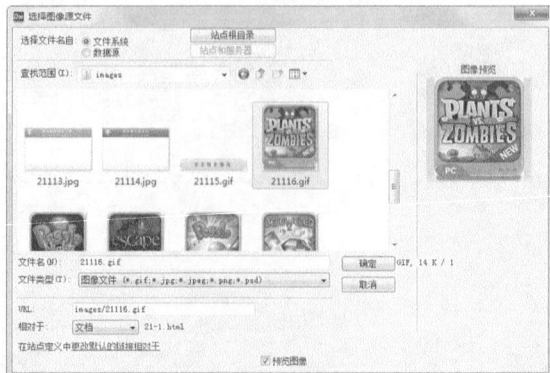

图21-48

图21-49

09 使用相同的方法插入其他的图像，效果如图 21-50 所示。

图21-50

10 切换到 21101.css 样式表中，定义 main01-1 中的图像的 CSS 样式，如图 21-51 所示。效果如图 21-52 所示。

```
#main01-1 img {
    margin:0px 10px 0px 10px;
}
```
图21-51

图21-52

11 新建一个 id 名称为 main02 的 div 标签，如图 21-53 所示。

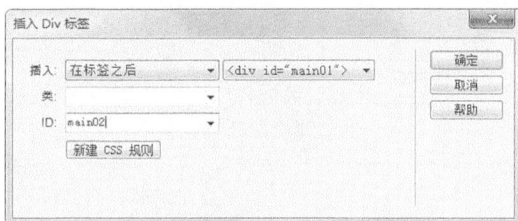
图21-53

12 在 CSS 样式表中定义 main02 的 CSS 样式，如图 21-54 所示。

```
#main02 {
    width:480px;
    height:222px;
    padding-top:90px;
    background:url(../images/21114.jpg) no-repeat;
    float:left;
    text-align:center;
}
```
图21-54

13 使用相同的方法完成 main02 的效果，如图 21-55 所示。

图21-55

14 单击"插入 Div 标签"按钮，插入一个名称为 center 的 div 标签，如图 21-56 所示。

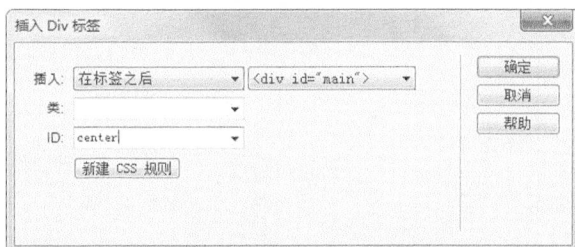
图21-56

15 切换到 21101.css 样式表中，为 center 定义 CSS 样式，如图 21-57 所示。效果如图 21-58 所示。

```
#center {
    width:960px;
    height:328px;
    background:url(../images/21122.jpg) no-repeat 0px 28px;
}
```

图21-57

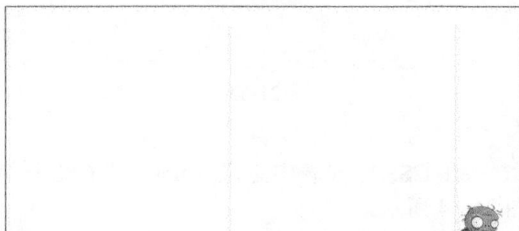

图21-58

16 将光标插入 center 中，单击"插入 Div 标签"按钮，插入一个 id 名称为 center01 的 div 标签，如图 21-59 所示。

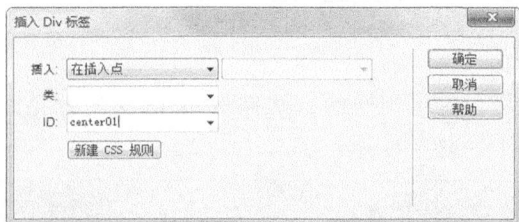

图21-59

17 在 CSS 样式表中定义 center01 的 CSS 样式，如图 21-60 所示。效果如图 21-61 所示。

```
#center01 {
    width:320px;
    height:293px;
    padding-top:35px;
    background:url(../images/1021.gif) no-repeat;
    float:left;
}
```

图21-60

图21-61

18 切换到"源代码"视图中，找到图 21-62 所示的代码。对该代码进行修改，如图 21-63 所示。

```
  </div>
  <div id="center">
    <div id="center01">此处显示  id "center01" 的内容</div>
  </div>
</div>
</body>
</html>
```

图21-62

```
<div id="center">
    <div id="center01">
        <ul>
            <li>顶尖游戏公司程序...</li>
            <li>2D超级引擎!!快速...</li>
            <li>我的游戏开发宝典...</li>
            <li>给C++初学者的50个...</li>
            <li>开始做游戏系列--你...</li>
            <li>网络游戏开发...</li>
            <li>开始做游戏系-拥...</li>
            <li>关于游戏开发，是...</li>
            <li>游戏引擎剖析...</li>
            <li>偶的网游服务端设...</li>
            <li>我是一个什么都不...</li>
            <li>DirectX9.0高级游戏...</li>
            <li>对于一个新手，如何...</li>
            <li>通过例子学习Lua(1)...</li>
            <li>我真的好喜欢网络...</li>
            <li>脚本语言精华贴索引...</li>
            <li>国内第一个3D游戏...</li>
            <li>与翻译小组成员面...</li>
        </ul>
    </div>
</div>
```

图21-63

19 切换到 21101.css 文件中，为 center01 中的 <li> 标签定义 CSS 样式，如图 21-64 所示。效果如图 21-65 所示。

```
#center01 li {
    width:125px;
    line-height:28px;
    list-style:none;
    float:left;
    padding-left:20px;
}
```

图21-64

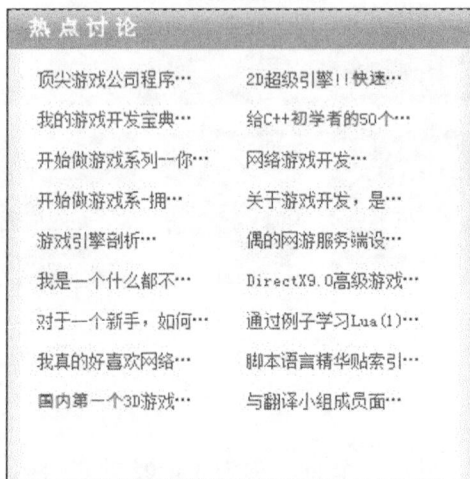

图21-65

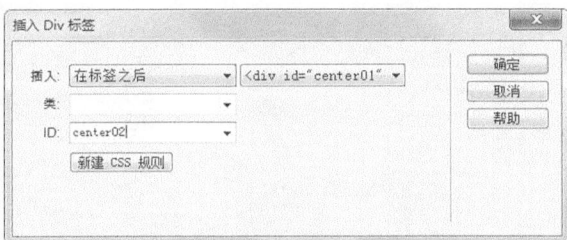

20 再次新建一个 id 名称为 center02 的 div 标签，如图 21-66 所示。

图21-66

21 在 CSS 样式表中定义 center02 的 CSS 样式，如图 21-67 所示。效果如图 21-68 所示。

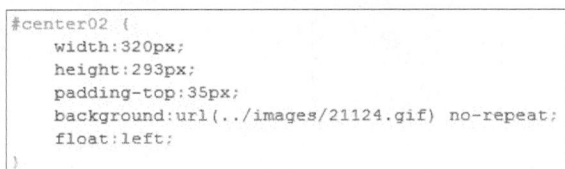

```
#center02 {
    width:320px;
    height:293px;
    padding-top:35px;
    background:url(../images/21124.gif) no-repeat;
    float:left;
}
```

图21-67

热点文档

此处显示 id "center02" 的内容

图21-68

22 切换到"源代码"视图中，找到图 21-69 所示的代码。对该代码进行修改，如图 21-70 所示。

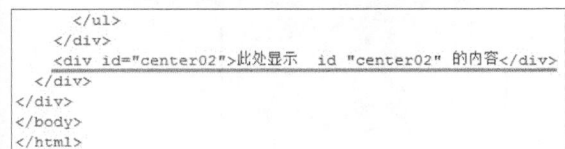

```
        </ul>
    </div>
    <div id="center02">此处显示  id "center02" 的内容</div>
  </div>
</div>
</body>
</html>
```

图21-69

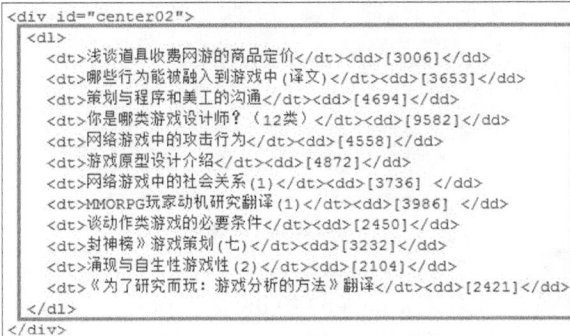

```
<div id="center02">
    <dl>
        <dt>浅谈道具收费网游的商品定价</dt><dd>[3006]</dd>
        <dt>哪些行为能被融入到游戏中(译文)</dt><dd>[3653]</dd>
        <dt>策划与程序和美工的沟通</dt><dd>[4694]</dd>
        <dt>你是哪类游戏设计师？（12类）</dt><dd>[9582]</dd>
        <dt>网络游戏中的攻击行为</dt><dd>[4558]</dd>
        <dt>游戏原型设计介绍</dt><dd>[4872]</dd>
        <dt>网络游戏中的社会关系(1)</dt><dd>[3736] </dd>
        <dt>MMORPG玩家动机研究翻译(1)</dt><dd>[3986] </dd>
        <dt>谈动作类游戏的必要条件</dt><dd>[2450]</dd>
        <dt>封神榜》游戏策划（七）</dt><dd>[3232]</dd>
        <dt>涌现与自生性游戏性(2)</dt><dd>[2104]</dd>
        <dt>《为了研究而玩：游戏分析的方法》翻译</dt><dd>[2421]</dd>
    </dl>
</div>
```

图21-70

23 切换到 21101.css 样式表中，为 center 中的 dt 和 dd 定义 CSS 样式，如图 21-71 所示。效果如图 21-72 所示。

```
#center02 dt {
    width:240px;
    height:20px;
    float:left;
    padding-left:10px;
}
#center02 dd {
    width:70px;
    height:24px;
    float:left;
}
```

图21-71

热点文档

浅谈道具收费网游的商品定价	[3006]
哪些行为能被融入到游戏中(译文)	[3653]
策划与程序和美工的沟通	[4694]
你是哪类游戏设计师？（12类）	[9582]
网络游戏中的攻击行为	[4558]
游戏原型设计介绍	[4872]
网络游戏中的社会关系(1)	[3736]
MMORPG玩家动机研究翻译(1)	[3986]
谈动作类游戏的必要条件	[2450]
封神榜》游戏策划（七）	[3232]
涌现与自生性游戏性(2)	[2104]
《为了研究而玩：游戏分析的方法》翻译	[2421]

图21-72

24 单击"插入 Div 标签"按钮，插入一个 id 名称为 center03 的 div 标签，如图 21-73 所示。

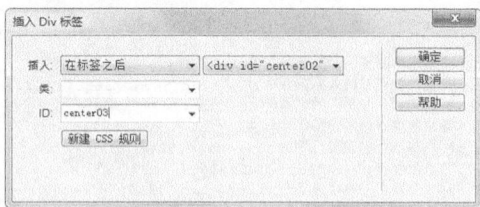

图21-73

25 在名为 main-left2 的 div 之后插入名为 main-left3 的 div,如图 21-74 所示。

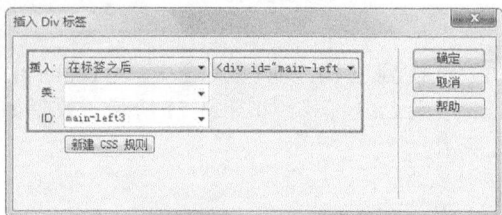

图21-74

26 在 CSS 样式表中定义 center03 的 CSS 样式,如图 21-75 所示。

```
#center03 {
    width:320px;
    height:293px;
    padding-top:35px;
    background:url(../images/21125.gif) no-repeat;
    float:left;
}
```

图21-75

27 将光标插入 center03 中,再次插入一个 id 名称为 center03-1 的 div 标签,如图 21-76 所示。

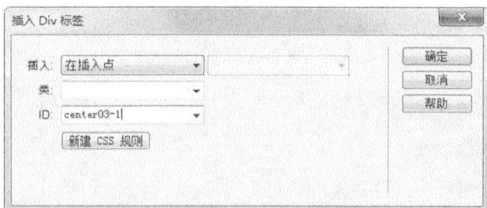

图21-76

28 在 CSS 样式表中定义 center03-1 的 CSS 样式,如图 21-77 所示。

```
#center03-1 {
    width:280px;
    height:80px;
    line-height:15px;
    margin-left:20px;
    padding-right:20px;
}
```

图21-77

29 将 center03-1 中的文字删除,并插入图像,如图 21-78 所示。效果如图 21-79 所示。

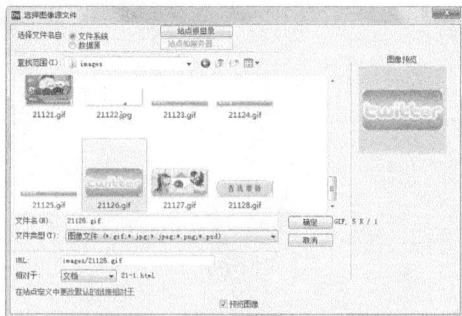

图21-78

图21-79

30 切换到 CSS 样式表中定义 center03-1 的图像的 CSS 样式,如图 21-80 所示。

```
#center03-1 img {
    float:left;
    margin-right:10px;
}
```

图21-80

31 将光标移至图像的后方,如图 21-81 所示。按 Shift+Enter 快捷键进行强制换行并继续输入文本,效果如图 21-82 所示。

图21-81

图21-82

32 使用相同的方法完成另一个相同的图文框，如图 21-83 所示。

图21-83

33 再次新建一个 id 名称为 center03-3 的 div 标签，如图 21-84 所示。

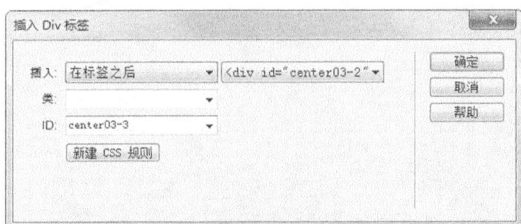

图21-84

34 在 CSS 样式表中定义 center03-3 的 CSS 样式，如图 21-85 所示。

```
#center03-3 {
    width:260px;
    height:90px;
    line-height:15px;
    margin-left:20px;
    padding:10px 30px 0px 10px;
    text-indent:24px;
}
```

图21-85

35 将 center03-3 中的文本删除，重新输入文本，如图 21-86 所示。

图21-86

36 按 Shift+Enter 快捷键进行强制换行。单击"插入"面板中的"图像"按钮，选择"光盘\源文件\第 21 章 \images\21128.gif"，如图 21-87 所示。效果如图 21-88 所示。

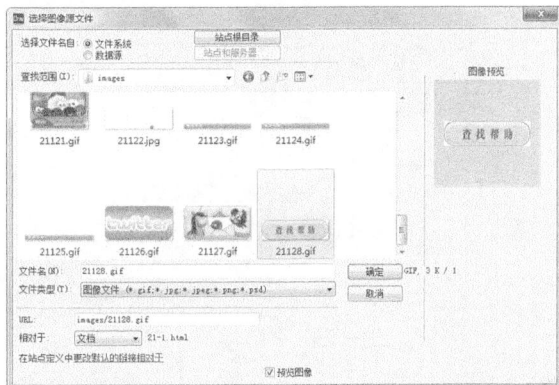

图21-87

图21-88

37 在 CSS 样式表中定义 center03-3 中的图像的 CSS 样式，如图 21-89 所示。效果如图 21-90 所示。

```
#center03-3 img {
    margin:10px 0px 0px 95px;
}
```

图21-89

图21-90

38 页面顶部和中部的效果如图 21-91 所示。

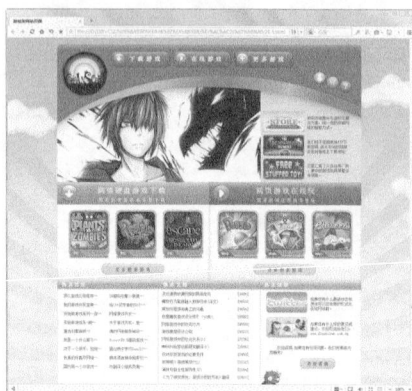

图21-91

21.2.3 制作bottom部分

01 新建一个 id 名称 bottom 的 div 标签，如图 21-92 所示。

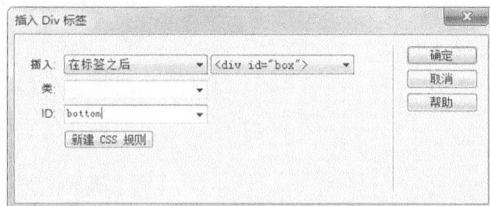

图21-92

02 切换到 21101.css 文件中，在其中为 bottom 定义 CSS 样式，如图 21-93 所示。效果如图 21-94 所示。

```
#bottom {
    width:100%;
    height:221px;
    background:url(../images/21129.gif) no-repeat;
    background-position:center bottom;
    text-align:center;
    line-height:20px;
}
```

图21-93

图21-94

03 将 bottom 中的文本删除，单击"插入"面板中的"图像"按钮，插入"光盘\源文件\第 21 章\images\21130.jpg"，如图 21-95 所示。效果如图 21-96 所示。

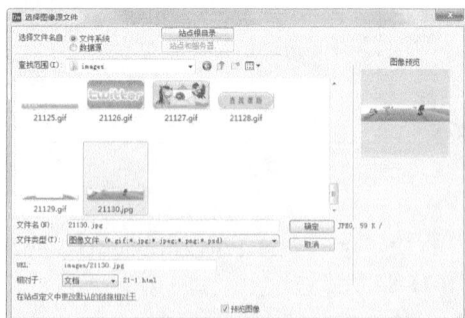

图21-95

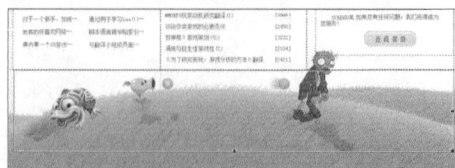

图21-96

04 按 Shift+Enter 快捷键进行强制换行，输入文本，如图 21-97 所示。

图21-97

05 将输入法的"半角（月亮）"调整为"全角（太阳）"，如图 21-98 所示。

图21-98

06 为刚刚输入的文本添加空格，效果如图 21-99 所示。

图21-99

07 使用相同的方法输入另一行文字，效果如图 21-100 所示。

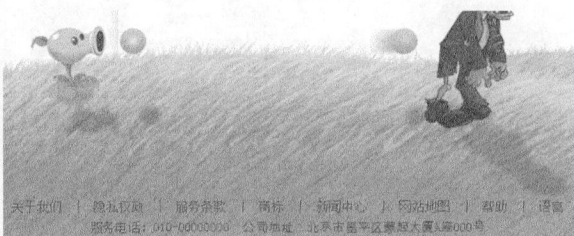

图21-100

08 游戏下载页面制作完成，执行"文件 > 保存"命令将文件保存，按 F12 键测试页面效果，页面最终效果如图 21-101 所示。

图21-101

21.3 本章小结

在本案例的制作过程中，用户要能够把握住游戏下载页面的特点，例如页面的颜色和背景等元素，同时利用游戏的虚拟人物和游戏场景画面来唤起浏览者的兴趣和好奇心，从而合理巧妙的运用页面空间。

21.4 课后习题-制作音乐网站

本章安排了一个课后习题——制作限时抢购的活动网站，完成这个课后习题的制作可以熟练掌握布局 Div+CSS 布局页面的方法，并运用到实际的网页设计中。

案例位置：光盘\源文件\第21章21-4.html

视频位置：光盘\视频\第21章\21-4.swf

难易指数：★★★★★

学习目标：掌握表单和列表布局页面的方法

最终效果如图21-102所示

图21-102

步骤分解如图 21-103 所示。

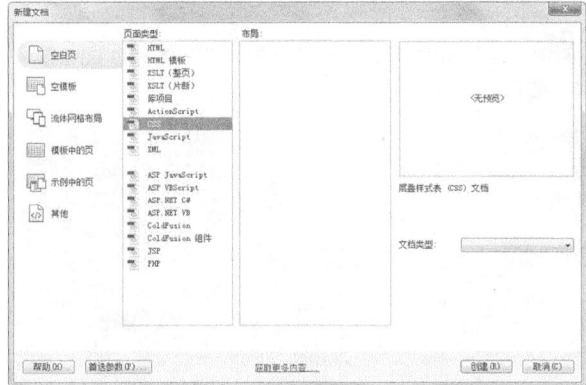

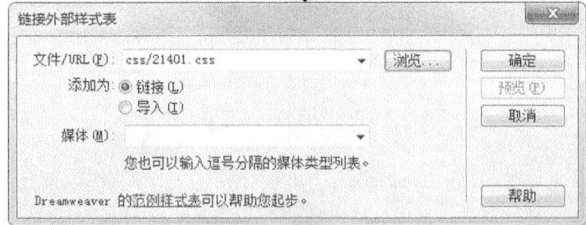

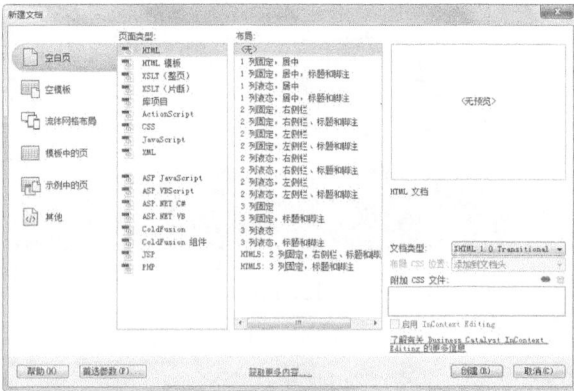

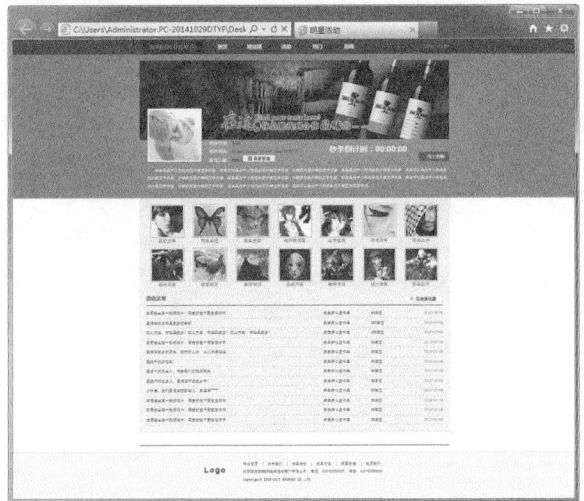

图21-103